KB026065

4

곤충 견문락

글과 사진 손윤한

모두가 똑같은 답이 아닌 다른 답이 세상을 변화시키고, 장난이 세상을 유쾌하게 만든다고 생각하는 저자는 매일 산과 들로 다니며 곤충, 풀꽃, 거미, 버섯 등 자연 친구들을 사진에 담아 용인 부아산 자락의 다래울이라는 작은 마을에 1인 생태연구소 '흐름'에서 그들의 삶을 글로 옮기고 있다.

대학에서 신문방송학과 신학을 전공했지만 지금은 자연 생태와 관련된 강연, 생태 교육, 모니터링, 도감 제작 등을 하고 있으며, 아이들과 산과 들로 다니며 생태 관찰과 놀이를 할 때 가장 행복하다.

책으로는 거미의 생태를 다룬 『와! 거미다: 새벽들 아저씨와 떠나는 7일 동안의 거미 관찰 여행』과 물속 생물의 생태와 환경을 다룬 『와! 물맴이다: 새벽들 아저씨와 떠나는 물속 생물 관찰 여행』과 '새벽들 아저씨와 떠나는 밤 곤충 관찰 여행' 『와! 박각시다』 『와! 참깽깽매미다』 『와! 폭탄먼지벌레다』 『와! 콩중이 팥중이다』를 펴냈다.

현재 생태 활동가로 다양한 생태 관련 일을 하고 있다.

곤충 견문락 4

초판 1쇄 발행일 | 2022년 05월 13일

지은이 | 손윤한
펴낸이 | 이원중

펴낸곳 | 지성사 **출판등록일** | 1993년 12월 9일 등록번호 제10-916호
주소 | (03458) 서울시 은평구 진흥로 68, 2층
전화 | (02) 335-5494 **팩스** | (02) 335-5496
홈페이지 | www.jisungsa.co.kr **이메일** | jisungsa@hanmail.net

ISBN 978-89-7889-498-2 (04490)
978-89-7889-494-4 (세트)

곤충 견문락 見聞樂

4
나비목

글과 사진 손윤한

지성사

일러두기

1. 이 책은 곤충에 대한 정의, 한살이, 생태 특징, 분류 등에 관한 이야기를 사진으로 전달하는 관찰기록입니다.

2. 각 종에 대한 이해를 돕기 위해 다양한 각도에서 찍은 사진을 설명과 함께 실었습니다. 이 책에 실린 구체적인 수치, 예를 들어 날개편길이, 몸길이, 출현 시기 등은 도감이나 다양한 자료에서 인용했으며 필요한 경우 출처를 본문에서 밝히거나 책 뒤 참고 자료로 정리했습니다.

3. 이 책에 실린 곤충 이름은 '국가생물종목록(2019)'에 따랐으며 아직 목록에 올라 있지 않은 곤충 이름이나 바뀐 이름 등은 괄호 안에 이전 이름과 같이 표기하거나 괄호 안에 '신칭'으로 따로 표기했습니다. 예를 들어 발해무늬의병벌레(노랑무늬의병벌레), 북방색방아벌레(노란점색방아벌레), 이른봄꽃하늘소(신칭)처럼 말이죠. 괄호 안의 이름이 이전 이름으로 바뀐 이유에 대해서는 본문에 설명했습니다.

4. 이 책에 실린 사진은 모두 필자가 찍은 것으로 필요한 경우에만 날짜를 표기했습니다.

5. 이 책은 우리나라에 사는 곤충 가운데 필자가 관찰한 곤충을 일반적인 분류 방식에 따라 정리했습니다.

곤충 이야기

'보고 듣다'는 한자로 '시視, 청聽'이라고 합니다. 그래서 TV를 보는 사람을 시청자라고 하죠. 학교에 가면 시청각 교실이 있는데 여기서도 주로 보고 듣는 교육이 이루어집니다. 그런데 같은 '보고 듣다'를 때로는 견見, 문聞이라고도 표현합니다.

시視와 청聽 그리고 견見과 문聞. 우린 이미 이 단어를 생활 속에서 적절하게 구분해 사용하고 있습니다. 보고 듣는 것은 같지만 TV를 보는 사람을 견문자라고 하지 않고 시청자라고 한다든가, 여행을 통해 얻은 지식이 많으면 시청이 넓어졌다고 하지 않고 견문이 넓어졌다고 하는 식으로 말이죠.

노자의 『도덕경』 14장에 보면 "시지불견視之不見, 청지불문聽之不聞"이라는 구절이 있습니다. '시視하면 견見할 수 없고, 청聽하면 문聞할 수 없다' 정도로 해석할 수 있을까요? 다양하게 해석할 수도 있지만 저는 나름대로 이렇게 풀이해 봅니다. 시視가 있으면 견見을 얻을 수 없고, 청聽이 있으면 문聞을 얻을 수 없다고 말이죠. 시와 청이라는 단어는 내가 감각의 주체가 될 때 주로 쓰고,

견과 문은 감각의 객체가 될 때 주로 쓰는 단어입니다.

숲에 들어갈 때 보고 싶은 것, 봐야만 할 것 등 자신의 감각을 주도적으로 사용하는 사람과 보이는 대로, 들리는 대로 숲에 들어가는 사람이 있다고 합니다. 숲과의 교감을 원하는 사람은 아마 후자의 경우이겠지요. 숲이 보여주는 대로, 들려주는 대로 그대로 보고 듣다 보면 어느새 숲과 하나 된 자신을 발견할 수 있을 겁니다. 자신의 감각을 주도적으로 사용해 보고 싶은 것만 보고 듣고 싶은 것만 듣는다면 숲과 하나가 되기는 힘들 겁니다. 숲과 교감하기보다는 숲을 평가하고 판단하게 될 것이며 자신의 잣대로 숲을 '재단'하게 되겠지요.

책 제목에 들어 있는 견문見聞은 이런 뜻입니다. 곤충에 대한 이야기를 보여주는 대로 들려주는 대로 풀어보려는 의도입니다. 그리고 그 과정이 단순한 '기록錄'이 아닌 '즐거움樂'의 과정이었기에 록錄이 아니라 락樂입니다.

곤충 견문락見聞樂! 보여주는 대로, 들려주는 대로 풀어본 곤충에 대한 이야기이며, 이는 숭고한 즐거움입니다. 바라건대, 이 책을 통해 곤충에 대한 시청이 넓어지기보다는 견문이 넓어졌으면 좋겠습니다. 그리고 그 과정이 즐거움이고 신나는 일이었으면 더더욱 좋겠습니다.

이 책은 도감 형식의 책이라든가 생태만을 중점적으로 설명하는 책이 아닙니다. 그렇다고 전문적인 분류학이나 곤충학學에 관한 책은 더더욱 아닙니다. 이 모두를 다루기는 하지만 이들 언저리 어디쯤 자리할 만한 책입니다.

한 번쯤 들어봤음 직한 이야기를 시작으로 곤충의 분류나 한살이, 그리고 종별 특징 등을 이야기하듯 풀어보았습니다. 직접 찍은 사진을 많이 사용했으며, 필요에 따라 표나 그림을 이용했습니다. 통계나 전문적인 연구 성과로 나타난 수치들은 인용 시 출처를 밝혀 이 부분에 대해 더 자세히 알고 싶은 사람들에게 도움이 되도록 했습니다.

모든 곤충을 이야기하지는 않습니다. 주로 우리 주변에서 조금만 관심을 가지면 만날 수 있는 곤충을 중심점에 두고 그 주변을 함께 살펴봅니다. 그리고 곤충 분야에서 새롭게 떠오르고 있는, 예를 들면 기후변화와 관련된 이야기, 멸종위기종이나 보호종 등에 대한 이야기도 필자가 직접 찍은 사진을 가지고 설명했습니다.

여기에 실린 자료와 내용들은 자신의 연구 분야와 관심 분야에서 지속적으로 연구하고 관찰한 분들의 결과물인 책이나 인터넷 자료의 도움이 컸습니다. 잠자리, 나비, 나방, 노린재, 딱정벌레, 애벌레, 벌, 파리, 하늘소, 메뚜기……. 이분들의 책과 자료가 좋은 지침이 되었습니다. '곤충 견문락'에 실린 구체적인 수치들이나 특정 관찰 결과들은 이분들의 자료 도움 없이는 힘들었을 것입니다.

자신의 분야에서 묵묵히 이 일을 하시고 결과물까지 만들고, 그것을 아낌없이 공유해 주신 모든 분에게 존경과 감사의 박수를 보냅니다.

이 책은 곤충들에 대한 이야기이지만 사실은 저의 이야기일 수 있습니다. 곤충들을 만나 사진으로 기록하고 정리하는 일 속에서 보고 느낀 것을 기록한 개인적인 결과물입니다. 그래서 객관적인 정보보다는 주관적인 느낌을 전달하려고 노력했습니다. 관심을 가지고 잠깐만 검색해 보면 알 수 있는 정보보다는 저의 느낌을 전달하려고 애썼습니다.

이런 전달 수단으로 사진을 택했습니다. 제가 가장 좋아하고 잘할 수 있으며 지속적인 작업이 가능한 것이 사진이기 때문입니다. 되도록 설명보다는 다양한 사진을 보여드리려고 했습니다. 다양한 모습을 보고 나면 그 대상에 대해 더 잘 이해할 수 있을 것이라는 생각 때문입니다.

이 책은 '연구'의 결과물이 아닌 '관찰'의 결과물이며 '사실'을 정리한 책이 아닌 '느낌'을 사진으로 채운 책입니다. 나아가 좋아하는 일을 계속할 수 있었던 그 일에 대한 즐거움의 '과정'이기도 합니다.

본격적인 곤충에 대한 이야기를 하기 전에 먼저 요즘 일반적으로 사용되고 있는 곤충 분류표를 설명하는 것으로 시작해 보겠습니다. '일반적으로' 사용된다고 토를 단 이유는 곤충 분류가 조금씩 다르기 때문입니다. 또한 분류의 방식이 계속해서 변하고 있기 때문이기도 합니다.

참, 이 책에서 곤충이라는 명칭은 몸이 머리, 가슴, 배로 이루어진 절지동물(마디로 이루어진 동물)로 더듬이는 한 쌍, 다리는 세 쌍인 동물을 지칭합니다. 일반적으로 날개가 두 쌍인 조건도 이야기하지만 이 책에서는 날개가 없는 무시류에 대해서도 이야기할 생각이므로 날개가 두 쌍이라는 일반적인 정의는 포함하지 않았습니다.

● **곤충 분류표**

❶ 무시아강				돌좀목, 좀목
❷ 유시아강	❸ 고시류			하루살이목 잠자리목
	❹ 신시류	❺ 외시류	❻ 메뚜기군	❼ 귀뚜라미붙이목(갈르와벌레목) ❽ 바퀴목(바퀴, 사마귀, 흰개미) 흰개미붙이목 강도래목 집게벌레목 메뚜기목 대벌레목
			❾ 노린재군	다듬이벌레목 이목 총채벌레목 ❿ 노린재목(매미아목)
		⓫ 내시류		⓬ 풀잠자리목(명주잠자리, 풀잠자리, 사마귀붙이, 뱀잠자리) ⓭ 약대벌레목(새로운 명칭) 딱정벌레목 부채벌레목 벌목 밑들이목 벼룩목 파리목 날도래목 나비목

곤충의 분류

곤충은 동물계 – 절지동물문 – 곤충강에 속합니다. 이 곤충강은 날개(시翅)의 유무를 기준으로 무시아강과 유시아강으로 나뉩니다. 날개가 없는 곤충은 무시아강, 날개가 있는 곤충은 유시아강에 속합니다.

유시아강은 다시 날개를 배 위로 겹쳐 접을 수 있느냐 없느냐를 기준으로 고시류와 신시류로 나뉩니다. 날개를 배 위로 겹쳐 접을 수 없는 곤충이 고시류에 속합니다. 잠자리와 사마귀의 날개 접는 방식의 차이를 생각해보면 이해가 빠를 겁니다. 우리나라에 사는 곤충들 가운데 하루살이목과 잠자리목만이 고시류에 속합니다.

신시류는 다시 외시류와 내시류로 나뉘는데, 이때 번데기 유무가 기준입니다. 알 – 애벌레 – 성충 단계를 거치는 안갖춘탈바꿈(불완전변태)을 하는 곤충은 외시류, 알 – 애벌레 – 번데기 – 성충의 단계를 거치는 갖춘탈바꿈(완전변태)을 하는 곤충이 내시류입니다.

외시류는 다시 입의 형태에 따라 씹어 먹는 입(입틀)인 메뚜기군과 빨아 먹는 입

(입틀)인 노린재군으로 나뉩니다. '입(입틀)'이라고 쓰는 이유는 곤충의 입이 우리와는 달리 매우 구조가 복잡해서 보통 입틀 또는 구기口器라고 하기 때문입니다.

외시류와 달리 번데기 단계를 거치는 내시류는 유충과 성충의 형태가 전혀 다르며, 딱정벌레를 비롯해 많은 곤충이 여기에 속합니다.

❶ 무시아강: 날개(시翅)가 없는(무無) 곤충으로 납작돌좀, 좀 등이 이에 속한다. 일개미처럼 날개가 퇴화된 곤충은 유시아강으로 다룬다.

❷ 유시아강: 날개가 있는 곤충으로 대부분의 곤충이 여기에 속한다.

❸ 고시류: 옛날(고古) 형태의 날개(시翅)를 가진 곤충으로 날개를 배 위에 겹쳐 접을 수 없다. 우리나라에 사는 곤충으로는 하루살이목과 잠자리목이 있다. 한살이도 독특하다. 하루살이는 알－애벌레－아성충－성충을 거치며, 잠자리는 알－애벌레－미성숙－성숙 단계를 거친다.

납작돌좀 대표적인 무시류로 날개가 없는 원시적인 곤충이다. 이끼 낀 바위 위를 납작한 새우처럼 돌아다닌다.

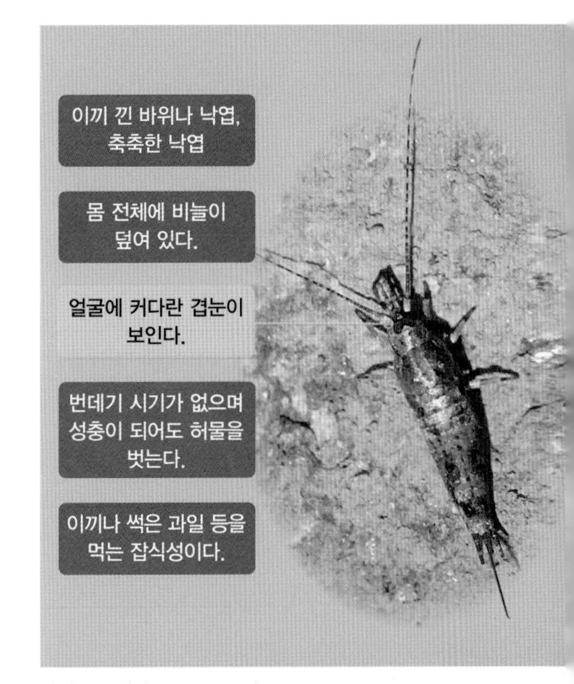

납작돌좀 설명

좀 역시 대표적인 무시류로 이름과 달리 아름다운 곤충이다.

동양하루살이 아성충 날개가 불투명하다. 아성충 단계를 거친 후 성충이 된다.

동양하루살이 성충 날개가 투명하다. 아성충에서 허물을 한 번 벗어야 성충이 된다. 이 과정은 물이 아닌 육상에서 이루어진다.

대표적인 외시류인 밑들이메뚜기
허물을 벗으면서 성장한다. 번데기 과정 없이 성충이 된다. 허물벗기는 거꾸로 된 자세에서 이루어진다.

❹ 신시류: 날개가 새로운(신新) 형태의 무리로, 고시류를 제외한 유시아강의 곤충이다.

❺ 외시류: 밖(외外)에서 날개가 자라는 것이 보이는 곤충으로 알–애벌레–성충의 안갖춘탈바꿈을 한다. 번데기를 만들지 않고 허물을 벗으면서 성장한다. 허물을 벗을 때마다 날개가 자라는 게 보인다.

❻ 메뚜기군: 번데기를 만들지 않는 외시류 가운데 입(입틀)이

씹어 먹는 형태로 된 곤충이다.

귀뚜라미붙이목의 오대산갈르와벌레

❼ **귀뚜라미붙이목**(갈르와벌레목): 갈르와벌레목이라고 했던 것을 최근에 귀뚜라미붙이목이라 부른다. 참고로 '갈르와'는 이 곤충을 처음 발견한 프랑스 학자의 이름이다.

❽ **바퀴목**(사마귀아목, 흰개미아목): 난협목이라고도 하는데 주로 알집을 만드는 곤충이다. 예전에는 바퀴목, 사마귀목, 흰개미목이 독립적으로 분류되었지만 현재는 모두 바퀴목으로 통일하고, 사마귀목이나 흰개미목은 바퀴목 안의 하위 개념에 속한다.

❾ **노린재군**: 번데기를 만들지 않는 외시류 가운데 입(입틀)이 빨아 먹는 형태로 된 곤충이다.

❿ **노린재목**(매미아목): 예전에는 노린재목과 매미목이 독립적으로 분류되었지만, 현재는 매미목은 노린재목의 하위 개념에 속한다. 예를 들어 참매미의 분류는 노린재목-매미아목-매미과-참매미이다.

⓫ **내시류**: 유시아강 가운데 번데기를 만드는 곤충 무리다. 날개가 애벌레의 몸속(체벽 안쪽)에서 만들어지기 때문에 내(안 내內)시류라고 하며 이 날개는 번데기 시기에 처음으로 몸 밖으로 나온다.

⓬ **풀잠자리목**(뱀잠자리과): 예전에는 풀잠자리목, 뱀잠자리목이 독립적으로 분류되었지만 현재는 뱀잠자리목은 풀잠자리목 안에 포함된다. 예를 들

어 노란뱀잠자리는 풀잠자리목 - 뱀잠자리과 - 노란뱀잠자리이다.

노란뱀잠자리 잠자리 집안이 아닌 풀잠자리 집안에 속한다.

이 무리에는 이름에 잠자리가 붙었지만 잠자리 무리가 아닌 곤충이 있다. 풀잠자리, 명주잠자리, 뿔잠자리, 노랑뿔잠자리, 뱀잠자리 등으로, 이들은 고시류의 잠자리와는 완전 다른 내시류 분류군에 속한다.

이름에 사마귀가 있는 사마귀붙이도 풀잠자리목에 속한다. 번데기 시기가 없으면서 씹어 먹은 입(입틀)인 사마귀와는 완전 다른 내시류 분류군이다. 풀잠자리목에 속한 곤충들은 번데기를 만드는 갖춘탈바꿈을 한다.

⓭ 약대벌레목(신칭): 예전에는 풀잠자리목에 속했지만 현재는 풀잠자리와는 다른 특징들이 밝혀지면서 약대벌레목이라는 새로운 분류군이 생겼다. 약대는 낙타의 옛말(고어)이다.

약대벌레 애벌레 주로 나무껍질 속에서 생활한다.

약대벌레 성충 기어 다니는 모습이 약대(낙타)를 닮았다.

곤충 분류표를 이해하면 곤충을 만나고 관찰하는 일이 더 깊어지고 재미있습니다. 그리고 모르는 곤충을 만나도 조금만 관심을 기울이고 노력하면 어느 집안에 속하는지 알아채기 쉽고 이를 바탕으로 이름이나 한살이 등의 생태를 짐작할 수 있습니다.

그럼, 이 곤충이라는 생명체는 전체 생물 분류군에서 어떤 위치에 있을까요? 이 책에서 분류를 전문적으로 다루지는 않지만, 곤충이라는 생명체가 전체 동물 분류군에서 어떤 위치에 속하는지 알고 나면 곤충을 이해하는 데 도움이 될 겁니다. 나아가 곤충과 종종 혼동되는 거미, 톡토기, 노래기 등 우리가 일반적으로 '벌레'라고 부르는 개체들이 어떤 분류군에 속하는지 쉽게 이해가 될 겁니다.

동물계	❶ 절지동물문	❷ 협각아문			거미, 전갈, 응애 등
		❸ 다지아문			노래기, 지네 등
		❹ 갑각아문			새우, 가재 등
		❺ 육각아문	❻ 내구강		톡토기, 낫발이, 좀붙이 등
			❼ 곤충강	무시아강	돌좀, 좀 등
				유시아강	무시아강 외 모든 곤충

❶ **절지동물문**節肢動物門: 부속지에 마디가 있는 동물의 분류군

❷ **협각아문**鋏角亞門: 절지동물문의 한 아문으로 '협각鋏角'이란 먹이를 쥐는 뾰족한 부속지라는 뜻이다. 보통 머리가슴부(두흉부)와 배(복부) 두 부분으로 이루어졌으며 더듬이(촉각)는 없고 입 앞에 제1부속지가 협각이라는 먹이 먹는 입 같은 형태로 변형되었다.

협각류인 적갈논늑대거미 독이빨(독니)라고 부르는 것이 협각이다. 털북숭이 늑대거미로 몸이 '적갈색'이다.

협각류인 전갈 종류(사육하는 개체)

❸ 다지아문多肢亞門: 다리가 여러 개인 절지동물문의 한 아문이다.

❹ 갑각아문甲殼亞門: 갑옷 형태의 딱딱한 겉껍질이 몸을 감싸고 있으며 주로 물속 생활을 한다.

❺ 육각아문六脚亞門: 다리가 6개인 절지동물의 한 분류군이다.

❻ 내구강內口綱: 입(구기)이 침 형태로 머리 안쪽에 숨겨져 있어 붙인 이름이다. 곤충과 달리 눈이 겹눈이 아니라 몇 개의 홑눈으로 되어 있는 등 곤충과는 몇 가지 다른 점이 있다.

다지류인 왕지네 밤 숲에 가면 자주 보인다.

다지류인 황주까막노래기 하천가 등 습기가 많은 곳에 가야 쉽게 만날 수 있다.

갑각류인 가재

톡토기

톡토기

내구류인 알톡토기류

민들레 위에 있는 알톡토기류를 확대한 사진

❼ 곤충강昆蟲綱: 몸이 머리, 가슴, 배 세 부분으로 되어 있고 다리가 3쌍, 더듬이는 한 쌍, 보통 2개의 겹눈과 3개의 홑눈(2개이거나 없는 곤충도 있다), 그리고 4쌍의 날개(또는 날개가 없거나 한 쌍으로 변형된 곤충도 있다)가 있다.

차례

19 나비목

나비류

나비는 곤충강 유시아강 신시류 내시류에 속하며 우리나라에 5과 280여 종이 산다고 알려졌습니다. 같은 목에 속하는 나방과는 더듬이 모양으로 구별하기도 합니다. 사실 나비와 나방은 생태적인 차이로 분류하지만 계통적으로 볼 때 엄밀하게 구분할 만한 특징은 없습니다.

일반적으로 나비는 나방과 달리 더듬이 끝이 뭉툭한 곤봉 모양입니다. 나방은 실 모양이나 빗살 모양이고요. 그 밖에 날개를 펴고 앉는지 낮에 활동하는지 등 여러 가지 차이점이 있기는 하지만 가장 확실한 차이점은 날개걸이의 유무입니다. 나비는 앞날개와 뒷날개가 따로따로 움직일 수 있지만 나방은 앞날개와 뒷날개가 날개걸이로 연결되어 있어 같이 움직입니다.

호랑나비과	모시나비아과	모시나비, 애호랑나비, 꼬리명주나비 등
	호랑나비아과	호랑나비, 산호랑나비, 제비나비, 긴꼬리제비나비 등
흰나비과	기생나비아과	기생나비 등
	흰나비아과	배추흰나비, 큰줄흰나비, 갈고리흰나비 등
	노랑나비아과	멧노랑나비, 노랑나비, 남방노랑나비 등
부전나비과	뾰족부전나비아과	뾰족부전나비
	바둑돌부전나비아과	바둑돌부전나비
	부전나비아과	부전나비, 푸른부전나비, 먹부전나비 등
	주홍부전나비아과	작은주홍부전나비, 큰주홍부전나비 등
	녹색부전나비아과	귤빛부전나비, 긴꼬리부전나비, 범부전나비 등
네발나비과	뿔나비아과	뿔나비 등
	왕나비아과	왕나비, 대만왕나비 등
	뱀눈나비아과	부처나비, 시골처녀나비, 굴뚝나비, 황알락그늘나비, 물결나비 등
	네발나비아과	네발나비, 큰멋쟁이나비, 거꾸로여덟팔나비 등
	돌담무늬나비아과	돌담무늬나비
	먹그림나비아과	먹그림나비
	오색나비아과	왕오색나비, 대왕나비, 홍점알락나비 등
	표범나비아과	흰줄표범나비, 암끝검은표범나비 등
	줄나비아과	굵은줄나비, 애기세줄나비, 별박이세줄나비 등
팔랑나비과	수리팔랑나비아과	푸른수리팔랑나비 등
	흰점팔랑나비아과	멧팔랑나비, 왕자팔랑나비 등
	돈무늬팔랑나비아과	돈무늬팔랑나비, 수풀알락팔랑나비 등
	팔랑나비아과	수풀떠들썩팔랑나비, 줄점팔랑나비 등

나비의 생김새(모시나비)

나비의 생김새(호랑나비)

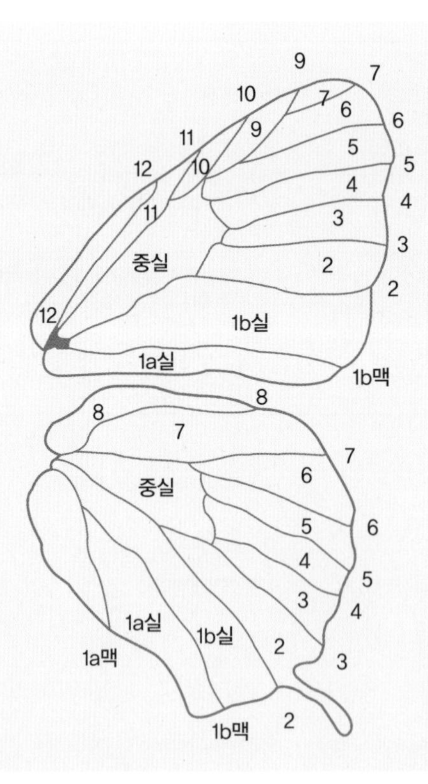

나비 날개의 맥과 실

● 호랑나비과

날개가 크고 아름다운 나비가 많으며, 대부분 날개 끝에 꼬리처럼 생긴 돌기(미상돌기尾狀突起)가 있지만 모시나비류에는 없습니다.

모시나비아과(호랑나비과)

모시나비 암컷은 배에 털이 거의 없고 배 양쪽에 노란색 줄무늬가 있다.

모시나비 암컷 짝짓기할 때 수컷은 암컷에게 '짝짓기 주머니'를 만들어준다. 다른 수컷과 짝짓기를 못 하게 하기 위함이다.

모시나비 수컷 배에 털이 많고 노란색 줄무늬가 없다.

모시나비 수컷 날개를 접자 배에 북슬북슬한 털이 보인다.

모시나비 짝짓기 수컷이 짝짓기 주머니를 만들어 암컷에게 붙여 주고 있다. 위가 암컷, 아래가 수컷이다.

막 날개돋이를 마친 모시나비

날개를 말리고 있는 모시나비

날개돋이 후 날개를 말리고 있는 모시나비 암컷

모시나비의 크기를 짐작할 수 있다.

애호랑나비 1년에 1회 나타나며 3~5월에 성충이 보인다.

애호랑나비 번데기로 월동하며 이른 봄에 성충으로 날개돋이한다.

애호랑나비 진달래, 제비꽃, 얼레지 등 봄에 피는 꽃에서 꿀을 빨아 먹는다.

애호랑나비 기온이 떨어지면 숲 바닥에 앉아 날개를 편 채 일광욕을 한다.

날개돋이한 지 얼마 안 된 애호랑나비 얼레지 꽃에 날아온 애호랑나비 날개가 깨끗하다.

속새에 앉아 쉬고 있는 애호랑나비

애호랑나비 수컷은 배에 잔털이 많다.

짝짓기 주머니를 배 끝에 달고 있는 애호랑나비 암컷. 짝짓기 주머니는 갈색이며 돌기가 두드러진다.

애호랑나비 알. 암컷은 먹이식물인 족도리풀이나 개족도리풀 잎 뒷면에 알을 5~21개 낳는다.

애호랑나비 알의 크기를 짐작할 수 있다.

애호랑나비 애벌레

애호랑나비 종령 애벌레 보통 초여름에 번데기가 되고 그 상태로 이듬해 봄까지 월동한다.

꼬리명주나비 날개 색이 명주 옷감 같고 꼬리처럼 생긴 미상돌기가 길어서 붙인 이름이다.

꼬리명주나비 수컷 전체적으로 하얀색이다. 1년에 2회 나타난다.

꼬리명주나비 수컷의 크기를 짐작할 수 있다.

꼬리명주나비 암컷은 전체적으로 검은색이다.

꼬리명주나비 암컷

꼬리명주나비 짝짓기 암컷이 위에 있고 수컷이 매달린 자세로 짝짓기를 한다.

꼬리명주나비 암컷은 먹이식물인 쥐방울덩굴 줄기나 새싹에 알 5~95개를 한꺼번에 낳는다.

꼬리명주나비 알(06. 10.)

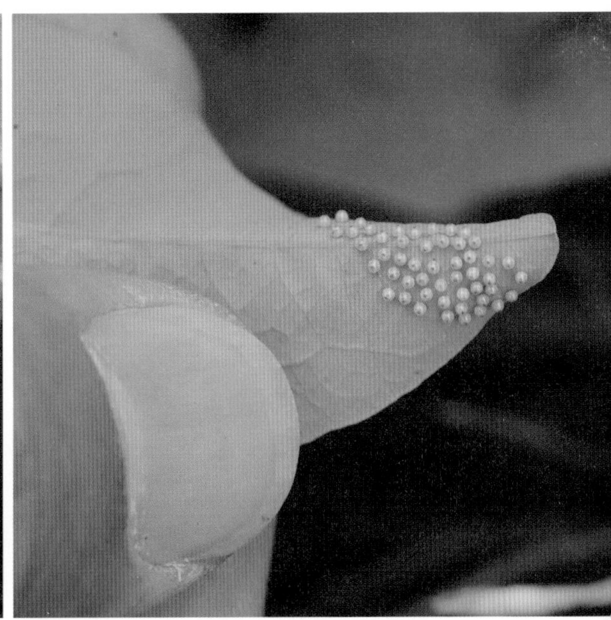

꼬리명주나비 알의 크기를 짐작할 수 있다.

꼬리명주나비가 쥐방울덩굴 잎 위에 번데기를 만들었다.

꼬리명주나비 번데기 겨울을 나는 번데기는 그렇지 않은 번데기 보다 배에 있는 돌기가 훨씬 길다.

꼬리명주나비 수컷이 날개돋이에 실패했다. 번데기에서 배를 빼내지 못했다.

꼬리명주나비 애벌레는 쥐방울덩굴 잎을 먹으면서 성장한다.

꼬리명주나비 애벌레

꼬리명주나비 애벌레들

꼬리명주나비 종령 애벌레 여름형 종령 애벌레는 번데기가 되면 그 상태로 월동한다.

호랑나비아과(호랑나비과)

사향제비나비 1년에 2회 발생하며 번데기로 월동한다. 봄형은 4~6월, 여름형은 7~9월에 볼 수 있다.

사향제비나비 애벌레 쥐방울덩굴이나 등칡 등을 먹으면서 성장한다.

사향제비나비 어린 애벌레 쥐방울덩굴에서 관찰했다.

사향제비나비 애벌레 자극을 받으면 냄새뿔을 내민다.

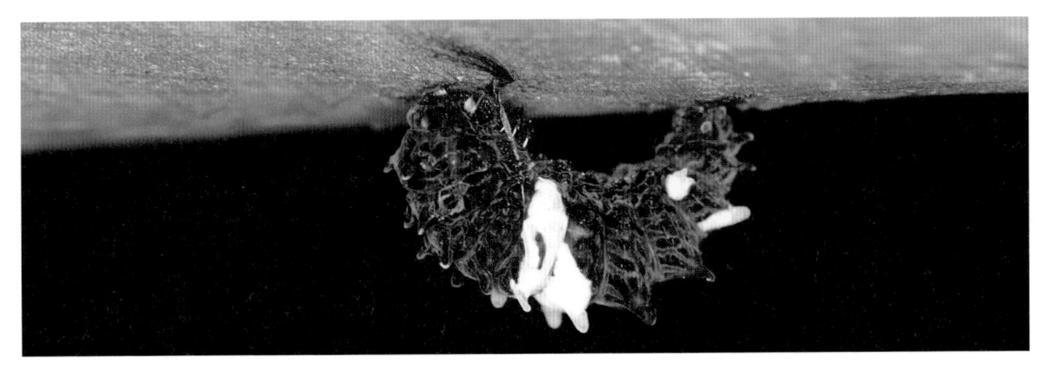

사향제비나비 전용(앞번데기) 번데기가 되기 위해 자리를 잡았다.

사향제비나비 번데기

사향제비나비 번데기에
종령 애벌레 허물이 붙어 있다.

사향제비나비가 막 날개돋이를 끝냈다. 밑에 번데기 허물이 보인다.

날개돋이 직후의 사향제비나비 수컷

사향제비나비 수컷 날개가 검은색이다. 임컷은 누런빛을 띤 검은색이다.

사향제비나비 암컷 날개 윗면이 옅은 흑갈색이다.

사향제비나비 암컷 뒷날개의 무늬가 연한 황색이다. 수컷은 붉은색이다.

사향제비나비 암컷 평소에는 주둥이를 말고 있다.

사향제비나비 특징

호랑나비 1년에 2~3회 나타난다. 봄형은 4~5월에 여름형은 6~10월에 볼 수 있다.

호랑나비 다양한 꽃에서 꿀을 빤다.

호랑나비가 꿀을 빨고 있다.

호랑나비 여름형

호랑나비와 배추흰나비

호랑나비 땅에 내려와 물을 마시고 있다.

호랑나비가 밤에
잎 위에서 쉬고 있다.

평소에는 돌돌 말려 있는 호랑나비 주둥이

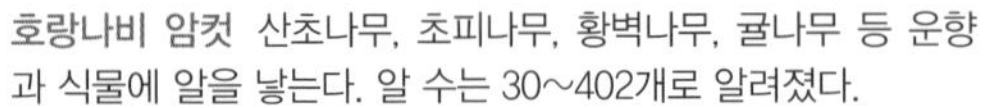

호랑나비 암컷 산초나무, 초피나무, 황벽나무, 귤나무 등 운향과 식물에 알을 낳는다. 알 수는 30~402개로 알려졌다.

호랑나비 왼쪽에 있는 개체는 새에게 공격을 당한 것 같다. 미상돌기 부분이 떨어져 나갔다.

호랑나비 알

호랑나비 알껍질

호랑나비 애벌레

호랑나비 종령 애벌레

호랑나비 번데기

호랑나비 번데기 허물

기생당한 호랑나비 번데기

호랑나비 날개돋이

날개를 말리고 있는 호랑나비

산호랑나비 날개편길이는 65~95mm다. 1년에 2회 발생하며 봄형은 5~6월, 여름형은 7~11월에 보인다.

산호랑나비 2령 애벌레

산호랑나비 애벌레가 허물을 벗고 있다.

산호랑나비 4령 애벌레

크기가 다양한 산호랑나비 애벌레

산호랑나비 종령(5령) 애벌레 다 자란 애벌레는 몸길이가 50mm 정도다.

산호랑나비 애벌레 탱자나무 같은 운향과 식물이나 미나리, 벌사상자 같은 산형과 식물을 먹이로 한다.

산호랑나비 애벌레는 자극을 받으면 냄새뿔을 내밀어 위협한다.

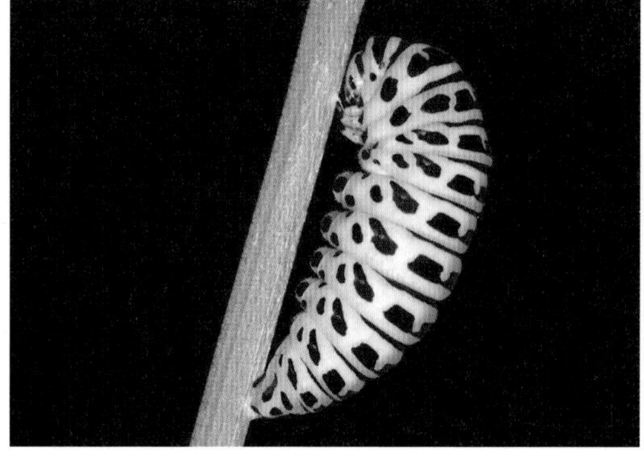
산호랑나비 애벌레가 번데기를 만들기 위해 자리를 잡고 있다.

산호랑나비 번데기 갈색형과 녹색형이 있으며 번데기로 월동한다.

산호랑나비 애벌레와 번데기

산호랑나비 번데기(갈색형)

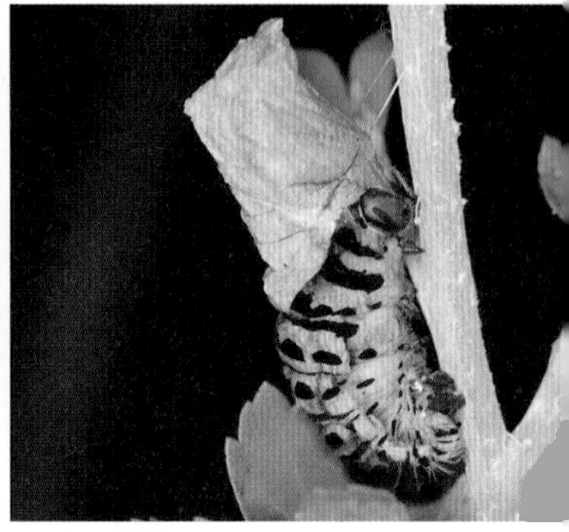

번데기 만들기에 실패한 산호랑나비 종령 애벌레

산호랑나비 배 끝이 양쪽으로 갈라지면 수컷, 전체가 통통하면 암컷이다.

산호랑나비 봄부터 다양한 꽃에서 꿀을 빨아 먹는 성충을 볼 수 있다.

산호랑나비 전국적으로 분포하며, 해안에서부터 1000m 이상의 산꼭대기까지 서식지가 넓다.

산호랑나비 암컷 먹이식물의 새싹이나 잎 뒤에 알을 하나씩 낳아 붙인다.

산호랑나비 1년에 2회 발생하며 여름형은 봄형보다 눈에 띄게 크다.

긴꼬리제비나비 1년에 2~3회 발생하며 봄형은 5~6월, 여름형은 7~9월에 보인다.

긴꼬리제비나비의 크기를 짐작할 수 있다. 암컷이다. 수컷은 뒷날개 가장자리에 황백색 가로띠가 있어 구별된다.

긴꼬리제비나비 평양 이남의 전국에 서식하며 남방제비나비와 비슷하게 생겼지만 날개 폭이 좁다.

긴꼬리제비나비 산초나무, 초피나무, 탱자나무, 머귀나무 등 운향과 식물이 먹이식물이다.

긴꼬리제비나비 짝짓기 후 암컷은 먹이식물의 새싹 또는 잎 뒤에 알을 하나씩 낳는다.

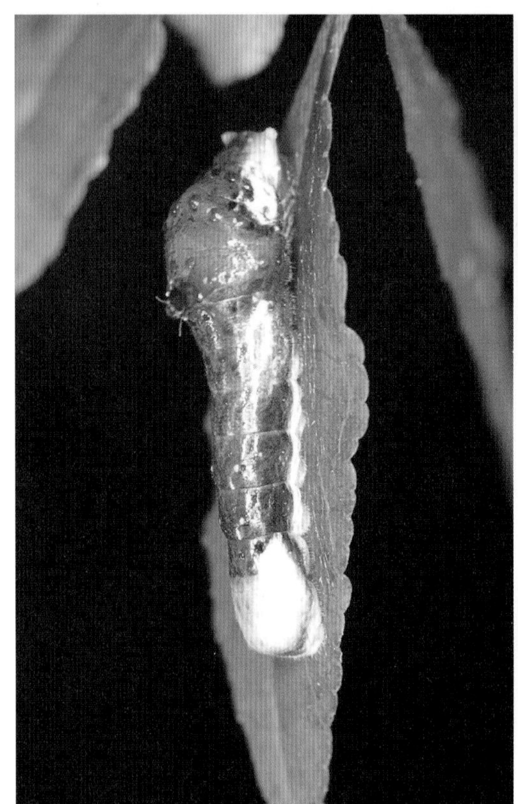

어린 긴꼬리제비나비 애벌레 배 끝이 하얀색으로, 호랑나비 애벌레와 구별된다.

긴꼬리제비나비 2령 애벌레

긴꼬리제비나비 2령 애벌레가 산초나무 잎을 먹고 있다.

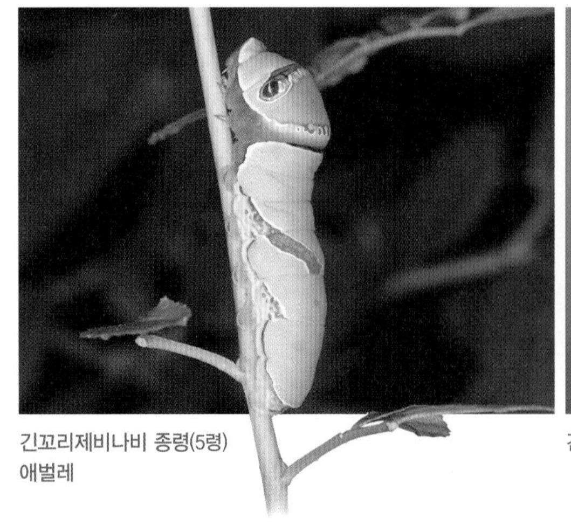

긴꼬리제비나비 종령(5령) 애벌레

긴꼬리제비나비 종령 애벌레가 되면 몸길이는 45mm 정도다.

긴꼬리제비나비 애벌레는 자극을 받으면 냄새뿔을 내밀어 위협한다.

긴꼬리제비나비 번데기

긴꼬리제비나비 번데기 겨울을 나는 번데기다.

긴꼬리제비나비 낮은 산지나 평지의 숲 가장자리에서 많이 보인다.

긴꼬리제비나비 종령 애벌레 산초나무 잎을 먹고 있다.

긴꼬리제비나비 종령 애벌레 얼굴

긴꼬리제비나비 수컷 수컷만 동그라미 친 부분에 무늬가 나타난다.

긴꼬리제비나비 개체마다 색깔 차이가 있다. 주황색이나 황갈색 무늬가 없는 개체다.

제비나비 1년에 2~3회 발생하며 봄형은 4~6월, 여름형은 7~9월에 보인다.

제비나비 산지에서 마을 근처나 섬 지역까지 널리 분포하는 종으로 산제비나비보다 낮은 산지 쪽에 더 많이 보인다.

제비나비 암컷은 산초나무, 초피나무, 황벽나무 등 운향과 식물의 잎 뒤에 알을 하나씩 낳는다.

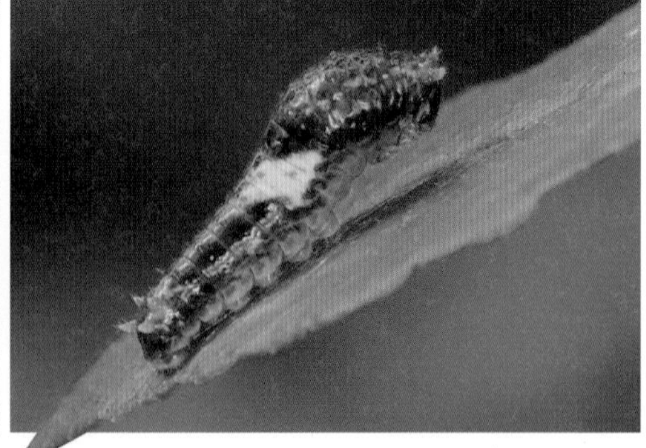

제비나비 어린 애벌레 호랑나비 애벌레와 비슷하지만 몸에 윤기가 더 많다. 마치 기름을 칠해 놓은 것 같다.

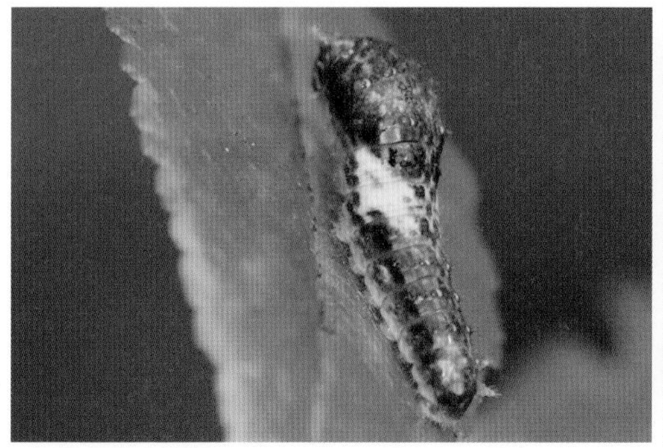

제비나비 어린 애벌레 9월 중순에 관찰한 모습이다.

제비나비 애벌레는 제9 배마디 윗면에 돌기가 뚜렷해 산제비나비 애벌레와 구별된다.

제비나비 애벌레 배다리 발에 가로로 검은색 띠가 없고 앞가슴에서 시작되는 노란색 띠가 뒷가슴 끝 가장자리까지 이어지지 않는 점이 산제비나비 애벌레와 구별된다.

제비나비 애벌레 종령 애벌레 몸길이가 50mm 정도다. 산초나무에 앉아 있다. 주로 저녁에 잎을 먹으며 그 밖의 시간에는 쉰다.

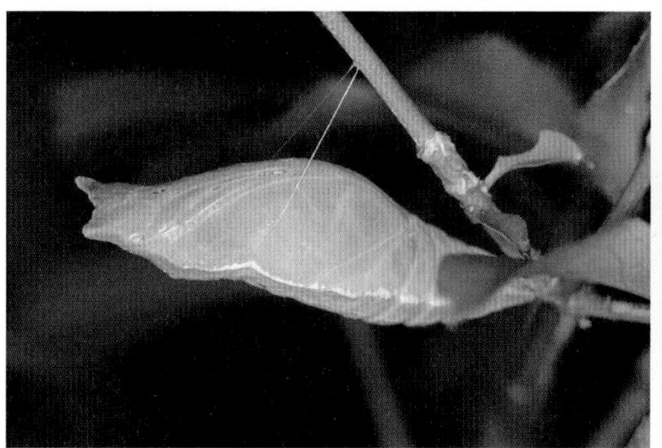

제비나비 번데기 갈색형과 녹색형이 있으며 번데기로 월동한다.

제비나비 앞날개 아랫면에 황백색 무늬가 넓게 나타나는 점이 산제비나비와 구별된다.

산제비나비 1년에 2회 발생하며 봄형은 4~6월에 여름형은 7~8월에 보인다. 원 안에 검은색 융 모양의 성표가 있으면 수컷이다.

산제비나비 암컷

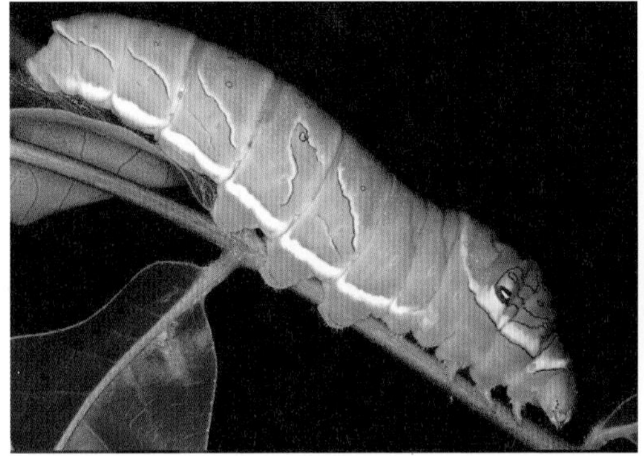

산제비나비 배다리 끝에 검은색 띠가 있고 가슴의 노란색 테두리가 뒷가슴 가장자리까지 이어져 제비나비 애벌레와 구별된다.

산제비나비 번데기 번데기로 월동한다.

산제비나비 날개에 청록색 띠무늬가 나타나는 점이 제비나비와 구별된다. 제주도를 포함한 한반도 전 지역에 서식한다.

산제비나비 앞날개 아랫면에 하얀색 띠가 제비나비보다는 가늘다. 큰까치수영 등 다양한 꽃에서 꿀을 빠는 모습을 볼 수 있다.

산제비나비 앞날개 앞면의 황백색 무늬가 좁다(동그라미 친 부분). 제비나비는 이 부분이 넓다.

산제비나비 습기가 있는 땅바닥에 앉아 물을 마시고 있다.

산제비나비

산제비나비 야생동물 배설물에서 양분을 흡수한다. 청띠신선나비와 함께 배설물에서 양분을 먹고 있다.

● 흰나비과

우리나라에 사는 나비 중에서 중간 정도의 크기입니다. 기생나비아과, 흰나비아과, 노랑나비아과 등이 있으며 수컷은 습기 있는 땅바닥에 잘 앉습니다.

흰나비아과

큰줄흰나비 1년에 서너 번 나타나며 봄형은 4~5월, 여름형은 6~10월에 보인다.

큰줄흰나비 암컷 십자화과가 먹이식물이다. 암컷은 날개 기부에 검은색 무늬가 있다.

큰줄흰나비 수컷 날개에 검은색 무늬가 나타나지 않는다.

큰줄흰나비 암컷의 짝짓기 거부 행동 배 끝을 올려 거부 의사를 표시한다. 날개에 검은색 무늬가 선명하다.

큰줄흰나비 암컷의 짝짓기 거부 행동 암컷은 짝짓기 거부 의사를 누워서 배 끝을 올리는 것으로 표시한다. 수컷이 여러 번 시도했지만 짝짓기는 이루어지지 않았다.

큰줄흰나비 짝짓기

큰줄흰나비 얼굴

큰줄흰나비 수컷들 종종 습기가 많은 땅바닥에 내려앉는다.

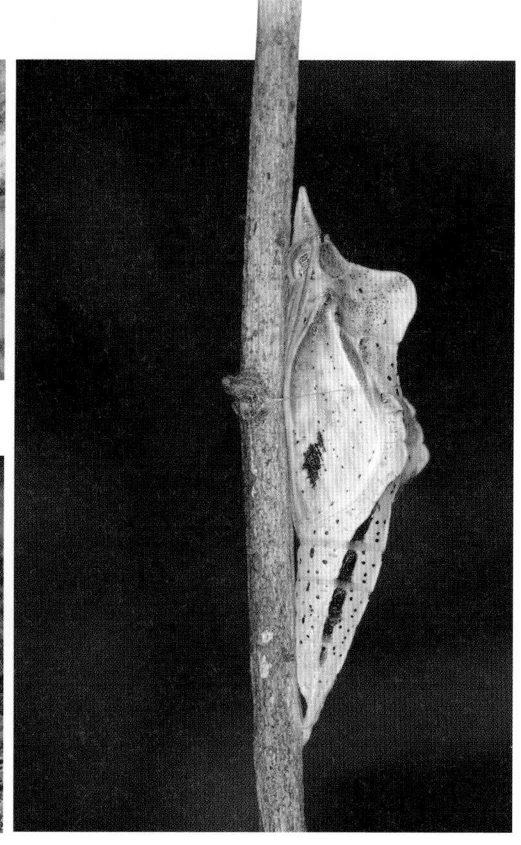

큰줄흰나비 번데기

배추흰나비 1년에 네다섯 번 나타나는데 봄형은 2~5월, 여름형은 6~11월에 보인다.

배추흰나비 앞날개 끝의 검은색 무늬가 삼각형이고 뒷날개 가장자리에 검은색 점이 없어 대만흰나비와 구별된다.

배추흰나비 배추, 냉이 등 십자화과 식물이 먹이식물이다.

배추흰나비 전국적으로 분포하며 마을 주변의 경작지나 해안가의 탁 트인 곳에서 주로 보인다.

배추흰나비 애벌레 배의 숨문선 위에 누런색 무늬가 2개 있어 여느 흰나비과의 애벌레와 구별된다. 크기를 짐작할 수 있다.

배추흰나비 번데기 번데기로 월동한다.

배추흰나비 날개에 검은색의 삼각형 무늬가 선명하다.

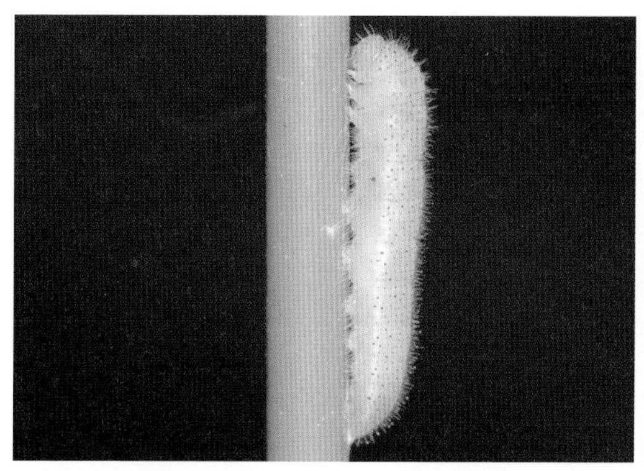

대만흰나비 애벌레 배추흰나비 애벌레와 달리 숨문선 위에 누런색 점이 하나씩만 있다.

대만흰나비 애벌레 번데기가 되기 위해 자리를 잡았다.

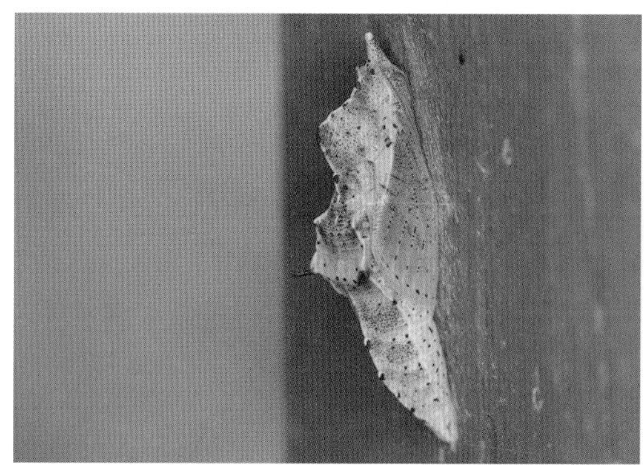

대만흰나비 번데기 제3 배마디 옆면에 침 같은 돌기가 있다. 겨울을 날 때는 갈색을 띤다.

대만흰나비 녹색형 번데기

대만흰나비 특징

대만흰나비 1년에 서너 번 나타나며 번데기로 월동한다.

갈고리흰나비 1년에 1회 나타나며 4~5월에 보인다.

갈고리흰나비 날개 끝이 갈고리 모양으로 휘었다. 수컷은 끝이 노란색이다.

갈고리흰나비 냉이, 꽃다지 등 십자화과 식물이 먹이식물이다.

갈고리흰나비 여름 전에 번데기가 되며 번데기 상태로 월동한다.

갈고리흰나비 수컷

갈고리흰나비 암컷

석주명 박사가 붙인 갈구리나비(『조선 나비 이름의 유래기』, 1947)에서 갈고리흰나비로 이름이 바뀌었다.

노랑나비 1년에 3~5회 발생하며 2~10월에 보인다. 번데기로 월동한다.

노랑나비 토끼풀, 싸리나무, 자운영 등 콩과 식물이 먹이식물이다.

노랑나비 뒷날개 가운데(중실부)에 테두리가 있는 하얀색 점무늬가 있다. 중실(discal cell)이란 앞날개와 뒷날개 중앙에 맥으로 둘러싸인 부분을 가리킨다.

노랑나비 수컷 경작지 주변이나 해안, 도로변, 산지의 양지바른 풀밭 등에 살며 다른 흰나비과 나비들보다 직선으로 빠르게 난다. 다양한 꽃에서 꿀을 먹는다.

노랑나비 수컷 윗면 수컷은 바탕색이 노란색이며 암컷은 하얀색에 가깝다.

남방노랑나비 1년에 서너 번 발생하며 성충으로 월동한다. 주로 남부지방에 살며 날개에 갈색 점무늬가 흩어져 있다. 콩과 식물이 먹이식물이다.

남방노랑나비 짝짓기

극남노랑나비 봄형은 5~6월, 여름형은 7~11월, 월동 후 이듬해 3~4월에 걸쳐 연 3~4회 나타난다. 남방노랑나비와 더듬이 모양이 다르다.

멧노랑나비 1년에 1회 나타나며 성충으로 월동한다. 내륙 산지를 중심으로 국지적으로 분포한다. 멋노랑나비로 불리기도 했다.

멧노랑나비 날개맥 끝에 검은색 점이 있고 뒷날개 가운데 붉은색 점이 큰 것이 각시멧노랑나비와 구별된다. 여름보다는 9월 초에 풀밭에서 잘 관찰된다.

● 부전나비과

우리나라에 사는 나비 가운데 작은 종에 속하며 날개 윗면, 아랫면뿐만 아니라 암수에 따라 색이 다르기도 합니다. 금속성 광택이 있거나 색이 화려한 종도 많습니다. 대부분 뒷날개에는 미상돌기가 있지만 없는 종도 있습니다.

녹색부전나비아과(부전나비과)

귤빛부전나비 1년에 1회 나타나며 5~7월에 보인다. 알로 월동한다.

귤빛부전나비 갈참나무, 떡갈나무 등 참나무류가 먹이식물이다.

귤빛부전나비 서해안과 남해안 일부 지역을 제외한 전국에 서식한다.

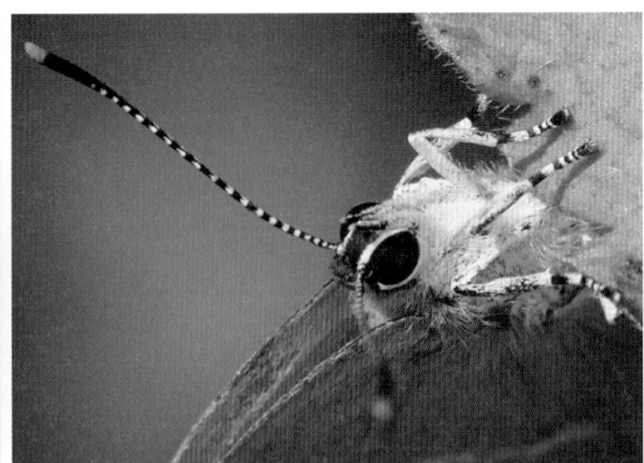

귤빛부전나비 얼굴

귤빛부전나비 날개에 하얀색 선이 분명하게 나타나며 더듬이처럼 생긴 미상돌기 앞쪽에 눈처럼 보이는 검은색 점이 있다.

귤빛부전나비 날개 윗면 죽은 개체다.

귤빛부전나비 더듬이 끝이 날개 색과 비슷한 귤색이다.

귤빛부전나비 암컷은 수컷보다 날개 너비가 넓고 바깥 가장자리가 둥글다.

시가도귤빛부전나비 1년에 1회 나타나며 6~8월에 보이고 알로 월동한다.

시가도귤빛부전나비 날개 무늬가 도시 거리의 지도처럼 보인다고 해서 붙인 이름이다. 떡갈나무, 갈참나무 등 참나무류가 먹이식물이다.

시가도귤빛부전나비 암컷은 앞날개 끝 바깥 가장자리에 검은색 테두리가 있다. 먹이식물의 잔가지에 알을 낳고 배 끝을 움직여 털로 덮는 습성이 있다.

시가도귤빛부전나비 산지의 참나무류 숲에 서식하며 낮 동안에는 주로 나뭇잎에 앉아 쉬다가 오후에 나무 사이를 활발하게 날아다닌다.

금강산귤빛부전나비 1년에 1회 나타나며 6~8월에 보인다. 알로 월동한다. 금강산에서 처음 채집되었다.

금강산귤빛부전나비 물푸레나무과가 먹이식물이다. 지리산 이북의 산지에 서식한다.

금강산귤빛부전나비 비슷하게 생긴 붉은띠귤빛부전나비와는 미상돌기 유무로 구별한다.

금강산귤빛부전나비 중령 애벌레 몸길이는 24mm 내외로 전체적으로 짚신 모양이다.

붉은띠귤빛부전나비 1년에 1회 나타나며 6~8월에 보인다. 알로 월동한다. 꼬리 모양의 미상돌기가 없는 점이 금강산귤빛부전나비와 구별된다.

붉은띠귤빛부전나비 몸길이는 7mm, 날개편길이는 17mm 정도다. 물푸레나무과가 먹이식물이며 지리산과 태백산 이북의 산지에 국지적으로 서식한다.

붉은띠귤빛부전나비 낮은 산지의 계곡이나 인가 주변에 산다고 알려졌다. 7월 초 계곡 주변에서 만난 개체다.

암고운부전나비 1년에 1회 나타난다. 6월에 나타나 여름잠을 자고 암컷은 가을에 볼 수 있다. 장미과가 먹이식물이다.

암고운부전나비 수컷은 날개 윗면 전체가 진한 갈색이고 암컷은 등황색 무늬가 있다.

암고운부전나비 날개돋이 직후의 모습이다.

암고운부전나비 번데기 허물

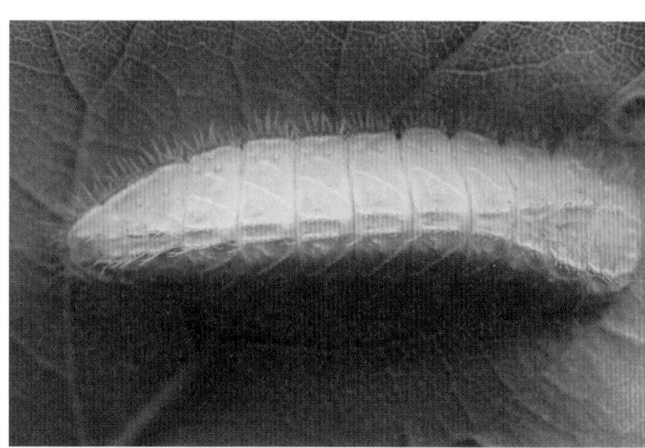

암고운부전나비 종령 애벌레 부전나비 중 큰 편에 속하며 몸길이는 25mm 정도다. 전체적으로 짚신 모양이다.

암고운부전나비 종령 애벌레 다 자란 애벌레는 먹이식물에서 내려와 돌이나 낙엽, 죽은 나무 아래에 들어가 번데기가 된다.

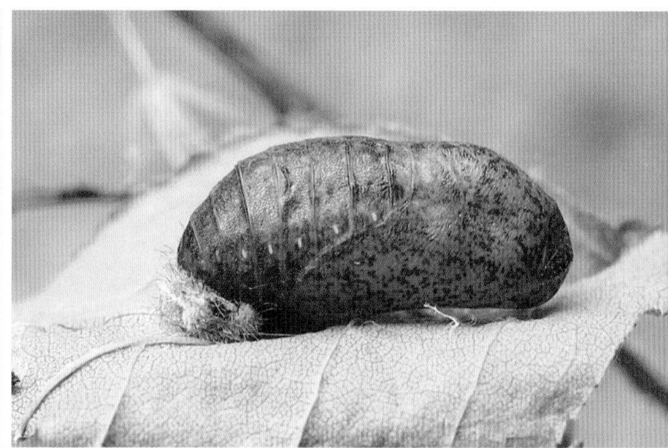

암고운부전나비 번데기 몸길이는 13mm, 너비는 6mm 정도다. 옆면에 연두색 잔털이 드문드문 나 있다. 번데기 기간은 약 20일이다.

참나무부전나비 1년에 1회 나타나며 6~7월에 보인다. 알로 월동한다. 날개 아랫면에 하얀색 줄무늬가 많다. 참나무류가 먹이식물이다. 경기도와 강원도 일부 지역, 북한의 일부 지역에 분포하며 참나무류가 많은 산지의 계곡에 산다. 석주명 박사가 이름 붙였으며(1947) 북한에서는 참나무꼬리숫돌나비라고 한다.

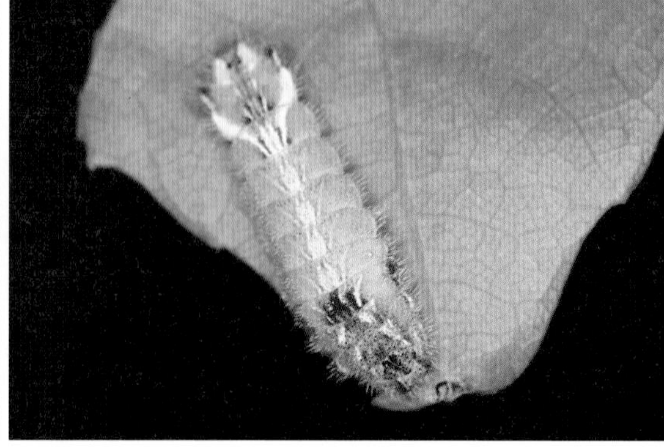

참나무부전나비 종령 애벌레 위에서 보면 제8~9 배마디가 넓적하게 튀어나와 긴 사다리꼴이다.

물빛긴꼬리부전나비 1년에 1회 나타나며 6~7월에 보이고 알로 월동한다.

물빛긴꼬리부전나비 참나무류가 먹이식물이며 아침부터 낮 동안에 나뭇잎 위에서 쉬며 오후 4시쯤부터 어두워질 때까지 활동한다. 경남 일부 지역을 포함한 남한 각지에 국지적으로 분포한다.

물빛긴꼬리부전나비 날개의 앞면은 회색빛을 띤 검은색이다.

담색긴꼬리부전나비 1년에 1회 나타나며 6~8월에 보인다. 알로 월동하며 참나무류가 먹이식물이다.

담색긴꼬리부전나비 날개 기부에 검은색 점들이 있어 여느 긴꼬리부전나비류와 구별된다(동그라미 친 부분).

담색긴꼬리부전나비 날개 뒤쪽을 머리처럼 보이게 하는 것이 이 나비들의 생존 전략이다(동그라미 친 부분).

담색긴꼬리부전나비 해안 지역을 제외한 내륙 지역의 낮은 산에 주로 참나무류가 많은 숲에 서식한다.

범부전나비 1년에 1~2회 발생하며 봄형은 4~6월에, 여름형은 7~8월에 보인다. 번데기로 월동한다.

범부전나비 콩과와 갈매나무과가 먹이식물이다. 날개 아랫면의 줄무늬가 호랑이(범) 무늬처럼 보인다고 해서 붙인 이름이다.

범부전나비 전국에 분포하며 낙엽활엽수림 가장자리에 산다.

범부전나비 날개 아랫면과 달리 윗면에 황갈색 무늬가 있다. 개체에 따라 이 무늬가 없는 등 개체 변이를 보인다.

범부전나비 암컷은 주로 먹이식물의 꽃봉오리에 알을 하나씩 낳는다.

범부전나비 날개 윗면 4월에 만난 개체다.

암붉은점녹색부전나비 1년에 1회 나타나며 6~8월에 보인다. 알로 월동한다. 산벚나무나 귀룽나무 등 장미과가 먹이식물이다. 도서 지역과 서해안 지역을 제외한 지리산 이북 지역에 국지적으로 분포한다.

암붉은점녹색부전나비 암컷의 앞날개 안쪽 윗면에 붉은색 점무늬가 있어 붙인 이름이다. 수컷은 날개 안쪽이 광택이 나는 녹색이다.

암붉은점녹색부전나비 북한에서는 부전나비를 숫돌나비라고 하는데, 암붉은점푸른꼬리숫돌나비가 북한명이다. 6월에 만난 개체다.

넓은띠녹색부전나비 1년에 1회 나타나며 6~7월에 보인다. 알로 월동한다. 날개 윗면에 하얀색의 넓은 띠가 나타난다. 수컷은 날개 아랫면이 광택이 나는 황록색이며 암컷은 흑갈색이다.

넓은띠녹색부전나비 참나무류가 먹이식물이다. 전라도와 경상도 일부 지역, 경기도와 강원도 일부 지역과 북부지방에 국지적으로 분포한다.

깊은산녹색부전나비 꼬리처럼 생긴 미상돌기가 가늘고 긴 것이 비슷하게 생긴 산녹색부전나비와 구별된다.

깊은산녹색부전나비 1년에 1회 나타나며 6~7월에 보인다. 지리산 이북의 산지에 국지적으로 분포한다. 참나무류가 먹이식물이다.

깊은산녹색부전나비 수컷의 날개 윗면은 광택이 나는 청록색이며 암컷은 흑갈색이다.

깊은산녹색부전나비 암컷은 먹이식물의 잎눈 아래에 알을 하나씩 낳는다. 알 상태로 월동한다.

북방녹색부전나비 1년에 1회 나타나며 6~8월에 보인다. 지리산 이북의 중·동북부에 분포하며 알로 월동한다.

북방녹색부전나비 참나무류가 먹이식물이며 수컷은 해뜨기 전 6~9시 사이에 점유 행동을 하는 습성이 있다.

북방녹색부전나비 암컷은 날개 윗면이 흑갈색이며 개체에 따라 황갈색 무늬가 나타나고, 수컷은 광택이 나는 청록색이다.

산녹색부전나비 수컷의 날개 윗면은 광택이 나는 청록색이며 검은색 테가 중간에서 약간 좁아진다(동그라미 친 부분).

산녹색부전나비 1년에 1회 나타나며 6~8월에 보인다. 알로 월동한다. 제주도를 포함해 우리나라 내륙 전 지역에 서식한다. 해안 지역에서는 관찰되지 않는다.

산녹색부전나비 하얀색 띠 앞에 막대 무늬가 희미하게 보인다(동그라미 친 부분). 참나무류가 먹이식물이다.

산녹색부전나비 수컷 청록색인 날개 윗면이 살짝 보인다.

큰녹색부전나비 날개 아랫면이 밝으며 막대 무늬가 선명하다(동그라미 친 부분).

큰녹색부전나비 1년에 1회 나타나며 6~8월에 보인다. 알로 월동한다. 참나무류가 먹이식물이며 제주도, 울릉도를 포함한 한반도 전 지역에 분포하지만 동·서해안 지역에서는 관찰되지 않는다.

큰녹색부전나비 수컷의 날개 윗면은 광택이 나는 청록색이며 암컷은 흑갈색이다.

큰녹색부전나비 암컷 참나무류의 줄기에 몇 개씩 산란한다.

큰녹색부전나비 암컷

작은녹색부전나비 1년에 1회 나타나며 6~8월에 보인다. 자작나무과가 먹이식물이다. 경기도 이북과 지리산에 서식한다.

검정녹색부전나비 앞날개 아래쪽에 검은색 무늬가 있다(동그라미 친 부분). 1년에 1회 나타나며 6~8월에 보인다. 새에게 공격을 당한 듯 미상돌기가 상했다.

벚나무까마귀부전나비 1년에 1회 나타나며 5~6월에 보인다. 알로 월동한다.

벚나무까마귀부전나비 벚나무, 복숭아나무 등 장미과 나무가 먹이식물이다. 충청북도 일부 지역과 경기도, 강원도에 국지적으로 분포한다.

벚나무까마귀부전나비 중령 애벌레 긴 타원형이며 몸에 털이 많다. 몸길이는 18mm 정도다.

벚나무까마귀부전나비 전용 종령 애벌레가 번데기가 되기 전의 과정이다.

벚나무까마귀부전나비 전용

벚나무까마귀부전나비 번데기 길이는 9mm 정도, 새똥처럼 보인다.

날개돋이 직전의 벚나무까마귀부전나비 번데기

벚나무까마귀부전나비 날개돋이

쇳빛부전나비 날개 색이 녹슨 쇠처럼 보인다고 해서 붙인 이름이다.

쇳빛부전나비 1년에 1회 나타나며 4~5월에 보인다. 번데기로 월동한다.

쇳빛부전나비 장미과와 진달래과가 먹이식물이다.

쇳빛부전나비 제주도와 울릉도를 제외한 내륙 지역에 분포한다.

쇠빛부전나비 북방쇳빛부전나비보다 미상돌기가 덜 발달했다.

북방쇳빛부전나비 1년에 1회 나타나며 4~5월에 보인다. 번데기로 월동한다.

북방쇳빛부전나비 조팝나무 등 장미과가 먹이식물이다. 강원도와 경기도 일부 지역에 서식한다.

북방쇳빛부전나비 암컷은 먹이식물의 가지에 알을 하나씩 낳는다. 암수 모두 빠르게 날아다닌다.

북방쇳빛부전나비 날개 가장자리의 요철이 쇳빛부전나비보다 더 뚜렷하다.

쌍꼬리부전나비 한반도 전역에 국지적으로 분포하며 멸종위기 야생동물 2급으로 분류되었다.

쌍꼬리부전나비 미상돌기가 2개 있어 붙인 이름으로 석주명 박사가 지었다.

쌍꼬리부전나비 1년에 1회 6~8월에 나타나며 애벌레가 꼬리치레개미류에 더부살이하는 것으로 알려졌다.

주홍부전나비아과(부전나비과)

큰주홍부전나비 1년에 서너 번 나타나며 3령 애벌레로 월동한다.

큰주홍부전나비 소리쟁이 등 마디풀과가 먹이식물이며 경기, 강원도 등지에 서식한다.

큰주홍부전나비 수컷 날개 윗면 전체가 주황색이다.

큰주홍부전나비 날개 아랫면은 암컷과 비슷하지만 윗면은 전혀 다르다.

큰주홍부전나비 수컷 초원성으로 논밭 주변이나 강가의 풀밭에 서식한다.

큰주홍부전나비 최근 들어 서울 한강 유역에서 많이 보이는 등 서식지가 넓어지고 있다.

큰주홍부전나비 수컷

큰주홍부전나비의 크기를 짐작할 수 있다.

큰주홍부전나비 새에게 공격을 당한 듯 날개가 많이 상했다.

큰주홍부전나비 작은주홍부전나비와는 앞날개 윗면의 검은색 점무늬로 구별한다.

큰주홍부전나비 암컷 수컷과 달리 날개 윗면에 진한 갈색 무늬가 나타난다. 먹이식물의 잎 위나 아래에 알을 하나씩 여러 번 낳는다. 간혹 여러 암컷이 한 잎에 함께 산란하기도 한다.

작은주홍부전나비 1년에 4~5회 나타나며 4~11월에 보인다. 3령 애벌레로 월동한다.

작은주홍부전나비 수영, 소리쟁이 등 마디풀과가 먹이식물이다. 제주도를 포함해 전국에 분포한다.

작은주홍부전나비 초원성으로 논밭과 산지 주변의 풀밭에 서식한다.

작은주홍부전나비 암수의 무늬 차이는 없으나 암컷이 조금 크고, 날개 가장자리가 둥글다. 수컷보다 주황색이 약하다.

작은주홍부전나비 수컷은 풀잎 위에서 텃세 행동을 하며 빠르게 날다가 제자리로 되돌아와 앉는 습성이 있다.

작은주홍부전나비 암수 모두 여러 꽃에 잘 모이나 물가에는 가지 않는다.

작은주홍부전나비 큰주홍부전나비와 비슷하지만 앞날개 검은색 점무늬가 다르다.

부전나비아과(부전나비과)

먹부전나비 1년에 서너 번 나타나며 5~9월에 보인다. 애벌레로 월동한다.

먹부전나비 꿩의비름, 돌나물 등 꿩의비름과 식물이 먹이식물이다. 부속 섬을 포함해 우리나라 전 지역에 분포한다.

먹부전나비 날개 아랫면의 점무늬가 크고(동그라미 친 부분) 위치가 달라 암먹부전나비와의 구별된다.

먹부전나비 암수의 색과 무늬에 차이가 없으나 암컷이 조금 더 크고 날개 가장자리가 둥글며 날개 아랫면 무늬가 더 뚜렷하다. 짝짓기 후 암컷은 먹이식물의 연한 잎에 알을 하나씩 낳는다.

먹부전나비 짝짓기
오른쪽 큰 개체가 암컷이다.

암먹부전나비 1년에 서너 번 나타나며 3~10월에 보인다. 애벌레로 월동한다.

암먹부전나비 콩과 식물이 먹이식물이다. 도서 지역을 포함에 전국에 서식한다.

암먹부전나비 먹부전나비보다 날개 아랫면의 점이 작다(동그라미 친 부분).

암먹부전나비 암컷 수컷은 날개 윗면이 청람색이고 암컷은 흑갈색이다.

암먹부전나비 날개 윗면을 빼고는 암수 차이가 별로 없다. 암컷이 조금 크다.

암먹부전나비 암컷은 먹이식물의 꽃봉오리에 알을 하나씩 낳는다.

암먹부전나비 길가나 밭 주변, 산지의 풀밭 등지에서 서식한다.

암먹부전나비 수컷 날개 윗면의 색이 암컷과 다르다.

암먹부전나비 수컷 습기가 있는 땅바닥에 내려와 물을 마시고 있다.

남방부전나비 앞날개 아랫면에 검은색 점이 있어(동그라미 친 부분) 극남부전나비와 구별된다.

남방부전나비 1년에 4~5회 발생하며 4~11월에 보인다. 애벌레로 월동한다.

남방부전나비 괭이밥이 먹이식물이다. 제주도, 울릉도를 포함한 남한 각 지역에 분포한다.

남방부전나비 수컷은 날개 윗면이 청람색이고 암컷은 흑갈색이다.

남방부전나비 성충은 다양한 꽃에서 꿀을 빨며 암컷은 먹이식물의 새싹에 알을 하나씩 낳는다.

남방부전나비 특징

남방부전나비 짝짓기 오른쪽 개체가 암컷이다.

푸른부전나비 1년에 3~5회 발생하며 3~10월에 보인다. 번데기로 월동한다.

푸른부전나비 콩과 식물이 먹이식물이며 한반도 전 지역에 분포한다.

푸른부전나비 수컷 날개 윗면이 청람색이다.

푸른부전나비 수컷은 산길이나 빈터의 습지에 잘 모이며 동물 똥이나 새똥에도 모인다.

푸른부전나비 암컷 날개 바깥 가장자리에 검은색 띠가 넓게 나타난다. 먹이식물의 꽃봉오리나 새싹에 알을 하나씩 낳거나 여러 개 낳기도 한다.

푸른부전나비 초원성으로 인가 주변, 논밭, 산지 주변의 풀밭에 서식하며 평지에서 산 정상까지 넓게 서식한다.

푸른부전나비 특징 중실 가운데에 점이 있다(동그라미 친 부분).

푸른부전나비와 왕자팔랑나비가 새똥을 먹고 있다.

작은홍띠점박이푸른부전나비 1년에 2회 발생하며 4~8월에 보인다. 번데기로 월동한다.

작은홍띠점박이푸른부전나비 돌나물, 기린초 등 꿩의비름과가 먹이식물이며 제주도와 남부 해안 지역을 제외한 전국에 서식한다.

작은홍띠점박이푸른부전나비 암수의 색상과 무늬 차이는 없으며 암컷의 날개가 조금 더 크고 가장자리가 둥근 편이다.

부전나비 1년에 2~3회 발생하며 5~10월에 보인다. 콩과가 먹이식물이며 제주와 울릉도를 제외한 전국에 분포한다. 강가 주변이나 논밭 주변에 산다. 날개 윗면이 수컷은 청람색이며 암컷은 흑갈색이다.

부전나비 수컷 초원성으로 낮은 산지나 논밭 주변에서 빠르게 날면서 활동한다.

부전나비 암컷 암컷은 먹이식물의 꽃봉오리, 줄기 또는 주변의 마른 풀에 알을 하나씩 낳는다.

부전나비 암컷

부전나비 특징 청색 금속성 비늘가루가 제2실부터 5실까지 나타나는(동그라미 친 부분) 개체가 많다.

● 네발나비과

우리나라에 사는 나비 가운데 중 · 대형에 속하는 나비로 종에 따라 크기나 색이 다양하지만, 앞다리 한 쌍이 퇴화 또는 짧은 것이 공통적인 특징입니다. 하지만 같은 과에 속하는 뿔나비 암컷처럼 앞다리가 긴 경우도 있지요. 이 과에 속하는 많은 나비는 습기 있는 땅바닥이나 동물의 배설물 등에 잘 앉는 특성을 보입니다.

뿔나비아과(네발나비과)

뿔나비 1년에 1회 나타나며 6~10월에 보이다가 이듬해 3~5월에 다시 보인다. 성충으로 월동한다. 풍게나무, 팽나무 등 느릅나무과가 먹이식물이며 도서 지역을 제외한 남한 각지에 서식한다.

뿔나비 날개 아랫면은 마른 나뭇잎과 비슷해서 보호색을 띤다.

뿔나비 산지 계곡 주변 낙엽활엽수림에 산다. 날개돋이한 지 얼마 되지 않았을 때 무리 지어 모인다.

뿔나비 암컷은 먹이식물의 새싹 아래에 알을 하나씩 끼워 넣듯이 낳거나 여러 개를 낳기도 한다.

뿔나비 아랫입술수염이 길고 좌우가 합쳐져 머리 앞쪽으로 튀어나와 있어 붙인 이름이다. 아랫입술수염이 뿔처럼 보인다.

여름밤에 만난 뿔나비

뿔나비 번데기

뿔나비 번데기 길이는 16mm 정도로 녹색형과 갈색형 또는 두 가지가 섞여 있는 형이 있다. 두 개체가 같이 있다.

왕나비 1년에 2~3회 발생하며 1세대는 제주도에서 내륙으로 날아가 한반도 내륙에서 2~3세대를 거치는 이동성이 강한 대표적인 나비다.

왕나비 몸길이가 10cm 정도로 커서 붙인 이름이다.

왕나비 제주왕나비라고 불리기도 했으나 이승모가 왕나비라는 이름을 붙였다(1982).

왕나비 날개 무늬가 알록달록해 북한에서는 '알락나비'라고 한다.

왕나비 겹눈과 가슴의 점무늬가 인상적이다.

왕나비 얼굴

왕나비 애벌레는 큰박주가리, 흑박주가리 등을 먹으며 성장하다가 그 상태로 월동한다.

먹그늘나비 먹그늘나비붙이와 비슷하지만 앞날개 윗면에 둥근 무늬가 있어(동그라미 친 부분) 구별된다.

먹그늘나비 1년 1~2회 발생하며 한반도 전 지역에서 볼 수 있다. 6~9월에 나타난다.

먹그늘나비 조릿대, 달뿌리풀 등 벼과 식물이 먹이식물이다.

먹그늘나비 꽃과 썩은 과일, 불빛에도 종종 모인다.

먹그늘나비 조릿대가 많은 그늘진 장소에 살며, 주로 햇빛이 약하게 비치는 나뭇잎 위에 앉아 쉰다.

먹그늘나비 날개 윗면에는 눈알 무늬가 없고 수컷은 흑갈색이며 암컷은 수컷보다 연한 갈색이다.

왕그늘나비 1년에 1회 나타나며 6~9월에 보인다. 애벌레로 월동하며 지리산 이북의 산지에 국지적으로 분포한다. 벼과의 참억새, 사초과의 삿갓사초 등이 먹이식물로 알려졌다. 참나무류 진이나 새똥 등에 잘 모인다.

알락그늘나비 1년에 1회 나타나며 6~9월에 보인다. 애벌레로 월동하며 지리산 이북의 산지를 중심으로 분포한다.

알락그늘나비 참나무류가 많은 숲에 살며 벼과와 사초과의 여러 식물이 먹이식물로 알려졌다. 암수 모두 나무 수액에 잘 모인다.

황알락그늘나비 1년에 1회 나타나며 6~9월에 보인다. 애벌레로 월동하며 벼과와 사초과 여러 식물이 먹이식물이다.

황알락그늘나비 나무 수액이나 썩은 과일 등에 잘 모인다.

눈많은그늘나비 1년에 1회 나타나며 7~8월에 보인다. 애벌레로 월동한다. 사초과와 벼과의 여러 식물이 먹이식물로 알려졌다.

눈많은그늘나비 우리나라 전 지역에 분포하나 울릉도에서 채집 기록은 없다. '눈많은뱀눈나비'라고도 한다.

뱀눈그늘나비 1년에 2회 발생하며 5~6월, 8~9월에 보인다. 애벌레로 월동하며 제주도와 울릉도를 제외한 전국에 분포한다. 벼과 식물이 먹이식물로 알려졌다.

뱀눈그늘나비 산지의 잡목림 숲에 살며 낮은 곳에서 정상까지 폭넓게 분포한다.

부처사촌나비 1년에 2회 발생하며 5~8월에 보인다. 애벌레로 월동하며 우리나라 전 지역에 분포한다.

부처사촌나비 눈알 무늬 앞의 하얀색 외횡선이 직선이 아니다. 외횡선이 직선이면 부처나비다.

부처사촌나비 벼과 식물이 먹이식물이다.

부처사촌나비 꽃이나 썩은 과일, 참나무류 진이나 축축한 물가에 잘 모인다.

부처사촌나비 이른 아침이나 흐린 날에는 체온을 높이기 위해 날개를 펴고 앉는다.

부처사촌나비 5월에 만난 부처사촌나비다. 굽은 외횡선이 뚜렷하다.

부처나비 학명 *Mycalesis gotama*의 gotama는 부처의 성姓이라 붙인 이름이다. 눈알 무늬 앞의 외횡선이 직선이라 부처사촌나비와 구별된다.

부처나비 억새, 바랭이 등 벼과 식물이 먹이식물이다. 1년에 2~3회 발생하며 4~10월에 보인다. 애벌레로 월동하며 제주도를 제외한 남한 전 지역에 분포한다.

부처나비 부처사촌나비는 산지에 많지만 부처나비는 평지에 많다.

부처나비 썩은 과일이나 느릅나무 진에 잘 모인다.

도시처녀나비 1년에 1회 나타나며 5~6월에 보인다. 제주도를 포함한 전국에 분포하며 괭이사초 등 사초과 식물이 먹이식물이다.

외눈이지옥사촌나비 비슷하게 생긴 외눈이지옥나비와 앞날개 무늬와 뒷날개 아랫면의 흰색 점으로 구별한다.

외눈이지옥사촌나비 1년에 1회 나타나며 4~6월에 보인다. 지리산 이북의 산지를 중심으로 국지적으로 분포하며 벼과 식물이 먹이식물이다.

외눈이지옥사촌나비 낙엽활엽수림의 가장자리나 산지의 풀밭에 살며 애벌레로 월동하는 것으로 추정된다.

외눈이지옥사촌나비 날개를 활짝 펼치고 일광욕을 즐긴다.

외눈이지옥사촌나비 제비나비류의 사체에서 양분을 흡수하고 있다.

외눈이지옥사촌나비 5월 말 계곡 주변에 날아다니는 개체들이 많이 보이며 다양한 곳에서 먹이 활동을 한다.

외눈이지옥사촌나비 뒷날개 아랫면 가운데에 흰색 점이 있어 외눈이지옥나비와 구별된다. 외눈이지옥나비는 이 점이 없다.

조흰뱀눈나비 동그라미 친 부분이 깨끗한 것으로 흰뱀눈나비와 구별된다. 1년에 1회 나타나며 6~8월에 보인다. 낮은 산지부터 높은 산지까지 폭넓게 분포한다.

조흰뱀눈나비 날개 윗면

조흰뱀눈나비 '조'는 곤충학자인 조복성의 성에서 따왔다.

조흰뱀눈나비 산흰뱀눈나비라고도 하며 벼과 식물이 먹이식물이다. 성충은 다양한 꽃에서 꿀을 빤다.

흰뱀눈나비 동그라미 친 부분이 얼룩져 보여 조흰뱀눈나비와 구별된다.

흰뱀눈나비 1년에 1회 나타나며 6~8월에 보인다. 1령 애벌레로 월동하는 것으로 보이며 벼과 식물이 먹이식물이다.

굴뚝나비 1년에 1회 나타나며 6~9월에 보인다. 벼과 식물이 먹이식물이다. 애벌레로 월동하며 한반도 전역에 분포한다.

굴뚝나비 날개 윗면

굴뚝나비 산굴뚝나비와는 앞날개 외횡선 무늬로 구별한다(동그라미 친 부분). 앞날개 눈알 무늬 주변으로 황백색 띠무늬가 나타나면 산굴뚝나비, 사진처럼 황백색 무늬가 없으면 굴뚝나비다. 산굴뚝나비는 한라산 1,300m 이상과 개마고원 등 북부지방의 높은 산지에 서식하며 멸종위기 야생생물 1급으로 지정되었다.

굴뚝나비 암컷 뒷날개 아랫면에 황백색 무늬가 보인다. 날개 색이 굴뚝의 그을음처럼 보여 붙인 이름이다.

굴뚝나비 암컷 날개 색이 옅고 수컷보다 크다.

굴뚝나비 다양한 꽃에서 꿀을 빤다.

물결나비 날개 아랫면에 잔 물결무늬가 많아 붙인 이름이다. 1년에 2~3회 발생하며, 5~10월에 보인다. 애벌레로 월동한다.

물결나비 풀밭이나 낙엽활엽수림에서 빠르게 날아다니며, 꽃이나 썩은 과일, 때로는 동물 사체에 모이기도 한다.

물결나비 날개 윗면

물결나비 암컷은 먹이식물의 잎 뒤에 알을 하나씩 낳는다.

물결나비 석주명 박사가 이름을 지었으며 북한에서는 '물결뱀눈나비'라고 한다. 한반도 전 지역과 제주도 낮은 산지에 분포하며 벼과 식물이 먹이식물이다.

거꾸로여덟팔나비 날개 윗면의 사선 무늬가 한자 팔八을 거꾸로 쓴 것처럼 보여 붙인 이름이다. 석주명 박사가 지었다.

거꾸로여덟팔나비 1년에 2회 발생하며 봄형은 4~6월에 여름형은 7~9월에 보인다. 번데기로 월동한다.

거꾸로여덟팔나비 섬 지방과 해안 지역을 제외한 내륙 산지에 분포하며 거북꼬리 등 쐐기풀과가 먹이식물이다. 북방거꾸로여덟팔나비보다 개체 수가 많으며 낮은 산지의 계곡 주변에 산다.

거꾸로여덟팔나비 암컷 먹이식물 잎에 알을 층층이 쌓듯 붙여서 한꺼번에 여러 개 낳는다.

거꾸로여덟팔나비 여름형은 색이 진하다. '팔자나비'라고도 했다.

거꾸로여덟팔나비의 특징 뒷날개 아랫면 기부 쪽의 하얀색 무늬가 좁다(동그라미 친 부분). 넓으면 북방거꾸로여덟팔나비다.

작은멋쟁이나비 무늬와 색깔이 화려해서 붙인 이름이다.

작은멋쟁이나비 뒷날개 윗면의 가운데 부분 무늬로 큰멋쟁이나비와 구별한다.

작은멋쟁이나비 1년에 여러 차례 발생하며 내륙에서는 성충으로 월동한다. 섬을 포함해 한반도 전역에 분포하며 쑥 등 국화과 식물이 먹이식물이다.

작은멋쟁이나비 애벌레 쑥잎을 말고 그 안에서 지낸다.

작은멋쟁이나비 애벌레
큰멋쟁이나비 애벌레와 비슷하지만 먹이식물이 다르다. 크기를 짐작할 수 있다.

작은멋쟁이나비 성충은 다양한 꽃에서 꿀을 빤다.

작은멋쟁이나비 암수

작은멋쟁이나비 암컷은 먹이식물의 잎에 알을 하나씩 낳는다. '애까불나비', '어리까불나비'라고 불리기도 했다.

큰멋쟁이나비 뒷날개 윗면의 무늬로 작은멋쟁이나비와 구별한다.

큰멋쟁이나비 1년에 2~4회 발생하며 5~11월에 보인다.

큰멋쟁이나비 성충은 다양한 꽃에서 꿀을 빤다.

큰멋쟁이나비 한반도 전 지역에 분포하며 성충으로 월동한다.

큰멋쟁이나비 애벌레 쐐기풀과와 느릅나무과가 먹이식물이다. 애벌레는 먹이식물의 잎을 주머니 모양으로 말아 그 속에서 지낸다.

큰멋쟁이나비 애벌레 앞가슴을 제외한 나머지 부분에 가시 모양의 돌기가 있다. 돌기 색이 검은색인 개체다.

큰멋쟁이나비 애벌레 돌기 색이 옅은 노란색인 개체다.

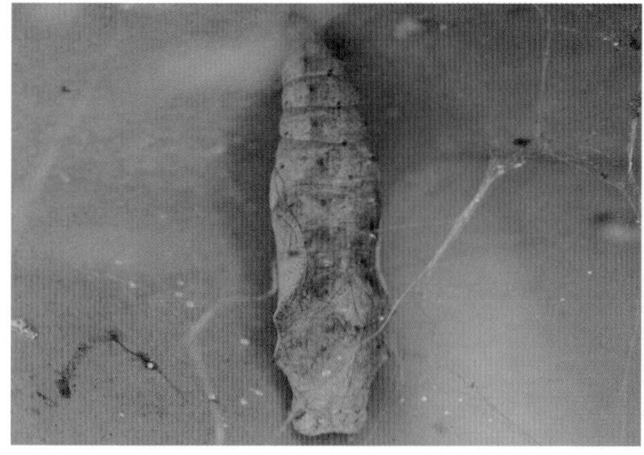

큰멋쟁이나비 번데기 길이는 37mm 정도로, 흰색 가루가 덮여 있다.

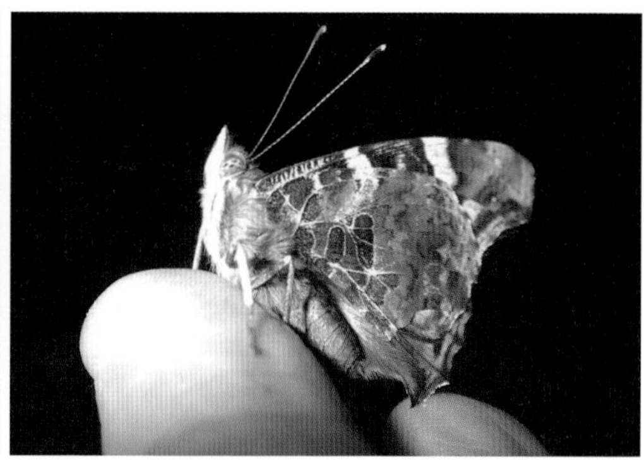

큰멋쟁이나비의 크기를 짐작할 수 있다.

들신선나비 1년에 1회 나타나며 새로 날개돋이한 개체는 6~8월에 보이고, 성충으로 월동한 개체는 3~5월 초에 보인다.

들신선나비 이른 봄 양지바른 곳에 앉아 날개를 펴고 일광욕을 한다.

들신선나비 성충으로 월동하며 버드나무가 먹이식물이다.

들신선나비 6월에 새로 날개돋이한 개체다. 속명의 어원은 숲 속의 요정이며, 구름 위를 날아다니는 신선과 비슷하다고 해서 붙인 이름이다.

들신선나비 최근 들어 개체 수가 줄었으며 서늘한 산지의 계곡이나 능선에서 보인다. 지리산 이북 산지에 분포한다.

청띠신선나비 날개 윗면에 푸른색 띠가 있어 붙인 이름이다.

청띠신선나비 전국 각지의 산지를 중심으로 폭넓게 분포하며 1년에 2~3회 발생한다. 성충으로 월동한다. 월동한 개체는 3월부터 보이며 새로 날개돋이한 개체는 10월까지 보인다.

청띠신선나비 수컷은 길 위나 바위 등에 앉아 날개를 펴고 강한 텃세 행동을 보이기도 한다.

청띠신선나비 날개 윗면과 아랫면 색이 완전히 다르다. 윗면은 경계색이고 아랫면은 보호색이다.

청띠신선나비 날개 아랫면 보호색이다.

청띠신선나비 습한 곳에 앉아 물을 먹고 있다.

청띠신선나비 날개를 접으면 나뭇잎처럼 보인다.

청띠신선나비 10월에 본 새로 날개돋이한 개체다.

청띠신선나비 성충은 다양한 꽃이나 썩은 과일, 참나무류 진 등에 잘 모인다.

청띠신선나비 3령 애벌레

청띠신선나비 애벌레 허물

청띠신선나비 종령 애벌레 청가시덩굴이나 청미래덩굴 등 백합과 식물이 먹이식물이다.

청띠신선나비 종령 애벌레 얼굴

청띠신선나비가 동물 배설물에서 양분을 먹고 있다.

네발나비 1년에 2~4회 발생하며 3~10월에 보인다.

네발나비 성충으로 월동한 개체는 이른 봄부터 보인다.

네발나비 2월 말에 만난 성충으로 월동한 개체다.

네발나비 9월 말에 만난 새로 날개돋이한 개체다.

네발나비 10월에 만난 새로 날개돋이한 개체다.

쑥부쟁이에 모여 먹이 활동을 하는 네발나비들

네발나비 날개 윗면과 아랫면

네발나비 제3실 돌기 끝이 뾰족하다(동그라미 친 부분). 둥글면 산네발나비다.

네발나비 날개 아랫면은 보호색이다.

네발나비 날개 아랫면에 선명하게 하얀색 C 자 무늬가 보인다. 이전에 남방씨알붐나비라고 불린 이유다. '알붐'은 흰색을 뜻한다. 주변에서 쉽게 볼 수 있는 친근한 나비다.

네발나비 계절과 개체에 따라 색상이나 무늬에 차이가 있다. 앞다리가 퇴화되어 다리가 4개다.

환삼덩굴에 낳은 네발나비 알 겉면에 11개 정도의 세로 홈이 있다.

환삼덩굴 잎을 먹고 있는 네발나비 애벌레

네발나비 4령 애벌레

네발나비 종령 애벌레 애벌레는 먹이식물의 잎을 말아 그 속에서 지낸다. 다 자라면 32mm 정도이다.

네발나비 번데기 다양한 곳에 번데기를 만든다.

네발나비 번데기 은백색 무늬가 보인다.

네발나비 번데기 허물

날개돋이 직후의 네발나비 크기를 짐작할 수 있다.

날개를 다친 네발나비 3월에 만난 월동 개체다.

네발나비 월동 개체

황오색나비 1년에 1~3회 발생하며 6~10월에 보인다.

황오색나비 개체마다 색깔 차이가 있다.

황오색나비 제주도를 제외한 전국의 낮은 산에서부터 높은 산까지 넓게 분포한다.

황오색나비 버드나무가 먹이식물이며 3령 애벌레로 월동한다.

황오색나비 주둥이가 연한 노란색이다. 참나무류나 벚나무류 나무의 진, 동물 배설물에도 잘 모인다.

배설물을 먹고 있는 황오색나비

황오색나비 암컷 날개 윗면에 보랏빛이 나지 않는다.

황오색나비 제2실의 무늬로 오색나비와 구별한다.

황오색나비 수컷 윗면에 보랏빛이 난다.

황오색나비 수컷 아랫면

날개돋이 직후의 황오색나비 날개의 색과 무늬가 선명하다.

황오색나비 흑색형 갈색형과 흑색형이 있다.

날개에 상처를 입은 황오색나비

황오색나비 2령 애벌레 1령의 머리는 둥글지만 2령부터는 사슴뿔 같은 돌기가 생긴다.

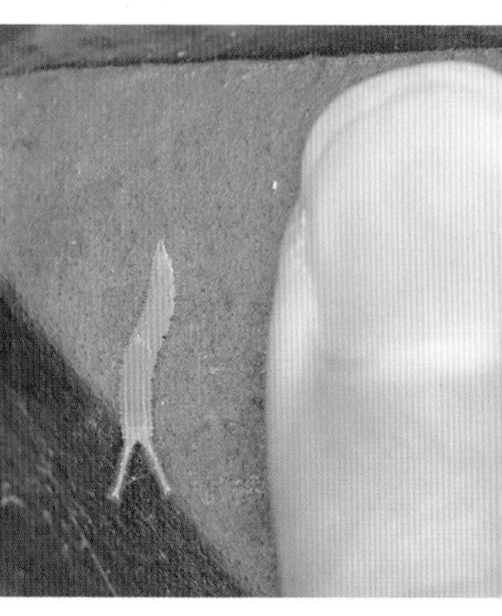

황오색나비 2령 애벌레의 크기를 짐작할 수 있다.

황오색나비 애벌레 허물을 벗기 전에 입에서 실을 내어 몸을 고정시킨다.

황오색나비 애벌레 버드나무 잎에 붙어 있다.

황오색나비 종령 애벌레 다 자라면 몸길이는 33mm 정도다. 등에 돌기가 한 쌍 있다. 겨울날 때를 제외하고는 사슴뿔 같은 돌기 끝이 갈라진다.

황오색나비 종령 애벌레 얼굴

황오색나비 날개

은판나비 1년에 1회 나타나며 6~9월에 보인다. 축축한 땅바닥이나 동물 사체, 배설물 등에 잘 모인다.

은판나비 느릅나무가 많은 산지에 살며 3령 애벌레로 월동한다. 한반도 내륙 산지를 중심으로 국지적으로 분포하며, 제주도와 남해안 섬 지역에서 관찰한 기록이 없다.

은판나비 느릅나무과가 먹이식물이다. 암컷은 먹이식물 잎 위에 알을 하나씩 낳는다.

은판나비 날개 아랫면은 하얀색 바탕에 주황색 테두리가 선명하다.

숲에 떨어져 있던 은판나비 날개 왼쪽부터 앞날개 윗면, 앞날개 아랫면, 뒷날개 아랫면, 뒷날개 윗면

은판나비 주둥이가 노란색이다.

은판나비 암컷은 날개 윗면에 주황색 무늬가 선명하다. 수컷은 희미하거나 잘 안 보인다.

유리창나비 앞날개 가장자리에 유리창 같은 반투명한 막이 있어 붙인 이름이다.

유리창나비 1년에 1회 나타나며 4~5월에 보인다.

유리창나비 애벌레 느릅나무과의 팽나무, 왕팽나무 등이 먹이식물이다. 애벌레 등에는 특별한 돌기가 없다. 번데기로 겨울을 난다.

유리창나비 애벌레 얼굴

유리창나비 내륙 산지의 계곡 주변에서 자주 보이며 높은 곳에서는 볼 수 없다.

유리창나비 날개 아랫면 유리창 무늬가 선명하게 보인다.

유리창나비 계곡 주변의 축축한 땅바닥이나 동물 사체, 배설물 등에 잘 모인다. 족제비 똥에서 양분을 섭취하고 있다. 수컷이다. 암컷은 날개가 더 진한 색이다.

날개돋이 직후 날개를 말리고 있는 유리창나비

수노랑나비 수컷이 노란색이라 붙인 이름이다. 암컷은 진한 갈색이다. 1년에 1회 나타나며 6~9월에 보인다. 내륙 산지를 중심으로 국지적으로 분포한다.

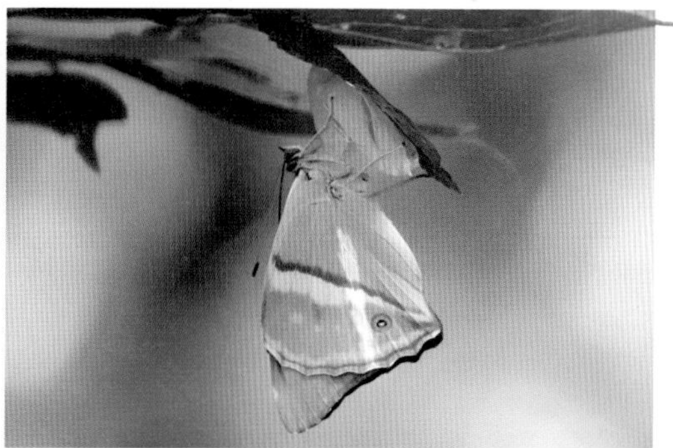

수노랑나비 암컷 팽나무에서 날개돋이를 하고 있다.

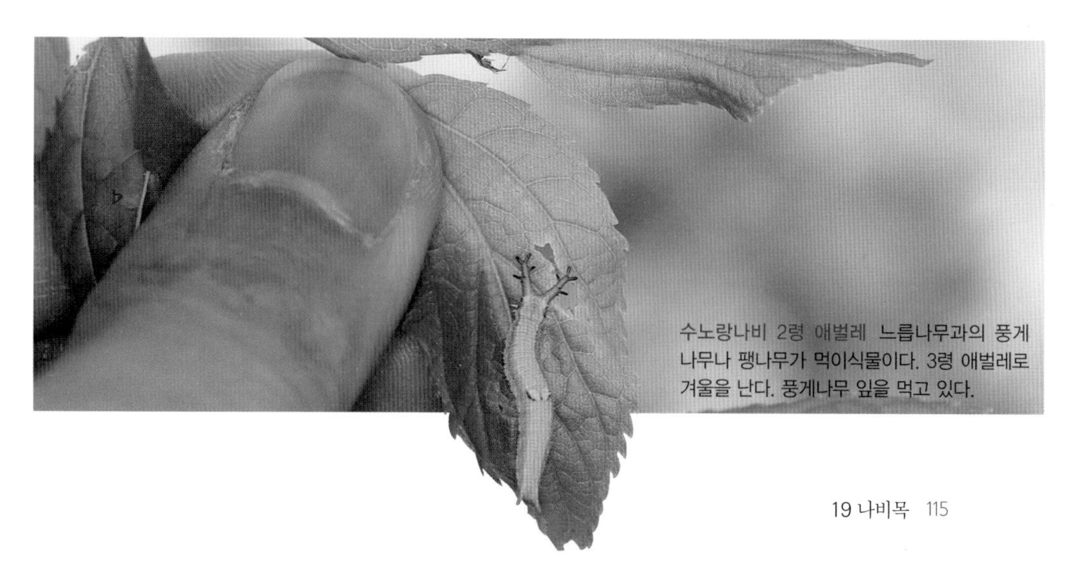

수노랑나비 2령 애벌레 느릅나무과의 풍게나무나 팽나무가 먹이식물이다. 3령 애벌레로 겨울을 난다. 풍게나무 잎을 먹고 있다.

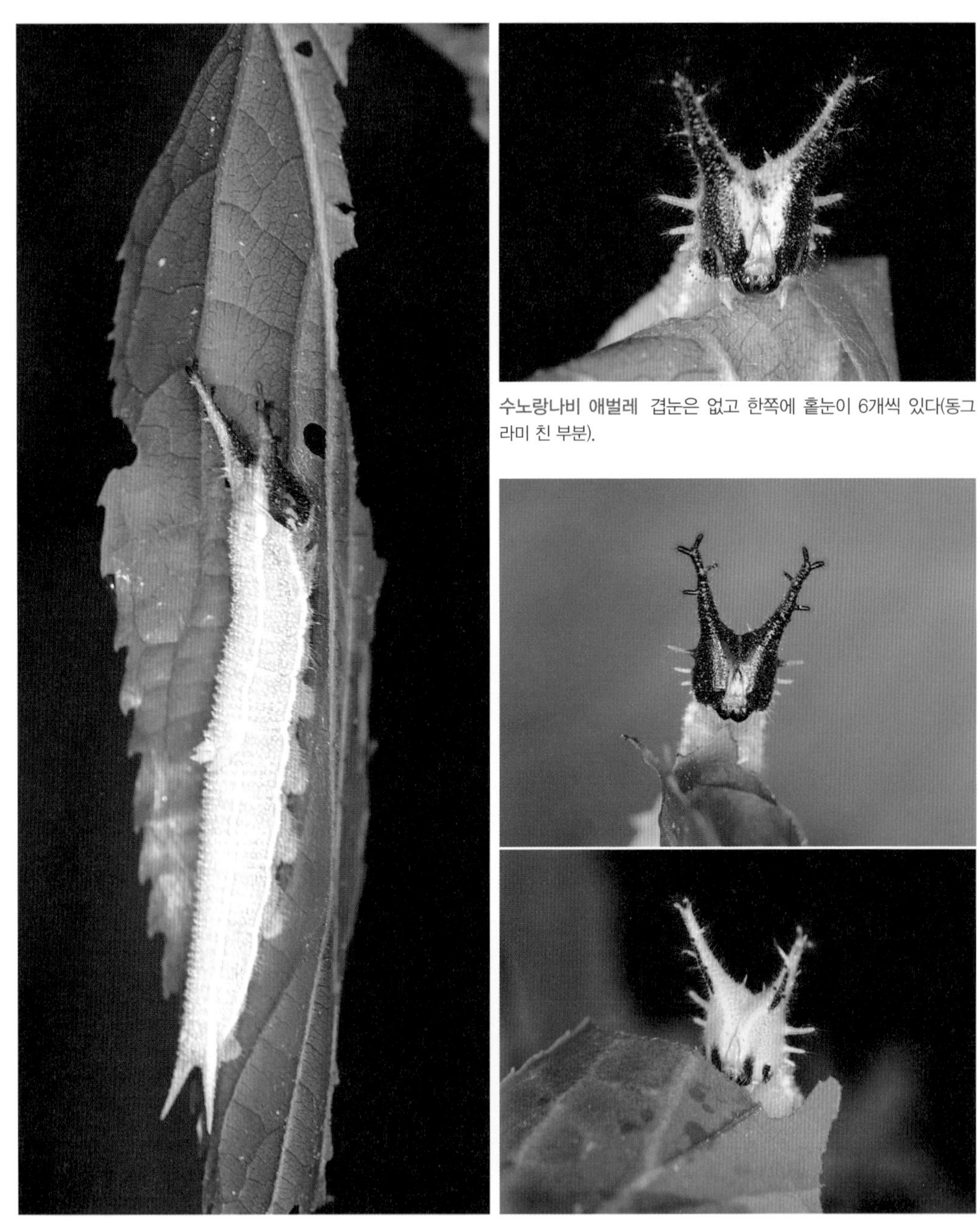

수노랑나비 애벌레 겹눈은 없고 한쪽에 홑눈이 6개씩 있다(동그라미 친 부분).

팽나무 잎을 먹고 있는 수노랑나비 애벌레 등쪽 가운데에 돌기가 한 쌍 있다.

수노랑나비 애벌레

수노랑나비 애벌레

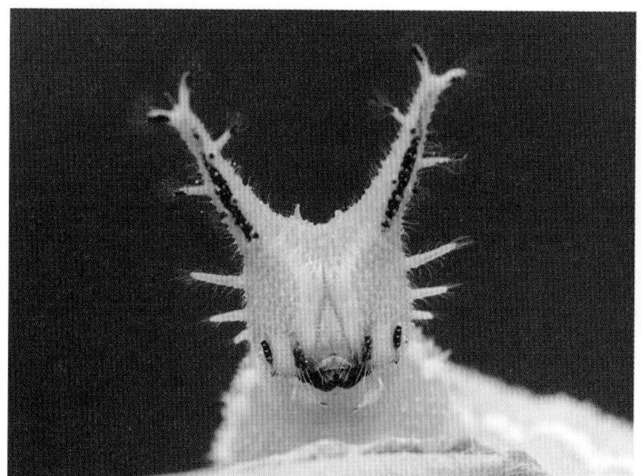

수노랑나비 종령 애벌레 얼굴

수노랑나비 종령 애벌레 다 자라면 몸길이는 45mm 정도다.

흑백알락나비 1년에 2~3회 발생하며 봄형은 5~6월에 여름형은 7~8월에 보인다.

흑백알락나비의 크기를 짐작할 수 있다.

흑백알락나비 축축한 땅이나 동물 배설물 등에 잘 모인다.

흑백알락나비 주로 중부지방을 중심으로 분포하며 제주도에서의 관찰 기록은 없다.

흑백알락나비 봄형 암컷은 색이 연하다.

흑백알락나비 겹눈은 주황색이며 주둥이는 노란색이다.

흑백알락나비 4~5령 애벌레로 월동한다. 월동 애벌레는 갈색이다.

흑백알락나비 등쪽에 돌기가 3쌍 있다. 느릅나무과의 풍게나무와 팽나무가 먹이식물이다.

흑백알락나비 허물을 벗으면 녹색 몸이 드러난다.

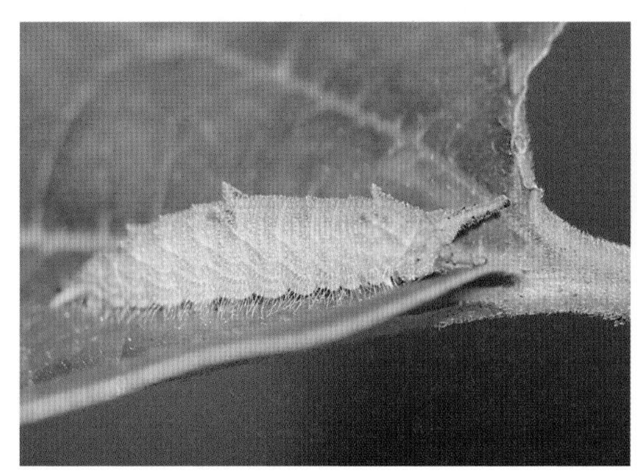

흑백알락나비 애벌레

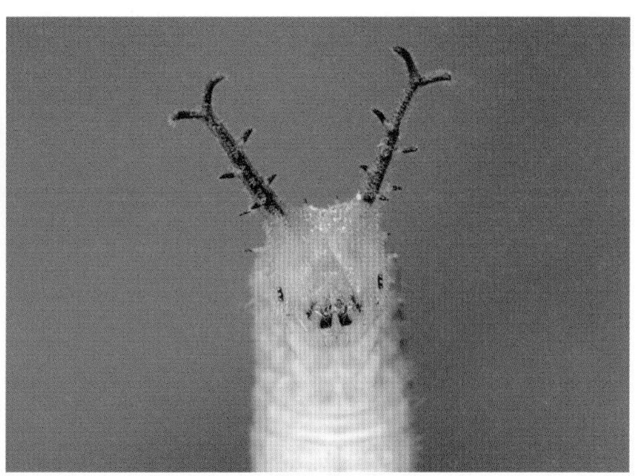

흑백알락나비 애벌레 얼굴

홍점알락나비 1년에 2~3회 발생하며 5~9월에 보인다.

홍점알락나비 한반도 전역에 분포하며 4~5령 애벌레로 월동한다.

홍점알락나비 낮은 산지, 마을 주변, 해안의 팽나무가 많은 곳에 주로 살며 내륙보다는 해안 지역의 서식 밀도가 높다.

홍점알락나비 어린 애벌레 등쪽에 돌기가 4쌍 있으며, 세 번째 돌기가 제일 크다. 느릅나무과의 팽나무, 풍게나무가 먹이식물이다. 가을에 팽나무 잎에서 만났으며, 월동하기 전의 모습이다.

홍점알락나비 어린 애벌레의 크기를 짐작할 수 있다.

홍점알락나비 종령 애벌레

홍점알락나비 애벌레 얼굴(5월)

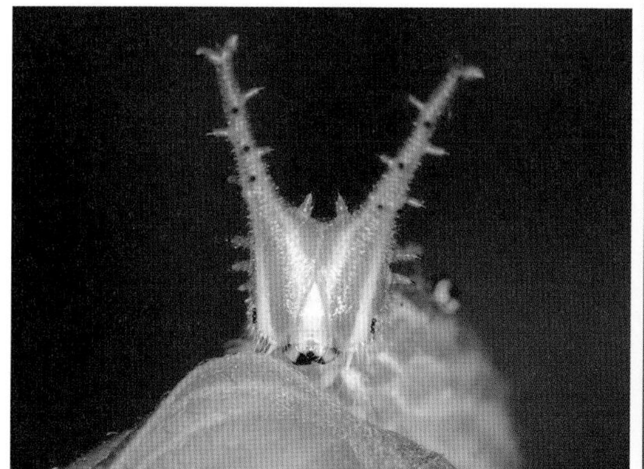

홍점알락나비 애벌레 얼굴(9월)

홍점알락나비 애벌레 번데기가 되기 위해 허물을 벗었다.

홍점알락나비 번데기

홍점알락나비 번데기 허물

홍점알락나비 날개돋이 직후의 모습이다.

왕오색나비 1년에 1회 나타나며 6~8월에 보인다. 제주도를 포함해 전 지역에 분포한다.

왕오색나비 수컷은 날개 윗면이 보랏빛을 띤다.

왕오색나비 날개 아랫면

왕오색나비 네발나비과답게 다리가 4개뿐이다.

왕오색나비 암컷 수컷과 달리 날개 윗면이 짙은 갈색이다.

날개 한쪽을 다친 왕오색나비 암컷

새의 공격을 받은 듯 날개가 많이 상한 왕오색나비 수컷

수액을 먹고 있는 왕오색나비 암수 왼쪽이 수컷이다.

왕오색나비 수컷(왼쪽)과 대왕나비 수컷(오른쪽)

왕오색나비 수컷 돌멩이 위에 주둥이를 대고 있다.

왕오색나비 주둥이

배설물에 모여 있는 왕오색나비들

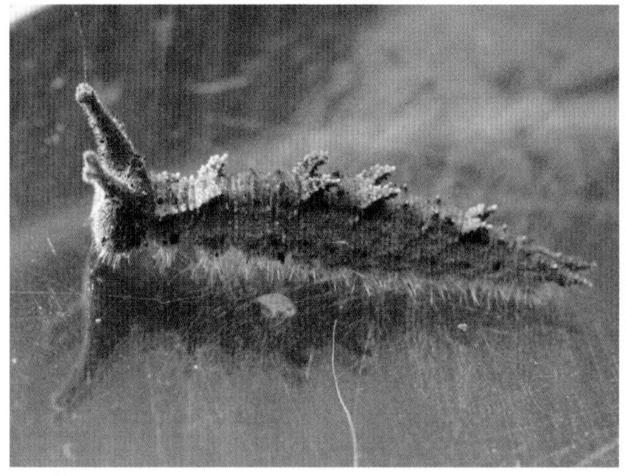

왕오색나비 4~5령 애벌레로 월동한다. 월동 개체는 갈색이다.

왕오색나비 애벌레 허물벗기

왕오색나비 애벌레 허물벗기

왕오색나비 종령 애벌레 배 윗면에 크기가 비슷한 돌기가 4쌍 있다.

왕오색나비 종령 애벌레 느릅나무과의 풍게나무와 팽나무가 먹이식물이다.

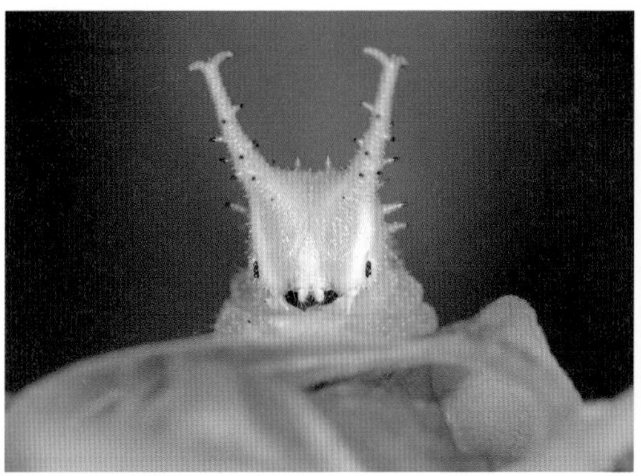

왕오색나비 종령 애벌레 얼굴

왕오색나비 애벌레 번데기가 되기 위해 몸을 고정하고 있다.

왕오색나비 번데기

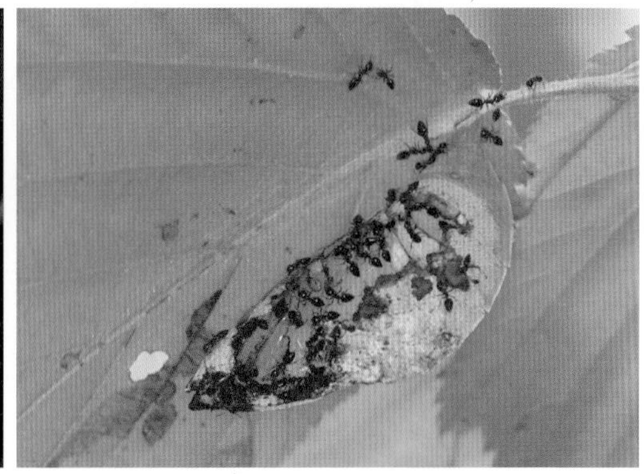

왕오색나비 번데기를 개미들이 공격하고 있다.

왕오색나비 번데기 허물

왕오색나비의 날개돋이(우화)

날개돋이 직후의 왕오색나비

왕오색나비 평소에는 주둥이를 돌돌 말고 있다.

왕오색나비의 돌돌 말린 주둥이

왕오색나비 먹이 활동을 할 때는 주둥이를 편다.

대왕나비 1년에 1회 나타나며 6~9월에 보인다. 섬을 제외한 내륙에 폭넓게 분포한다.

대왕나비 수컷 날개가 황갈색이며 암컷은 흑갈색이라 구별된다. 축축한 땅이나 야생동물 사체, 배설물 등에 잘 모인다.

대왕나비 네발나비과답게 다리가 4개다. 겹눈과 주둥이는 노란색이다.

날개를 접은 대왕나비 수컷

대왕나비 암컷 수컷과 날개 색이 다르다. 암컷은 잡목림에서 활동하기 때문에 관찰하기가 어렵다.

대왕나비 암컷 거미가 말아놓은 듯한 동그랗게 말린 잎 속에 한 번에 알을 20~150개 낳는다.

대왕나비 암컷 대왕나비란 이름은 석주명 박사가 지었다. 북한에서는 '감색얼룩나비'라고 한다.

대왕나비 암컷이 물을 먹기 위해 나뭇잎에 앉아 있다 신갈나무, 졸참나무 등 참나무류가 먹이식물이다.

암끝검은표범나비 암컷의 날개 끝이 검은색이라 붙인 이름이다. 수컷은 검은색이 없다. 1년에 3~4회 발생하며, 제주도를 포함한 한반도 남부와 그 일대 섬에 분포한다.

암끝검은표범나비 제주도에서는 2~11월, 남해안에서는 5~10월 그리고 중부지방에서는 7~8월에 보인다. 중부지방에서 보이는 개체는 남쪽에서 올라온 개체들이다. 이동성이 강한 대표적인 나비다.

암끝검은표범나비 제비꽃과가 먹이식물이며 애벌레로 겨울을 난다.

암끝검은표범나비 마을 주변이나 밭 주변의 풀밭 등지에서 보이며 다양한 꽃에 모여 꿀을 빤다. 축축한 땅에 내려앉기도 한다.

암끝검은표범나비 암수

암끝검은표범나비 얼굴

암끝검은표범나비 수컷 암컷과 달리 날개 끝이 검지 않다.

암끝검은표범나비 수컷 뒷날개 윗면 가장자리에 암컷과 같은 푸른빛을 띤 띠무늬가 나타난다.

암끝검은표범나비 짝짓기

암끝검은표범나비 수컷 날개를 접고 앉아 있다. 산꼭대기의 빈터에서 텃세 행동을 보이기도 한다.

암끝검은표범나비 수컷의 크기를 짐작할 수 있다.

날개돋이 직후의 암끝검은표범나비 수컷

암끝검은표범나비 날개돋이

암끝검은표범나비 번데기

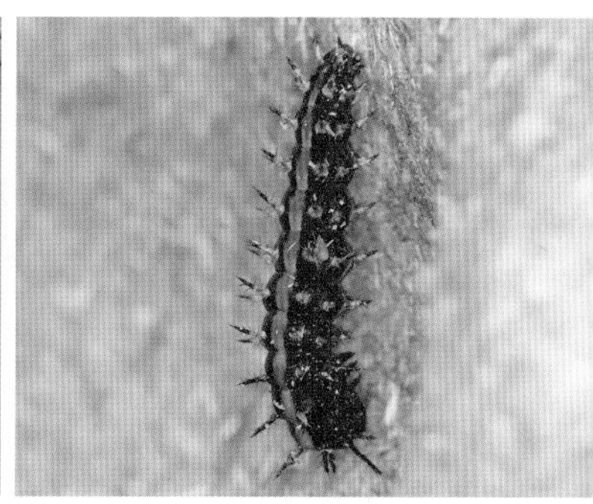

암끝검은표범나비 종령 애벌레 몸길이는 40~45mm다. 등쪽이 붉으며 검은색 돌기가 있다.

암검은표범나비 암컷 날개 색이 검은색에 가까운 짙은 밤색이라 붙인 이름이다. 수컷은 황갈색이다.

암검은표범나비 암컷 날개를 접고 앉아 있다. 날개 아랫면에 하얀색 굵은 줄이 선명하다.

암검은표범나비 암컷 1년에 1회 나타나며 6~10월에 보인다. 애벌레로 월동한다.

암검은표범나비 암컷 제주도를 포함한 전 지역에 분포하며 제비꽃과가 먹이식물이다.

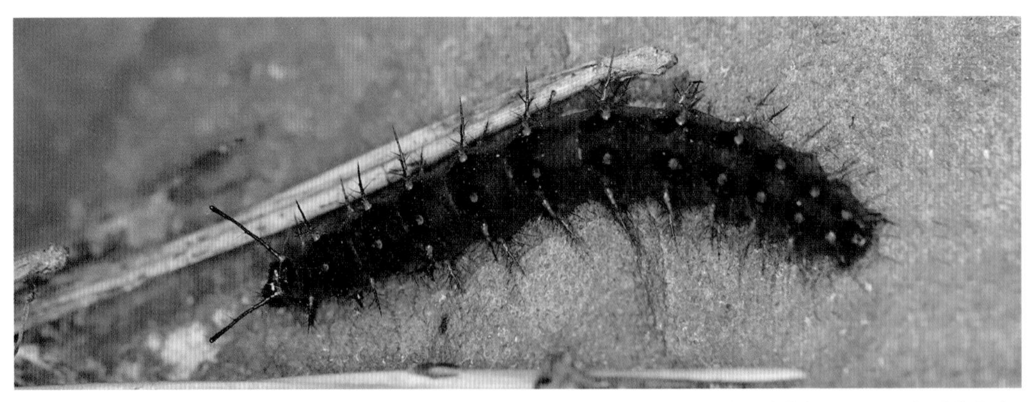

암검은표범나비 종령 애벌레 애벌레는 주로 밤에 먹이식물의 잎이나 꽃을 먹으며, 다 자라면 몸길이가 40~43mm다. 알에서 깨어난 애벌레는 먹지 않고 마른 풀 사이로 들어가 겨울을 난다.

은점표범나비 1년에 1회 나타나며 6~9월에 보인다. 제주도를 포함해 전국에 분포하며 1령 애벌레로 겨울을 난다.

은점표범나비 왕은점표범나비와는 아외연부의 무늬로 구별한다.

은점표범나비 제비꽃과가 먹이식물이다. 암컷은 먹이식물 주변의 마른 가지나 풀 등에 알을 하나씩 낳는다.

긴은점표범나비 1년에 1회 나타나며 6~10월에 보인다. 제주도를 포함해 전 지역에 분포한다.

긴은점표범나비 1령 애벌레로 월동하며 성충은 엉겅퀴, 큰까치수영, 개망초 등에서 꿀을 빤다.

긴은점표범나비 6월 초에 만난 개체다.

긴은점표범나비 수컷은 앞날개 윗면의 제2~3 맥에 검은색 선으로 성표가 있다.

은줄표범나비 날개 아랫면의 하얀색(은색) 가로줄이 거의 직선 형태로 이루어져 있다.

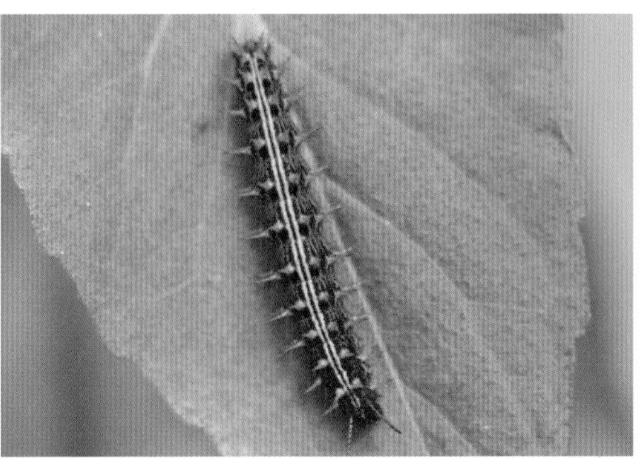

은줄표범나비 3령 애벌레 알에서 깨어난 애벌레는 먹지 않고 마른 풀잎 사이로 들어가 월동한다. 다 자라면 몸길이가 42~45mm다.

큰표범나비 1년에 1회 나타나며 6~8월에 보인다. 지리산 이북의 산지에 분포한다.

큰표범나비 애벌레로 월동하며 장미과의 오이풀이 먹이식물이다.

흰줄표범나비 1년에 1회 나타나며 6~10월에 보인다. 제주도를 포함한 전 지역에 분포한다.

흰줄표범나비 수컷 성표가 2줄이다. 3줄이면 큰흰줄표범나비다.

흰줄표범나비 날개 아랫면의 하얀색 선이 연결되어 있다.

흰줄표범나비의 크기를 짐작할 수 있다.

흰줄표범나비 암컷

흰줄표범나비 암컷 날개가 진한 형이다. 애벌레의 먹이식물은 제비꽃과다.

흰줄표범나비 암컷 7~8월 더운 시기에는 여름잠을 자며 9~10월에 다시 활동한다. 이때 암컷은 알을 낳는다.

흰줄표범나비 암수 위의 개체가 암컷이다.

큰흰줄표범나비 1년에 1회 나타나며 6~9월에 보인다. 도서 지역을 제외한 전국에 분포한다.

큰흰줄표범나비 수컷은 성표가 3줄이다.

큰흰줄표범나비 수컷 암컷을 찾아 날아다니거나 축축한 땅바닥에 앉아 있다.

큰흰줄표범나비 날개 아랫면의 흰색 줄이 흰줄표범나비와 달리 떨어져 있다.

큰흰줄표범나비 수컷 날개를 접고 땅에 앉아 있다.

큰흰줄표범나비 수컷 날개 윗면에 3줄의 성표가 뚜렷하다.

큰흰줄표범나비 암컷 날개 끝에 삼각형의 하얀색 점이 있다.

큰흰줄표범나비 암컷 먹이식물인 제비꽃이 자라는 주변 풀에 알을 하나씩 낳는다.

큰흰줄표범나비 종령 애벌레 다 자라면 몸길이가 40~45mm다. 등쪽에 날카로운 가시 모양의 돌기가 있다.

줄나비 1년에 2~3회 발생하며 5~10월에 보인다. 제주도를 포함한 전국 각지에 널리 분포한다. 인동과 올괴불나무나 각시괴불나무, 병꽃나무가 먹이식물이다. 애벌레로 월동한다.

줄나비 산지의 계곡 주변 숲에 살며 수컷은 축축한 땅바닥이나 새똥에 잘 날아온다.

줄나비 애벌레 머리에 가시 돌기가 있으며 등쪽에도 붉은색 가시 돌기가 있다. 머리를 숙인 채 먹이식물에서 쉴 때가 많다.

줄나비 종령 애벌레의 크기를 짐작할 수 있다.

줄나비 번데기 허물

줄나비 뒷날개 아랫면 외연부의 무늬로 굵은줄나비와 구별한다.

줄나비 날개에 흰색 줄무늬가 발달해 있어 붙인 이름이다.

참줄나비사촌 원 안의 무늬가 여느 줄나비류와 다르다. 1년에 1회 나타나며 6~8월에 보인다.

참줄나비사촌 한반도 중북부 산지에 국지적으로 분포하며 개체수가 적다. 애벌레로 월동하며 인동과가 먹이식물이다.

제이줄나비 1년에 2~3회 발생하며 5~8월에 보인다.

제이줄나비 3령 애벌레로 월동하며 인동과가 먹이식물이다.

제이줄나비 아랫면 암컷은 먹이식물의 잎 뒤에 알을 하나씩 낳아 붙인다. 보통 120~150개 알을 낳는다.

제이줄나비 한반도 전역에 분포하며, 높은 산지보다는 마을 주변이나 숲 가장자리에서 자주 보인다.

제이줄나비 석주명 박사가 이름 붙였으며 북한에서는 '제이한줄나비'라고 한다.

제이줄나비 날개돋이 (08. 27.)

제이줄나비 짝짓기 아래 개체가 암컷이다.

제이줄나비 종령 애벌레 줄나비 애벌레와 비슷하게 생겨 구별하기 어렵다. 머리를 보고 구별한다.

제일줄나비 1년에 2회 발생하며 5~6월, 7~8월에 보인다.

제일줄나비 한반도 전역에 분포하며 애벌레로 월동한다.

제일줄나비 땅바닥에 앉아 있는 모습을 종종 볼 수 있다.

제일줄나비 날개 아랫면

제일줄나비 애벌레 인동과가 먹이식물이다. 얼굴을 안 보고는 여느 줄나비류와 구별하기 어렵다.

제일줄나비 애벌레 머리 앞과 옆에도 가시 같은 돌기가 있다.

굵은줄나비 애벌레

굵은줄나비 애벌레 조팝나무 종류의 잎을 먹고 있다.

굵은줄나비 종령 애벌레 번데기가 되기 위해 자리를 잡고 있다.

굵은줄나비 번데기

굵은줄나비 번데기 허물

애기세줄나비 1년에 3~4회 발생하며 4~10월에 보인다.

애기세줄나비 한반도 전역에 분포하며 개체 수가 많다. 애벌레로 월동한다. 싸리 같은 콩과 식물, 벽오동 같은 벽오동과가 먹이식물이다.

애기세줄나비 여느 세줄나비류와 날개 아랫면의 무늬가 다르다.

애기세줄나비 날개 아랫면

애기세줄나비 수컷은 축축한 땅이나 바위에 잘 앉는다. 지금 물을 먹고 있다.

애기세줄나비 암컷은 잎에 앉아 날개를 편 채로 뒷걸음친 뒤 잎 끝에 알을 낳는다.

애기세줄나비 얼굴

세줄나비 1년에 1회 나타나며 5~7월에 보인다. 한반도의 내륙 산지를 중심으로 서식한다.

세줄나비 수컷은 축축한 땅에 잘 내려앉는다.

세줄나비 날개 아랫면은 흑갈색을 띤다. 산지 내 활엽수림 및 숲 가장자리에서 활동하며 다양한 꽃에서 꿀을 빤다.

세줄나비 번데기는 황갈색이며 짙은 갈색 줄무늬가 나타난다.

세줄나비 번데기 허물

날개돋이 직후의 세줄나비 주둥이를 말고 있다.

세줄나비 주둥이를 펴고 손에 묻은 땀을 먹고 있다.

세줄나비 낮에 땅바닥에 앉은 모습이 종종 보인다. 단풍나무과가 먹이식물이며 4령 애벌레로 월동한다.

세줄나비 노란색 원(가장자리 중간)에 짧은 흰색 선이 없으면 세줄나비, 있으면 참세줄나비다.

참세줄나비 암컷은 어린나무나 키 작은 나무의 옆으로 뻗은 잎에 앉아 그 끝에 알을 하나씩 낳는다. 먹이식물은 서어나무, 개암나무 등 자작나무과이다. 애벌레로 월동한다.

참세줄나비 1년에 1회 나타나며 5~8월에 보인다. 섬 지방을 제외한 내륙 산지에 분포한다.

참세줄나비 산지 내 활엽수림 및 숲 가장자리에서 활동한다. 예전에 '조선세줄나비'라고 불리기도 했다.

왕세줄나비 높은산세줄나비와는 중실 무늬로 구별한다.

왕세줄나비 1년에 1회 나타나며 6~8월에 보인다. 제주도를 제외한 전국에 분포한다.

왕세줄나비 먹이식물은 장미과이며 4령 또는 5령 애벌레로 월동한다.

왕세줄나비 산지의 숲 가장자리, 고도가 낮은 마을 주변에서 잘 보인다.

별박이세줄나비 날개 아랫면에 검은색 점이 별처럼 박혀 있어 붙인 이름이다.

별박이세줄나비 1년에 2~3회 발생하며 5~9월에 보인다.

별박이세줄나비 제주도를 제외한 전국의 산지에 분포하며 애벌레로 월동한다.

별박이세줄나비 앞날개 위쪽에 있는 하얀색 막대 무늬가 여러 개로 갈라져 있어 여느 세발나비류와 구별된다.

별박이세줄나비 애벌레가 비를 맞으며 먹이 활동을 하고 있다.

별박이세줄나비 애벌레의 크기를 짐작할 수 있다.

별박이세줄나비 번데기

별박이세줄나비 산기슭과 주변의 길가, 논밭 주변의 풀밭에서 활동하며 수컷은 축축한 땅에 잘 내려앉는다.

별박이세줄나비 먹이 활동을 하지 않을 때에는 주둥이를 돌돌 말고 있다.

두줄나비 세줄나비 종류들과 달리 날개 윗면에 두 줄만 있어 붙인 이름이다. 1년에 1회 나타나며 6~8월에 보인다.

두줄나비 섬 지역과 남부지방을 제외한 산지에 국지적으로 분포한다.

두줄나비 조팝나무 등 장미과 식물이 먹이식물이며 애벌레로 월동한다.

두줄나비 다양한 꽃에서 꿀을 먹으며 축축한 땅에 내려앉아 물을 먹기도 한다. 가끔 새똥에도 모인다.

두줄나비 뒷날개 아랫면 가운데에 직사각형 무늬로 이루어진 굵은 줄들이 보인다. 석주명 박사가 지은 이름이며 북한에서도 두줄나비라고 한다.

어리세줄나비 우리나라에서는 내륙 산지를 중심으로 국지적으로 분포한다. 1년에 1회 나타나며 5~6월에 보인다.

어리세줄나비 느릅나무가 먹이식물이며 애벌레로 월동한다. 개체 수가 줄어들고 있어 관심이 필요한 종이다.

황세줄나비 1년에 1회 나타나며 6~8월에 보인다. 섬 지역을 제외한 전국의 산지에 분포한다.

황세줄나비 날개 윗면에 황백색 줄무늬가 세 줄 있어 붙인 이름이다. 북한에서는 '노랑세줄나비'라고 한다. 참나무류가 먹이식물이며 애벌레로 월동한다.

황세줄나비 산지의 활엽수림 가장자리의 탁 트인 공간에서 살며 수컷은 축축한 땅에 잘 내려앉는다.

황세줄나비 등산객이 흘린 음료나 물을 먹으려고 나무 데크에 앉아 오랜 시간 먹이 활동을 한다.

먹이 활동을 하는 **황세줄나비** 겹눈에 독특한 무늬가 나타난다.

● 팔랑나비과

다른 나비에 비해 몸이 굵은 나비들로 언뜻 나방처럼 보입니다. 작은 날개로 팔랑거리며 날아다닌다고 해서 붙인 이름입니다. 북한에서는 '희롱나비'라고 한답니다. 우리나라에 사는 나비 가운데 소형종에 속하며 더듬이 끝이 갈고리 모양입니다. 수컷은 축축한 땅이나 동물 배설물 등에 잘 앉는 특징이 있습니다.

흰점팔랑나비아과(팔랑나비과)

왕팔랑나비 1년에 1회 나타나며 5~7월에 보인다.

왕팔랑나비 제주도와 울릉도를 제외한 내륙 지역에 분포하며 낮은 산지나 마을 주변의 숲에 산다.

왕팔랑나비 애벌레 집 콩과 식물이 먹이식물이며 애벌레로 월동한다.

왕팔랑나비 애벌레 집 알에서 깨어난 애벌레는 먹이식물의 잎을 자른 후 입에서 실을 토해내 잎을 붙여 덮고는 그 속에서 지낸다.

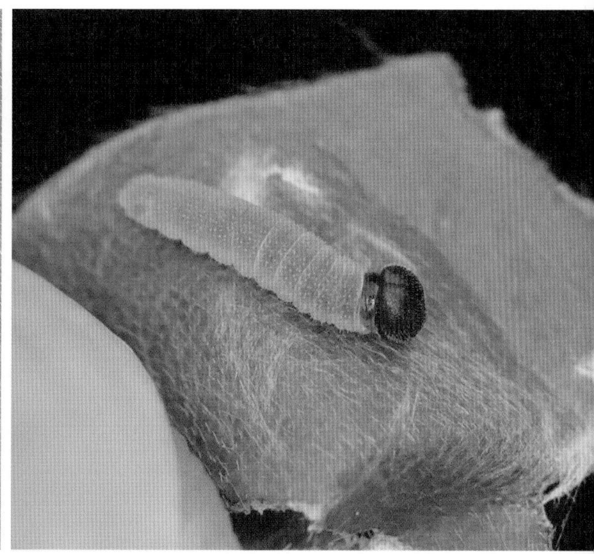

왕팔랑나비 어린 애벌레

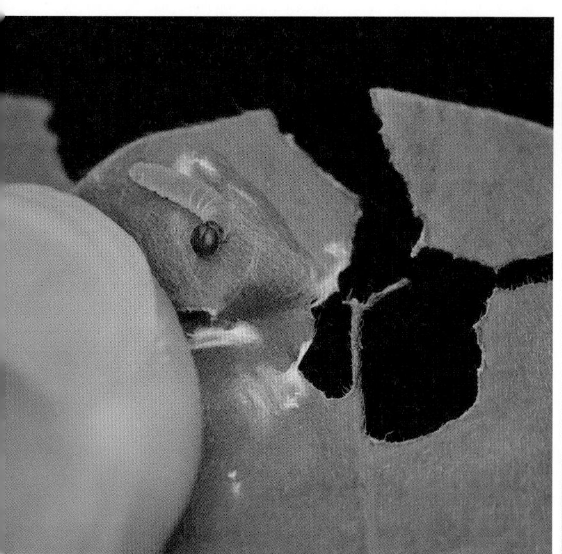

왕팔랑나비 어린 애벌레의 크기를 짐작할 수 있다.

왕팔랑나비 개체마다 색깔 차이가 있다.

왕팔랑나비 석주명 박사가 이름을 붙였으며 북한에서는 '큰검은희롱나비'라고 한다.

왕팔랑나비 흑색형

왕팔랑나비 흑색형 아랫면

왕팔랑나비 종령 애벌레가 칡잎을 먹고 있다.

왕팔랑나비 종령 애벌레 가을에 잎에서 내려와 주변의 낙엽을 엮어 그 속에서 월동한다. 봄이 되면 아무것도 먹지 않고 낙엽 속에서 번데기가 된다.

왕팔랑나비 애벌레 월동하기 전 개체다.

왕자팔랑나비 1년에 2회 발생하며 5~9월에 보인다. 우리나라에서는 섬 지역을 포함해 널리 분포한다.

왕자팔랑나비 마과 식물이 먹이식물이며 애벌레 상태로 월동한다.

왕자팔랑나비 산지의 숲 가장자리에 살며 마을 주변에서도 보인다.

왕자팔랑나비 아랫면

왕자팔랑나비
애벌레가 마 잎에 집을 만들었다.
알에서 깨어난 애벌레는 잎을 자르고 포개어
입에서 나온 실로 묶고 그 속에서 생활한다.

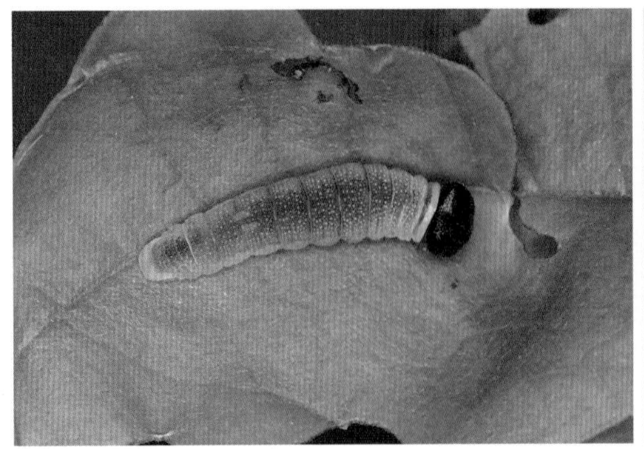

왕자팔랑나비 애벌레

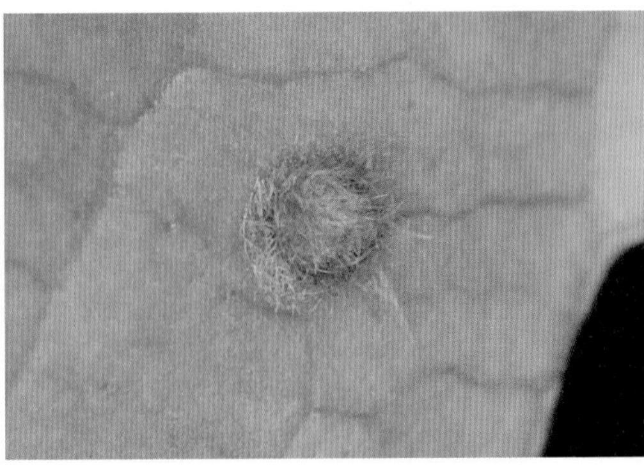

왕자팔랑나비 알 암컷은 먹이식물의 잎 위나 뒤에 알을 하나씩 낳고 배의 털로 알을 덮는다. 이 때문에 알을 낳는 시간이 길다.

멧팔랑나비 1년에 1회 나타나며 4~5월에 보인다. 제주도를 제외한 전국에 분포한다.

멧팔랑나비 참나무류가 먹이식물이며 애벌레로 월동한다.

멧팔랑나비 낮은 산지의 참나무류가 많은 낙엽활엽수림에 산다. 기온이 낮으면 땅에 내려와 날개를 펴고 일광욕을 즐긴다.

멧팔랑나비 봄에 다양한 꽃에서 먹이 활동을 한다. 제비꽃에 앉았다.

멧팔랑나비 노랑제비꽃에서 꿀을 먹고 있다.

산철쭉에 앉은 멧팔랑나비

산딸기에 앉은 멧팔랑나비

멧팔랑나비가 동물 배설물에 앉아 양분을 흡수하고 있다.

돈무늬팔랑나비아과(팔랑나비과)

수풀알락팔랑나비 1년에 1회 나타나며 5~6월에 보인다. 지리산 이북의 산지에 국지적으로 분포한다.

수풀알락팔랑나비 벼과의 기름새가 먹이식물이며 애벌레로 월동하는 것으로 보인다.

수풀알락팔랑나비 수컷 날개 윗면이 황갈색이다. 다양한 꽃에서 꿀을 먹으며 축축한 땅이나 새똥에도 잘 모인다.

수풀알락팔랑나비 수컷 쥐오줌풀에서 꿀을 먹고 있다.

수풀알락팔랑나비 암컷 수컷보다 날개 무늬가 크고 색이 진하다.

쥐오줌풀에 앉아 있는 수풀알락팔랑나비 암컷

줄딸기 꽃에 앉아 꿀을 먹고 있는 수풀알락팔랑나비 암컷

수풀알락팔랑나비 석주명 박사가 붙인 이름이며 북한에서는 '수풀알락점희롱나비'라고 한다.

수풀알락팔랑나비 수컷 5월에 계곡 주변에서 만났다.

줄꼬마팔랑나비 지리산 이북의 산지를 중심으로 폭넓게 분포한다.

줄꼬마팔랑나비 벼과의 갈풀이나 강아지풀 등이 먹이식물이며 애벌레로 월동한다.

줄꼬마팔랑나비 1년에 1회 나타나며 6~8월에 보인다. 숲 가장자리를 중심으로 살아가며 오전에 일광욕을 하려고 날개를 펴고 앉는다.

수풀꼬마팔랑나비 줄꼬마팔랑나비와는 날개의 황갈색 부위로 구별한다.

수풀꼬마팔랑나비 수컷

수풀꼬마팔랑나비 1년에 1회 나타나며 6~8월에 보인다. 벼과 기름새가 먹이식물이다.

수풀꼬마팔랑나비 낙엽활엽수림 가장자리의 풀밭이나 산길에서 볼 수 있다.

황알락팔랑나비 1년에 1회 나타나며 6~8월에 보인다. 제주도를 포함해 중남부지방에 국지적으로 분포한다.

황알락팔랑나비 석주명 박사가 이름을 지었고, 북한에서는 '노랑알락희롱나비'라고 한다. 기름새, 억새 등 벼과 식물이 먹이식물이며 종령 애벌레로 월동하는 것으로 추정된다.

검은테떠들썩팔랑나비 수컷은 앞날개 윗면에 검은색 사선이 있다. 암컷은 이 사선이 없다.

검은테떠들썩팔랑나비 1년에 1~2회 발생하며 제주도를 포함한 전국에 분포한다. 6~8월에 볼 수 있다. 숲 가장자리의 다양한 꽃에서 보이며 참억새, 큰기름새 등이 먹이식물이다.

흰색 점이 직사각형이다.

줄점팔랑나비 1년에 2~3회 발생하며 5~11월에 보인다. 제주도를 포함한 중부 이남에 분포한다.

줄점팔랑나비 애벌레는 벼과 식물이 먹이식물이며 애벌레로 월동한다.

줄점팔랑나비 암수 위 개체가 암컷이다.

줄점팔랑나비 마을 주변에 있는 풀밭, 하천, 낮은 산지의 풀밭 등 다양한 곳에서 쉽게 만날 수 있다.

줄점팔랑나비 석주명 박사가 이름을 붙였으며 북한에서는 '한줄꽃희롱나비'라고 한다.

산줄점팔랑나비 전국에 분포하며 4~8월에 걸쳐 1년에 2회 나타난다. 억새, 기름새 등 벼과 식물이 먹이식물이다. 번데기로 월동한다.

나방류

나방은 곤충강 유시아강 신시류 내시류 나비목에 속하며 우리나라에 기록된 곤충 17,761종(『국가생물종목록 Ⅲ. 곤충』, 2019) 가운데 3,739종으로 약 21퍼센트를 차지하는 큰 무리에 속합니다. 겹눈이 발달하고, 비늘가루로 덮인 날개, 모양이 다양한 더듬이가 특징입니다.

낮에 활동하는 나방도 있지만 주로 해 질 녘이나 밤에 활동합니다. 5과로 이루어진 나비와 달리 60여 과로 이루어져 있어 매우 복잡합니다. 최근에는 분류에 많은 변화가 생겨 더 복잡하게 느껴지기도 합니다.

이 책에서는 『한국나방도감』(김상수, 백문기, 자연과생태, 2020)에 따라 '과' 순서를 정하고 다양한 생태 사진과 간단하게 설명하는 방식으로 정리합니다.

분류에 변화가 생기면 과명도 바뀌는 경우가 많습니다. 『한국나방도감』은 최근에 바뀐 분류 방식으로 편집되었지만 아직 『국가생물종목록 Ⅲ. 곤충』(2019)에는 반영되지 않아 보입니다. 여기에서는 이 도감에 따라 바뀐 이름을 먼저 쓰고 괄호 안에 이전 이름을 표기하는 것으로 정리합니다. 예를 들면 '은빛풀명나방(은빛포충나방)'처럼 말이지요. 은빛풀명나방은 새로 바뀐 이름이고 은빛포충나방은 이전 이름입니다.

애벌레에 대한 정보는 『나방 애벌레 도감 1,2,3』(허운홍, 자연과생태)를 참조했습니다.

사진 설명의 '날개편길이'는 자료마다 차이가 있어 『한국나방도감』의 내용을 그대로 실었습니다. '날개편길이'는 날개를 바르게 편 상태에서 앞날개 왼쪽과 오른쪽의 가장 긴 부분을 잰 길이입니다.

왕물결나방 날개편길이

목명	상과명	과명	대표종
나비목	박쥐나방상과	박쥐나방과	박쥐나방 등
	꼬마굴나방상과	꼬마굴나방과	노랑머리꼬마굴나방 등
	긴수염나방상과	긴수염나방과	큰자루긴수염나방 등
		Prodoxidae(국명 없음)	*Lampronia flavimitrella*
	곡식좀나방상과	주머니나방과	남방차주머니나방 등
		곡식좀나방과	두무늬좀나방, 껍질좀나방 등
	가는나방상과	빛날개좀나방과	빛날개좀나방 등
		선굴나방과	배선굴나방 등
		가는나방과	오리나무가는나방, 굴피가는나방 등

목명	상과명	과명	대표종
나비목	집나방상과	집나방과	화살나무집나방 등
		좀나방과	배추좀나방 등
		그림날개나방과	창포그림날개나방 등
		갈고리좀나방과	줄무늬좀나방 등
		굴나방과	복숭아굴나방 등
	뿔나방상과	점원뿔나방과	가랑잎뿔나방 등
		남방뿔나방과	은날개남방뿔나방 등
		판날개뿔나방과	노랑날개원뿔나방 등
		밑두리뿔나방과	쌍돌기밑두리뿔나방 등
		원뿔나방과	젤러리원뿔나방 등
		감꼭지나방과	붉은꼬마꼭지나방 등
		큰원뿔나방과	반노랑판날개뿔나방 등
		풀굴나방과	흰띠풀굴나방(신칭)
		돌기가는뿔나방과	산돌기가는뿔나방 등
		백두뿔나방과	가검은백두뿔나방 등
		통나방과	큰날개통나방 등
		애기비단나방과	두점애기비단나방 등
		창날개뿔나방과	흰더듬이뿔나방 등
		뿔나방과	갈색뿔나방 등
	깃털나방상과	깃털나방과	얼룩깃털나방 등
	털날개나방상과	털날개나방과	갈색털날개나방 등
	심식나방상과	심식나방과	복숭아심식나방 등
	미나리좀나방상과	미나리좀나방과	제비꿀좀나방(신칭)
	꿀벌나방상과(신칭)	꿀벌나방과(신칭)	쥐똥나무꿀벌나방(신칭)
	뭉뚝날개나방상과	뭉뚝날개나방과	테두리뭉뚝날개나방 등
	잎말이나방상과	잎말이나방과	감나무잎말이나방 등

목명	상과명	과명	대표종
나비목	소쿠리나방상과	소쿠리나방과	소쿠리나방 등
	굴벌레나방상과	굴벌레나방과	알락굴벌레나방 등
		유리나방과	복숭아유리나방 등
	알락나방상과	매미기생나방과	매미기생나방 등
		털알락나방과	노랑털알락나방 등
		쐐기나방과	흰점쐐기나방 등
		알락나방과	여덟무늬알락나방 등
	창나방상과	창나방과	깜둥이창나방 등
	뿔나비나방상과	뿔나비나방과	뿔나비나방 등
	명나방상과	명나방과	은무늬줄명나방 등
		풀명나방과	연물명나방 등
	갈고리나방상과	갈고리나방과	황줄점갈고리나방 등
	솔나방상과	솔나방과	대만나방 등
	누에나방상과	왕물결나방과	왕물결나방 등
		반달누에나방과	반달누에나방 등
		누에나방과	멧누에나방 등
		산누에나방과	옥색긴꼬리산누에나방 등
		박각시과	대왕박각시 등
	자나방상과	제비나비붙이과	두줄제비나비붙이 등
		제비나방과	제비나방 등
		자나방과	노랑띠알락가지나방 등
	밤나방상과	재주나방과	꽃술재주나방 등
		태극나방과	흰무늬왕불나방 등
		비행기나방과	긴수염비행기나방 등
		혹나방과	흰혹나방 등
		밤나방과	봉인밤나방 등

● 긴수염나방과(긴수염나방상과)

우리나라에 19종이 산다고 알려진 나방 무리입니다. 보통 앞날개가 몸길이의 1.5~3배라고 하는데 더듬이는 이보다 무척 깁니다. 암컷보다는 수컷이 더 길어서 더듬이 길이로 암수를 구별할 수 있습니다. 앉았을 때 앞날개가 배를 완전히 덮습니다.

큰자루긴수염나방 몸길이는 32mm, 날개편길이는 40mm 내외로 5~8월에 보인다.

큰자루긴수염나방 수컷 더듬이는 몸길이의 4배 정도이며, 암컷 더듬이는 몸길이의 2배 정도다. 암컷보다 수컷 더듬이가 더 길다.

큰자루긴수염나방의 크기를 짐작할 수 있다.

큰자루긴수염나방 짝짓기 왼쪽이 암컷이다. 5월 말에 만난 모습이다.

큰자루긴수염나방의 돌돌 말린 주둥이가 보인다.

우리긴수염나방 수컷 큰자루긴수염나방과 비슷하지만 머리가 검은색이라 구별된다.

우리긴수염나방 암컷 날개편길이가 20~26mm로 큰자루긴수염나방보다 작다.

비단긴수염나방 날개편길이는 16~19mm다. 앞날개 5분의 3 지점에 황백색 띠무늬가 있다.

비단긴수염나방 암컷 비슷하게 생긴 노랑줄긴수염나방은 앞날개 띠무늬가 3분의 2 지점에 있다. 수컷은 얼굴에 털 뭉치가 있다.

그물무늬긴수염나방 날개편길이는 19~21mm, 성충은 4~5월에 나타난다. 생태가 잘 알려지지 않았다.

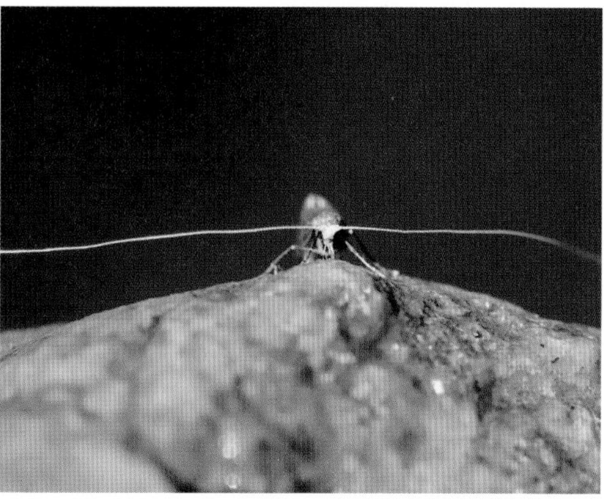

그물무늬긴수염나방 앞에서 본 모습이다. 하얀색 더듬이가 매우 길다.

그물무늬긴수염나방의 크기를 짐작할 수 있다. 더듬이가 몸길이의 2배로 매우 길다.

버들긴수염나방 수컷의 크기를 짐작할 수 있다.

버들긴수염나방 수컷 이른 봄에 주로 보인다. 날개편길이는 14~16mm다. 암컷보다 더듬이가 길고 털이 많다.

버들긴수염나방 수컷 겹눈이 매우 크고 털이 많다.

버들긴수염나방 암컷 버드나무에 산란한다. 번데기로 월동하며 이른 봄에 날개돋이한다.

긴수염나방류

긴수염나방류

● 주머니나방과(곡식좀나방상과)

주머니나방은 도롱이나방, 도롱이벌레라고도 하며 애벌레가 도롱이 모양(주머니 모양)의 집을 짓고 살아 붙인 이름입니다. 남방차주머니나방, 유리주머니나방 등이 있습니다. 수컷은 보통의 나방 형태이지만 암컷은 날개가 없거나 퇴화하여 애벌레처럼 도롱이 안에서 지내면서 페로몬을 뿜어내 수컷을 유인하여 짝짓기를 합니다.

앉아 있을 때 수컷 앞날개는 배 일부분만 덮고 머리는 대개 거친 털로 덮여 있습니다. 애벌레는 도롱이 모양으로 고정된 은신처를 만들어 그 안에서 숨어 있다가 주변에서 자라는 싱싱한 잎이나 이끼를 먹습니다.

여기에서는 다양한 모양의 주머니나방 애벌레와 도롱이 집 사진을 싣는 것으로 설명을 대신합니다.

주머니나방류 애벌레

주머니나방류 애벌레

주머니나방류 애벌레

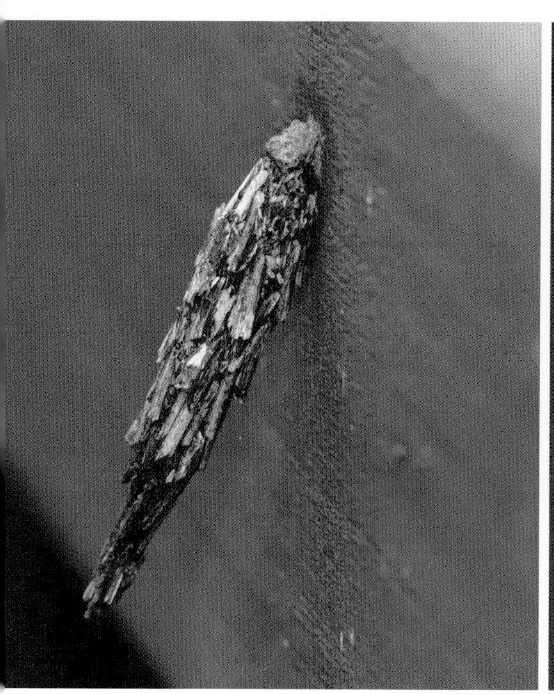

주머니나방류 번데기

주머니나방류(유리주머니나방 추정) 수컷이 도롱이 밖에서 짝짓기를 시도하고 있다. 도롱이 안에 암컷이 있다.

● 곡식좀나방과(곡식좀나방상과)

작은 나방 무리로, 앉아 있을 때 앞날개가 배를 완전히 덮습니다. 성충은 대부분 머리에 거친 털로 덮여 있고 애벌레는 싱싱한 식물보다는 진균류, 지의류, 마른 채소, 저장 곡식, 육류, 옷감 등을 먹습니다. 일부 종은 깃털을 먹는다고 알려졌습니다.

두무늬좀나방 날개편길이는 11~14mm다. 성충은 5~10월에 보인다.

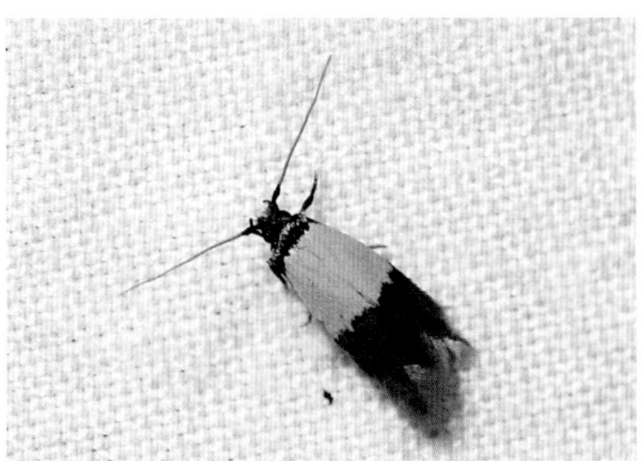

두무늬좀나방 앞날개 반은 밝은 노란색, 나머지 반은 흑갈색이라 붙인 이름이다.

큰점무늬좀나방 날개편길이는 14~22mm, 성충은 5~10월에 보인다.

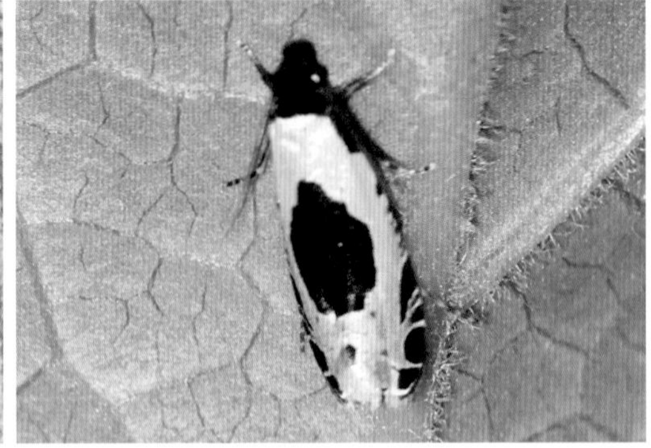

큰점무늬좀나방 날개 한가운데 커다란 점무늬가 있어 붙인 이름이다.

삼각무늬좀나방 날개편길이는 11~13mm, 6~9월에 보인다. 암갈색 바탕의 앞날개를 접었을 때 가운데쯤에 연한 노란색 무늬가 나타난다.

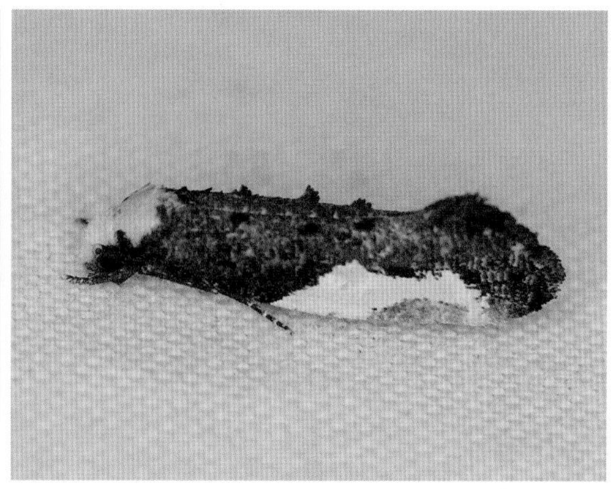

점흰무늬좀나방 날개편길이는 15~18mm, 6~10월에 보인다. 머리는 하얀색이며 앞날개 앞 가장자리 가운데에 커다란 흰색 무늬가 나타나는데 그 안에 길쭉한 갈색 무늬가 있다.

● 집나방과(집나방상과)

성충은 앉아 있을 때 앞날개가 배를 완전히 덮습니다. 대개 홑눈이 있지만 일부 종은 없습니다. 애벌레는 다양한 식물을 먹으며, 보통 은신처를 만들고 무리를 이룹니다.

어리검은줄집나방 날개편길이는 14~20mm, 성충은 6~8월에 보인다. 날개에 불규칙한 점무늬가 19~25개 있다.

화살나무집나방 날개편길이는 24~31mm, 6~9월에 보인다. 흰색 바탕의 앞날개에 검은색 점무늬가 50~60개 있다.

• 좀나방과(집나방상과)

성충은 앉아 있을 때 앞날개가 배를 완전히 덮으며 머리는 대부분 매끄러운 털로 덮여 있습니다. 애벌레는 배추, 양배추, 케일, 무, 유채 등의 잎을 갉아 먹는다고 합니다.

배추좀나방 날개편길이는 13~16mm, 성충은 3~11월에 보이며 위에서 보면 황백색의 요철무늬가 길게 나타난다.

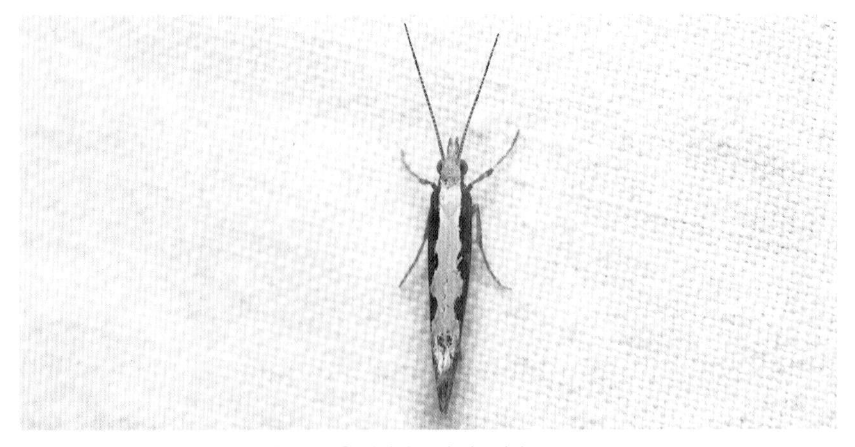

배추좀나방 애벌레가 배추, 양배추, 무 등을 먹어서 붙인 이름이다.

● 그림날개나방과(집나방상과)

성충은 앉아 있을 때 앞날개가 배 일부분만 덮으며 머리는 대부분 매끄러운 털로 덮여 있습니다. 성충의 홑눈은 크고 뚜렷하며 애벌레는 숨어서 벼과, 사초과, 골풀과, 천남성과 같은 식물을 갉아 먹는다고 합니다.

창포그림날개나방

창포그림날개나방 날개편길이는 15~19mm, 성충은 5~8월에 보인다. 머리, 가슴등판, 앞날개 절반은 청람색의 띠고 그 뒤는 주황색 바탕에 은백색 무늬가 여러 개 있다.

창포그림날개나방 애벌레의 먹이식물이 창포, 석창포 등이라 붙인 이름이다.

● 남방뿔나방과(뿔나방상과)

성충은 앉아 있을 때 앞날개가 배를 완전히 덮으며 머리는 대개 매끈합니다. 애벌레는 대부분 갈라진 털이 촘촘하게 덮여 있으며 마른 잎을 먹는다고 합니다.

낙엽뿔나방 날개편길이는 12~14mm, 성충은 4~10월에 나타난다.

낙엽뿔나방 더듬이와 이마는 하얀색이며 앞날개에 갈색 점무늬와 눈썹 무늬가 있다.

은날개남방뿔나방 날개편길이는 19~20mm, 성충은 6~7월에 보인다.

은날개남방뿔나방 앞날개 아래쪽은 점으로 이루어진 곡선이 나타나며 그 앞쪽에 점무늬가 3개 있다. 애벌레는 활엽수 잎을 먹는다.

큰점남방뿔나방 날개편길이는 12~15mm, 성충은 5~8월에 보인다. 앞날개 앞쪽에 큰 점무늬가 한 쌍 있다.

큰점남방뿔나방 개체마다 색깔 차이가 있다.

가루남방뿔나방 날개편길이는 17~18mm, 성충은 6~9월에 보인다. 앞날개 뒤쪽에 흑갈색 줄무늬가 있으며 날개 전체에 흑갈색 비늘가루가 흩뿌려져 나타나 붙인 이름이다.

● 판날개뿔나방과(뿔나방상과)

성충은 앉아 있을 때 앞날개가 배를 완전히 덮으며 머리는 매끈합니다. 대부분의 성충은 홑눈이 없다고 알려졌습니다. 애벌레는 나뭇가지에 구멍을 판 뒤 밤에 먹이식물 잎을 가져다 먹기도 하고 꽃봉오리에 구멍을 뚫거나 이끼를 먹는 등 습성이 다양하다고 합니다.

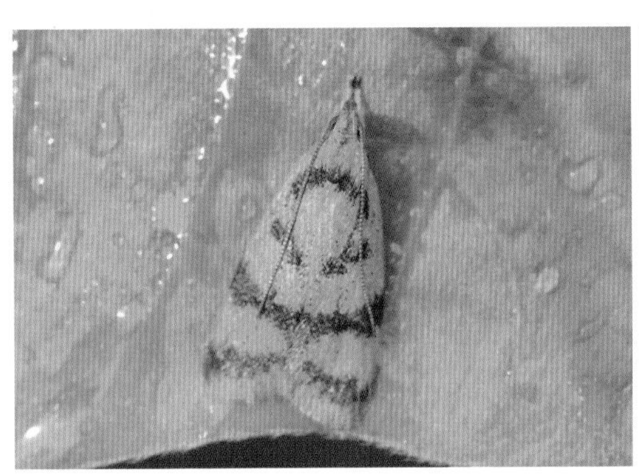

노랑날개원뿔나방 날개편길이는 14~18mm, 성충은 6~7월에 보인다.

노랑날개원뿔나방 날개에 흑갈색 띠무늬가 나타나는데 개체마다 차이가 있다.

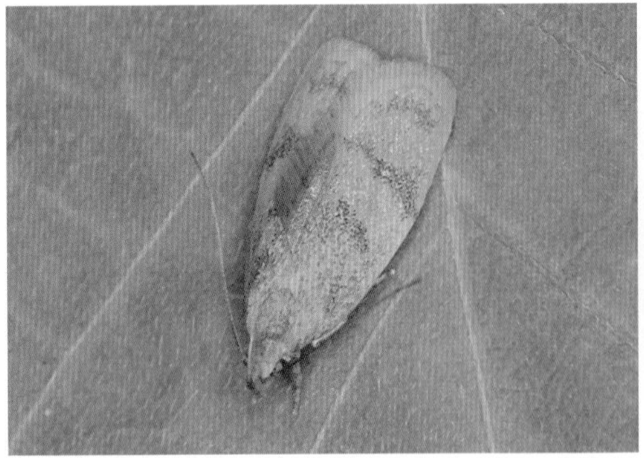

노랑날개원뿔나방 전체적으로 황색이며 더듬이는 짧은 편이다.

갈색띠원뿔나방 날개편길이는 16~20mm, 성충은 7~9월에 보인다. 앞날개 앞쪽에 갈색 점무늬가 있고 뒤쪽에 갈색 띠무늬가 있다.

● 원뿔나방과(뿔나방상과)

성충은 앉아 있을 때 앞날개가 배를 완전히 덮으며 머리는 매끈합니다. 이 과에 속하는 대부분의 성충은 홑눈이 없다고 합니다. 애벌레는 번데기 방을 만들지 않으며 숨어서 다양한 식물을 먹는다고 합니다.

젤러리원뿔나방 날개편길이는 19~26mm, 성충은 4~6월에 보인다. 앞날개 앞쪽은 주황색이며 다양한 하얀색 무늬가 있다.

젤러리원뿔나방 머리와 더듬이는 검은색이지만 더듬이 끝부분이 하얀색이다.

젤러리원뿔나방 연한 노란색의 주둥이가 보인다. 잎에 있는 물을 마시고 있다.

북방원뿔나방 날개편길이는 14mm 내외로 성충은 8월에 주로 보인다. 머리와 가슴 윗부분은 하얀색이며 날개에 넓은 가로띠 무늬가 독특하다.

도둑원뿔나방 날개편길이는 18~24mm, 성충은 6~8월에 보인다. 회색을 띤 좁은 앞날개에 검은색 비늘가루(인편)가 흩뿌려져 있다.

Letogenes festalis Meyrick, 1930 아직 국명이 없는 원뿔나방과의 나방이다. 하얀색 앞날개에 갈색 점무늬가 있으며 다리와 주둥이는 주황색이다.

구슬무늬원뿔나방 날개편길이는 13~15mm, 성충은 7~8월에 보인다.

구슬무늬원뿔나방 황갈색의 앞날개에 하얀색의 가로줄 무늬와 둥근 무늬가 나타난다.

매끈이원뿔나방 날개편길이는 11~15mm, 성충은 5~8월에 보인다.

매끈이원뿔나방 앞날개에 하얀색 띠무늬가 3개 있다. 띠무늬 가장자리는 검은색이다. 날개 뒤쪽에 둥근 무늬가 없어 구슬무늬원뿔나방과 구별된다.

솔피원뿔나방 날개편길이는 9~13mm, 성충은 5~9월에 보인다.

솔피원뿔나방 날개 끝부분에 크고 작은 점무늬 2개가 있어 비슷하게 생긴 나방들과 구별된다.

● 감꼭지나방과(뿔나방상과)

성충은 앉아 있을 때 앞날개가 배를 완전히 덮으며 머리는 대개 매끈합니다. 홑눈은 없습니다. 애벌레는 숨어서 감나무, 고욤나무, 참다래, 복숭아, 포도, 오리나무류 등 다양한 식물을 먹는다고 합니다.

총채다리꼭지나방 날개편길이는 12~14mm, 성충은 6~8월에 보인다.

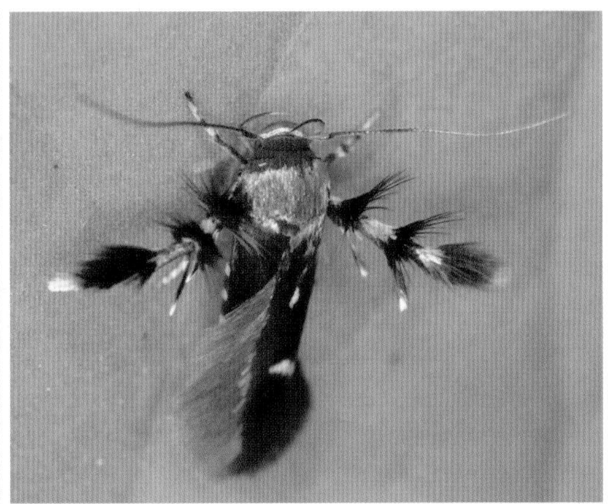

총채다리꼭지나방 뒷다리 마디마다 기다란 털 다발이 있어 독특하다. 이 때문에 붙인 이름이다.

총채다리꼭지나방 더듬이는 날개 길이 정도이며, 앞날개 앞과 뒤에 하얀색 점무늬가 나타난다.

열매꼭지나방 날개편길이는 10~15mm, 성충은 6~9월에 보인다.

열매꼭지나방의 크기를 짐작할 수 있다.

열매꼭지나방 앞날개 절반은 노란색, 뒤쪽 절반은 노란색 점무늬가 있는 회갈색이다.

열매꼭지나방 애벌레가 다래, 감, 포도 등 열매의 꼭지 안쪽에 지내면서 열매 표면을 갉아 먹어 붙인 이름이다.

열매꼭지나방과 두무늬좀나방(곡식좀나방과) 비교 왼쪽이 열매꼭지나방이다.

붉은꼬마꼭지나방 날개편길이는 13~17mm, 성충은 5~7월에 보인다.

붉은꼬마꼭지나방 더듬이는 검은색이며 붉은색 날개에 검은색 줄이 있다.

노랑꼭지나방 날개편길이는 12~14mm, 성충은 7~9월에 보인다.

노랑꼭지나방 머리 뒤쪽에 짙은 갈색 줄이 있으며 날개 가운데의 갈색 무늬가 독특하다.

감꼭지나방 날개편길이는 14~19mm, 5~8월에 보인다. 머리는 노란색이며 가슴 뒤쪽과 앞날개 앞 가장자리 3분의 2 부분에 노란색 무늬가 있다.

● 큰원뿔나방과(뿔나방상과)

성충은 앉아 있을 때 앞날개가 배를 완전히 덮으며 머리는 약간 매끈합니다. 대부분 홑눈이 없습니다. 애벌레는 대개 먹이식물의 잎을 이어서 은신처를 만들거나 돌아다니며 어린잎을 먹는다고 합니다.

우묵날개원뿔나방 날개편길이는 13~18mm, 성충은 6~10월에 보인다. 앞날개 가운데가 오목하다.

우묵날개원뿔나방 짝짓기

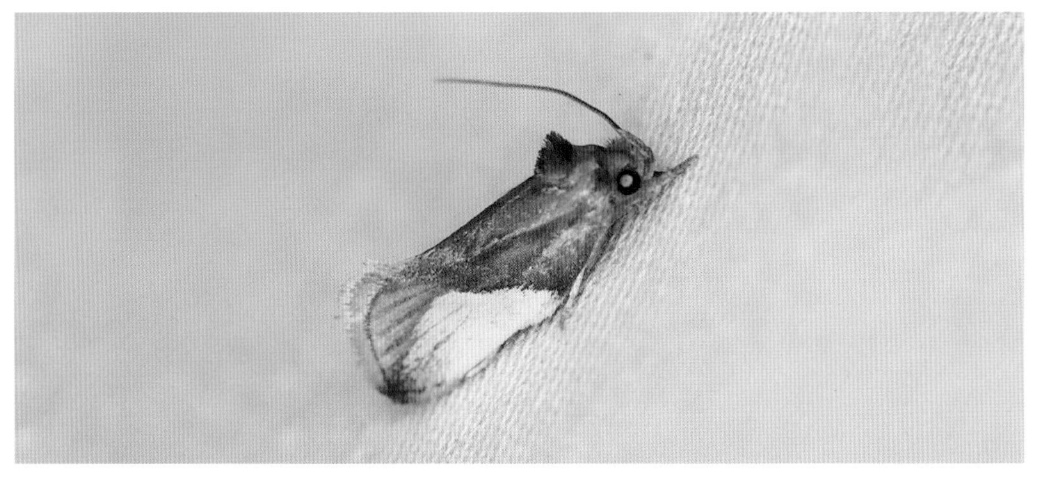

반노랑판날개뿔나방 날개편길이는 19~22mm, 성충은 5~7월에 보인다. 앞날개 가운데에 커다란 노란색 반원 무늬가 있으며 가슴등판에 털 뭉치가 솟아 있다.

사과잎뿔나방 날개편길이는 21~28mm, 성충은 6~8월에 보인다.

사과잎뿔나방 날개 가운데에 흑갈색의 작은 점이 있다.

● 애기비단나방과(뿔나방상과)

우리나라에서는 두점애기비단나방 1종만 알려졌으며 앉아 있을 때 앞날개가 배를 완전히 덮습니다. 홑눈은 없습니다. 애벌레는 실을 토해내 먹이식물의 잎을 이어서 은신처를 만들고 명아주 종류의 잎을 먹습니다.

두점애기비단나방(봄형) 봄형은 노란색 무늬가 없고 여름형은 노란색 무늬가 4개 있다.

두점애기비단나방 하얀색 무늬가 있는 개체다.

두점애기비단나방(여름형) 짝짓기 날개편길이는 12~15mm, 성충은 5~10월에 보인다.

두점애기비단나방의 크기를 짐작할 수 있다.

두점애기비단나방 애벌레 명아주 잎을 먹고 있다.

● 창날개뿔나방과(뿔나방상과)

성충은 앉아 있을 때 앞날개가 배를 완전히 덮으며 머리는 매끈합니다. 홑눈은 있거나 없습니다. 애벌레는 잎 속에 구멍을 내며 잎살을 파먹거나 은신처를 만들어 다양한 식물을 먹는다고 합니다.

흰더듬이뿔나방 날개편길이는 14mm 내외로, 성충은 4~7월에 보인다. 더듬이 끝부분이 흰색이라 붙인 이름이다.

흰더듬이뿔나방 갈색의 앞날개에 볼록 솟은 은회색 무늬가 많다.

흰더듬이뿔나방이 진달래 꿀을 먹고 있다.

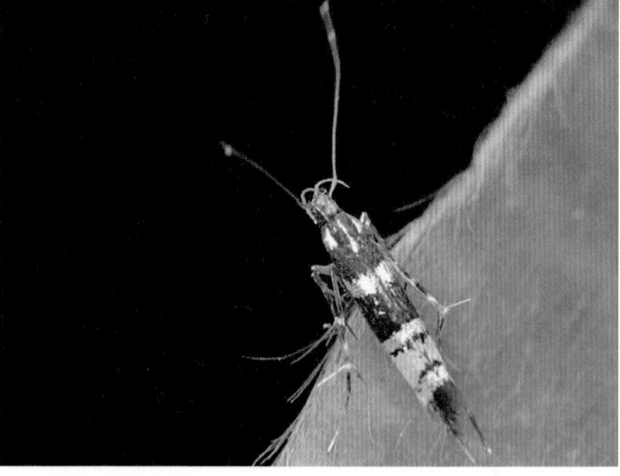

섬모시창날개뿔나방 날개편길이는 7~9mm, 6~10월에 보인다. 앞날개에 은회색 띠무늬가 3개 있으며 2~3번째 띠무늬 사이는 주황색이다.

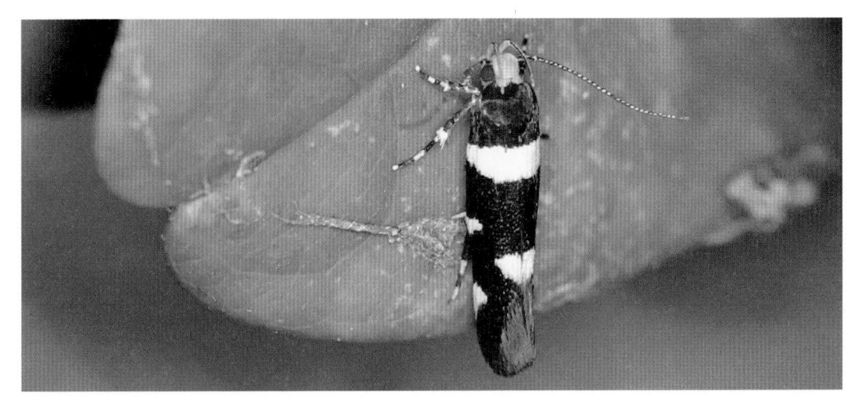

그늘창날개뿔나방 날개편길이는 9~10mm, 성충은 7~9월에 보인다. 이마는 흰색이며 앞날개 앞부분에 하얀색 띠무늬, 뒤쪽에 점무늬가 2개 있다.

카카오창날개뿔나방 날개편길이는 10~15mm, 성충은 7~9월에 보인다. 앞날개 3분의 2까지 갈색 바탕에 흰색 줄무늬가 있다. 그 뒤는 검은색 점무늬가 있는 연한 노란색이다.

세미창날개뿔나방 날개편길이는 12~15mm, 성충은 6~8월에 보인다. 앞날개에 붉은색 줄무늬와 회색 줄무늬가 있어 카카오창날개뿔나방과 구별된다.

● 뿔나방과(뿔나방상과)

성충은 앉아 있을 때 앞날개가 배를 완전히 덮으며 머리는 매끈하거나 거칩니다. 일부 종을 제외하곤 대부분 홑눈이 있습니다. 애벌레는 은신처를 만들기도 하지만 그렇지 않은 경우도 있습니다. 다양한 식물의 잎을 먹는다고 합니다.

앞테두리흰줄뿔나방 날개편길이는 11~14mm, 5~10월에 보인다. 앞날개 3분의 2 지점에 검은색 점무늬가 있고 끝부분에는 흑갈색 줄무늬가 있는 흰색 무늬가 나타난다.

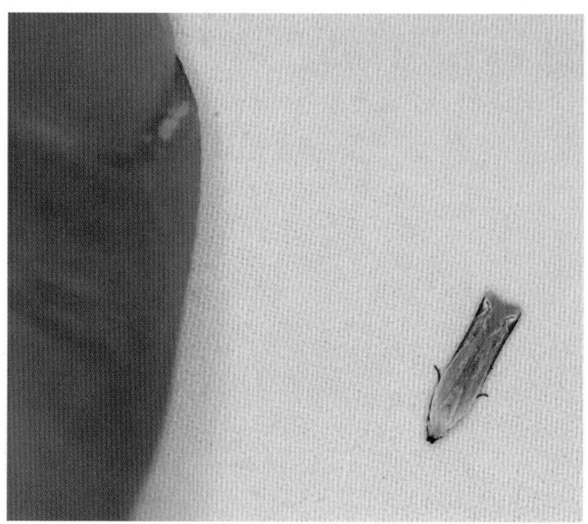

앞테두리흰줄뿔나방의 크기를 짐작할 수 있다.

극동삼각수염뿔나방 날개편길이는 21~22mm, 성충은 4~9월에 보인다.

극동삼각수염뿔나방 앞날개에 흰색의 작은 점이 있으며 날개 가장자리에 점으로 이루어진 줄무늬가 나타난다.

고려삼각수염뿔나방 날개편길이는 18~25mm, 4~8월에 보인다. 황갈색 바탕의 앞날개에 적갈색 무늬가 위에서부터 아래까지 규칙적으로 나타난다.

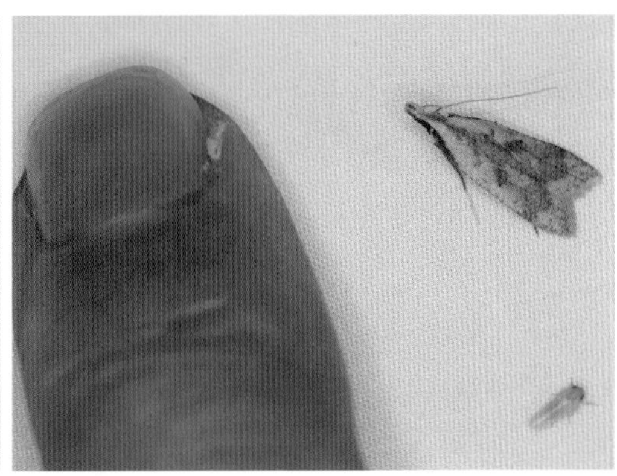

고려삼각수염뿔나방의 크기를 짐작할 수 있다.

갈색뿔나방 날개편길이는 17~21mm, 성충은 6~8월에 보인다.

갈색뿔나방 앞날개 뒤에 넓은 흑갈색 줄무늬가 있다.

갈색뿔나방 아랫입술수염이 뿔처럼 보인다.

큰털보뿔나방 날개편길이는 17~22mm, 4~10월에 보인다. 황갈색 바탕의 앞날개 앞부분과 뒷부분에 적갈색 무늬가 있다.

큰털보뿔나방의 크기를 짐작할 수 있다.

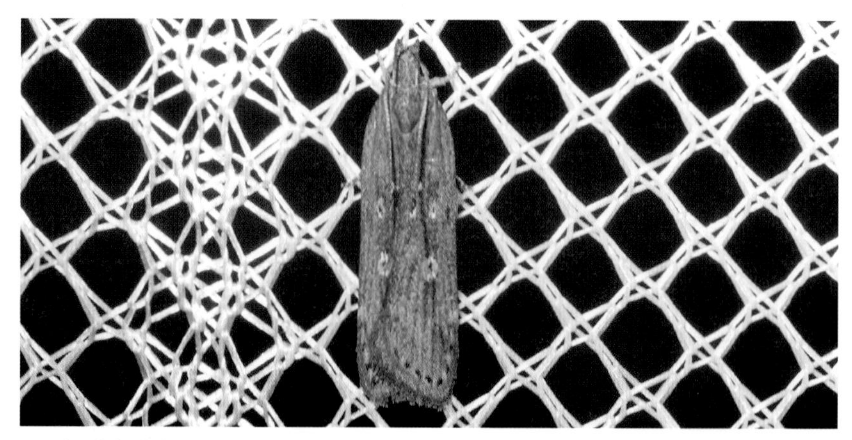

고구마뿔나방 날개편길이는 15~20mm, 성충은 6~10월, 이듬해 3월에 보인다. 앞날개에 작은 황갈색 점무늬가 2쌍 있다.

• 털날개나방과(털날개나방상과)

성충은 앉아 있을 때 앞날개가 배를 덮지 않으며 머리는 대개 매끈합니다. 홑눈은 없습니다. 애벌레는 꽃봉오리, 새싹 또는 줄기 속에 숨어서 먹이식물을 먹는다고 합니다.

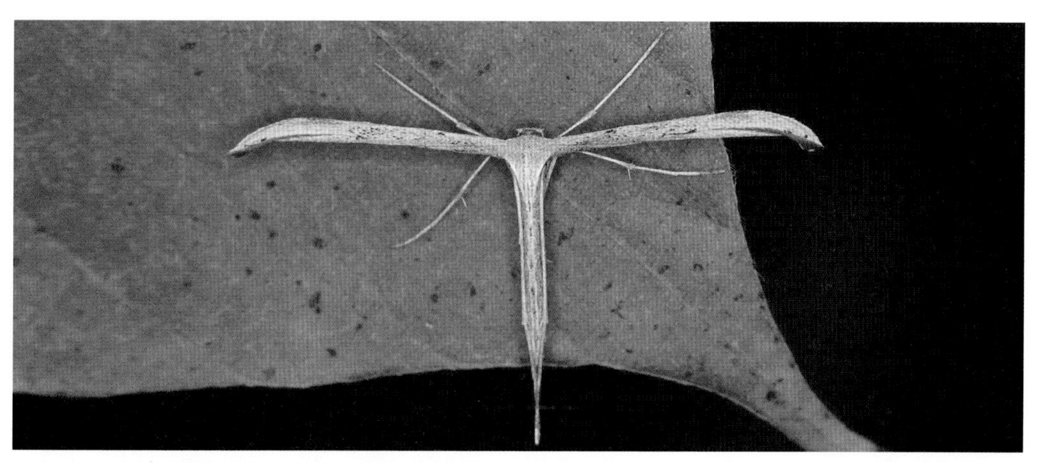

갈색털날개나방 날개편길이는 14~16mm, 성충은 7~10월에 나타난다.

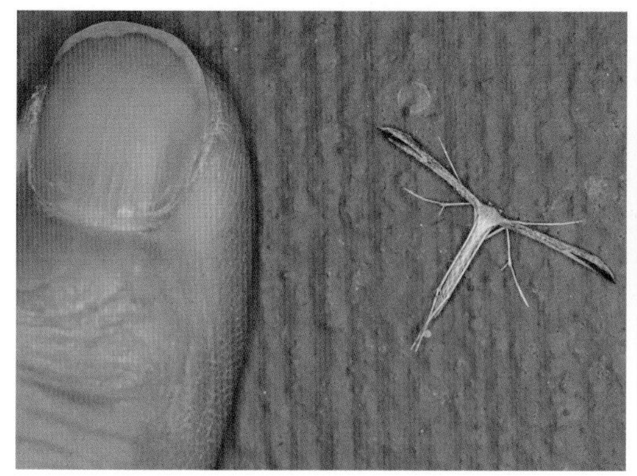

갈색털날개나방의 크기를 짐작할 수 있다.

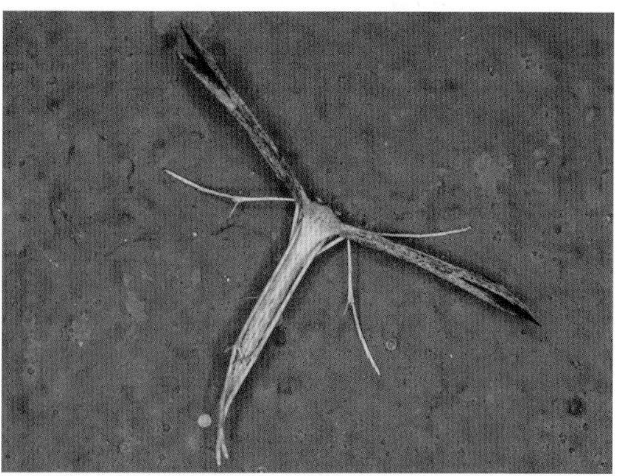

갈색털날개나방 앞날개 중앙부 바깥쪽에 흑갈색 삼각 무늬가 있다. 개체마다 차이가 있다.

망초털날개나방(신칭) 날개편길이는 12~18mm, 성충은 6~8월에 보인다. 앞날개에 갈색 삼각 무늬가 뚜렷하며 배마디 중간에 갈색 띠무늬가 있다.

망초털날개나방 밤에 불빛에도 잘 찾아든다.

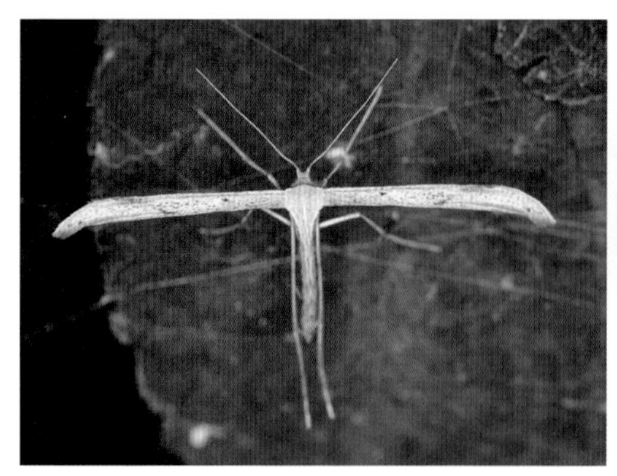

쑥털날개나방 날개편길이는 16mm 내외, 성충은 6~8월에 보인다.

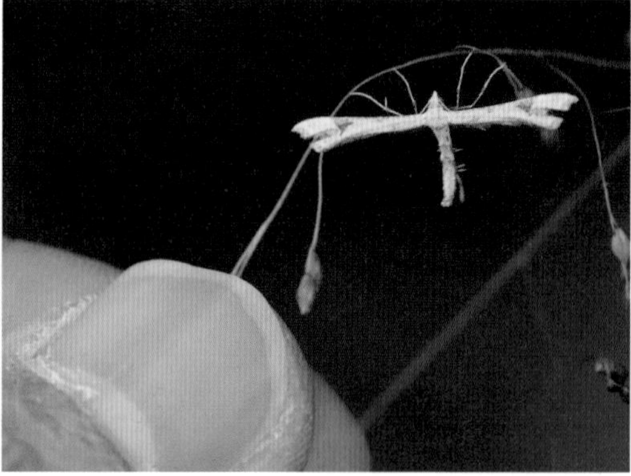

쑥털날개나방 날개에 암갈색 점무늬 2개가 뚜렷하다. 크기를 짐작할 수 있다.

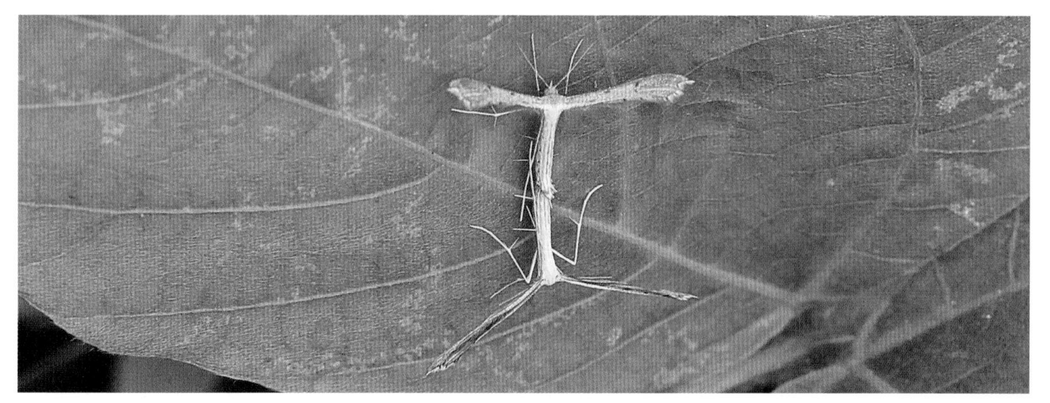

칠성털날개나방 짝짓기 날개편길이는 15~22mm, 성충은 5~9월에 보인다. 앞날개는 적갈색을 띠며 점무늬가 나타난다.

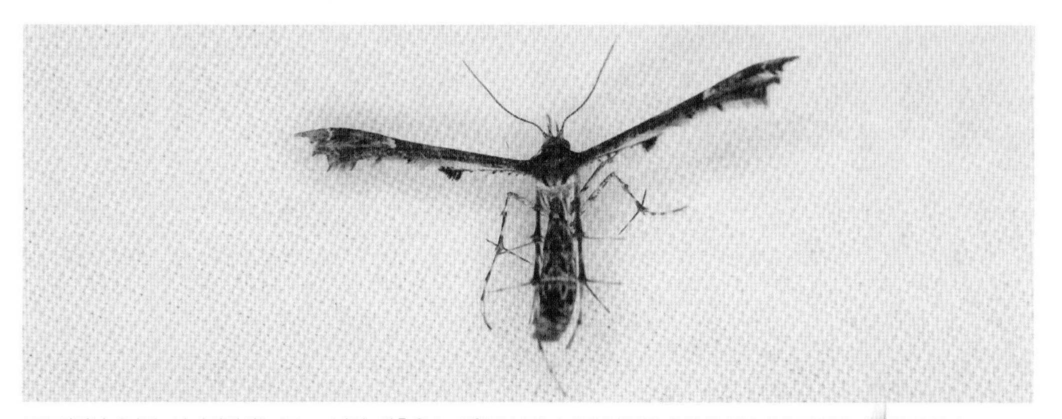

포도애털날개나방 날개편길이는 15mm 내외, 성충은 6~9월에 보인다. 얼룩덜룩한 흑갈색 앞날개에 하얀색 가로줄이 있다.

포도털날개나방 전체적으로 주황색이며 성충은 5~10월에 보인다.

포도털날개나방 짝짓기 7월에 관찰한 모습이다.

● 잎말이나방과(잎말이나방상과)

성충은 앉아 있을 때 앞날개가 배를 완전히 덮으며 머리는 거친 비늘가루로 덮여 있고 털 뭉치가 있습니다. 대개 홑눈이 있습니다. 애벌레는 대부분 잎을 말아 은신처를 만들고 다양한 식물을 먹습니다.

잔주름애기잎말이나방 날개편길이는 12~14mm, 성충은 5~7월에 보인다.

잔주름애기잎말이나방 앞날개에 불규칙한 줄무늬가 있고 날개 뒤쪽 가장자리에 하얀색 빗금무늬가 줄지어 나타난다.

흰갈퀴애기잎말이나방 날개편길이는 15~23mm, 성충은 6~9월에 보인다.

흰갈퀴애기잎말이나방의 크기를 짐작할 수 있다.

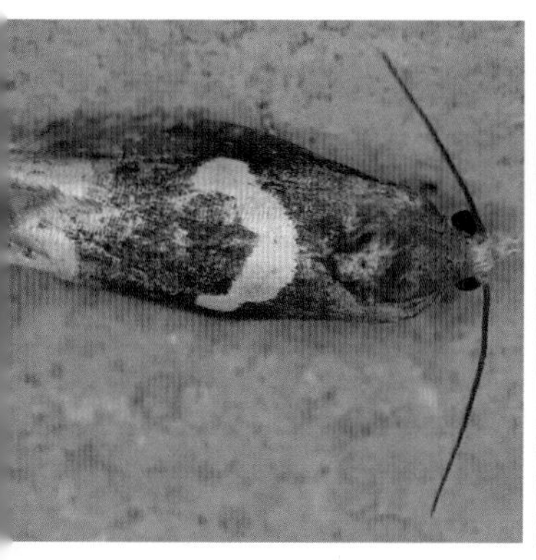

흰갈퀴애기잎말이나방 개체마다 무늬 차이가 있다.

흰갈퀴애기잎말이나방 가슴에 솟은 털 뭉치가 있다.

흰갈퀴애기잎말이나방 앞날개에 하얀색 '八' 자 무늬가 있는데 개체마다 차이가 있다.

노랑줄애기잎말이나방 날개편길이는 11~14mm, 성충은 6~7월에 보인다.

노랑줄애기잎말이나방 앞날개 가운데에 넓은 노란색 띠무늬가 있다.

참노랑줄애기잎말이나방 날개편길이는 18~19mm, 성충은 6~7월에 보인다. 노란색 띠무늬 앞쪽에 하얀색 띠무늬가 있어 노랑줄애기잎말이나방과 구별된다.

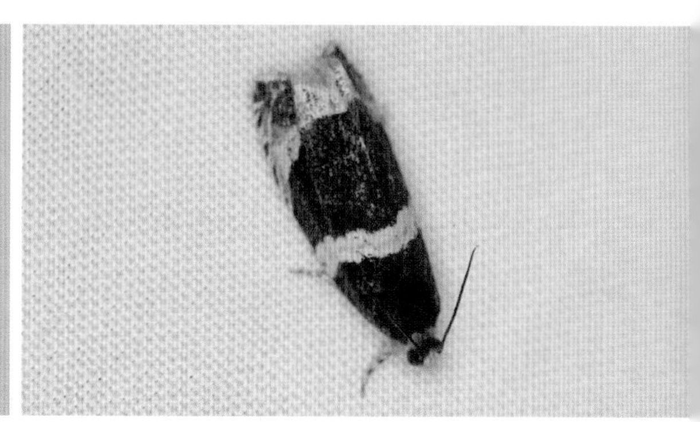

노랑연줄애기잎말이나방 날개편길이는 14~19mm, 성충은 5~7월에 보인다.

노랑연줄애기잎말이나방 날개에 넓은 노란색 띠무늬가 나타난다. 날개 뒤쪽에도 노란색 무늬가 있어 비슷하게 생긴 나방들과 구별된다.

노랑줄무늬애기잎말이나방(신칭) 날개편길이는 12~14mm, 성충은 6~8월에 보인다. 『한국나방도감』(김상수, 백문기, 2020)에서 처음으로 알려진 잎말이나방이다.

매실애기잎말이나방 날개편길이는 11~16mm, 성충은 5~10월에 보인다. 앞날개 앞쪽에 짙은 갈색 띠무늬가 있다.

도토리애기잎말이나방 날개편길이는 10~13mm, 5~8월에 보인다. 회백색 바탕의 앞날개 가운데에 흑갈색 얼룩무늬가 나타나며 날개 뒷부분은 짙은 갈색을 띤다.

밤애기잎말이나방 날개편길이는 15~22mm, 5~9월에 보인다. 전체적으로 회색과 흰색이 얼룩덜룩하게 흩어져 나타난다. 앞날개 바깥 가장자리를 따라 흑갈색의 사선 무늬가 줄지어 나타난다.

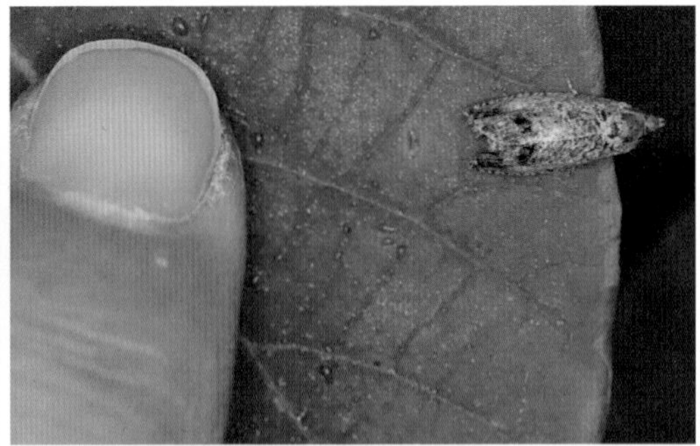

밤애기잎말이나방의 크기를 짐작할 수 있다.

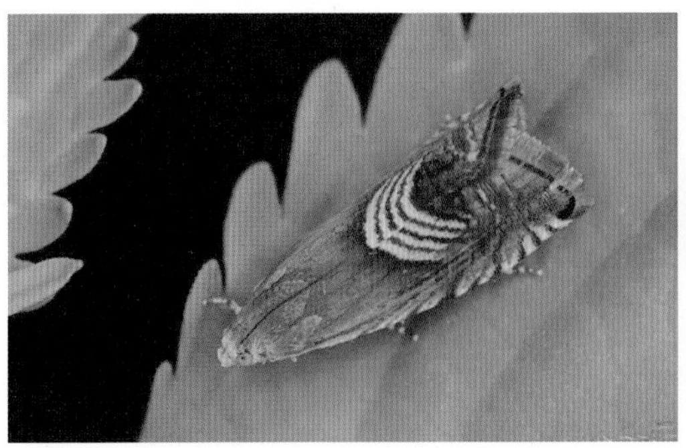

네줄애기잎말이나방 날개편길이는 10~15mm, 성충은 5~10월에 보인다.

네줄애기잎말이나방 앞날개에 황백색 줄무늬가 4줄 있어 붙인 이름이다.

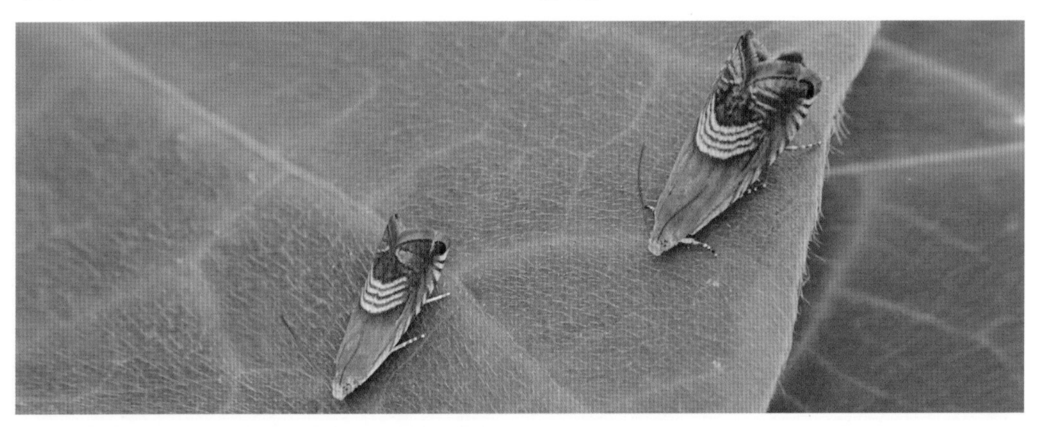

네줄애기잎말이나방 암수(추정) 큰 개체가 암컷으로 추정된다.

네줄애기잎말이나방 짝짓기(08. 16.)

신갈큰애기잎말이나방 날개편길이는 18mm 정도로, 성충은 7~9월에 보인다. 앞날개에 큰 흑갈색 무늬가 있다.

흰무늬애기잎말이나방 날개편길이는 15~17mm, 6~10월에 보인다. 앞날개 가운데에 흰색의 넓은 띠무늬가 있고 날개 뒤쪽에도 흰색 무늬가 나타난다.

흰무늬애기잎말이나방의 크기를 짐작할 수 있다.

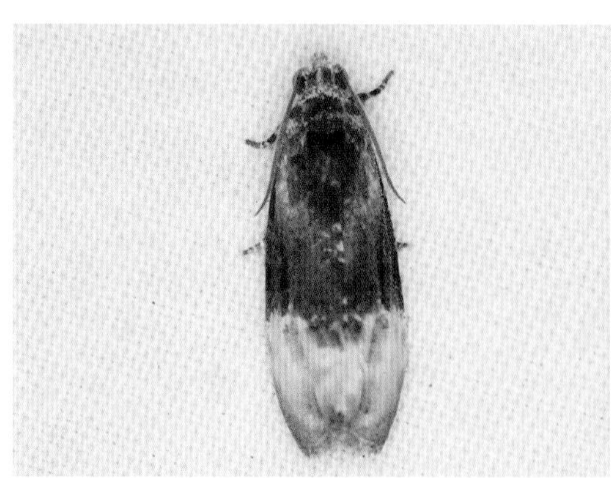

괴불왕애기잎말이나방 날개편길이는 17~19mm, 성충은 3~10월에 보인다.

괴불왕애기잎말이나방 날개 뒤쪽 3분의 1이 하얀색이다.

앞흰점애기잎말이나방 날개편길이는 19~22mm, 성충은 5~7월에 보인다. 앞날개 뒷부분에 커다란 흰색 반원 무늬가 있다.

버들애기잎말이나방 날개편길이는 14~19mm, 성충은 5~8월에 보인다. 날개 아랫부분 갈색 띠무늬 안에 검은색 점무늬가 있다.

매화애기잎말이나방 날개편길이는 14~18mm, 성충은 6~9월에 보인다. 매화나무가 애벌레의 먹이식물이다.

물참애기잎말이나방 날개편길이는 15~18mm, 성충은 5~8월에 보인다. 애벌레가 신갈나무 등 다양한 나무의 잎을 먹는 것으로 알려졌다.

어리무늬애기잎말이나방 날개편길이는 9~14mm, 성충은 5~9월에 보인다.

참나무애기잎말이나방 날개편길이는 12~18mm, 성충은 6~7월에 보인다. 앞날개 뒤쪽에 하얀색 무늬가 나타난다. 날개는 흰 비늘가루로 얼룩져 있다.

노랑무늬애기잎말이나방 날개편길이는 12~18mm, 성충은 5~9월에 보인다. 날개 가장자리에 회색 얼룩점이 흩어져 있다.

뽕큰애기잎말이나방 날개편길이는 18~22mm, 성충은 5~8월에 나타난다. 애벌레가 뽕잎을 먹는다.

밤애기잎말이나방 날개편길이는 15~22mm, 성충은 8~9월에 보인다. 애벌레는 밤의 과육을 파먹으며 자란다.

회갈무늬애기잎말이나방 날개편길이는 16mm 내외, 4~7월에 보인다. 회색과 갈색이 어우러진 앞날개에 넓은 흰색의 띠가 있고, 크기가 다른 검은 얼룩무늬들이 여기저기 흩어져 나타난다.

검정날개애기잎말이나방 앞날개 가운데 거꾸로 된 흰색 V 자 모양 뒤로 삼각형의 검은색 점무늬가 나타난다.

검정날개애기잎말이나방 날개편길이는 14~20mm, 성충은 4~9월에 보인다.

해당화애기잎말이나방 날개편길이는 9~12mm, 성충은 4~9월에 보인다. 앞날개 가운데에 짙은 푸른색 무늬가 있다.

찔레애기잎말이나방 날개편길이는 16~20mm, 5~8월에 보인다. 앞날개는 얼룩진 회갈색이며 뒷부분에 흑갈색 무늬가 있다.

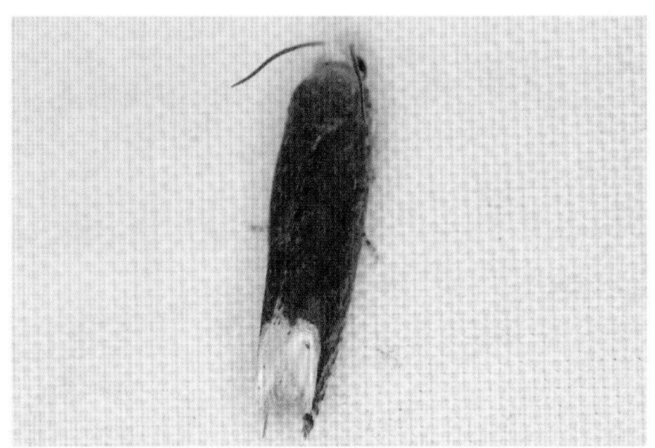

갈색애기잎말이나방 날개편길이는 16~18mm, 성충은 6~9월에 보인다. 앞날개는 진한 갈색이며 뒷부분에 직각으로 꺾인 흰색 무늬가 있다.

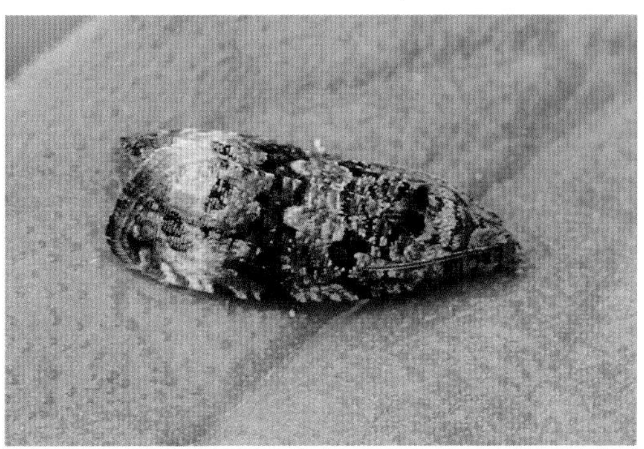

흰끝애기잎말이나방 날개편길이는 15~17mm, 성충은 5~10월에 보인다. 날개 뒤쪽이 흰색이다.

포플라애기잎말이나방 날개편길이는 20~22mm, 성충은 6~8월에 보인다. 앞날개에 갈색 무늬가 2개 나타난다.

크로바애기잎말이나방 날개편길이는 11~15mm, 성충은 5~9월에 나타난다. 앞날개 앞쪽에 황백색 띠무늬가 있다.

밤색애기잎말이나방 날개편길이는 15~16mm, 성충은 6~8월에 보인다. 앞날개 가운데가 밝은 밤색을 띠고 그 뒤로 그물 무늬가 촘촘하다.

갈색물결애기잎말이나방 날개편길이는 10~13mm, 성충은 5~8월에 보인다. 앞날개 가운데에 연한 갈색 줄무늬가 3줄 나타난다.

뿔날개잎말이나방 날개편길이는 18~29mm, 성충은 5~9월에 보인다. 날개를 접으면 전체적으로 종 모양이다. 애벌레는 사과나무, 배나무, 벚나무 잎을 먹는다.

애모무늬잎말이나방 날개편길이는 13~24mm, 성충은 5~10월에 보인다.

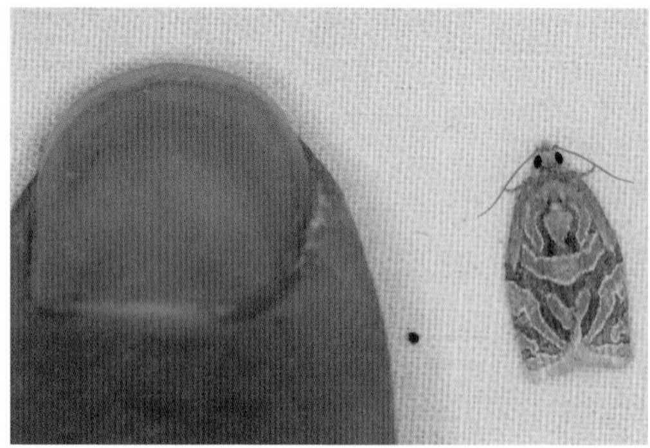

애모무늬잎말이나방의 크기를 짐작할 수 있다.

애모무늬잎말이나방 1년에 3회 발생하며 애벌레는 다양한 과실나무, 활엽수 잎을 먹는다. 날개 전체에 모(각)가 난 무늬가 많다.

뒷노랑잎말이나방 날개편길이는 17~30mm, 성충은 5~9월에 보인다. 날개에 진한 흑갈색의 세로줄이 나타난다.

뿔무늬잎말이나방 날개에 세로줄이 없어 뒷노랑잎말이나방과 구별된다.

뿔무늬잎말이나방 날개편길이는 20~26mm, 성충은 6~9월에 보인다.

흰꼬리잎말이나방 날개편길이는 16~25mm, 성충은 5~9월에 보인다.

흰꼬리잎말이나방 앞날개에 커다란 갈색 얼룩무늬가 있다. 1년에 1회 나타나며 애벌레는 참나무류, 버드나무 등의 잎을 말고 그 속에서 생활한다.

솔잎말이나방 날개편길이가 18~31mm, 성충은 4~10월에 보인다.

솔잎말이나방 암컷 날개 전체에 짙은 갈색의 얼룩무늬가 흩어져 나타나는데 암수 무늬에 차이가 있다.

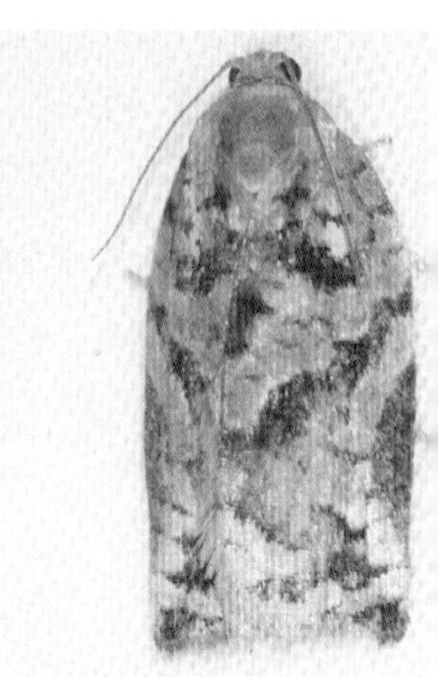

솔잎말이나방 1년에 2회 발생하며 애벌레는 소나무, 잣나무 등의 침엽수 잎을 먹는다.

번개무늬잎말이나방 날개편길이는 17~27mm, 성충은 5~8월에 나타난다. 날개에 독특한 갈색 무늬가 있다. 애벌레는 활엽수 잎을 여러 장 말아 그 속에서 생활한다.

반백잎말이나방 날개편길이는 수컷 14~17mm, 암컷 18~20mm다. 성충은 5~9월에 보인다. 앞날개 가운데에 V 자 모양의 갈색 띠무늬가 있다. 일본잎갈나무가 먹이식물이다.

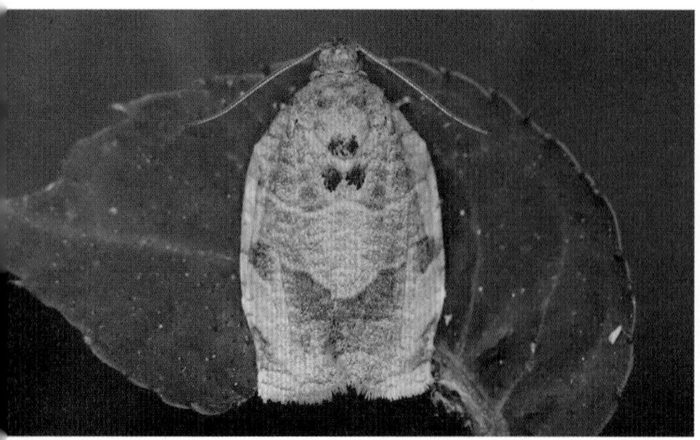

사과잎말이나방 수컷 암컷과 달리 앞날개 앞쪽에 검은색 점무늬가 있다.

사과잎말이나방 암컷 날개편길이는 수컷 19~24mm, 암컷 23~34mm다. 성충은 5~10월에 보인다. 애벌레는 사과나무, 복숭아나무, 배나무 등의 잎을 말아 그 속에서 잎을 먹으며 생활한다.

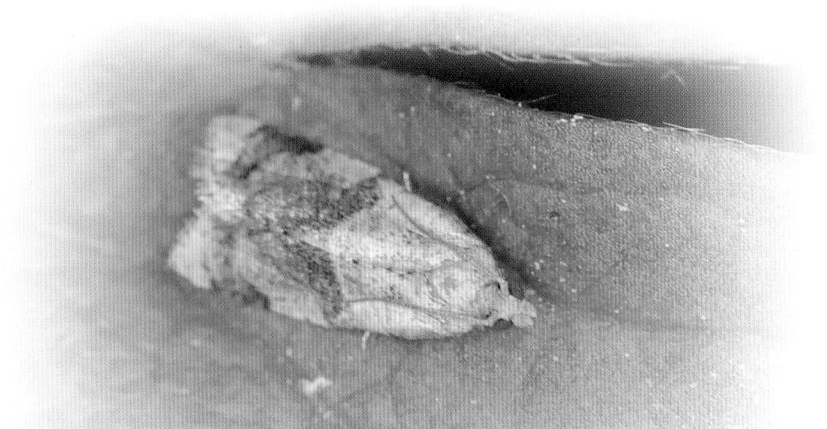

반달무늬잎말이나방 날개편길이는 11~16mm, 성충은 5~10월에 보인다. 날개 가운데에 뿔 달린 동물 얼굴 모양이 나타난다.

낙엽꼬마잎말이나방 날개편길이는 13~18mm, 성충은 6~8월에 보인다.

낙엽꼬마잎말이나방 앞날개 가운데쯤에 갈색의 V 자 무늬가 있고, 앞뒤로 갈색 얼룩무늬가 흩어져 있다.

꼬마무늬잎말이나방 날개편길이는 13~17mm, 성충은 6~8월에 보인다. 날개 가운데에 은색 가로줄 무늬가 나타나 낙엽꼬마잎말이나방과 구별된다.

차잎말이나방 암컷 날개편길이는 19~37mm, 성충은 3~10월에 보인다. 차나무, 동백나무, 사과나무 등이 먹이식물이다. 암수 무늬가 다르다.

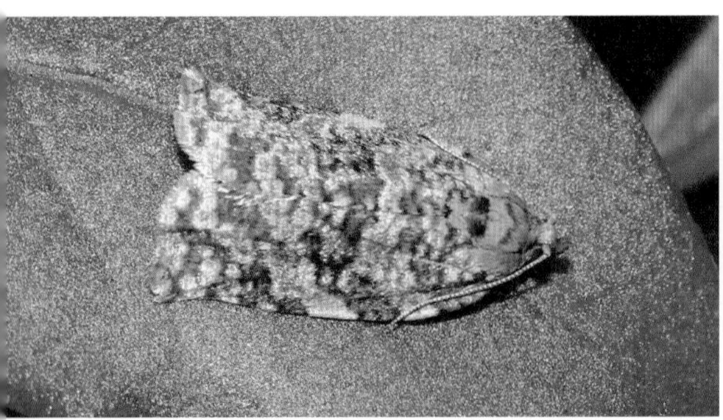

낙타등잎말이나방 날개편길이는 15~24mm, 성충은 5~7월에 보인다. 애벌레는 당단풍나무, 진달래, 귀룽나무 등 다양한 활엽수 잎 여러 장을 붙이고 그 속에서 생활한다.

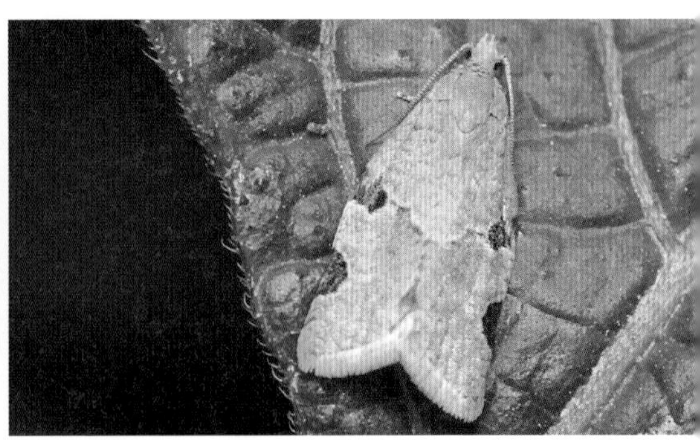

애기사과잎말이나방 날개편길이는 13~22mm, 성충은 5~10월에 보인다. 앞날개에 검은색 점무늬가 2개 있다. 애벌레는 낙엽을 먹는다고 한다.

흰머리잎말이나방 날개편길이는 수컷 17~19mm, 암컷 21~23mm다. 성충은 5~10월에 나타난다.

흰머리잎말이나방 수컷은 머리가 하얀색이며 암컷은 적갈색이다. 애벌레는 사과나무, 버드나무, 느릅나무 등이 먹이식물로 알려졌다. 불빛에 모인 수컷들이다.

치악잎말이나방 날개편길이는 18~26mm, 성충은 5~10월에 보인다.

치악잎말이나방 앞날개에 갈색 띠무늬가 나타나며 그 뒤로 그물무늬가 있다. 애벌레는 참나무류, 벚나무, 물푸레나무, 개암나무 등의 잎을 먹는다.

감나무잎말이나방 날개편길이는 18~25mm, 성충은 5~7월에 보인다.

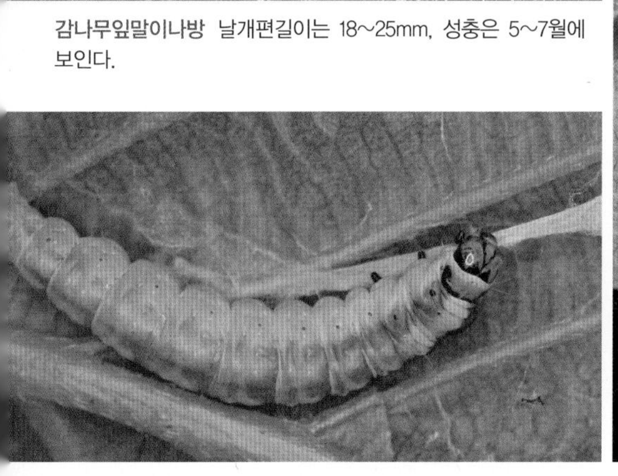

감나무잎말이나방 애벌레 머리는 황갈색에 흑갈색 무늬로 얼룩졌으며, 몸길이가 18mm 정도다.

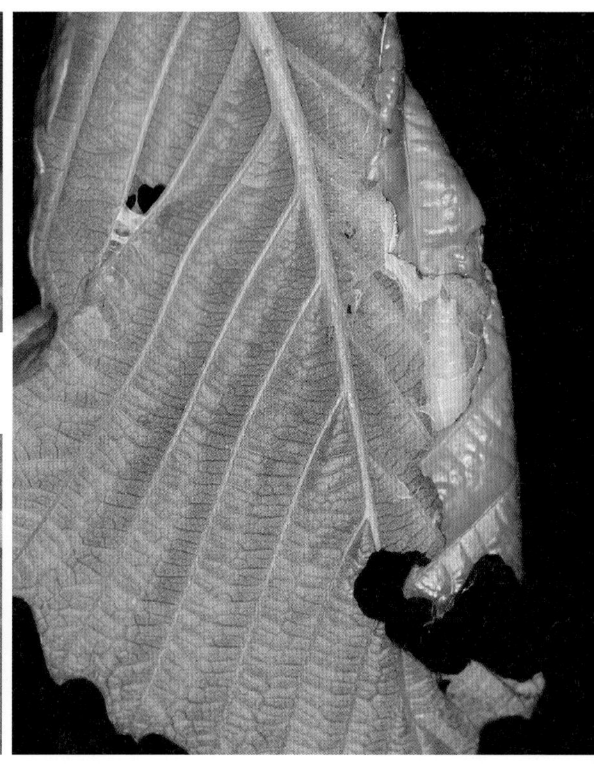

감나무잎말이나방 애벌레 활엽수 잎을 말아 그 속에서 생활한다.

뒷날개검정잎말이나방 날개편길이는 17~25mm, 성충은 5~7월에 보인다. 감나무잎말이나방과 비슷하지만 앞날개 무늬가 다르다. 애벌레는 신갈나무, 느티나무, 개암나무 등 다양한 활엽수 잎을 먹는다.

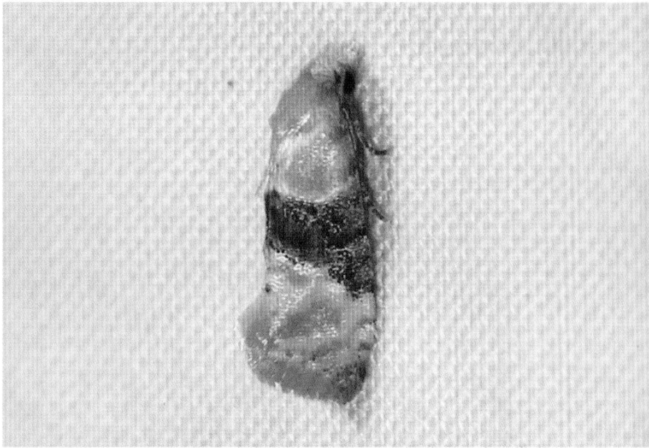

버찌가는잎말이나방 날개편길이는 11~18mm, 성충은 4~9월에 보인다. 앞날개에 흑갈색의 넓은 띠무늬가 나타난다. 애벌레는 벚나무, 괴불나무 등 활엽수의 열매와 종자를 먹는다.

상수리잎말이나방 날개편길이는 14~20mm, 성충은 3~10월에 보인다. 돌기처럼 솟은 비늘가루 뭉치가 곳곳에 있고, 개체마다 색깔 차이가 있다.

아스콜드잎말이나방 날개편길이는 13mm 내외, 성충은 7~8월에 보인다. 애벌레는 주걱댕강나무, 매화말발도리가 먹이식물이다. 날개에 가로로 독특한 은회색 무늬가 있다.

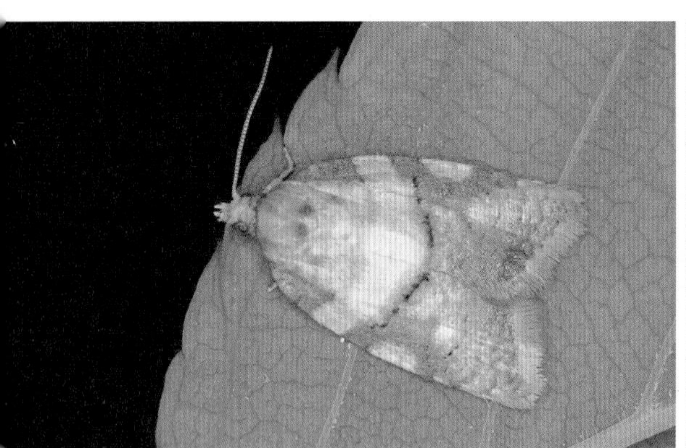

노랑띠무늬잎말이나방 날개편길이는 16~19mm, 성충은 5~8월에 보인다.

노랑띠무늬잎말이나방 날개 가운데에 띠무늬가 나타난다.

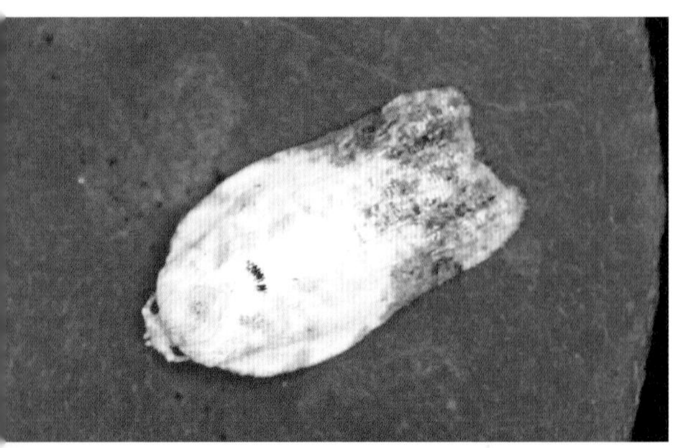

흰색잎말이나방 날개편길이는 13~17mm, 성충은 3~11월에 보인다. 머리부터 앞날개 중간까지 흰색이며 나머지는 갈색이다. 개체마다 색깔이나 무늬에 차이가 있다.

리치잎말이나방 날개편길이는 16~18mm, 성충은 5~10월에 보인다. 노란색 앞날개에 띠무늬 4개가 선명하다.

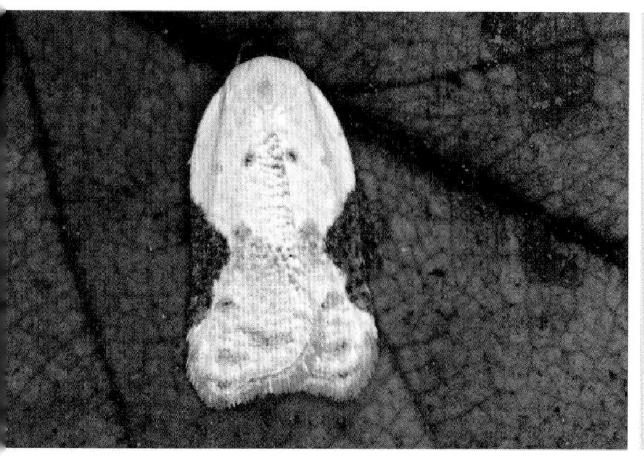

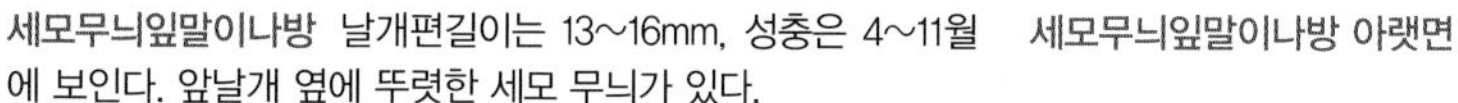

세모무늬잎말이나방 날개편길이는 13~16mm, 성충은 4~11월에 보인다. 앞날개 옆에 뚜렷한 세모 무늬가 있다.

세모무늬잎말이나방 아랫면

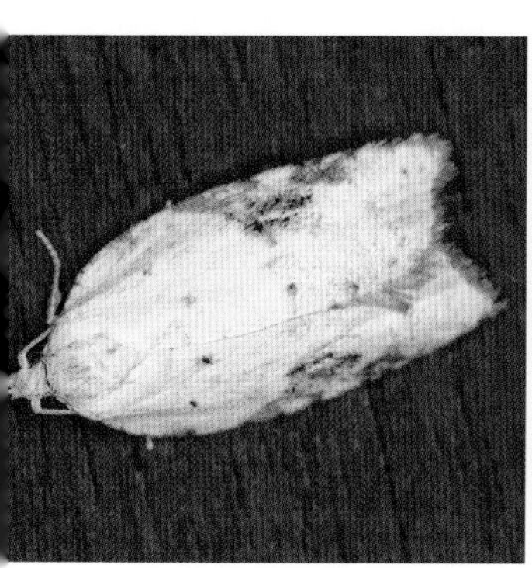

- 참느릅잎말이나방 날개편길이는 12~21mm, 성충은 5~9월에 보인다. 머리가 하얀색으로 세모무늬잎말이나방과 구별된다. 애벌레의 먹이식물이 참느릅나무다.
- 크리스토프잎말이나방 날개편길이는 17~19mm, 성충은 6~9월에 보인다. 앞날개는 노란색 바탕에 갈색 비늘가루로 얼룩졌다. 개체마다 색깔 차이가 있다. 떡갈나무, 붉가시나무가 기주식물이다.
- 산마가목잎말이나방 날개편길이는 15~24mm, 7~10월에 보인다. 앞날개 가운데에 혹 같은 돌기가 있고 앞날개 끝이 뾰족하게 튀어나왔다. 전체적으로 짙은 노란색이다.

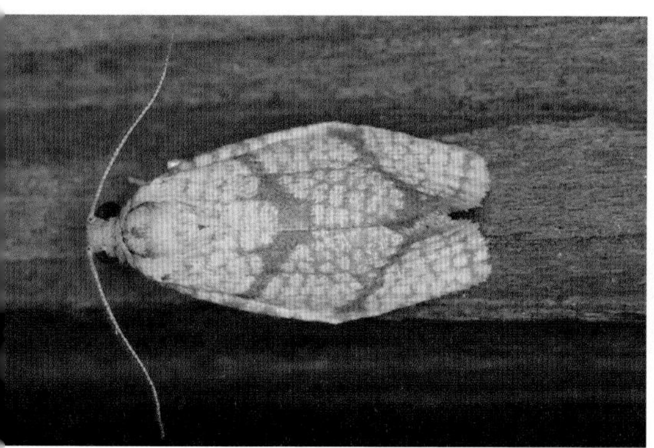

그물노랑잎말이나방 날개편길이는 18~25mm, 5~8월에 보인다.

그물노랑잎말이나방 노란색 바탕의 앞날개에 적갈색 가로줄이 2줄 나타나며 날개 전체에 적갈색 그물 무늬가 있다.

● 굴벌레나방과(굴벌레나방상과)

성충은 앉아 있을 때 앞날개가 배를 거의 덮지 않으며 머리는 크고 큰턱이 잘 발달했습니다. 애벌레는 원통형이며 살아 있는 나무의 목질부를 파먹으면서 굴을 내거나 목질부가 없는 식물은 뿌리나 줄기를 먹습니다.

알락굴벌레나방 날개편길이는 암컷 35mm, 수컷 70mm 내외다. 성충은 7~8월에 보인다.

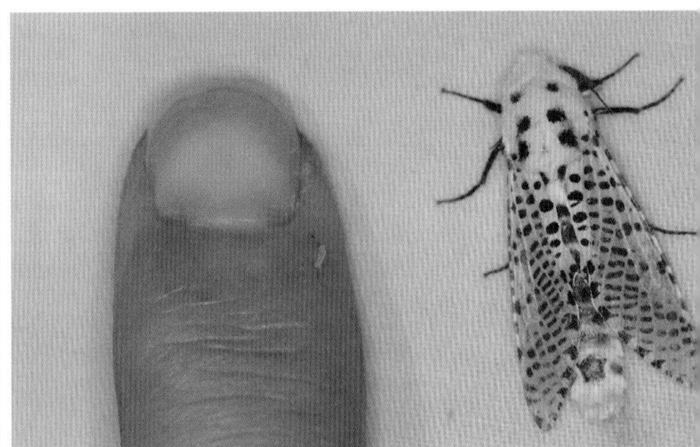

알락굴벌레나방의 크기를 짐작할 수 있다.

알락굴벌레나방 앞날개에 푸른빛을 띤 검은색 점무늬가 많다. 더듬이가 빗살 모양인 수컷이다. 애벌레는 나무에 굴을 파고 생활하는데 종종 나무 밑동 근처에 흔적을 남긴다.

알락굴벌레나방 애벌레 먹이 흔적

● 유리나방과(굴벌레나방상과)

성충은 앉아 있을 때 앞날개가 배를 덮지 않습니다. 머리는 거친 비늘가루로 덮여 있으며 빨대 주둥이가 잘 발달했습니다. 홑눈은 뚜렷하며 뒷날개는 앞날개보다 넓고 무늬가 없으며 대부분 투명합니다. 이 때문에 '유리'라는 이름을 붙였습니다.

성충은 말벌을 의태해 자신을 보호하는 종이 많습니다. 애벌레는 살아 있는 나무의 목질부를 파먹으며 굴을 만들거나 목질부가 없는 식물은 뿌리나 줄기를 먹습니다. 굴벌레나방과의 한 아과로 다루어지기도 하지만 최근에는 독립된 과로 분류하기도 합니다. 여기에서는 독립된 과로 다룹니다.

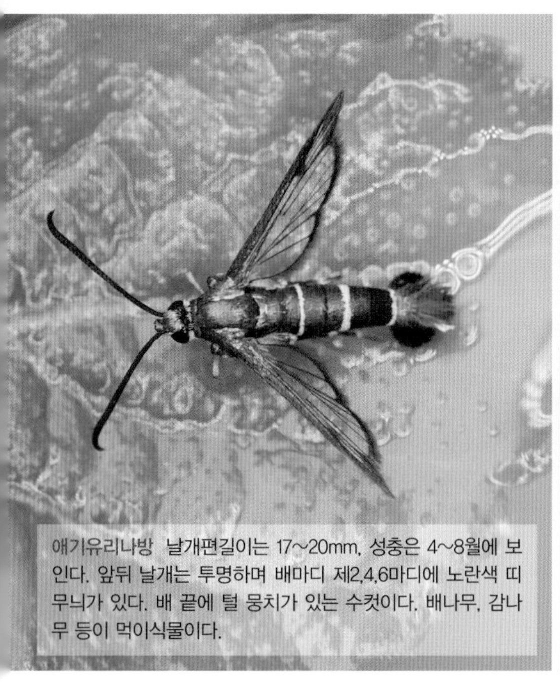

애기유리나방 날개편길이는 17~20mm, 성충은 4~8월에 보인다. 앞뒤 날개는 투명하며 배마디 제2,4,6마디에 노란색 띠 무늬가 있다. 배 끝에 털 뭉치가 있는 수컷이다. 배나무, 감나무 등이 먹이식물이다.

찔레유리나방 날개편길이는 17~22mm, 6~8월에 보인다. 뒷날개는 투명하며 배마디 제1,4,5마디와 끝마디에 노란색 무늬가 있다. 찔레가 주요 먹이식물이다.

산딸기유리나방 날개편길이는 23~34mm, 7~10월에 보인다.

산딸기유리나방의 크기를 짐작할 수 있다.

산딸기유리나방 말벌을 의태한 나방이다.

산딸기유리나방 수컷 더듬이가 빗살 모양이다.

산딸기유리나방 암컷 더듬이가 실 모양이다. 이름처럼 산딸기가 애벌레의 먹이식물이다.

밤나무장수유리나방 날개편길이는 28~40mm, 8~10월에 보인다. 앞뒤 날개는 투명하며 배마디마다 노란색 띠무늬가 있어 말벌처럼 보인다.

• 털알락나방과(알락나방상과)

성충은 앉아 있을 때 앞날개는 배 일부분만 덮습니다. 머리는 매끈한 편이며 홑눈은 없습니다. 빨대 주둥이는 아주 짧거나 퇴화했으며 배는 짧고 뚱뚱합니다. 애벌레는 화살나무를 먹으며 우리나라에 노랑털알락나방 1종만 알려져 있습니다.

노랑털알락나방 수컷 날개편길이는 22~32mm, 9~10월에 보인다. 더듬이가 빗살 모양이다.

노랑털알락나방 암컷 더듬이가 실 모양이다.

노랑털알락나방 짝짓기

노랑털알락나방 짝짓기 후 암컷이 알을 낳고 있다. 그 아래에 수컷이 있다.

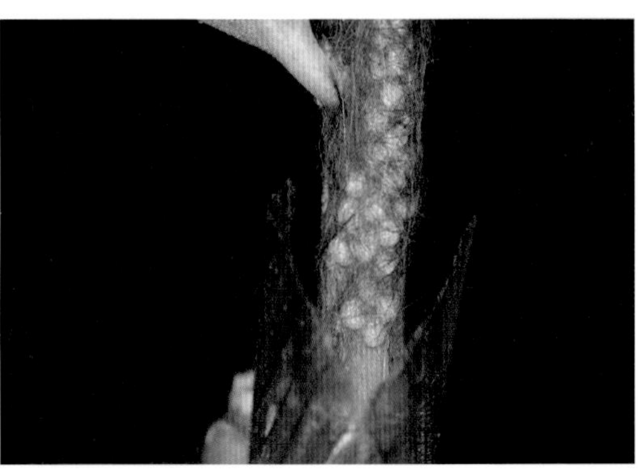

노랑털알락나방 알 암컷은 몸의 털을 뽑아 알을 덮어 보호한다. 알로 월동하며 봄에 애벌레가 나온다.

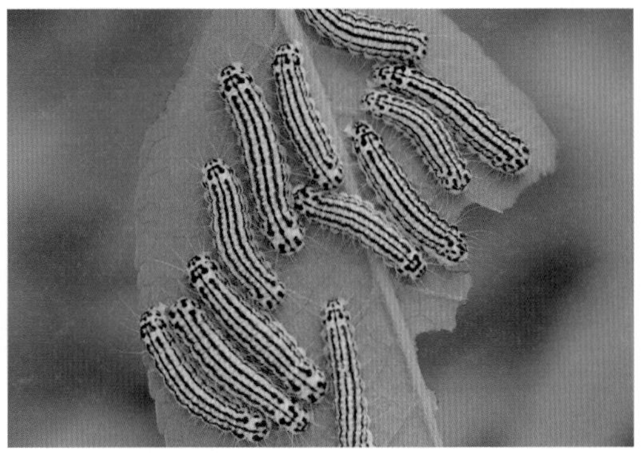

노랑털알락나방 애벌레 화살나무 잎을 먹는다.

노랑털알락나방 애벌레가 벗어 놓은 허물

노랑털알락나방 애벌레 보통 5월쯤 잎을 접어 번데기를 만들고 가을에 날개돋이한 후 산란한다.

● 쐐기나방과(알락나방상과)

성충은 앉아 있을 때 앞날개가 배를 완전히 덮거나 일부만 덮습니다. 머리는 약간 거칠며 홑눈은 없습니다. 빨대 주둥이는 퇴화했으며 배는 뚱뚱하고 앞날개보다 길며 일부 종은 쉴 때 배를 위쪽으로 치켜듭니다. 애벌레는 쐐기 모양 독침으로 덮여 있거나 매끈하며 다양한 식물을 먹습니다.

흰점쐐기나방 암컷 날개편길이는 24~28mm, 6~10월에 보인다. 배가 길다. 더듬이는 실 모양이다.

흰점쐐기나방 수컷 배가 짧다. 더듬이는 약한 톱니 모양이다.

흰점쐐기나방 앞날개 앞쪽에 흰색 점이 있어 붙인 이름이다. 쉴 때 배를 위로 들어 올린다.

흰점쐐기나방 애벌레 잎 뒷면에 붙어서 천천히 잎을 갉아 먹는다.

흰점쐐기나방 애벌레 참나무류 등 다양한 식물의 잎을 먹는다.

대륙쐐기나방 날개편길이는 18~28mm, 5~8월에 보인다.

대륙쐐기나방 앞날개에 갈색 줄이 2줄 있으며 그 사이에 X 자 모양의 무늬가 있다.

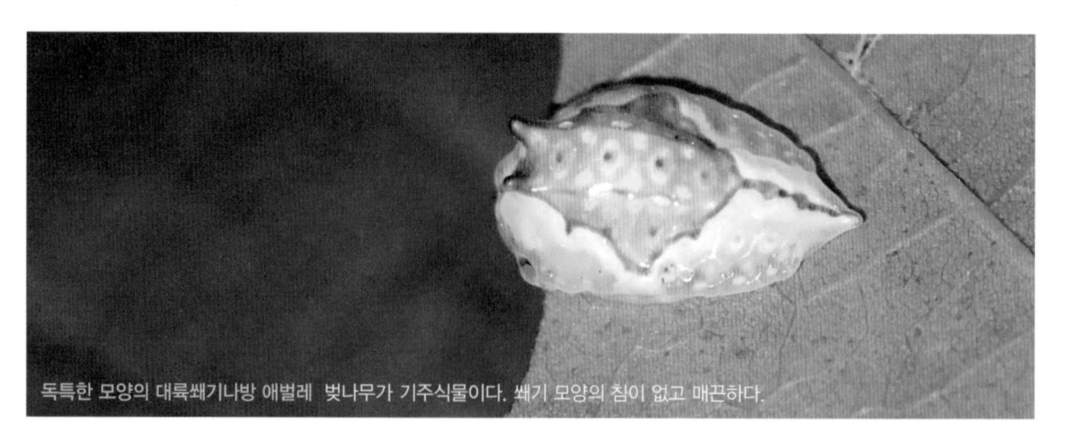
독특한 모양의 대륙쐐기나방 애벌레 벚나무가 기주식물이다. 쐐기 모양의 침이 없고 매끈하다.

끝검은쐐기나방 날개편길이는 27~35mm, 6~7월에 보인다.

끝검은쐐기나방 앞날개에 검은색과 하얀색 점무늬가 흩어져 있다.

끝검은쐐기나방 앞날개 끝에 검은색 점이 있어 붙인 이름이다. 매우 화려하다.

갈색쐐기나방 날개편길이는 20~24mm, 7~9월에 보인다. 앞날개는 흑갈색이며 아래쪽 가장자리를 따라 황갈색 띠무늬가 나타난다.

갈색쐐기나방 애벌레의 먹이식물로 신갈나무, 갈참나무, 졸참나무가 알려졌다.

검은푸른쐐기나방 날개편길이는 22~29mm, 6~9월에 보인다. 날개 뒤쪽의 외횡선이 두 번 굽어 있어 뒷검은푸른쐐기나방과 구별된다.

검은푸른쐐기나방의 크기를 짐작할 수 있다.

검은푸른쐐기나방 짝짓기

검은푸른쐐기나방 애벌레 단풍나무, 느릅나무, 버드나무, 버즘나무, 벚나무, 참나무류 등이 애벌레의 먹이식물로 알려졌다.

검은푸른쐐기나방 애벌레의 크기를 짐작할 수 있다.

검은푸른쐐기나방 1년에 2회 발생하며 고치 속에서 애벌레로 월동한다.

장수쐐기나방 날개편길이는 28~38mm, 6~9월에 보인다. 앞날개는 연한 녹색이며 앞쪽에 갈색 무늬가 있고 뒤쪽에는 세로무늬가 있는 갈색 띠무늬가 있다. 이 부분이 검은푸른쐐기나방이나 뒷검은푸른쐐기나방과 다르다.

장수쐐기나방 어린 애벌레 밤나무, 참나무류, 벚나무 등 활엽수 잎의 잎살만 먹지만 성장하면서 잎 전체를 먹는다.

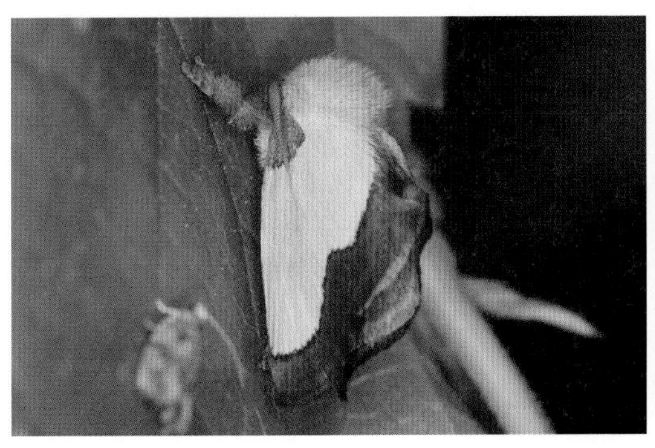

뒷검은푸른쐐기나방 날개편길이는 22~30mm, 5~9월에 주로 보인다.

뒷검은푸른쐐기나방 앞날개 뒤쪽의 갈색 띠무늬의 폭이 좁고, 한 번만 굽은 것이 비슷하게 생긴 검은푸른쐐기나방과 구별된다.

뒷검은푸른쐐기나방 앞날개는 연한 녹색이며 뒷날개는 밝은 황갈색이다.

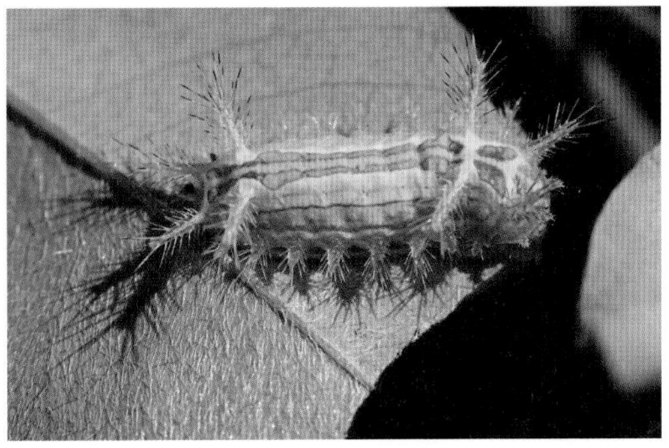

뒷검은푸른쐐기나방 애벌레 버드나무, 큰엉겅퀴, 벚나무, 참느릅나무, 층층나무 등 다양한 식물을 먹는다.

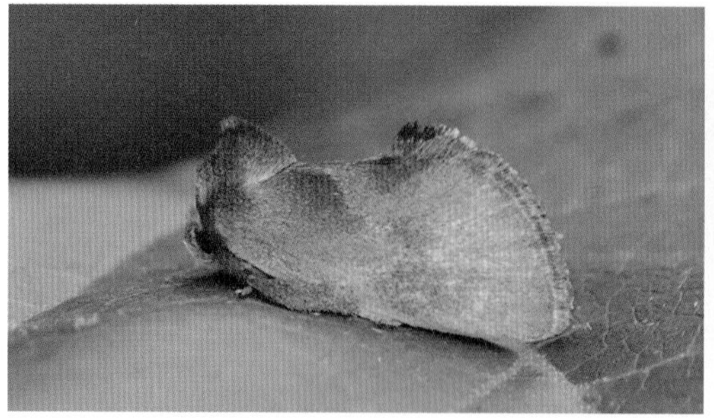

꼬마쐐기나방 날개편길이는 12~23mm, 5~9월에 보인다.

꼬마쐐기나방 1년에 2회 발생하며 고치 속에서 애벌레로 월동한다.

꼬마쐐기나방 애벌레 여러 가지 나무의 잎을 먹는다.

꼬마쐐기나방 애벌레(갈색형)

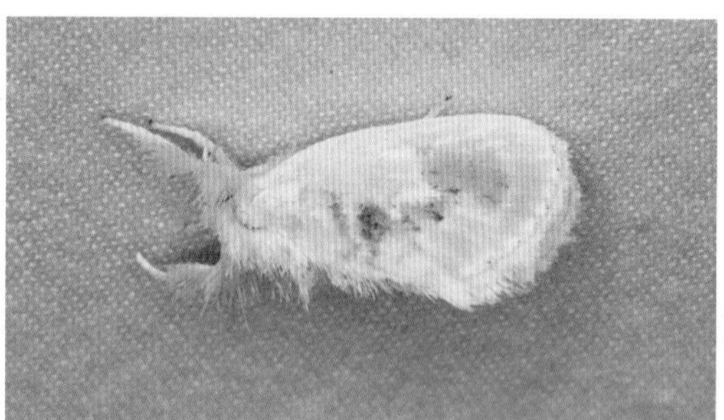

꼬마얼룩무늬쐐기나방 날개편길이는 17~24mm, 6~8월에 보인다. 앞날개 가운데에 황갈색 얼룩무늬가 나타난다.

꼬마얼룩무늬쐐기나방 애벌레 참나무류를 먹고 산다. 여느 쐐기나방들과 달리 몸에 가시 돌기가 없다.

꼬마얼룩무늬쐐기나방(위)과 참쐐기나방(아래)

노랑쐐기나방 날개편길이는 24~35mm, 5~8월에 보인다. 앞날개는 노란색이며 날개 뒤쪽 반은 적갈색 띠무늬가 있고 붉은빛을 띤 황갈색이다.

노랑쐐기나방 애벌레 몸에 가시 돌기가 있어 피부에 닿으면 쓰라리고 아프다. 감나무, 배나무, 사과나무, 밤나무, 자두나무 등 여러 나무의 잎을 먹는다.

노랑쐐기나방 애벌레의 크기를 짐작할 수 있다.

노랑쐐기나방 애벌레가 고치를 만들기 위해 자리를 잡았다.

노랑쐐기나방 고치

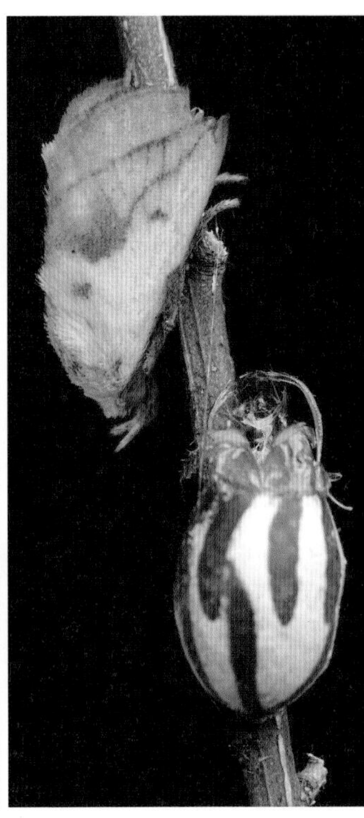

날개돋이를 끝낸 노랑쐐기나방 고치 안에 번데기 허물과 종령 애벌레 허물이 들어 있다.

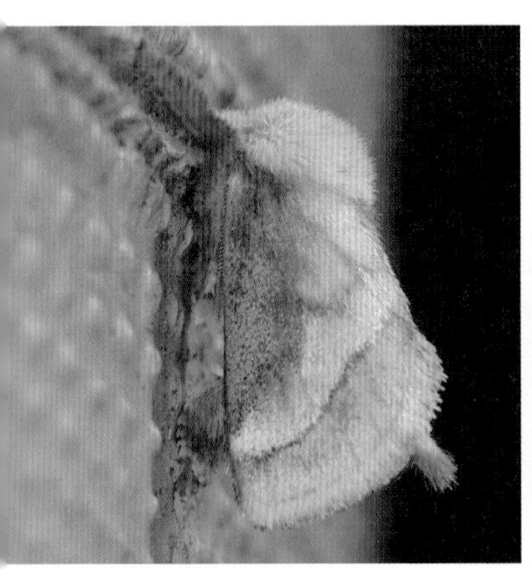

배나무쐐기나방 날개편길이는 27~35mm, 6~8월에 보인다.

배나무쐐기나방 애벌레는 배나무, 감나무, 사과나무, 살구나무, 자두나무 등의 잎 뒷면에서 잎살을 갉아 먹는다.

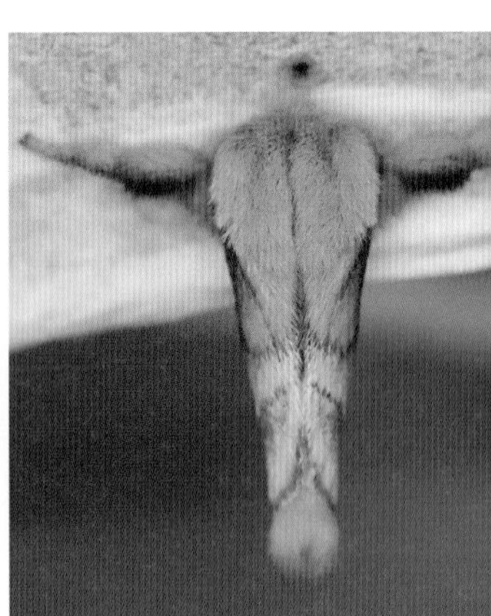

배나무쐐기나방 위에서 보면 전체적으로 십자 모양이다.

새극동쐐기나방 날개편길이는 23~25mm, 6~8월에 보인다.

새극동쐐기나방 앞날개에 가로로 곧은 띠무늬가 3개 있다.

남방쐐기나방 날개편길이는 25~27mm, 6~8월에 보인다.

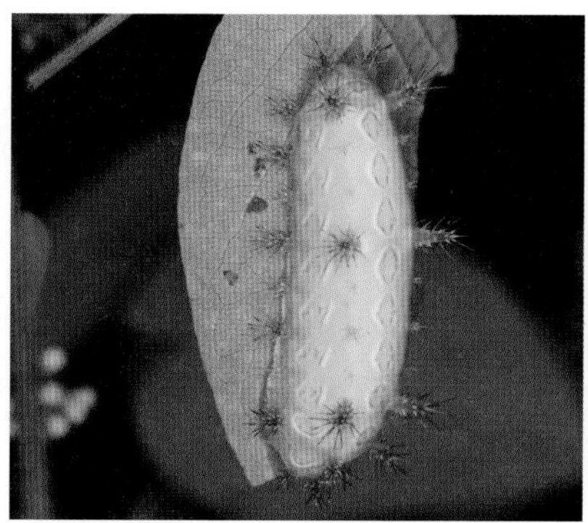

남방쐐기나방 애벌레 단풍나무, 참나무류, 꽃창포 등이 먹이식물이다. 몸에 푸른색 줄무늬가 있으며 녹색이나 붉은색 가시 돌기가 있다.

남방쐐기나방 애벌레 붉은색 가시 돌기가 있는 개체다.

참쐐기나방 날개편길이는 16~24mm, 6~8월에 보인다.

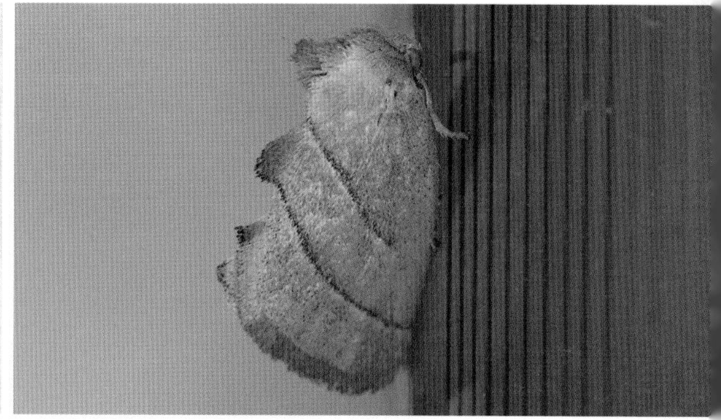

참쐐기나방 앞날개에 비스듬한 갈색 줄무늬가 나란히 나타나며 털 뭉치가 발달해서 마치 작은 산이 이어진 것처럼 보인다.

흑색무늬쐐기나방 날개편길이는 19~26mm, 5~9월에 보인다.

흑색무늬쐐기나방 앞날개에 흑갈색 무늬가 독특하다. 고치 속에서 애벌레로 월동한다.

흑색무늬쐐기나방 애벌레 1년에 2회 발생하며 참나무류, 벚나무, 버드나무 등 다양한 나무의 잎을 먹는다.

흑색무늬쐐기나방 애벌레 연한 녹색의 긴 육질 돌기가 있으며 그 끝은 붉은색이다. 돌기를 다 떨어뜨린 뒤 탁구공 모양의 고치를 만든다.

극동쐐기나방 수컷 날개편길이는 30~35mm, 5~10월에 보인다.

극동쐐기나방 옆모습

극동쐐기나방 암컷 앞날개 3분의 2 부분에 약간 기울어진 가로줄 무늬가 있다.

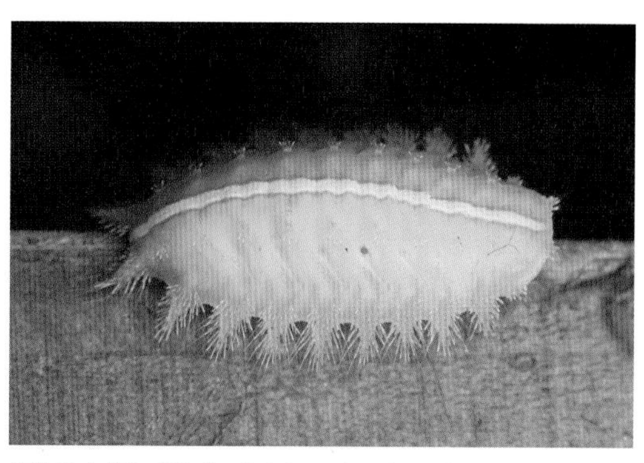

극동쐐기나방 애벌레 단풍나무, 버드나무, 벚나무, 참나무류, 층층나무 등이 먹이식물이다. 땅속 고치 속에서 애벌레나 번데기로 월동한다.

극동쐐기나방 애벌레 옆모습

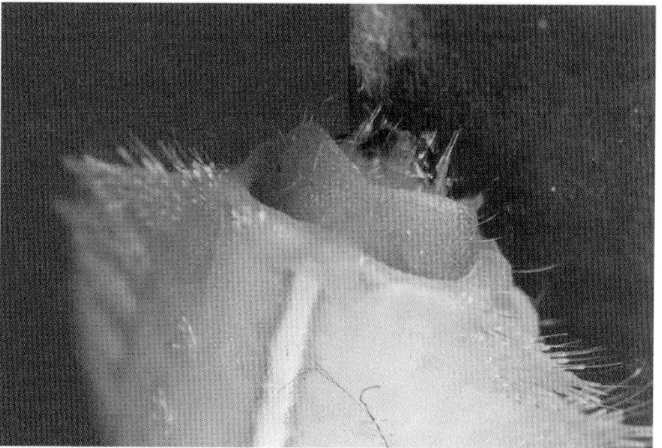

극동쐐기나방 애벌레 얼굴

붉은유리쐐기나방 붉은색이 도는 매우 화려한 나방으로 투명한 날개에 검은색 맥이 뚜렷해 알락나방과처럼 보인다. 아직 생태 정보가 부족하다. 5월에 만난 개체다.

● 알락나방과(알락나방상과)

주로 낮에 활동하는 나방으로 불빛에도 가끔 찾아옵니다. 앉았을 때 앞날개가 배를 완전히 덮거나 일부만 덮으며 머리는 매끈한 편입니다. 대부분 홑눈은 있지만 일부 종은 없습니다. 애벌레는 다양한 식물의 잎을 갉아 먹으며 생활합니다.

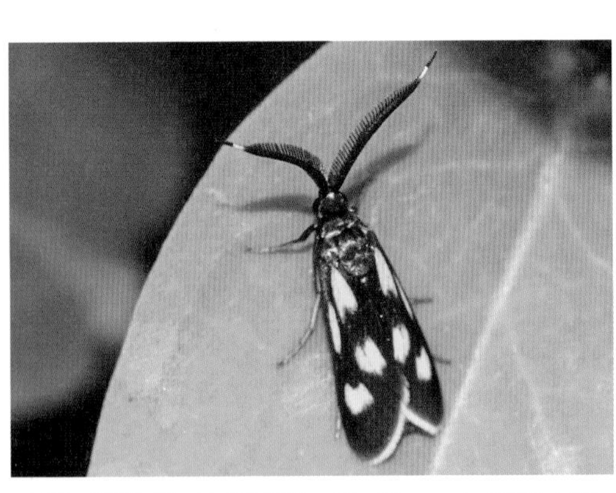

여덟무늬알락나방 날개편길이는 20~22mm, 6~9월에 보인다. 앞날개에 노란색 무늬가 한쪽에 4개씩 모두 8개 있다.

여덟무늬알락나방의 크기를 짐작할 수 있다.

여덟무늬알락나방 짝짓기 왼쪽이 수컷이다.

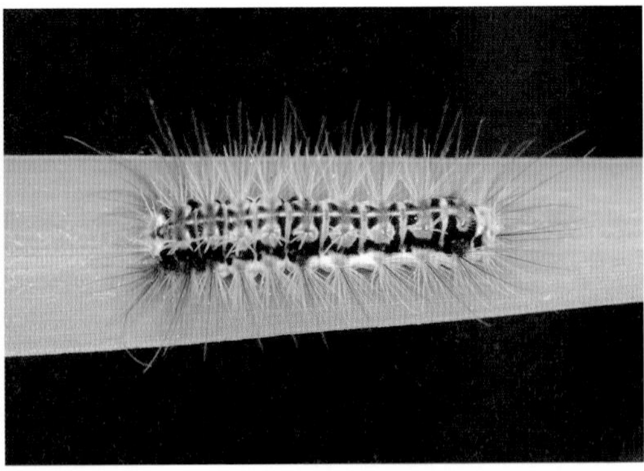

여덟무늬알락나방 애벌레 몸에 긴 털이 많으며 각 배마디 양쪽으로 동그란 주황색 무늬가 있다. 억새나 갈대 같은 벼과 식물이 먹이식물이다.

벚나무모시나방 날개편길이는 50~60mm, 8~10월에 보인다. 앞날개는 반투명하며 검은색 날개맥이 뚜렷하고 뒷날개에 꼬리 모양의 돌기가 있다.

벚나무모시나방의 크기를 알 수 있다.

벚나무모시나방 앞날개 기부에 검은색 테두리가 있는 진노란색 무늬가 있다.

벚나무모시나방 애벌레 몸길이는 30mm, 4~6월에 보인다. 장미과 식물이 먹이식물로 알려졌다.

벚나무모시나방 고치

뒤흰띠알락나방 날개편길이는 54~56mm, 6~9월에 보인다. 앞날개는 검은색 바탕에 일부는 광택이 나는 청람색이다.

뒤흰띠알락나방 앞날개 3분의 2 지점에 흰색 굵은 띠무늬가 있다.

뒤흰띠알락나방 애벌레 주로 노린재나무 잎을 먹는다.

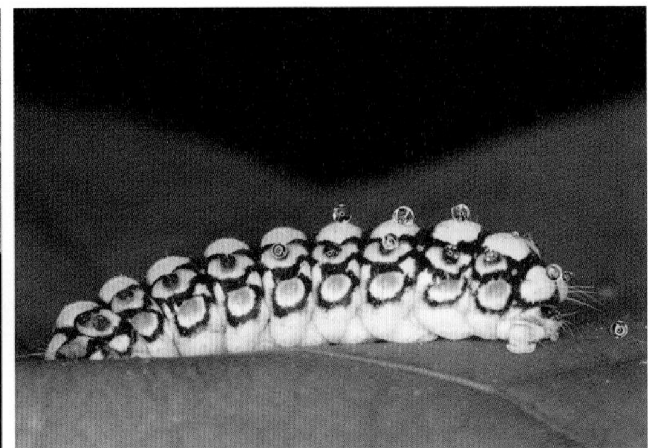

뒤흰띠알락나방 애벌레 자극을 받으면 몸에서 투명한 방어물질을 낸다.

참알락나방 날개편길이는 24mm 내외, 3~4월에 보인다. 앞날개에 진하고 굵은 검은색 줄이 여러 줄 있어 보통 알락나방류와 구별된다. 배는 광택이 나는 청람색이다.

실줄알락나방의 크기를 짐작할 수 있다.

실줄알락나방 날개편길이는 22~30mm, 3~4월에 보인다. 반투명한 옅은 회색의 앞날개에 검은색 날개맥이 뚜렷하다. 노란색 주둥이가 선명하게 보인다.

앞검은알락나방 날개편길이는 17~22mm, 6~8월에 보인다. 날개가 불투명해서 여느 알락나방류와 구별된다. 전체적으로 검은색을 띠는 날개에 청람색 비늘가루가 촘촘해 광택이 나는 청람색으로 보인다. 더듬이와 머리, 가슴도 청람색이다.

알락나방 중에서 우리 주변에서 비교적 쉽게 보이는 나방이 여러 종 있는데 외형이나 색만으로 구별하기 어려운 종이 많습니다. 장미알락나방, 굴뚝알락나방, 포도유리날개알락나방 등이 자료에 나와 있지만 이들의 차이점이 무엇인지 정확한 정보가 없습니다.

여기에서는 '알락나방류'라고만 이름표를 달고 여러 곳에서 관찰한 나방 사진을 싣는 것으로 설명을 대신합니다. 더듬이가 빗살 모양인 개체들이 수컷, 실 모양의 개체들은 암컷입니다.

알락나방류

● 창나방과(창나방상과)

깜둥이창나방을 제외하고는 대부분 밤에 활동하는 나방 무리로 앉아 있을 때 앞날개가 배를 거의 덮지 않습니다. 머리는 거친 털로 덮여 있으며 홑눈은 없습니다. 배는 뚱뚱하고 쉴 때 배를 위로 치켜드는 습성이 있습니다. 일부 종을 제외하고 대부분의 애벌레가 잎을 말거나 묶어 은신처를 만들어 생활합니다.

점무늬큰창나방 날개편길이는 25~29mm, 6~8월에 보인다.

점무늬큰창나방 날개에 금빛이 띤 반투명한 그물 무늬가 있다.

점무늬큰창나방 애벌레 은신처

점무늬큰창나방 애벌레 은신처 잎을 길게 잘라서 테이프를 말 듯이 돌돌 말아 그 속에서 생활한다. 가래나무, 개옻나무, 붉나무 등이 먹이식물이다.

점무늬큰창나방 애벌레의 크기를 짐작할 수 있다. 다 자라면 몸길이는 18mm 정도, 머리는 검은색이고 몸은 검은빛을 띤 붉은색이다.

창나방 날개편길이는 18~27mm, 5~8월에 보인다. 앞날개를 가로지르는 적갈색 줄무늬가 선명하다.

창나방의 크기를 짐작할 수 있다.

창나방 애벌레는 밤나무, 갈참나무, 아까시나무 등 여러 나무의 잎을 먹는다고 한다.

■■■ 그물무늬창나방 다 자라면 몸길이는 18mm 정도, 머리는 검은색이고 몸은 검은빛을 띤 갈색이다. 애벌레는 고깔처럼 잎을 말고 그 속에서 생활한다. 고로쇠나무, 찰피나무가 먹이식물이다.

■■■ 그물무늬창나방 앉아 있을 때 날개 모양이 독특하다. 창나방과의 특징 중 하나다.

■■■ 그물무늬창나방 날개 아랫면에도 그물 무늬가 보인다.

깜둥이창나방 날개편길이는 14~18mm, 5~9월에 보인다. 낮에 활동한다.

깜둥이창나방 앞뒤 날개에 모양이 다른 반투명한 흰색 무늬가 여러 개 있다.

깜둥이창나방 성충은 1년에 2회 발생하며 낮에 다양한 야생화에서 볼 수 있다.

깜둥이창나방 가끔 땅에 앉아 뭔가를 먹는 모습도 보인다.

뿔나비나방 날개편길이는 29~33mm, 4~10월에 주로 낮에 보인다.
뿔나비와 비슷해서 붙인 이름이다.

● 뿔나비나방과(뿔나비나방상과)

우리나라에 뿔나비나방 1종만 있는 무리입니다. 날개를 접고 앉는 특성이 있으며 홑눈이 있습니다. 애벌레는 잎을 묶어 생활한다고 알려졌습니다.

● 명나방과(명나방상과)

명나방과에는 비단명나방아과, 집명나방아과, 부채명나방아과, 알락명나방아과가 있으며 성충은 주로 밤에 활동하며 머리에 거친 털이 덮여 있습니다. 애벌레는 먹이식물 잎 가장자리를 먹거나 잎을 묶어 은신처를 만들어 생활합니다. 동식물, 썩은 식물 등을 먹거나 벌집에서 밀랍을 먹는다고 알려졌습니다.

네점집명나방 날개편길이는 18~21mm, 6~8월에 보인다.
날개에 검은색 점무늬가 있다.

네점집명나방의 크기를 짐작할 수 있다.

줄보라집명나방 날개편길이는 20~26mm, 6~8월에 보인다. 앞날개에 주황색 띠무늬가 나타난다.

줄보라집명나방이 날개를 펼쳤다. 띠무늬가 무척 아름답다.

줄보라집명나방의 크기를 짐작할 수 있다.

벼슬집명나방 날개편길이는 30~40mm, 6~9월에 보인다. 날개 중간 안쪽에 검은색 줄이 있는 흰색 가로띠가 있다.

벼슬집명나방의 크기를 짐작할 수 있다.

벼슬집명나방 애벌레 호두나무, 가래나무, 붉나무 등이 먹이식물이다.

벼슬집명나방 애벌레 상태로 땅속에서 월동하며 다음 해 깨어난 애벌레들은 입에서 실을 토해내 먹이식물의 잎을 말고 그 안에서 집단으로 생활한다.

갈색집명나방 날개편길이는 19~30mm, 6~8월에 보인다. 앞날개 가운데에 폭넓은 적갈색 무늬가 나타난다. 성충은 1년에 1~2회 발생하며 애벌레에 관한 생태 정보는 없다.

날개끝검은집명나방 날개편길이는 26~31mm, 7~8월에 보인다. 앞날개의 끝부분이 삼각 모양의 흑갈색이다.

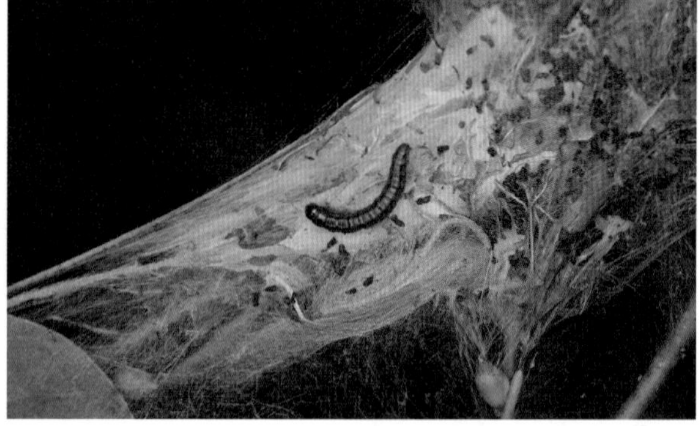

날개끝검은집명나방 애벌레 여러 마리가 모여 텐트 모양으로 은신처를 만들고 그 속에서 생활한다. 붉나무가 먹이식물이다.

밑검은집명나방 날개편길이는 21~23mm, 6~8월에 보인다. 네점집명나방과 비슷하지만 날개 외횡선의 요철이 더 심하다.

애기검은집명나방 날개편길이는 18~21mm, 7~8월에 보인다. 앞날개 중간까지는 연한 황색을 띠며 그 뒤로는 흑갈색을 띤다.

흰무늬집명나방 날개편길이는 29~42mm, 6~8월에 보인다. 앞날개에 가로띠가 2줄 있고 그 사이는 흰색이나 녹갈색을 띤다.

흰무늬집명나방 밤에 불빛에 잘 찾아든다.

흰무늬집명나방 애벌레 머리는 적갈색이며 배마디에 검은색과 연한 황색의 고리 무늬가 번갈아 나타난다. 신갈나무 등이 먹이식물로 알려졌다.

흰날개큰집명나방 날개편길이는 32~35mm, 6~9월에 보인다. 앞날개에 가로띠가 두 줄 있고 그 사이는 흰색이며 검은색 점무늬가 있다.

흰날개큰집명나방의 크기를 짐작할 수 있다. 구체적인 생태 정보는 알려지지 않았다.

흰날개집명나방 날개편길이는 26~31mm, 5~9월에 보인다. 앞날개 가운데가 폭넓은 흰색이며 가장자리에 검은색 점무늬가 여러 개 있다.

녹색집명나방 날개편길이는 25~29mm, 7~9월에 보인다. 녹색 바탕인 앞날개에 검은색 점무늬가 흩뿌려져 있다.

녹색집명나방의 크기를 짐작할 수 있다.

갈매기부채명나방 날개편길이는 30~40mm, 6~8월에 보인다. 황갈색 바탕의 앞날개 가운데에 흑갈색 얼룩무늬가 넓게 나타나며 거의 곧은 가로줄이 넓은 V 자와 거꾸로 된 V 자를 이룬다.

앞붉은부채명나방 암컷 날개편길이는 28~36mm, 6~8월에 보인다. 앞날개 가로줄 사이가 붉은 갈색이다. 암수 색깔에 차이가 있다.

앞붉은부채명나방 수컷 앞날개 가운데 앞 가장자리(전연)만 붉은 빛이 돈다.

배무늬알락명나방 날개편길이는 15~20mm, 6~9월에 보인다. 날개 가운데 황백색의 띠무늬가 나타난다.

반원알락명나방 날개편길이는 17~21mm, 5~8월에 보인다. 앞날개 앞쪽에 흑갈색의 반원 무늬가 있다.

반검은알락명나방 날개편길이는 17~21mm, 5~8월에 보인다.

반검은알락명나방 앞날개 가운데에 흰색 줄무늬가 있고 그 앞쪽은 폭넓은 검은색이다.

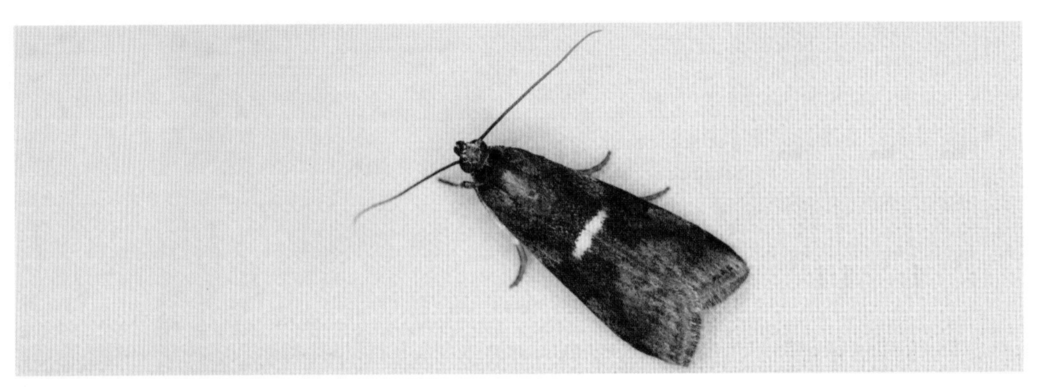

두흰점알락명나방 날개편길이는 14~26mm, 5~10월에 보인다. 앞날개 가운데에 흰색 줄무늬가 뚜렷하다.

큰솔알락명나방 날개편길이는 30~36mm, 5~10월에 보인다.

큰솔알락명나방 앞날개에 굽은 흰색 줄무늬가 나타난다. 소나무, 잣나무, 곰솔 등이 애벌레의 먹이식물이다.

통마디알락명나방 날개편길이는 18~24mm, 5~8월에 보인다. 앞날개 가운데에 황백색 가로띠가 있다.

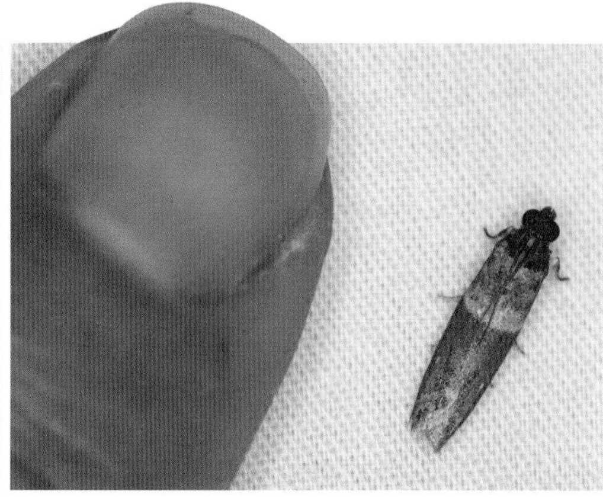

통마디알락명나방의 크기를 짐작할 수 있다.

줄노랑알락명나방 날개편길이는 24~29mm, 6~8월에 보인다. 날개 앞쪽 절반이 연한 노란색이며 거기에 적갈색 세로줄 무늬가 있다.

세모알락명나방 날개편길이는 13~15mm, 6~10월에 보인다. 흑회색 바탕의 앞날개에 흰색의 V 자 무늬와 거꾸로 된 V 자 무늬가 서로 마주하고 있다.

세모알락명나방의 크기를 짐작할 수 있다.

앞붉은명나방 날개편길이는 22~31mm, 5~9월에 보인다. 앞날개는 노란색이며 그 가장자리에 붉은색 무늬가 나타난다. 개체마다 차이가 있다.

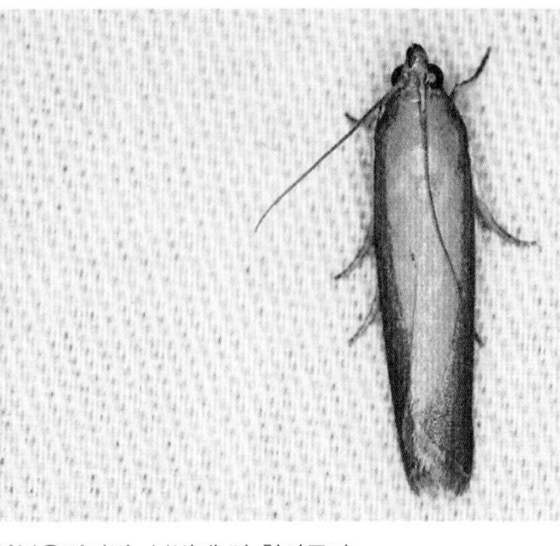

앞붉은명나방 불빛에 잘 찾아든다.

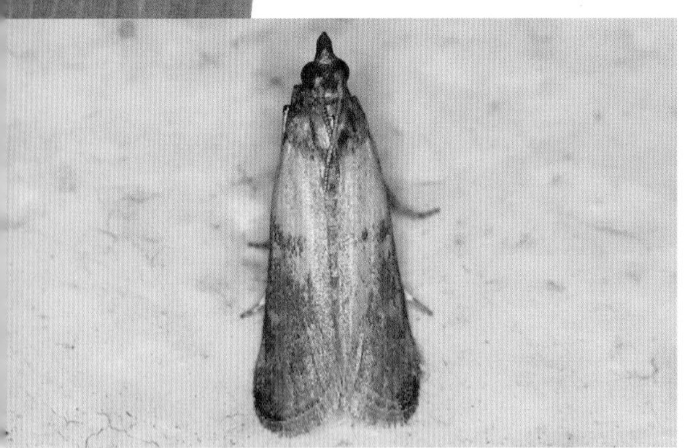

화랑곡나방 날개편길이는 13~18mm, 4~10월에 보인다.

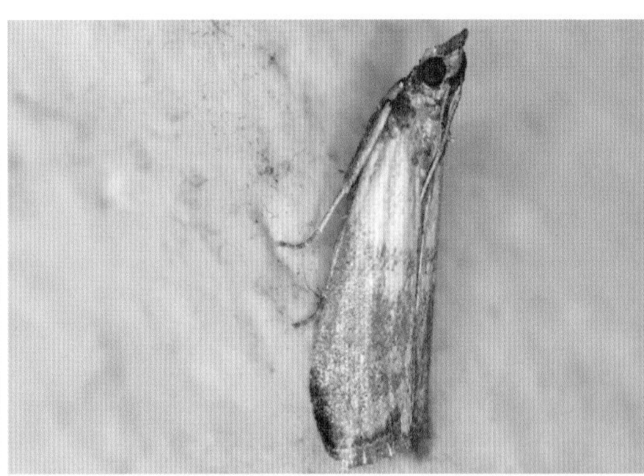

화랑곡나방 앞날개 반은 연한 노란색이며 그 뒤로 적갈색과 흑갈색 무늬가 나타난다. 애벌레는 저장 곡물을 먹고 살며 실내에서 자주 발생한다.

뒷노랑알락명나방 날개편길이는 24~31mm, 7~8월에 보인다. 연한 노란색 바탕의 앞날개 가운데에 점무늬가 하나 있다.

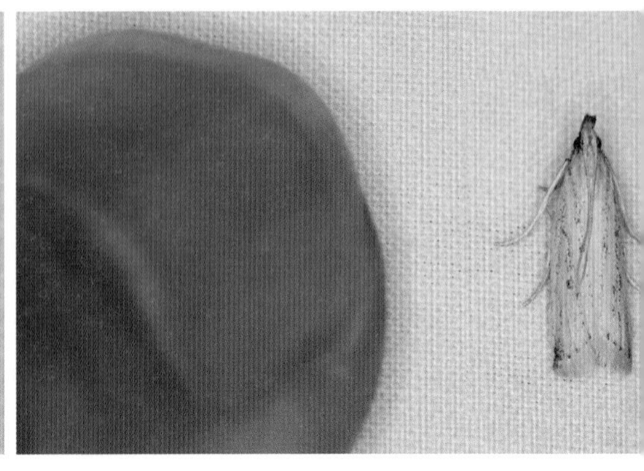

뒷노랑알락명나방의 크기를 짐작할 수 있다.

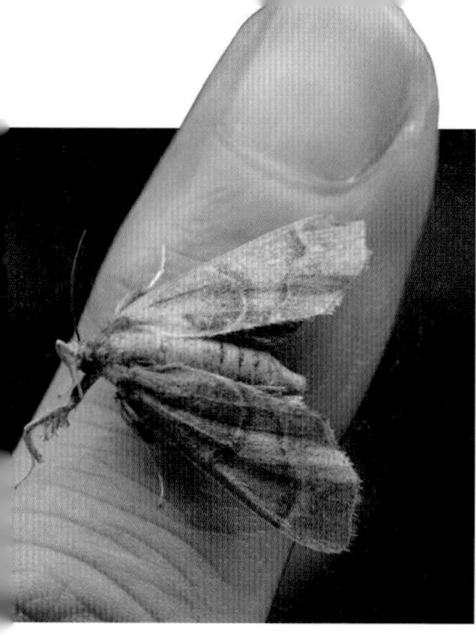

빗수염줄명나방의 크기를 짐작할 수 있다.

빗수염줄명나방 날개편길이는 수컷 23~25mm, 암컷 34~38mm로, 6~9월에 보인다. 앞날개에 황색 가로줄이 두 줄 있다.

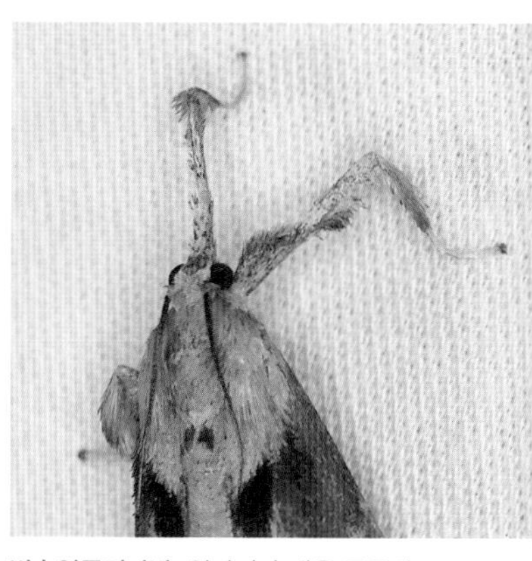

빗수염줄명나방 앞다리가 매우 독특하게 생겼다.

왕빗수염줄명나방 날개편길이는 25~30mm, 7~8월에 보인다. 앞다리와 가운뎃다리가 굵고 앞날개에 가로줄이 두 줄 나타난다.

왕빗수염줄명나방 보는 각도에 따라 전혀 다른 나방처럼 보이기도 한다.

붉은머리비단명나방 날개편길이는 34mm 정도, 7~8월에 주로 보인다. 앞날개는 회색이다. 날개맥 사이에 검은색 줄이 있으며 머리는 황갈색이다.

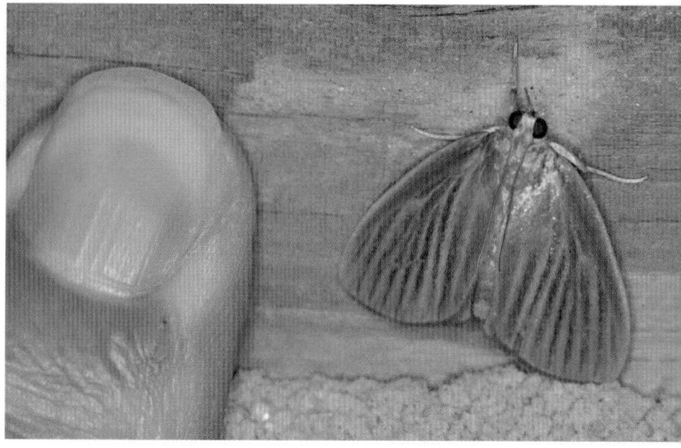

붉은머리비단명나방의 크기를 짐작할 수 있다.

큰홍색뾰족명나방 날개편길이는 18~21mm, 5~9월에 보인다. 앞날개 가로띠를 중심으로 앞쪽과 뒤쪽의 색이 다르다.

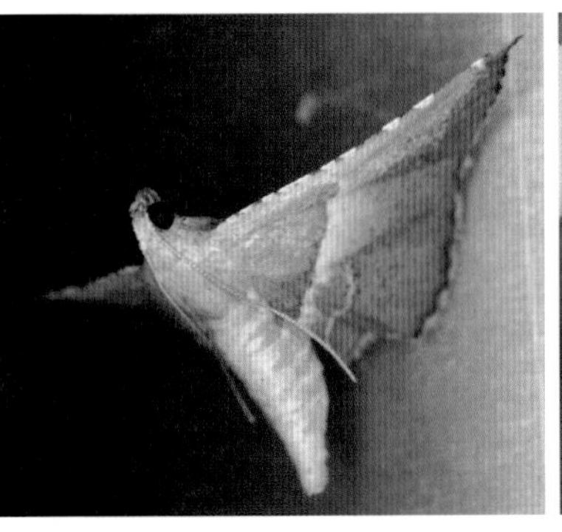

큰홍색뾰족명나방 앉는 자세가 매우 독특하다.

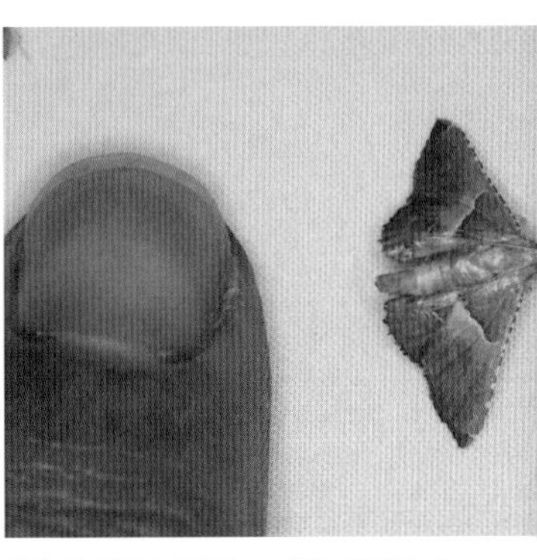

큰홍색뾰족명나방의 크기를 짐작할 수 있다.

검은점뾰족명나방 날개편길이는 17~26mm, 5~10월에 보인다. 날개 가운데 노란색 띠에 검은색 점이 있다.

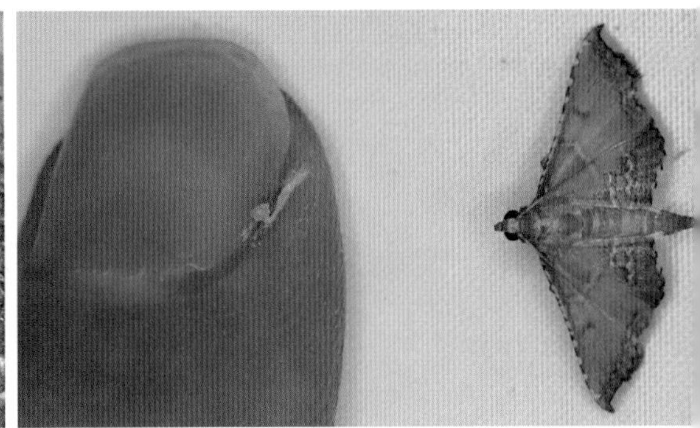

검은점뾰족명나방의 크기를 짐작할 수 있다.

검은점뾰족명나방 날개 앞쪽 가장자리에 하얀색 점무늬가 12~15개 나타난다.

검은점뾰족명나방 밤에 불빛에도 잘 찾아든다.

곡식비단명나방 날개편길이는 16~28mm, 6~10월에 보인다. 황갈색 바탕의 앞날개에 갈색의 톱니무늬 가로줄이 있으며 가운데에 커다란 갈색 무늬가 있다.

노랑꼬리뾰족명나방 날개편길이는 12~17mm, 5~9월에 보인다. 앞날개 가운데에 노란색 띠무늬가 있다. 노란색 점이나 검은색 점이 없는 것이 다른 뾰족명나방과 구별된다.

날개뾰족명나방 날개편길이는 15~21mm, 5~9월에 보인다.

날개뾰족명나방 날개 앞쪽 가장자리에 흰색 점무늬가 있고, 앞날개에는 띠무늬가 없다.

뒷검은비단명나방 날개편길이는 19~27mm, 6~8월에 보인다. 날개에 노란색 가로줄이 2줄 있고 날개 끝은 노란색이다.

뒷검은비단명나방 밤에 불빛에도 잘 찾아든다.

갈색띠비단명나방 날개편길이는 19~25mm, 5~9월에 보인다. 날개는 전체적으로 연한 회색빛을 띤 갈색이며 노란색 가로줄이 2줄 있다. 날개 앞부분 가장자리는 붉은빛을 띤 갈색이다.

쥐빛비단명나방 날개편길이는 21~29mm, 6~8월에 보인다. 날개는 전체적으로 검붉은색이며 앞날개 가장자리에 노란색 점무늬가 2쌍 있다.

쥐빛비단명나방의 크기를 짐작할 수 있다.

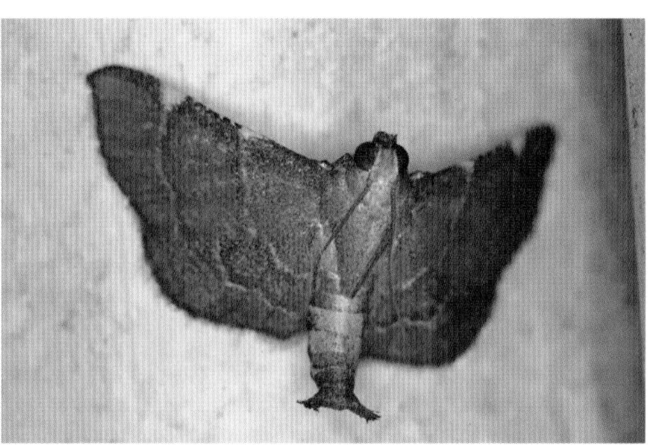

쥐빛비단명나방 뒷날개에 노란색 줄이 두 줄 나타난다. 노랑띠애기비단명나방과 구별된다.

흰띠뾰족명나방 날개편길이는 15~21mm, 6~9월에 보인다. 뒷날개에 연한 노란빛이 나는 흰색 띠가 있으며 앞날개 노란색 줄 아래에 노란색 점무늬가 있다.

노랑띠애기비단명나방 날개편길이는 11~18mm, 7~8월에 보인다. 앞날개에 노란색 줄이 두 줄 있고 뒷날개에는 넓은 노란색 띠가 있다.

주홍애기비단명나방 날개편길이는 15~20mm, 6~9월에 보인다. 앞날개 가장자리 3분의 2 지점에 노란색 삼각 무늬가 있고 날개 끝부분은 노란색이다.

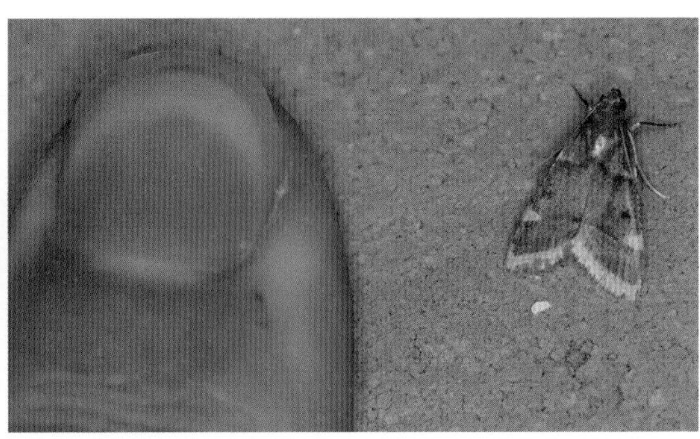

주홍애기비단명나방 앞날개 전체가 보랏빛을 띤 주홍색이고 날개 중간쯤에 흑갈색 점이 있다.

회색애기비단명나방 날개편길이는 16~21mm, 5~9월에 보인다. 회갈색 바탕의 앞날개 앞 가장자리에 갈색 점무늬가 줄지어 나타나며 앞날개 3분의 2 지점에 흑갈색 가로줄이 있다.

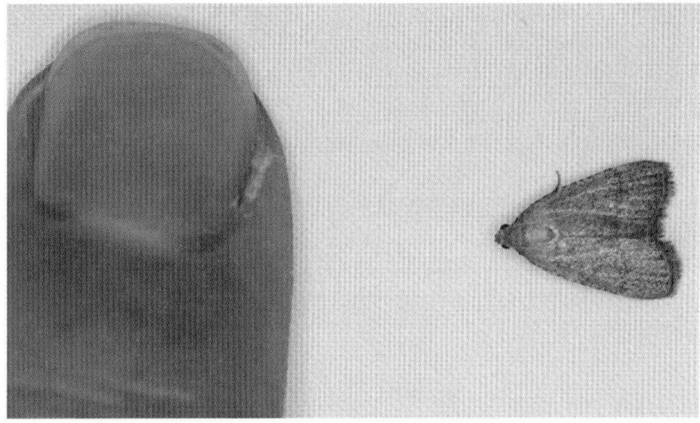

회색애기비단명나방의 크기를 짐작할 수 있다.

곧은띠비단명나방 날개편길이는 21~30mm, 5~10월에 보인다. 앞날개는 회갈색을 띠며 연한 노란색 줄이 곧게 나타난다.

쌍띠비단명나방 날개편길이는 15~18mm, 7~8월에 보인다. 날개는 전체적으로 연한 주황색이며 노란색 가로띠 사이는 더 연한 주황색이라 넓은 가로띠처럼 보인다.

노랑눈비단명나방 날개편길이는 26~33mm, 6~9월에 보인다. 적갈색 바탕의 날개에 커다란 노란색 무늬가 선명하다.

노랑눈비단명나방 밤에 불빛에도 잘 찾아든다.

밀가루줄명나방 날개편길이는 17~28mm, 5~10월에 보인다. 앉을 때 배를 위로 치켜드는 습성이 있다.

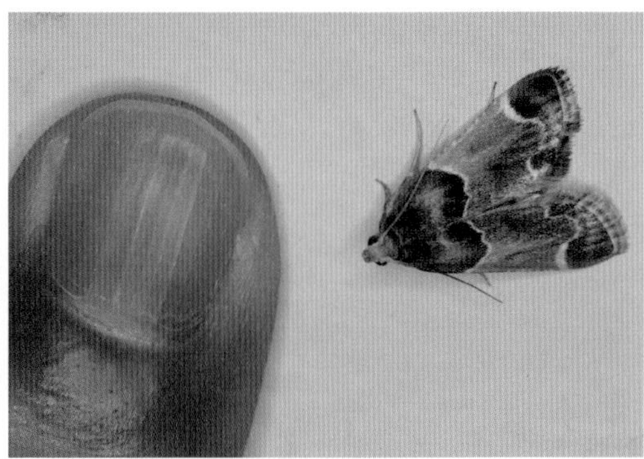

밀가루줄명나방의 크기를 짐작할 수 있다.

밀가루줄명나방 앞날개 흰색 가로줄이 두 줄 있고, 그 사이는 연한 갈색, 그 밖은 자줏빛을 띤 갈색이다.

밀가루줄명나방 뒷날개는 흑갈색이며 흰색 가로줄이 나타난다.

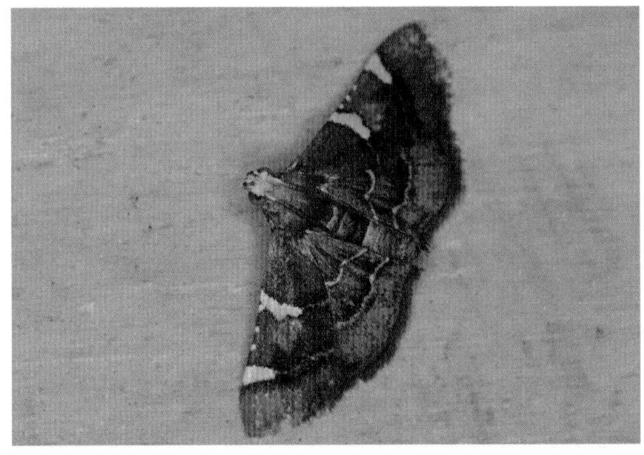
은무늬줄명나방 날개편길이는 16~20mm, 5~9월에 보인다. 앞날개에 흰색 가로띠 2쌍은 안쪽으로 갈수록 가늘어진다.

은무늬줄명나방의 크기를 짐작할 수 있다.

두줄명나방 날개편길이는 17~27mm, 4~8월에 보인다. 앞날개에 흰색 가로띠가 2줄 있다. 앞날개 앞쪽 가로띠는 하얀색이고 뒤쪽 가로띠는 검은색과 흰색이 섞여 있다.

쌍줄비단명나방 날개편길이는 26~30mm, 6~9월에 보인다. 앞날개에 노란색 가로띠가 두 줄 나타나며 앞날개에는 노란색 점무늬, 뒷날개에는 검은색 점무늬가 있다.

쌍줄비단명나방의 크기를 짐작할 수 있다.

쌍줄비단명나방 날개 아랫면

● 풀명나방과(명나방상과)

풀명나방과는 물명나방아과, 풀명나방아과, 순들명나방아과, 들명나방아과, 산명나방아과 등 12아과로 이루어져 있으며 244종 이상 알려진 나방 무리입니다.

성충은 대부분 밤에 활동하며 앉아 있을 때 날개가 배를 완전히 덮거나 일부만 덮는 등 아과마다 조금씩 다릅니다. 머리는 매끈한 편이며 홑눈은 있거나 없습니다. 애벌레는 먹이식물의 잎 가장자리를 먹거나 잎을 묶어 은신처를 만들어 생활한다고 알려졌습니다.

연물명나방 날개편길이는 21~28mm, 5~10월에 보인다.

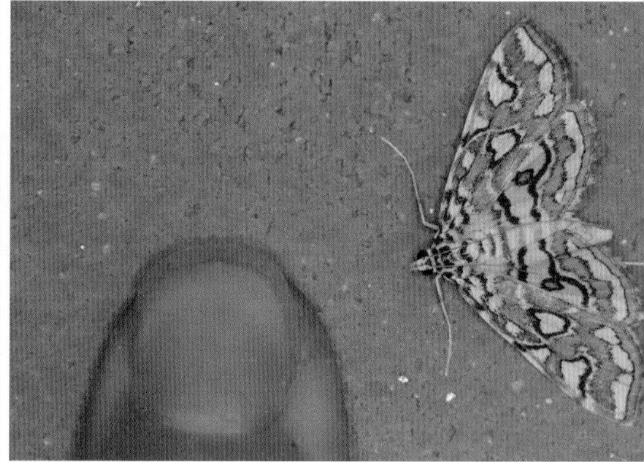

연물명나방의 크기를 짐작할 수 있다.

연물명나방 앞뒤 날개는 모두 연한 오렌지빛이며 흑갈색 테두리로 둘러싸인 흰색 점무늬가 흩어져 있다.

연물명나방 아랫면

연물명나방 애벌레 어리연꽃 등의 잎을 오려 은신처를 만들고 생활한다.

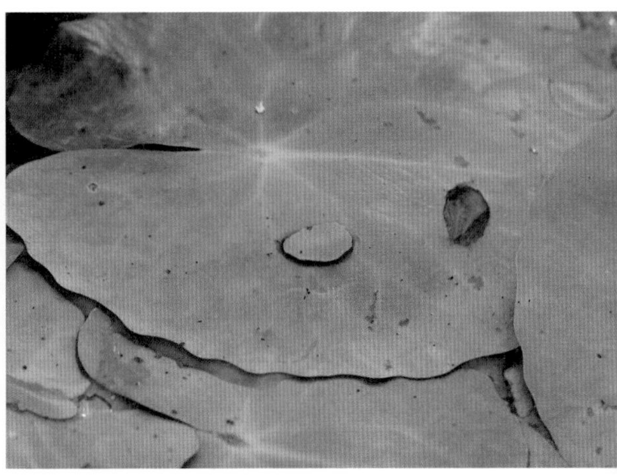

연물명나방 애벌레 집

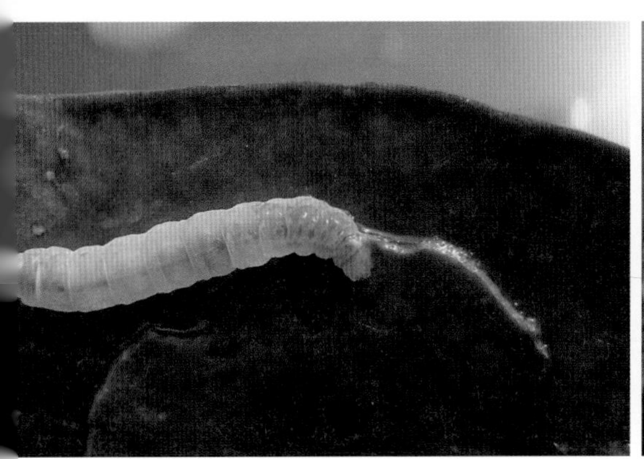

연물명나방 애벌레

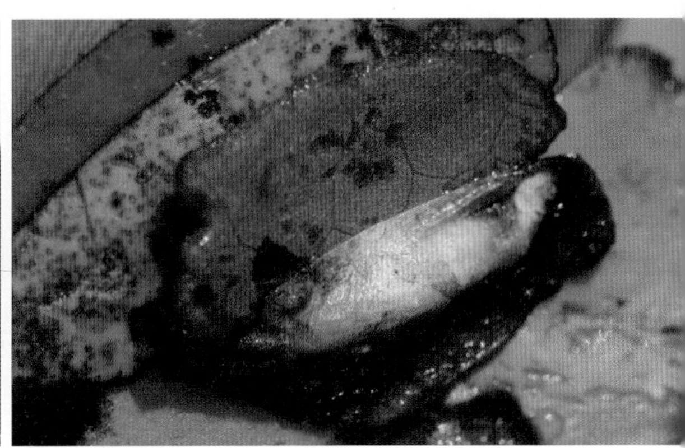

연물명나방 번데기

얼룩애기물명나방 날개편길이는 수컷 13~15mm, 암컷 18~22mm다. 7~10월에 보인다. 날개에 흰색 줄무늬와 점무늬가 흩어져 나타난다.

얼룩애기물명나방의 크기를 짐작할 수 있다.

뒷무늬노랑물명나방 날개편길이는 11~13mm, 6~8월에 보인다. 앞날개와 노란색 줄무늬와 검은색 얼룩무늬가 흩어져 있고, 뒷날개 가장자리에 눈알 무늬가 4개 있다.

갈색무늬노랑물명나방 날개편길이는 11~15mm, 5~9월에 보인다. 뒷무늬노랑물명나방과 비슷하지만 뒷날개에 눈알 무늬가 5개 있는 것이 다르다.

갈색무늬노랑물명나방의 크기를 짐작할 수 있다.

네점노랑물명나방 날개편길이는 19~27mm, 5~9월에 보인다. 앞뒤 날개에 황갈색 줄무늬가 있으며 뒷날개 뒤 가장자리에 선명한 검은색 무늬가 5개 있다.

네점노랑물명나방의 크기를 짐작할 수 있다.

애벼물명나방 날개편길이는 13~17mm, 5~9월에 보인다. 앞뒤 날개에 노란색과 흰색 띠무늬가 번갈아 나타나며 앞날개 앞쪽에 검은색 점무늬가 있다.

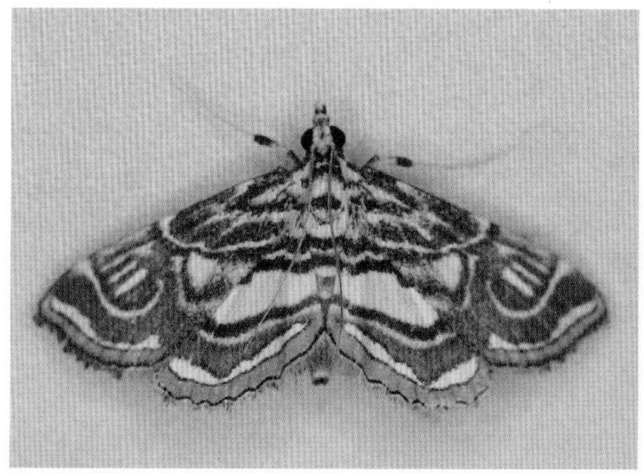

흰물결물명나방 날개편길이는 14~20mm, 7~8월에 보인다. 뒷날개 가운데에 넓은 흰색 띠무늬가 나타나 비슷하게 생긴 다른 물나방과 구별된다.

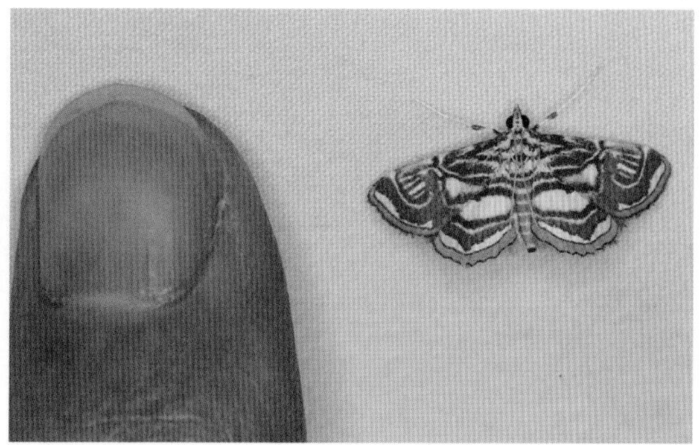

흰물결물명나방의 크기를 짐작할 수 있다.

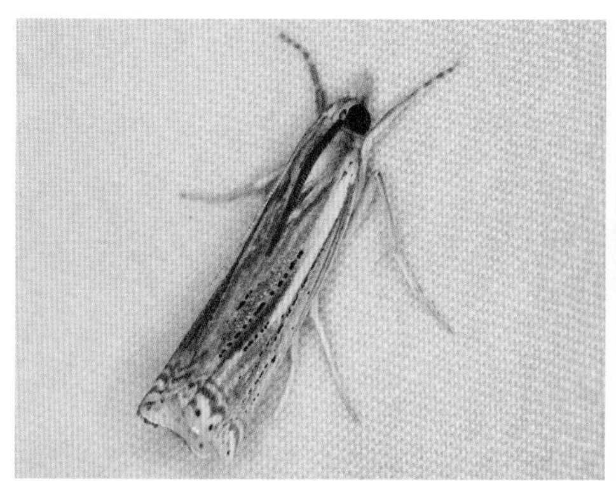

벼풀명나방(벼포충나방) 날개편길이는 24~38mm, 6~9월에 보인다. 이전에는 벼포충나방이라고 불렸다.

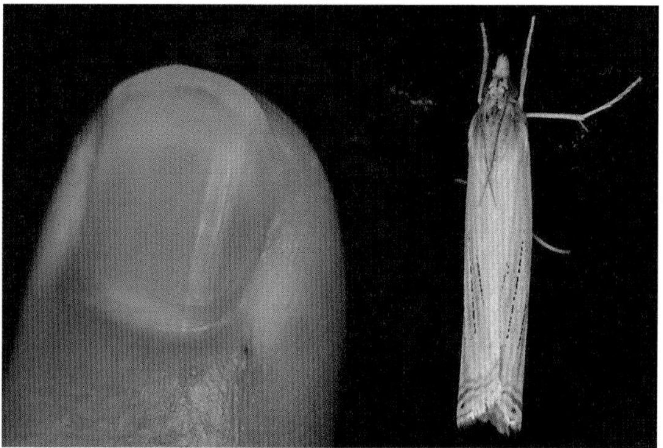

벼풀명나방(벼포충나방)의 크기를 짐작할 수 있다.

흰풀명나방(흰포충나방) 날개편길이는 15~26mm, 6~9월에 보인다. 흰색 앞날개에 누런색 점무늬가 이어져 선처럼 보인다.

이화명나방붙이 날개편길이는 25~33mm, 7~9월에 보인다. 앞날개에 잔 점무늬들이 흩어져 있고, 날개 뒤쪽 가장자리에 검은색 점무늬가 있다.

갈색줄무늬풀명나방(갈색줄무늬포충나방) 날개편길이는 20~29mm, 7~8월에 보인다. 날개맥이 뚜렷하며 앞날개에 얼룩무늬들이 흩어졌고 날개 뒤쪽 가장자리에는 검은색 점무늬가 있다.

검은빛풀명나방(검은빛포충나방) 날개편길이는 16~25mm, 6~9월에 보인다. 흰색 앞날개에 검은색 얼룩무늬들이 흩어졌으며 날개 뒤쪽에 갈색 줄무늬가 나타난다.

엷은테풀명나방(엷은테포충나방) 날개편길이는 18~24mm, 7~9월에 보인다.

엷은테풀명나방(엷은테포충나방) 겹눈 앞뒤로 밤색의 가로띠가 길게 이어져 나타나며 앞날개 가운데에 옛날 칼처럼 보이는 은백색의 무늬가 독특하다.

깨다시풀명나방(깨다시포충나방) 날개편길이는 19~28mm, 6~9월에 보인다.

깨다시풀명나방(깨다시포충나방) 연한 갈색 바탕의 앞날개에 갈색 비늘가루가 흩어졌으며 날개 뒤쪽에 검은색 점무늬가 있다.

은빛풀명나방(은빛포충나방) 날개편길이는 21~22mm, 5~8월에 보인다. 낮에도 보이는 나방이다.

은빛풀명나방(은빛포충나방) 앞날개는 흰색이며 날개 뒤쪽 가장자리에 검은색 무늬가 나타난다.

끝무늬꼬마들명나방 날개편길이는 12~14mm, 7~9월에 보인다.

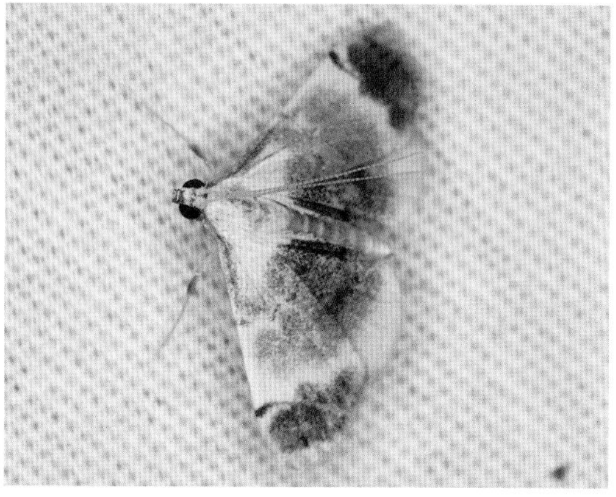

끝무늬꼬마들명나방 흰색 바탕의 앞날개 끝에 커다란 갈색 무늬가 나타난다.

연노랑새들명나방 날개편길이는 28mm 내외, 5~9월에 보인다. 연노란색 바탕의 앞날개 끝쪽에 갈색 무늬가 뚜렷하며 갈색 점이 가로줄 무늬처럼 2줄로 보인다.

배추순나방 날개편길이는 15~17mm, 4~12월에 보인다. 앞날개 가운데에 흑갈색 무늬가 있으며 요철 모양의 흰색 가로줄이 나타난다.

배추순나방 코스모스 꽃잎 위에 앉아 있다. 크기를 짐작할 수 있다.

황토얼룩들명나방 날개편길이는 24mm 내외, 6~9월에 보인다. 검은빛이 강한 날개에 흰색 점무늬가 4쌍 있다.

황토얼룩들명나방 암컷 여덟무늬들명나방과 무늬 배열이 다르다. 2014년 발표된 종으로 수컷은 무늬가 완전히 다르다.

황토얼룩들명나방 수컷 암컷보다 노란색 무늬가 더 많아 마치 다른 나방처럼 보인다.

각시뾰족들명나방 날개편길이는 17~21mm, 6~9월에 보인다. 앞뒤 날개 뒤쪽 가장자리가 흑갈색의 띠를 이룬다. 앞날개에 가느다란 흑갈색 가로줄이 3줄 있다. 앞과 가운데 줄은 직선에 가깝고 뒤쪽 줄은 굽었다.

각시뾰족들명나방의 크기를 짐작할수 있다. 앞날개 끝이 뾰족하다.

애물결들명나방 날개편길이는 20~30mm, 5~9월에 보인다. 앞뒤 날개에 올록볼록한 갈색 줄무늬가 3줄 나타난다.

톱날들명나방 날개편길이는 22~28mm, 5~7월에 보인다. 앞뒤 날개에 톱날 같은 가로줄이 있다.

톱날들명나방 날개 뒤쪽 가장자리에 갈색 점무늬가 뚜렷해 비슷하게 생긴 애물결들명나방과 구별된다. 앞날개 무늬도 다르다.

조명나방 날개편길이는 22~32mm, 5~9월에 보인다. 앞날개에 울록불룩한 짙은 갈색 가로줄이 있다.

조명나방 개체마다 색깔이나 무늬에 차이가 있다.

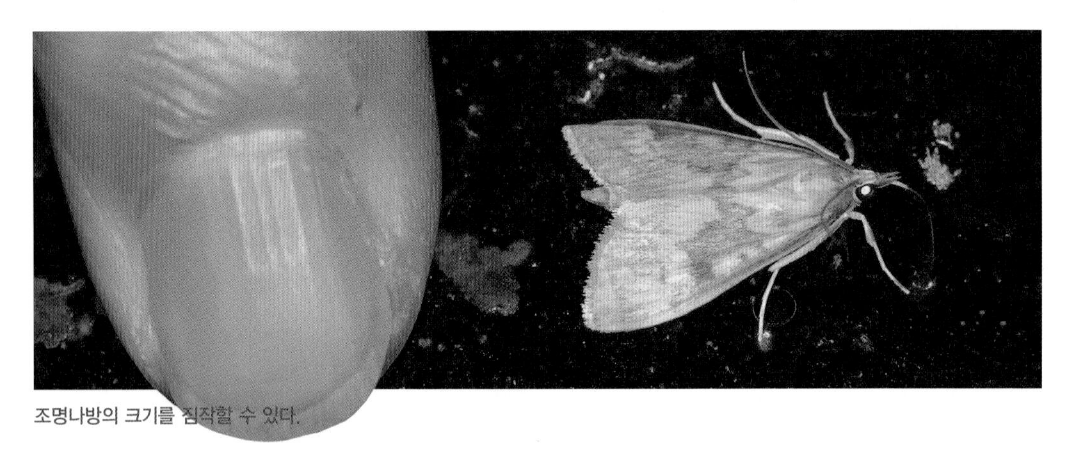

조명나방의 크기를 짐작할 수 있다.

콩줄기명나방 날개편길이는 23~32mm, 5~10월에 보인다. 날개에 갈색이 강한 조명나방과 구별된다. 날개에 있는 가로줄도 조금 다르다.

큰섬들명나방 날개편길이는 26~39mm, 5~10월에 보인다. 앞날개의 가로줄 무늬가 비슷한 조명나방, 콩줄기명나방과 구별된다.

분홍무늬들명나방 날개편길이는 34mm 내외, 5~9월에 보인다. 노란색 앞날개에 분홍색 무늬가 뚜렷하다.

큰노랑들명나방 날개편길이는 26~34mm, 6~8월에 보인다. 앞날개에 가로줄이 3줄 있으며, 맨 아랫줄은 톱니 모양이다.

네줄들명나방 날개편길이는 18~26mm, 5~9월에 보인다.

네줄들명나방의 크기를 짐작할 수 있다.

네줄들명나방 앞날개에 황갈색 줄무늬가 뚜렷하다. 보통 4줄이지만 5줄처럼 보이는 개체도 있다.

앞붉은들명나방 날개편길이는 18~21mm, 5~7월에 보인다. 앞날개는 붉은색이며 뒷날개는 밝은 갈색이라 여느 명나방과 쉽게 구별된다.

담흑들명나방 날개편길이는 25mm 내외, 5~9월에 보인다. 앞날개에 가로줄이 3줄 있다. 앞줄은 이어졌고 두 번째 줄은 날개 가장자리까지 이르지 못한다. 거기에 검은색 점무늬가 있다. 세 번째 줄은 날개 가장자리에서 가운데까지 반 정도만 나타난다.

담흑들명나방의 크기를 짐작할 수 있다.

흰얼룩들명나방 날개편길이는 26~31mm, 5~9월에 보인다.

흰얼룩들명나방 누런색 바탕의 날개에 흑갈색이나 보랏빛을 띤 갈색의 얼룩이 흩어져 있다.

진도들명나방 날개편길이는 14mm 내외, 7~8월에 보인다. 적갈색을 띤 검은색 앞뒤 날개에 노란색 점무늬가 각각 한 쌍씩 있다.

들깨잎말이명나방 날개편길이는 15mm 내외, 5~9월에 보인다. 노란색 바탕의 앞날개에 진한 적갈색 띠무늬가 불규칙하게 나타난다. 개체마다 색깔이나 무늬에 차이가 있다.

들깨잎말이명나방 왼쪽 개체와 무늬와 색깔이 다른 개체다.

들깨잎말이명나방의 크기를 짐작할 수 있다.

갈대노랑들명나방 날개편길이는 19~20mm, 6~8월에 보인다. 황갈색 바탕의 앞날개에 황백색 세로줄 무늬가 많다.

갈대노랑들명나방 애벌레 집 갈댓잎을 엮어 만든 은신처로 종령 애벌레가 될 때까지 산다.

갈대노랑들명나방 어린 애벌레 갈대가 먹이식물이다.

갈대노랑들명나방 종령 애벌레 몸길이는 18mm, 6~9월에 보인다. 배설물도 그 속에 그대로 있다.

검은줄노랑들명나방 날개편길이는 15~20mm, 5~7월에 보인다. 황갈색 바탕의 앞날개에 짙은 갈색 가로줄이 거의 곧게 2줄 나타나며 앞날개 가운데에 점무늬가 있다.

연보라들명나방 날개편길이는 15~22mm, 5~10월에 보인다. 앞날개 앞쪽은 누런색 바탕에 주황색 무늬가 있고 뒤쪽은 보랏빛을 띤 갈색이다.

고마리들명나방 날개편길이는 21~24mm, 4~9월에 보인다. 노란색을 띤 앞뒤 날개의 바깥 가장자리에 넓은 적갈색 띠무늬가 있다.

꼬마외줄들명나방 수컷 날개편길이는 19~25mm, 4~9월에 보인다. 앞날개에 가로줄이 한 줄 있고 날개 가운데에 점무늬가 있다.

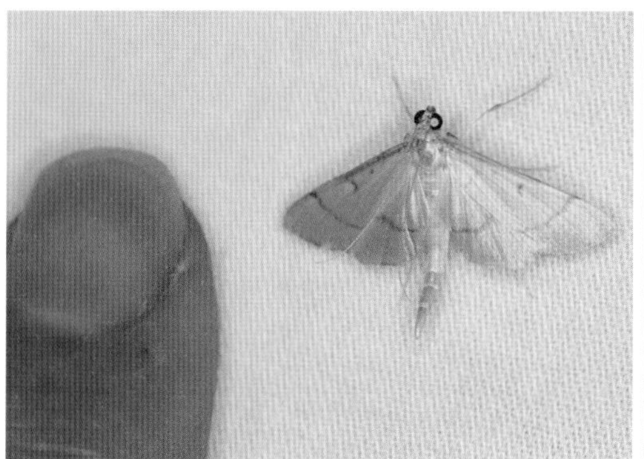

꼬마외줄들명나방 수컷의 크기를 짐작할 수 있다.

꼬마외줄들명나방 암컷 수컷보다 날개 색이 더 노랗고 배가 짧다.

외줄들명나방 날개편길이는 19~27mm, 4~10월에 보인다. 앞뒤 날개는 연한 갈색이며 날개 가운데에 점무늬가 나타난다.

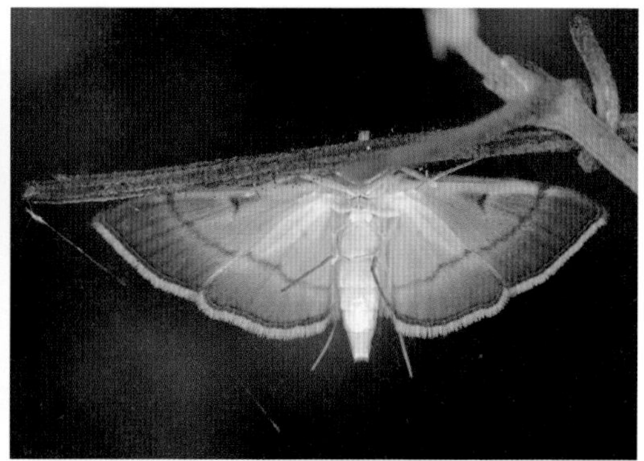

외줄들명나방 아랫면

큰점노랑들명나방 날개편길이는 42~45mm, 6~10월에 보인다. 명나방류 가운데 대형종에 속한다.

큰점노랑들명나방 앞뒤 날개 끝부분에 짙은 흑갈색 점무늬가 있어 다른 명나방류와 쉽게 구별된다.

포플라잎말이명나방 날개편길이는 27~32mm, 6~10월에 보인다. 앞날개 가운데에 뚜렷한 콩팥 무늬가 나타난다.

포플라잎말이명나방 날개를 접은 모습이다. 다른 나방처럼 보인다.

혹명나방 암컷 날개편길이는 16~19mm, 6~11월에 보인다.

혹명나방 앞날개에 있는 가로줄이 곧은 편이며 앞뒤 날개 끝부분에 짙은 갈색 띠가 나타난다.

혹명나방의 크기를 짐작할 수 있다.

혹명나방 수컷 날개 전연(동그라미 부분)에 혹 같은 비늘 뭉치가 있어 암컷과 구별된다.

울릉노랑들명나방 날개편길이는 17~23mm, 6~8월에 보인다. 앞날개에 하얀색의 반달무늬, 사각 무늬, 동그란 무늬가 있다.

복숭아명나방 날개편길이는 21~29mm, 5~9월에 보인다.

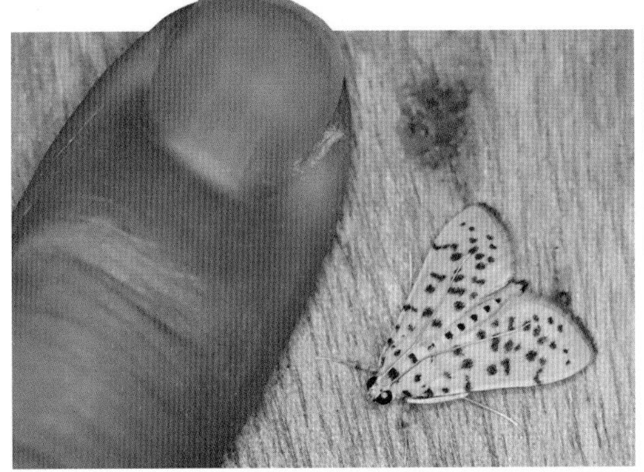

복숭아명나방의 크기를 짐작할 수 있다.

복숭아명나방 노란색 바탕의 앞뒤 날개에 크기가 다른 검은색 점무늬가 흩어져 있다.

회양목명나방 날개편길이는 38~49mm, 5~10월에 보인다.

회양목명나방 애벌레 입에서 거미줄 같은 실을 토해내 그곳에서 여러 마리가 같이 산다.

회양목명나방 날개를 펼치면 검은색 띠무늬가 나타난다. 날개 위쪽 가장자리에 흰색 반달무늬가 있다.

회양목명나방 애벌레의 먹이식물이 회양목이다.

목화바둑명나방 수컷 날개편길이는 25~30mm, 6~10월에 보인다. 밤에 불빛에도 잘 찾아든다. 수컷은 암컷보다 배 끝에 있는 털 다발이 더 크다.

목화바둑명나방 앞날개의 전체 가장자리와 뒷날개의 바깥 가장자리 모두 검은빛을 띤 갈색이다. 날개에 반달무늬가 없어 비슷하게 생긴 회양목명나방과 구별된다.

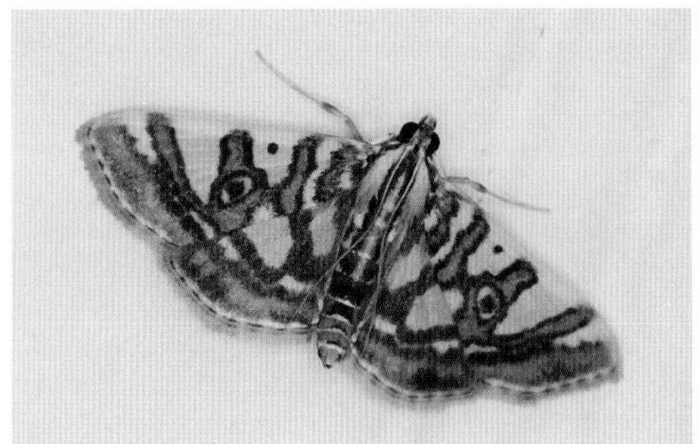

Glyphodes formosanus Shibya, 1928(국명 없음) 6월 1일 전남 광양 백운산에서 관찰했다. 날개편길이는 26mm 내외다. 비슷하게 생긴 띠무늬들명나방, 닥나무들명나방과는 눈알 무늬나 점무늬로 구별한다.

Glyphodes formosanus Shibya, 1928(국명 없음) 8월 7일 지리산에서 야간등화에 날아온 개체다.

애기무늬들명나방
날개편길이는 17~19mm,
7~10월에 보인다.

애기무늬들명나방의 크기를 짐작할 수 있다.

애기무늬들명나방 날개에 크고 작은 노란색 무늬가 흩어져 나타나고 그 주변에도 작은 무늬들이 많다. 개체마다 색깔 차이가 있다.

점알락들명나방 날개편길이는 20mm 내외, 5~10월에 보인다. 앞날개에 연한 흑갈색 줄무늬와 흰색 무늬가 있어 얼룩져 보인다.

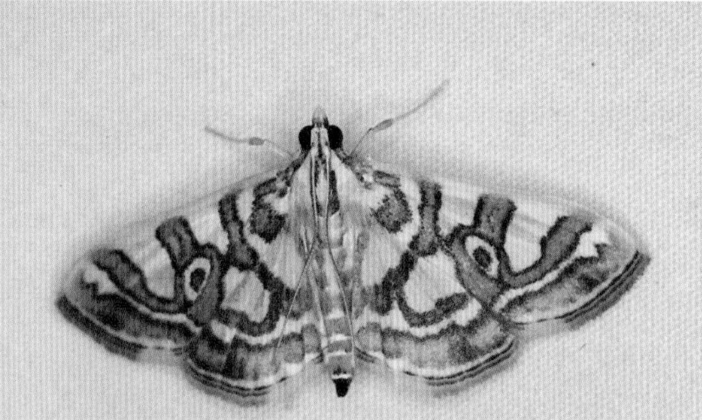

닥나무들명나방 날개편길이는 22~27mm, 5~9월에 보인다. 눈알 무늬 위쪽에 점무늬가 없어 비슷하게 생긴 다른 나방과 구별된다.

닥나무들명나방 애벌레의 먹이식물은 뽕나무로 알려졌다. 입에서 토해낸 실로 잎 양쪽을 붙이고 여러 마리가 모여 산다.

큰각시들명나방 날개편길이는 26~36mm, 6~9월에 보인다.

큰각시들명나방 앞날개에 크고 작은 흰색 무늬들이 있고, 뒷날개 바깥 가장자리에 검은색 띠무늬가 있다.

큰각시들명나방 아랫면

노랑무늬들명나방 날개편길이는 21~24mm, 5~9월에 보인다.

노랑무늬들명나방 흑갈색 담으로 두른 노란색 방(구획)처럼 생긴 무늬가 날개에 흩어져 나타난다. 앞날개 가장자리 부분에 하얀색 점무늬가 있다.

깃노랑들명나방 날개편길이는 25mm 내외, 7~9월에 보인다. 날개 가운데에 노란색 무늬가 흩어졌으며 가장자리에는 흑갈색 띠무늬가 있다.

목화명나방 날개편길이는 22~34mm, 5~9월에 보인다.

목화명나방 앞날개가 시작되는 부근(기부)에 검은색 점무늬가 있고, 날개 전체에 갈색 그물 무늬가 나타난다.

앞흰무늬들명나방 날개편길이는 19~27mm, 6~10월에 보인다.

앞흰무늬들명나방 앞뒤 날개 뒷부분에 흑갈색으로 둘러싸인 노란색의 커다란 둥근 무늬가 나타난다.

흰무늬들명나방 날개편길이는 20~25mm, 5~8월에 보인다.

흰무늬들명나방 짙은 갈색의 앞날개에 크고 작은 황백색 무늬가 나타난다. 무늬가 포도들명나방과 다르다.

흰무늬들명나방의 크기를 짐작할 수 있다.

포도들명나방 날개편길이는 23~28mm, 5~9월에 보인다. 앞날개 가운데에 사각 무늬가 있고 그 뒤에 반달무늬가 있다. 흰무늬들명나방과 무늬가 다르다.

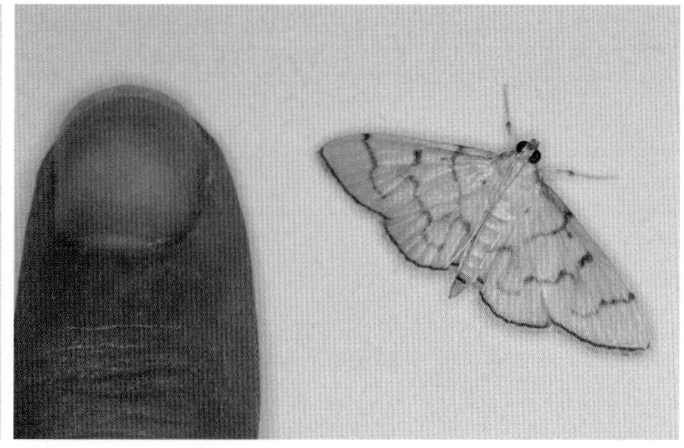

앞노랑무늬들명나방 날개편길이는 22~28mm, 5~10월에 보인다. 앞날개 가운데에 크고 작은 점무늬가 2개 있다. 밝은 황색 날개에 흑갈색 가로줄 무늬가 선명하다.

앞노랑무늬들명나방의 크기를 짐작할 수 있다.

감자흰띠명나방 날개편길이는 14~17mm, 6~9월에 보인다. 앞날개에 흰색 줄무늬와 점무늬가 있고 뒷날개 가운데에 넓은 흰색 띠가 나타난다.

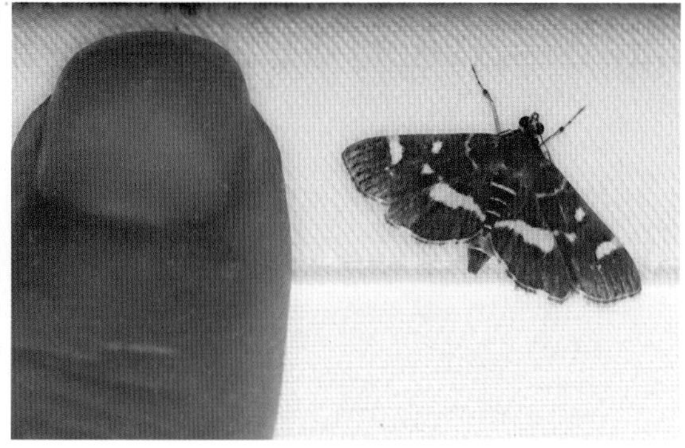

감자흰띠명나방의 크기를 짐작할 수 있다.

얼룩애기들명나방 날개편길이는 16~18mm, 5~9월에 보인다. 앞날개 가장자리에 검은색 점무늬가 있고 날개 전체에 흑갈색 얼룩무늬가 흩어져 있다.

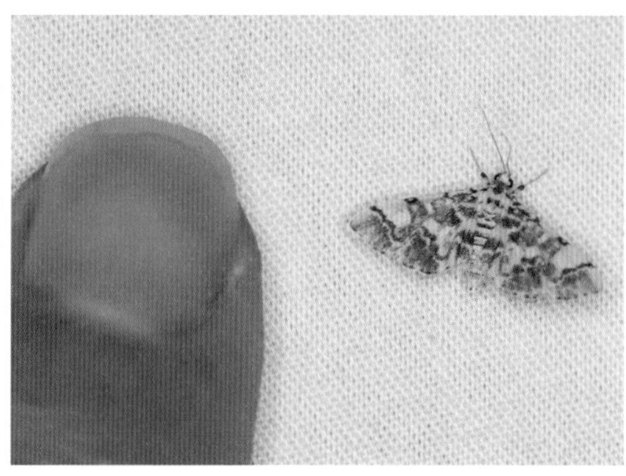

얼룩애기들명나방의 크기를 짐작할 수 있다.

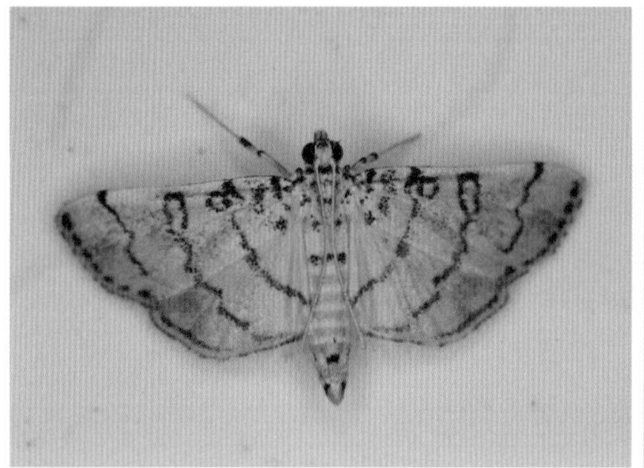

노랑애기들명나방 날개편길이는 15~17mm, 7~9월에 보인다. 앞날개에 동그란 무늬와 타원형 무늬가 하나씩 있고 가장자리에는 흑갈색 줄무늬와 점무늬가 나타난다.

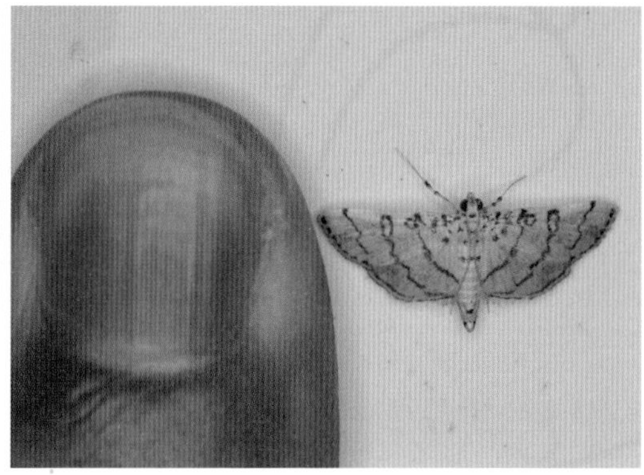

노랑애기들명나방의 크기를 짐작할 수 있다.

세점노랑들명나방 날개편길이는 16~21mm, 5~8월에 보인다. 앞날개 가운데에 검은색 테두리의 노란색 점 3개가 삼각형을 이룬다. 날개 앞쪽 가장자리에도 점무늬가 2개 있다.

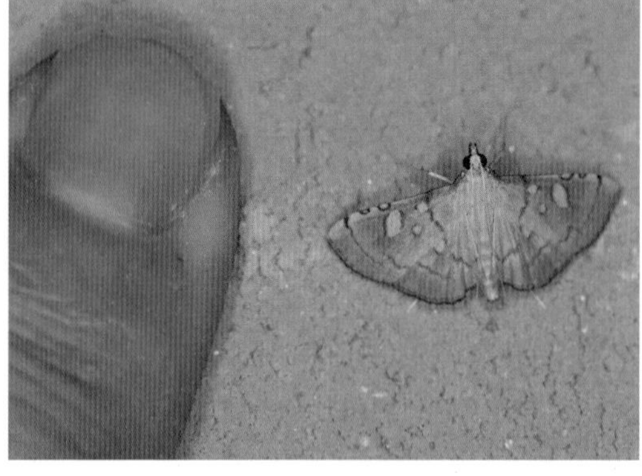

세점노랑들명나방의 크기를 짐작할 수 있다.

콩명나방 날개편길이는 23~27mm 6~10월에 보인다. 앞날개 가운데에 작은 흰색 무늬가 있고 그 옆으로 길쭉한 흰색 무늬가 나타난다. 뒷날개의 4분의 3은 흰색이다.

콩명나방의 크기를 짐작할 수 있다.

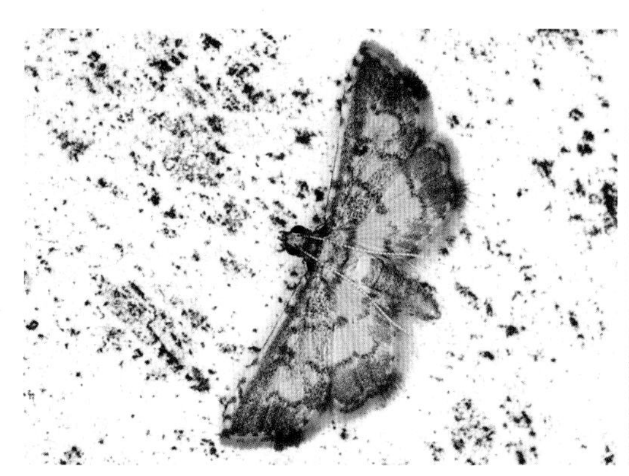

날개검은들명나방 날개편길이는 17~19mm, 6~8월에 보인다. 날개에 검은색 가로줄 무늬가 나타나고 뒤쪽 가장자리에 폭넓은 검은색 띠무늬가 나타난다. 전체적으로 얼룩진 느낌이다.

뒤흰들명나방 날개편길이는 20~25mm, 5~9월에 보인다. 앞날개 가운데에 은백색 무늬가 3개 있고 앞뒤 날개 가장자리는 넓은 검은색 띠로 이루어져 있다. 날개 전체에 그물 무늬가 나타난다.

가루뿌린들명나방 날개편길이는 13~18mm, 5~10월에 보인다. 날개는 전체적으로 흑갈색을 띠지만 앞 가장자리는 노란색이다. 다양한 모양의 흰색 무늬가 날개 전체에 흩어져 있다.

가루뿌린들명나방 날개를 접으면 다른 나방처럼 보인다.

등심무늬들명나방 날개편길이는 25~27mm, 5~10월에 보인다. 황갈색 바탕의 앞날개는 길고 폭이 좁으며, 가운데에 둥근 무늬 2개와 콩팥 무늬가 있다.

흘씨무늬들명나방 날개편길이는 26~32mm, 5~8월에 주로 보인다. 앞날개에 크고 작은 흰색 무늬가 2개 있고 뒷날개에는 큰 흰색 무늬가 하나 있다.

말굽무늬들명나방 날개편길이는 27~32mm, 5~9월에 주로 보인다.

말굽무늬들명나방 뒷날개 가운데에 투명한 말굽 무늬가 있다. 밤에 불빛에 잘 찾아들며 낮에도 종종 보인다.

세줄꼬마들명나방 날개편길이는 18mm 내외, 6~8월에 보인다. 앞날개 가운데에 흑갈색 점무늬와 삐침 무늬가 나타나며 물결무늬의 가로줄이 있다.

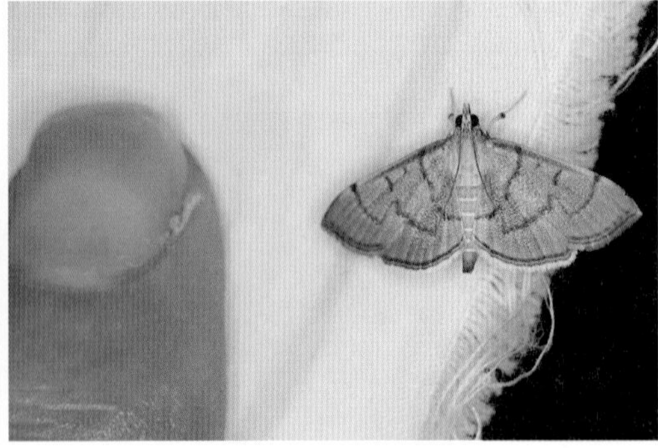

세줄꼬마들명나방의 크기를 짐작할 수 있다.

노랑다리들명나방 날개편길이는 35~38mm, 5~9월에 보인다. 앞뒤 날개는 어두운 갈색이며 검은색의 가로줄이 나타난다. 다리의 넓적다리마디와 종아리마디가 누런빛을 띤다.

노랑다리들명나방의 크기를 짐작할 수 있다.

세줄콩들명나방 날개편길이는 19~21mm, 7~10월에 보인다. 날개를 펼치면 검은색 가로줄이 3줄 보이며 앞날개 가장자리 쪽에 검은색 점무늬가 나타난다.

애기흰들명나방 날개편길이는 20~25mm, 6~10월에 보인다. 앞날개 앞 가장자리에 갈색 띠가 있고, 그와 접한 갈색으로 둘러싸인 무늬가 불규칙하다.

애기흰들명나방 앞뒤 날개는 전체적으로 흰색이며 뒷날개 가운데 무늬가 뚜렷하다.

수수꽃다리명나방 날개편길이는 17~31mm, 4~10월에 주로 보인다.

수수꽃다리명나방의 크기를 짐작할 수 있다.

수수꽃다리명나방 앞날개 앞 가장자리에 갈색 띠무늬가 있으며 날개 전체에 검은색 점무늬가 흩어져 있다.

몸노랑들명나방 날개편길이는 25~28mm, 5~8월에 보인다.

몸노랑들명나방 앞날개에 뚜렷한 가로줄이 나타나며 앞뒤 날개 끝쪽 가장자리에도 선이 뚜렷하다.

배흰들명나방 날개편길이는 21~23mm, 6~8월에 보인다. 짙은 갈색의 앞날개에 황백색 무늬가 이어질 듯 끊어질 듯 나타난다.

네눈들명나방 날개편길이는 22~28mm, 5~9월에 보인다. 앞뒤 날개에 크고 흰색 콩팥 무늬가 하나씩 있어 모두 4개로 보인다.

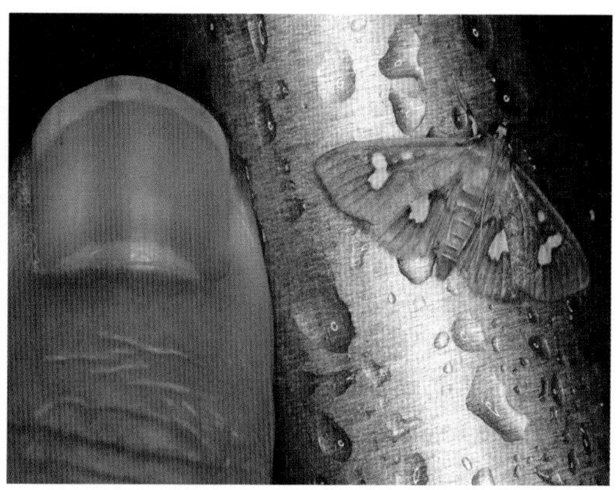

네눈들명나방의 크기를 짐작할 수 있다.

모시풀들명나방(신칭) 날개편길이는 24~28mm, 6~10월에 보인다.

모시풀들명나방(신칭) 장미색들명나방, 가두리들명나방과 구별하기 어렵지만 『한국나방도감』(2020)에 따라 이름 붙인다.

노랑띠들명나방 날개편길이는 18~22mm, 5~9월에 보인다. 흑갈색 날개에 노란색 띠무늬가 뚜렷하며 앞날개 앞 가장자리 가운데에 노란색 사각 무늬가 선명하다.

알락흰들명나방 날개편길이는 21~23mm, 5~9월에 보인다. 앞뒤 날개에 크기가 다른 검은색 점무늬가 흩어져 있다.

선비들명나방 날개편길이는 38mm 내외, 5~10월에 보인다. 앞날개 끝부분에 커다란 짙은 갈색 무늬가 있으며 날개 기부는 연한 갈색 무늬가 물감이 묻은 듯하다.

선비들명나방의 크기를 짐작할 수 있다.

콩팥무늬들명나방 날개편길이는 15~19mm, 5~9월에 보인다.

콩팥무늬들명나방 앞날개 가운데에 황백색의 사각 무늬가 나타나며 뒷날개 가운데에는 선으로 연결된 다각형의 황백색 무늬가 있다.

흰띠명나방 날개편길이는 20~24mm, 5~11월에 보인다. 앞날개에 흰색 띠가 선명하며 뒷날개 끝 가장자리도 흰색이다.

흰띠명나방이 날개를 접은 모습

개오동명나방 날개편길이는 23~26mm, 5~8월에 보인다.

개오동명나방 앞날개 가운데에 커다란 흑갈색 무늬가 있으며 앞뒤 날개 전체에 그물 무늬가 복잡하게 나타난다.

대만들명나방 날개편길이는 32~34mm, 5~10월에 보인다.

대만들명나방 앞뒤 날개에 누런색의 다양한 무늬들이 흩어져 있고 끝 가장자리에 넓은 흑갈색 띠무늬가 있다.

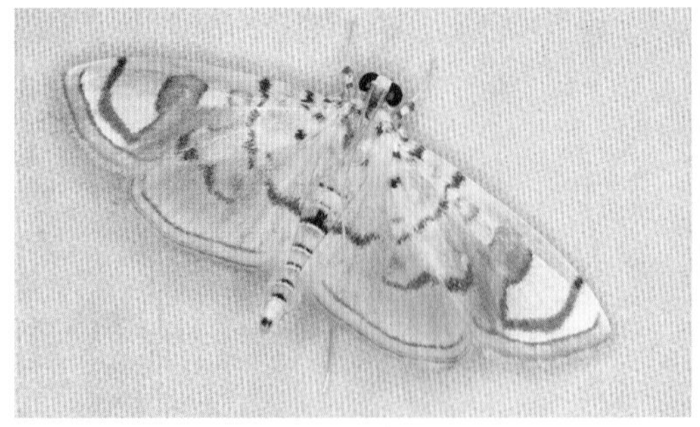

끝무늬들명나방 날개편길이는 21~27mm, 5~8월에 보인다.

끝무늬들명나방 앞날개 가운데에 황백색의 사다리꼴 무늬가 있고 날개 끝부분에 커다란 황백색 무늬가 2개 있다.

꽃날개들명나방 날개편길이는 23~32mm, 4~9월에 보인다.

꽃날개들명나방 황갈색의 앞날개 앞쪽에는 검은색 점무늬가, 뒤쪽에는 줄무늬가 나타난다.

줄검은들명나방 날개편길이는 27~29mm, 5~10월에 보인다. 머리와 가슴은 노란색이며 하얀색 앞날개에 검은색 점무늬와 줄무늬가 앞뒤로 나타난다.

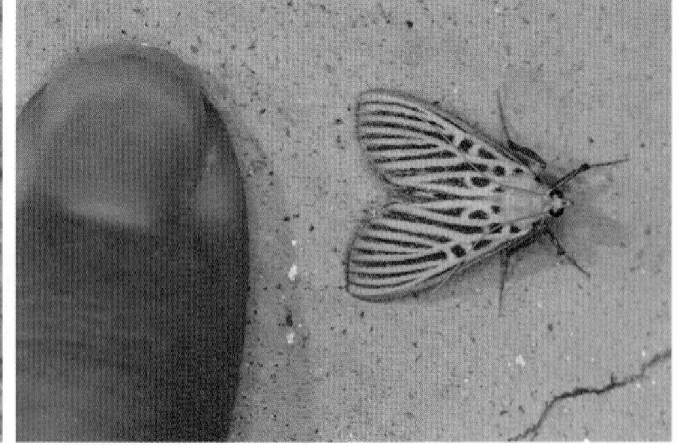

줄검은들명나방의 크기를 짐작할 수 있다.

● 갈고리나방과(갈고리나방상과)

갈고리나방과는 날개 끝이 갈고리 모양이거나 뾰족한 것이 특징입니다. 우리나라에 대략 56종 이상이 알려졌습니다. 이전에 독립된 과로 분류했던 뾰족날개나방과가 최근에 이 과에 포함되었습니다.

성충은 앉아 있을 때 앞날개가 배 일부분만 덮으며 머리는 거친 편입니다. 홑눈은 있거나 없습니다. 애벌레는 털로 덮여 있거나 매끈한 종도 있으며 보통 배 끝에 미상돌기가 있습니다. 참나무류나 밤나무류 등 다양한 활엽수의 잎을 먹는다고 알려졌습니다.

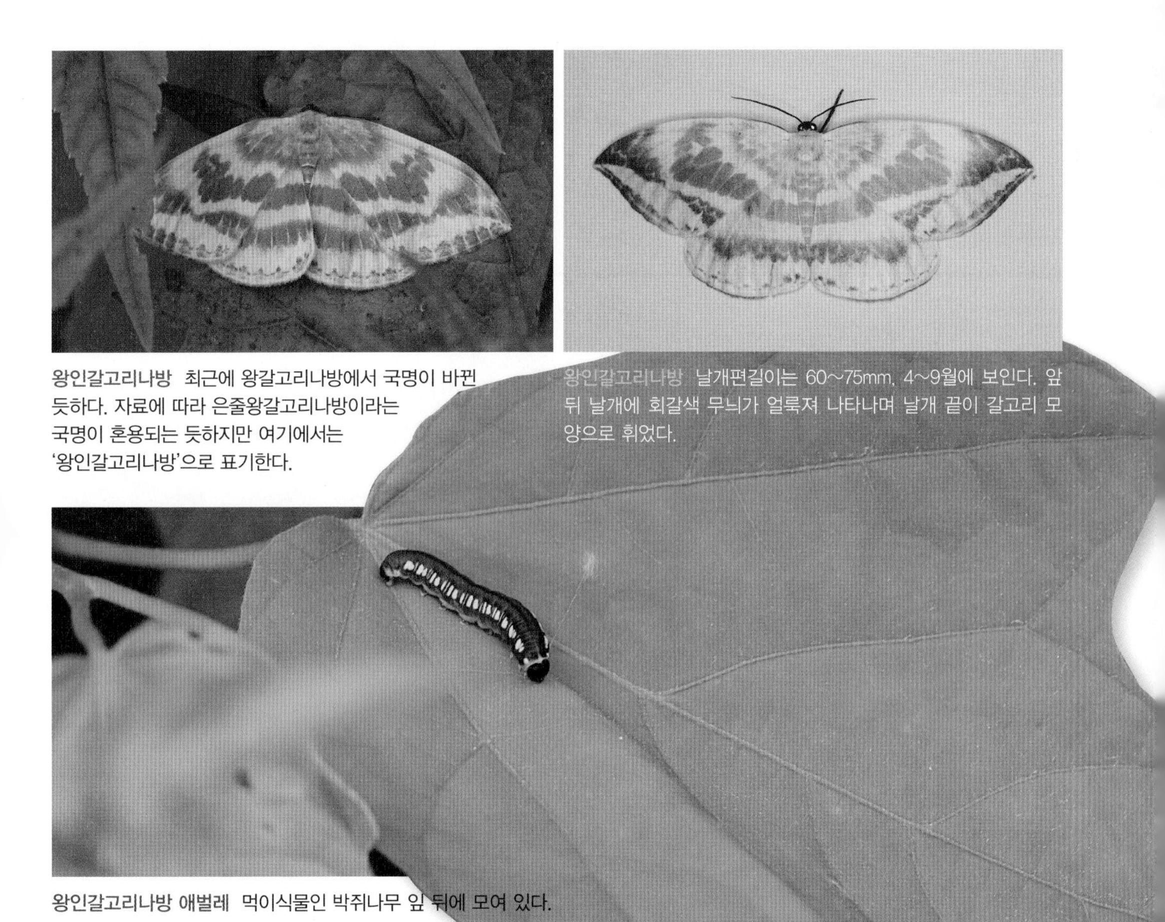

왕인갈고리나방 최근에 왕갈고리나방에서 국명이 바뀐 듯하다. 자료에 따라 은줄왕갈고리나방이라는 국명이 혼용되는 듯하지만 여기에서는 '왕인갈고리나방'으로 표기한다.

왕인갈고리나방 날개편길이는 60~75mm, 4~9월에 보인다. 앞뒤 날개에 회갈색 무늬가 얼룩져 나타나며 날개 끝이 갈고리 모양으로 휘었다.

왕인갈고리나방 애벌레 먹이식물인 박쥐나무 잎 뒤에 모여 있다.

왕인갈고리나방 종령 애벌레의 크기를 짐작할 수 있다.

왕인갈고리나방 종령 애벌레 흑회색 바탕의 몸에 노란색과 흰색 무늬가 옆면을 따라 나타난다.

참나무갈고리나방 날개편길이는 28~35mm, 5~9월에 보인다. 앞날개 가운데에 작은 연한 회백색 무늬가 모여 나타난다. 날개 색은 개체마다 차이가 있다.

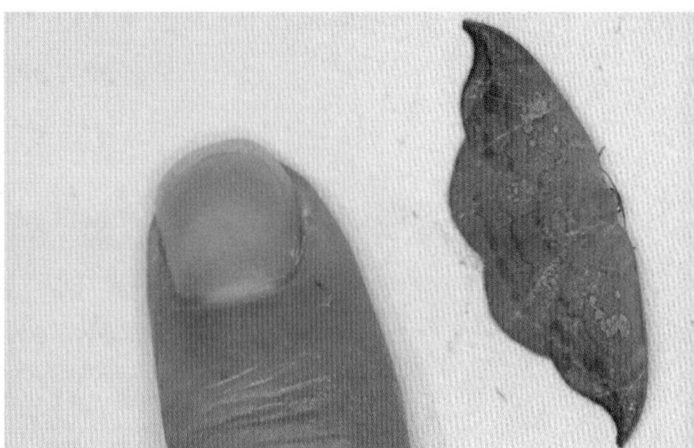

참나무갈고리나방의 크기를 짐작할 수 있다.

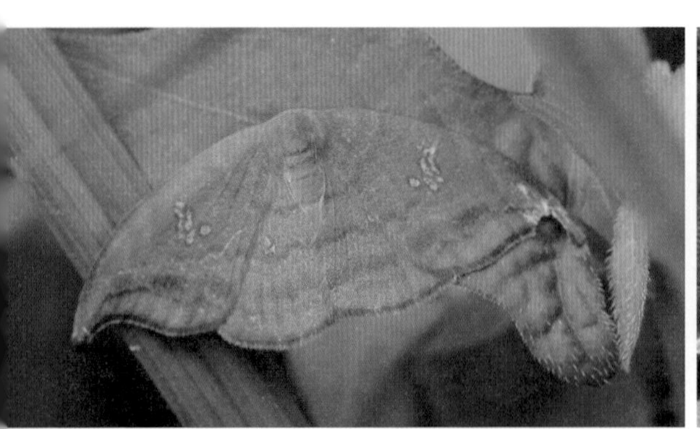

참나무갈고리나방 날개가 흑갈색인 개체다.

참나무갈고리나방 애벌레 배 끝에 꼬리 모양의 돌기가 있으며 참나무류가 먹이식물로 알려져 있다.

얼룩갈고리나방 날개편길이는 19~26mm, 5~9월에 보인다. 앞날개에 회색 가로띠가 나타나며 날개 가운데 부분에 커다란 갈색 무늬가 있다.

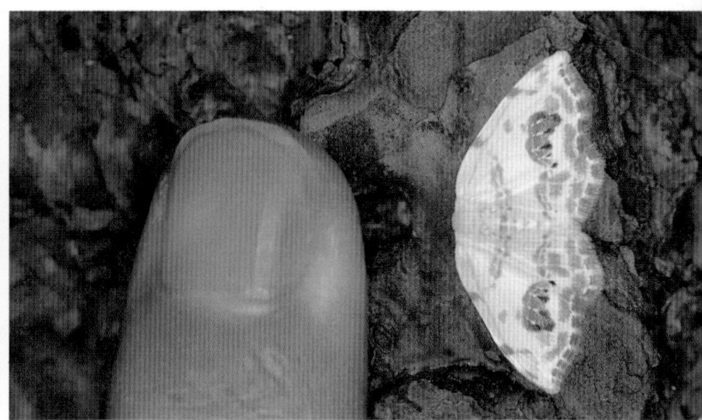

얼룩갈고리나방의 크기를 짐작할 수 있다.

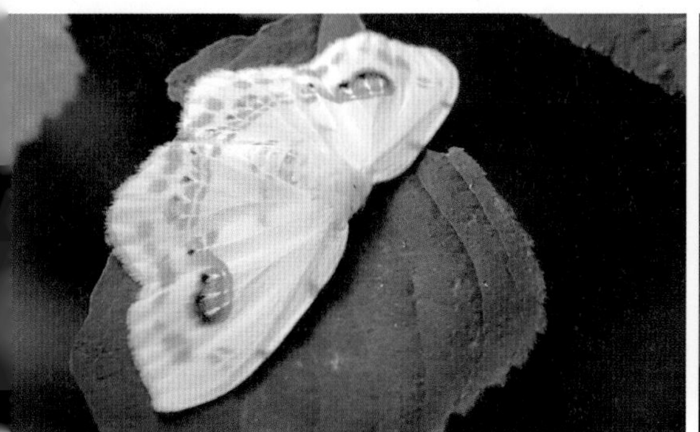

작은민갈고리나방 날개편길이는 32~42mm, 6~9월에 보인다.

작은민갈고리나방 앞날개의 가운데 무늬가 얼룩갈고리나방과 다르다. 은백색 날개에 회색 무늬들이 얼룩져 나타난다.

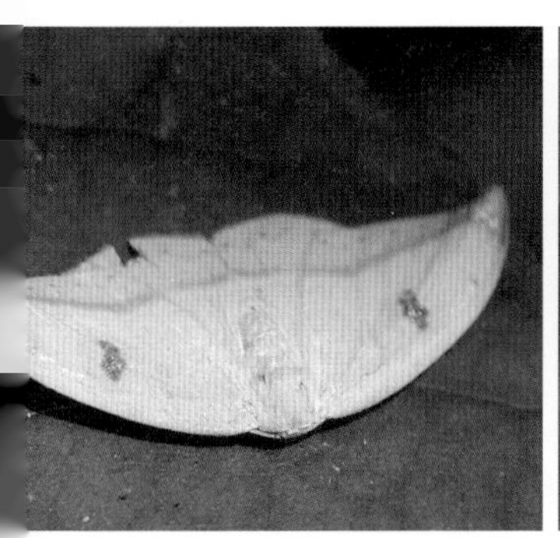

금빛갈고리나방 날개편길이는 28~40mm, 5~10월에 보인다.

금빛갈고리나방의 크기를 짐작할 수 있다. 앞날개 뒷부분에 황갈색의 가로줄이, 앞날개 가운데 부분에는 짙은 갈색의 얼룩무늬가 있다.

금빛갈고리나방 애벌레 배 끝에 꼬리 모양의 돌기가 있으며 붉나무, 개옻나무가 먹이식물이다.

남방흰갈고리나방 암컷 날개편길이는 25~36mm, 5~9월에 보인다. 앞뒤 날개에 연한 검은색 점무늬가 많다. 날개 끝이 크게 휘어지진 않았다. 날개 색이 수컷보다 연하다.

남방흰갈고리나방 수컷 암컷보다 날개 색이 더 진하며 점무늬도 많다. 암컷과 달리 더듬이가 빗살 모양이다.

사과잎갈고리나방 날개편길이는 21mm 내외, 5~8월에 보인다. 앉은 자세가 매우 독특한 나방으로 흰색 바탕의 앞날개 가운데에 갈색 무늬가 뚜렷하다.

사과잎갈고리나방의 크기를 짐작할 수 있다.

물결줄흰갈고리나방 날개편길이는 22~30mm, 4~9월에 보인다. 흰색 바탕의 날개에 갈색의 가로줄이 4줄 있다. 밤에 불빛에도 잘 찾아든다.

만주흰갈고리나방 날개편길이는 31~33mm, 5~9월에 보인다. 은백색 바탕의 날개에 연한 갈색 가로줄이 두 줄 있으며, 그 사이에 검은색 점이 앞뒤 날개에 하나씩 있어 날개를 펴면 점 4개가 보인다.

만주흰갈고리나방의 크기를 짐작할 수 있다.

쌍점줄갈고리나방 날개편길이는 22~31mm, 4~9월에 보인다. 날개에 있는 가로줄이 만주흰갈고리나방보다 더 물결치며 색도 흐리다.

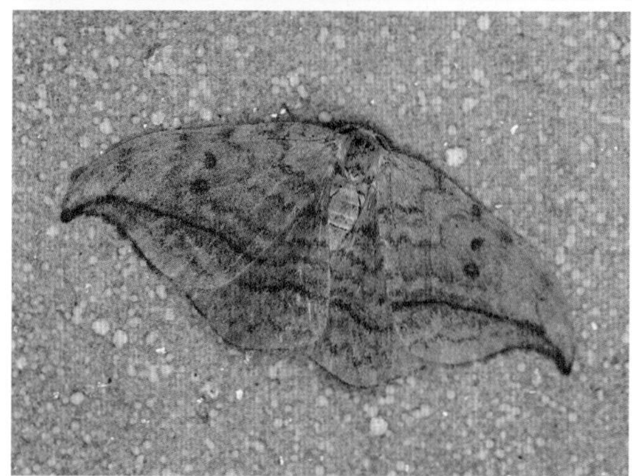

밤색갈고리나방 날개편길이는 28~42mm, 5~9월에 보인다.

밤색갈고리나방 날개 끝은 갈고리 모양으로 휘었으며 앞날개 가운데에 검은색 점무늬가 2개 있어 참나무갈고리나방과 구별된다.

황줄점갈고리나방 날개편길이는 26~33mm, 5~9월에 보인다. 날개에 황색과 황갈색으로 겹쳐진 가로줄이 2줄 있으며 아래 가로줄 아래쪽으로 황갈색의 점무늬가 여럿 있다.

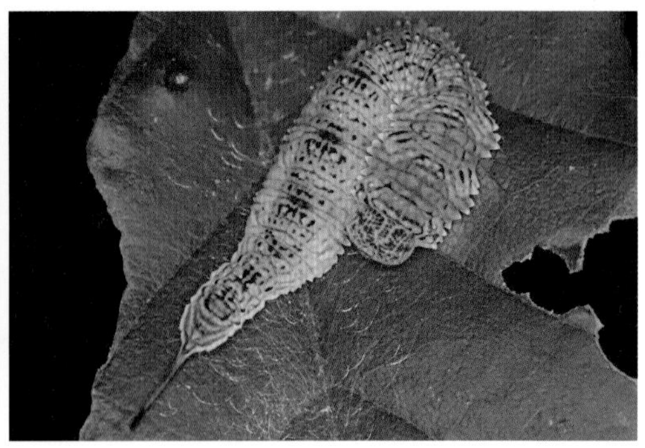

황줄점갈고리나방 애벌레 머리와 몸에 흰색 무늬가 뒤섞여 있으며 배 끝에 기다란 가시 모양의 돌기가 있다.

황줄갈고리나방 날개편길이는 24~34mm, 5~9월에 보인다. 날개에 있는 가로줄 아래쪽에 황갈색 점무늬가 없어 황줄점갈고리나방과 구별된다.

세줄꼬마갈고리나방 날개편길이는 20~26mm, 5~9월에 보인다.

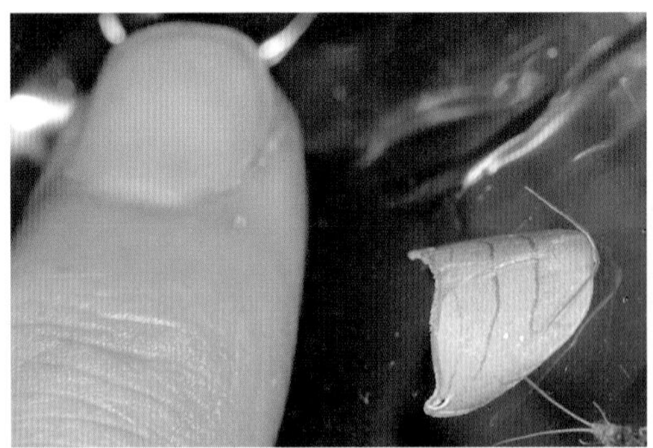

세줄꼬마갈고리나방의 크기를 짐작할 수 있다.

세줄꼬마갈고리나방 회갈색 바탕의 앞날개에 갈색 가로줄이 3줄 있으며 이 줄이 날개 끝과 만나는 곳에 독특한 무늬가 있다. 날개 가운데에 흰색 점도 2개 있다.

멋쟁이갈고리나방 날개편길이는 34~42mm, 5~10월에 보인다.

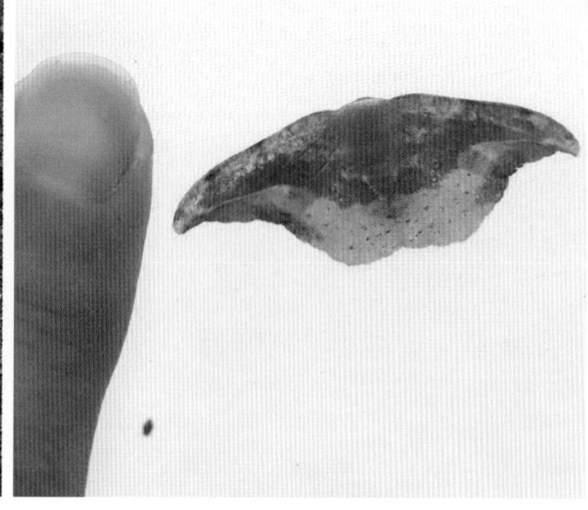

멋쟁이갈고리나방의 크기를 짐작할 수 있다.

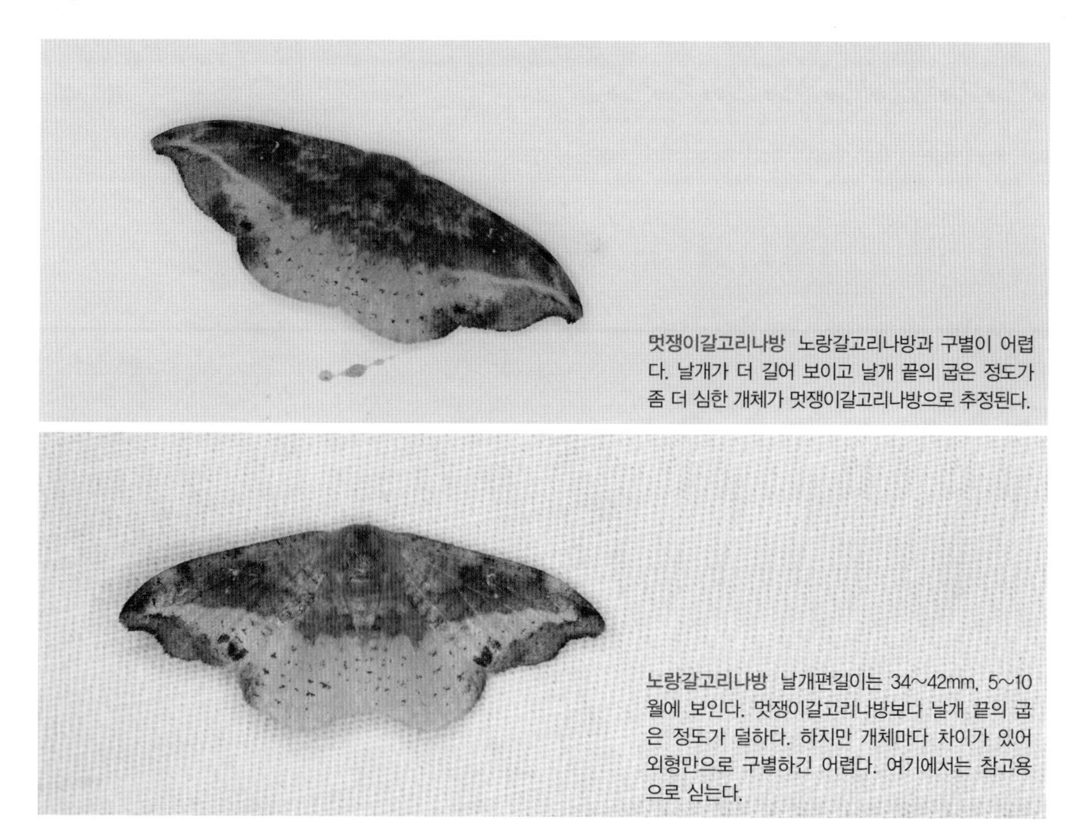

멋쟁이갈고리나방 노랑갈고리나방과 구별이 어렵다. 날개가 더 길어 보이고 날개 끝의 굽은 정도가 좀 더 심한 개체가 멋쟁이갈고리나방으로 추정된다.

노랑갈고리나방 날개편길이는 34~42mm, 5~10월에 보인다. 멋쟁이갈고리나방보다 날개 끝의 굽은 정도가 덜하다. 하지만 개체마다 차이가 있어 외형만으로 구별하긴 어렵다. 여기에서는 참고용으로 싣는다.

■■■ 이른봄뾰족날개나방 날개편길이는 34~44mm, 3~5월에 보인다.
■■■ 이른봄뾰족날개나방 앞날개에 적갈색의 가로줄이 뚜렷하며 뒷날개는 하얀색이다.
■■■ 이른봄뾰족날개나방 애벌레 머리는 살구색이며 몸에 크고 작은 검은색 점이 많다. 떡갈나무가 먹이식물로 알려졌다.

■■■ 멋쟁이뾰족날개나방 날개편길이는 37~42mm, 4~5월에 보인다. 앞날개에 겹가로줄이 나타나며 날개 가운데에 흰색 무늬가 있다. 무늬는 개체마다 차이가 있다.
■■■ 멋쟁이뾰족날개나방 더듬이는 적갈색이며 다리는 흰색과 검은색이 번갈아 나타난다.
■■■ 멋쟁이뾰족날개나방 속날개에는 별다른 무늬가 없으며 은회색을 띤다.

애기담홍뾰족날개나방 날개편길이는 28~36mm, 5~10월에 보인다.

애기담홍뾰족날개나방의 크기를 짐작할 수 있다.

애기담홍뾰족날개나방 앞날개는 분홍빛을 띤 자주색이며 날개 시작 부분과 끝에 둥근 무늬가 나타난다. 뒷날개는 회갈색이며 별다른 무늬가 없다.

애기담홍뾰족날개나방 가슴에 솟은 털 뭉치가 있다. 옆에서 보면 더 뚜렷하다.

흰뾰족날개나방 날개편길이는 35~44mm, 5~9월에 보인다. 앞날개에 있는 흰색 가로줄을 경계로 위쪽은 회색이며 그 아래쪽은 갈색 바탕에 복잡한 무늬가 나타난다.

흰뾰족날개나방의 크기를 짐작할 수 있다.

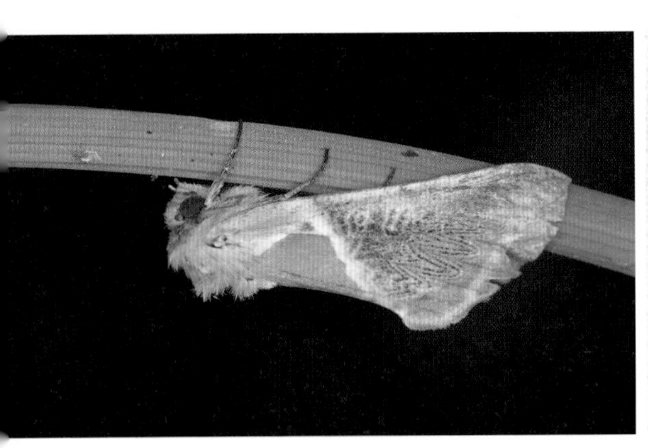

흰뾰족날개나방 옆에서 보면 가슴에 솟은 털 뭉치가 뚜렷하게 보인다.

푸른무늬뾰족날개나방 날개편길이는 29~38mm, 5~9월에 보인다.

푸른무늬뾰족날개나방 앞날개 시작 부분과 뒷부분에 녹갈색 무늬가 나타나며 그 주변에 있는 백자색 무늬들과 어우러져 날개가 전체적으로 얼룩져 보인다.

푸른무늬뾰족날개나방 뒷날개에는 별다른 무늬가 없다.

앞흰뾰족날개나방 날개편길이는 40~46mm, 5~8월에 보인다.

앞흰뾰족날개나방 앞날개 가운데에 흰색 점무늬가 있으며 그 앞에 빗살 무늬가 있어 홍백띠뾰족날개나방과 구별된다.

넓은뾰족날개나방 날개편길이는 36~51mm, 4~8월에 보인다.

넓은뾰족날개나방 날개 바탕색인 회색이 고르게 있고 가로줄이 덜 뚜렷하다. 또 앞날개가 더 넓은 것이 좁은뾰족날개나방과 구별된다.

좁은뾰족날개나방 날개편길이는 37~48mm, 4~8월에 보인다.

좁은뾰족날개나방의 크기를 짐작할 수 있다.

좁은뾰족날개나방 날개의 가로줄이 더 뚜렷하고 가락지 무늬가 더 커서 넓은뾰족날개나방과 구별된다.

홍백띠뾰족날개나방 날개편길이는 39~55mm, 4~8월에 보인다.

홍백띠뾰족날개나방의 크기를 짐작할 수 있다.

홍백띠뾰족날개나방 앞날개 앞쪽은 홍색을 띠고 뒤쪽은 흰색을 띠며 가운데에 독특한 흰색 무늬가 나타난다. 속날개는 흑회색이며 별다른 무늬가 없다.

홍백띠뾰족날개나방 옆모습

뱀머리뾰족날개나방 날개편길이는 32~42mm, 4~8월에 보인다. 앞날개에 겹가로줄이 발달해 있어 여느 뾰족나방들과 구별된다.

무늬뾰족날개나방 날개편길이는 32~41mm 5~9월에 보인다. 앞날개에 분홍빛을 띤 흰색의 크기가 비슷한 동그란 무늬가 4개 있다. 날개 시작 부분에 길쭉한 무늬가 하나 있다. 날개를 펴면 물방울무늬가 잔뜩 있는 것처럼 보인다.

무늬뾰족날개나방 물을 마시려고 물가에 내려앉았다. 뒷날개에는 별다른 무늬가 없다.

무늬뾰족날개나방 애벌레
어린 애벌레는 몸이 밋밋하다.

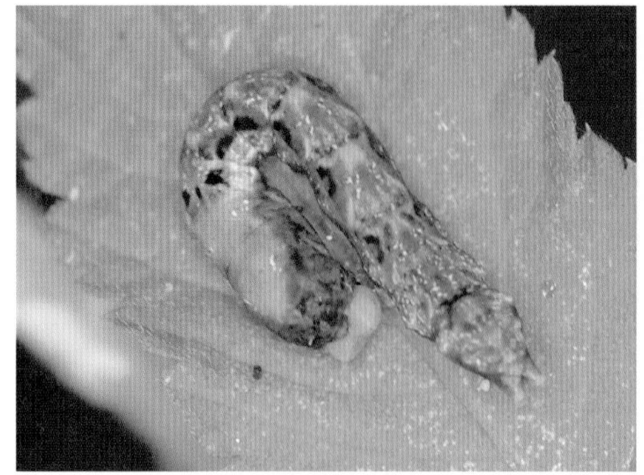

무늬뾰족날개나방 애벌레 자라면서 갈색과 노란색이 섞인 색으로 변한다.

무늬뾰족날개나방 애벌레 4령 애벌레다.

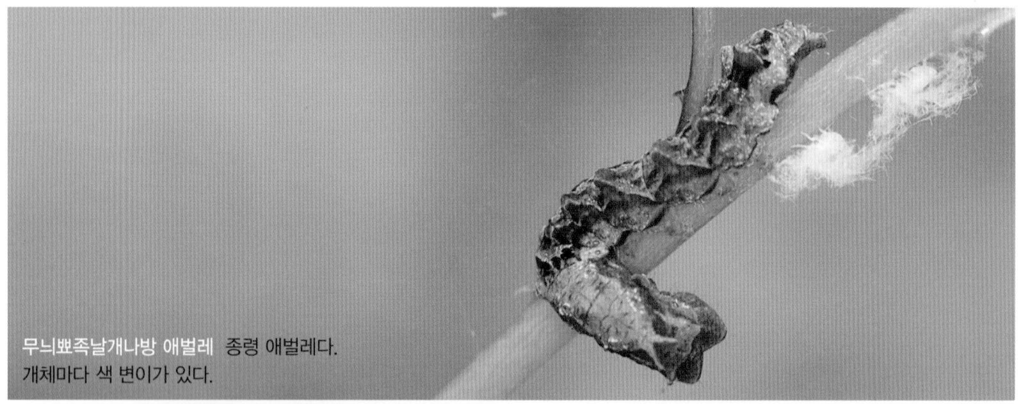

무늬뾰족날개나방 애벌레 종령 애벌레다.
개체마다 색 변이가 있다.

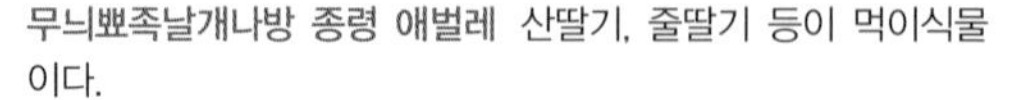

무늬뾰족날개나방 종령 애벌레 산딸기, 줄딸기 등이 먹이식물이다.

무늬뾰족날개나방 종령 애벌레 몸길이는 35mm, 6~8월에 보인다. 마디마다 튀어나온 무늬가 있어 전체적으로 울퉁불퉁해 보인다.

● 솔나방과(솔나방상과)

솔나방과 성충은 불빛에 자주 찾아드는 편입니다. 앉았을 때 앞날개가 배를 완전히 덮거나 일부분만 덮으며 머리는 거친 털로 덮여 있습니다. 홑눈은 없고 배가 짧고 뚱뚱한 편입니다. 우리나라에 23종 정도가 알려졌습니다.

보통 송충이라고 부르는 애벌레는 대부분 등쪽에 긴 털이 촘촘히 나 있습니다. 소나무를 비롯한 침엽수와 다양한 활엽수 잎을 먹는다고 알려졌습니다.

솔송나방 날개편길이는 61~89mm, 6~8월에 보인다.

솔송나방 몸은 부드러운 털로 덮여 있으며 앞날개 뒤쪽에 톱날 모양의 가로줄이 있고 가운데 부분에는 흰색 점무늬가 있다.

솔송나방 애벌레의 먹이식물은 소나무다.

사과나무나방, 솔송나방 둘 다 솔나방과의 나방이다.

섭나방 수컷 날개편길이는 56~92mm, 9~10월에 보인다.

섭나방 수컷 앞날개에 짙은 갈색 띠가 나타나며 가운데에 흰색 무늬가 뚜렷하다.

섭나방 애벌레 참나무류가 먹이식물이라고 한다.

섭나방 수컷 더듬이가 빗살 모양이다.

섭나방 애벌레 몸길이는 90mm, 5~9월에 보인다.

대나방 날개편길이는 43~69mm, 5~9월에 보인다. 앞날개 가운데에 은백색 무늬 2개가 선명하다.

대나방 개체마다 색깔 차이가 있다. 앞날개 뒤쪽에 톱니무늬 가로줄이 뚜렷하고 그 앞에 곧은 가로줄이 있다.

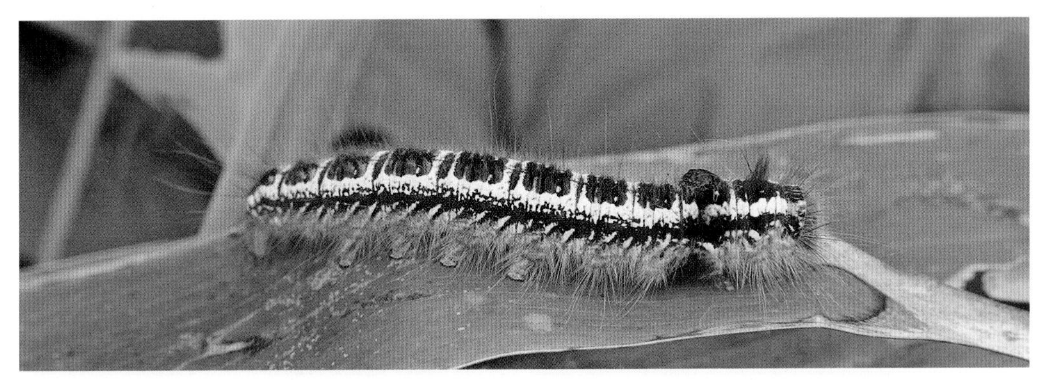

대나방 애벌레 몸길이는 70mm 정도로 몸 양쪽에 짧은 갈색 털이 많이 나 있다. 갈대와 조릿대 등이 먹이식물이다.

별나방 날개편길이는 43~70mm, 7~9월에 보인다.

별나방 앞날개는 나뭇잎 모양이며 노란색 부분이 넓게 나타나 대나방과 구별된다.

버들나방 날개편길이는 수컷 42~54mm, 암컷 81mm 내외다. 5~9월에 보인다.

버들나방 전체적으로 나뭇잎처럼 생겼다.

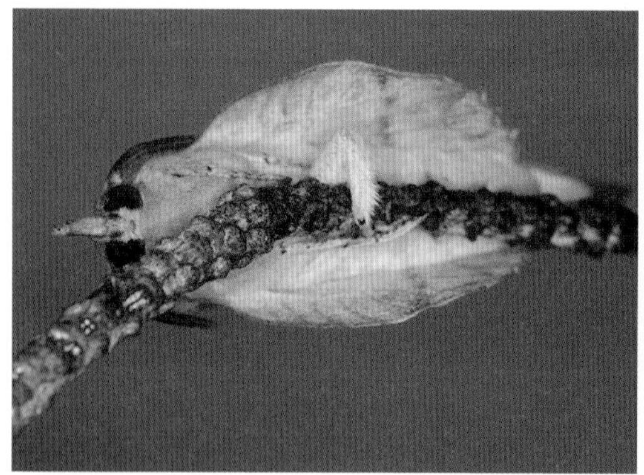

버들나방 아랫면 온몸에 부드러운 갈색 털이 덮여 있다.

버들나방 낮에도 종종 보인다.

버들나방 밤에 불빛에 잘 찾아든다.

버들나방 개체마다 색깔 차이가 있으며 날개 전체에 검은색 얼룩 점무늬가 흩어져 있다. 앞날개 가장자리는 물결 모양이다.

배버들나방 날개편길이는 수컷 42~55mm, 암컷 72mm 내외다. 5~9월에 나타난다.

배버들나방 날개는 적갈색을 띠며 가장자리가 톱니 모양이다. 애벌레가 배나무, 사과나무, 버드나무 등을 먹는다.

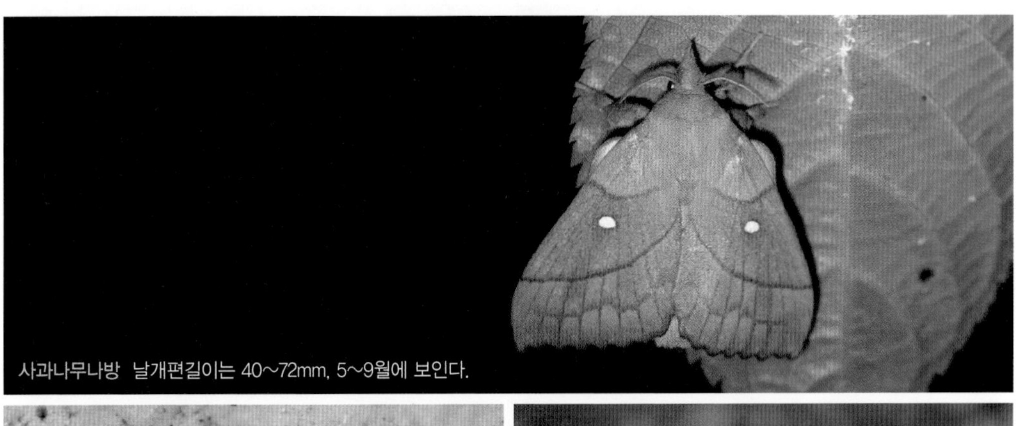

사과나무나방 날개편길이는 40~72mm, 5~9월에 보인다.

사과나무나방 앞날개에 선명한 가로줄이 2줄 있고, 가운데에 흰색 점이 한 쌍 있다. 가슴에 털 뭉치가 솟아 있으며 각 다리에도 털이 북슬북슬하다.

사과나무나방 수컷의 더듬이와 다리

대만나방 수컷 날개편길이는 60~112mm, 6~9월에 보인다.

대만나방 날개 가운데에 커다란 흑갈색 무늬가 독특하다. 그 옆에 동그란 점무늬도 있다.

대만나방 암컷

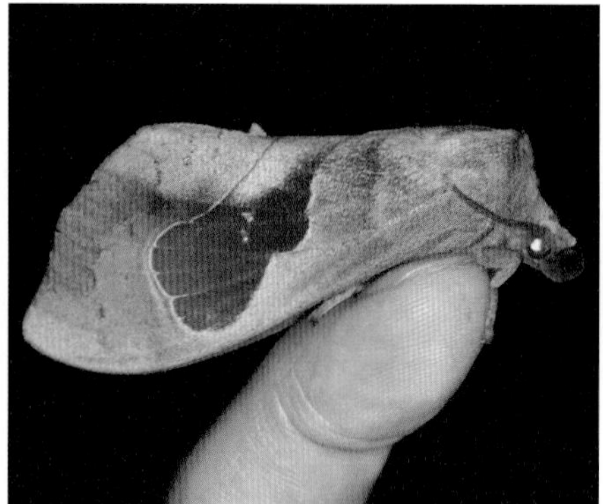

대만나방의 크기를 짐작할 수 있다.

대만나방 날개를 완전히 펼치면 전혀 다른 나방처럼 보인다.

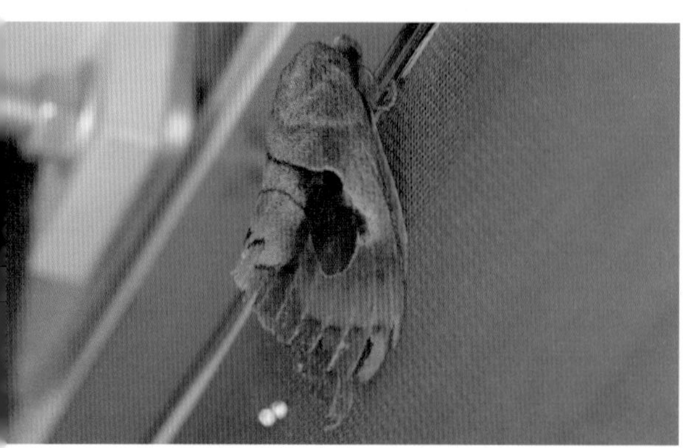

대만나방 알을 낳고 있다.

대만나방 알

대만나방 애벌레 은행나무를 먹는다고 알려졌지만 층층나무 등 여러 나무를 먹는 것 같다. 층층나무 잎을 먹고 있다.

대만나방 애벌레의 크기를 짐작할 수 있다. 모두 9령의 애벌레 시기를 거친다고 한다.

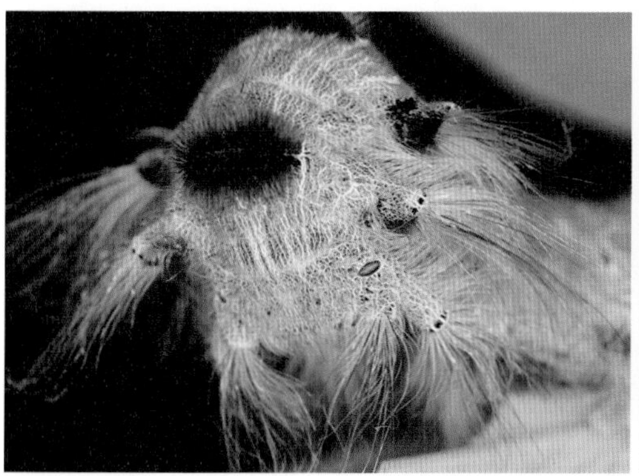

대만나방 애벌레의 방어 행동

대만나방 애벌레 솔나방과답게 몸에 털이 많다. 화려하다.

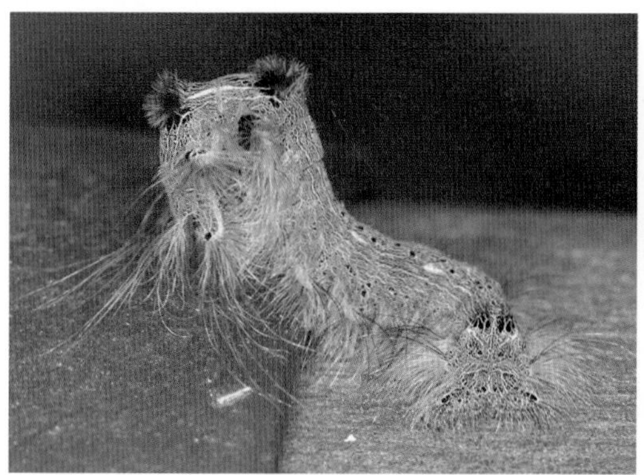

대만나방 애벌레 자극을 받으면 몸을 말고 곧추세운다.

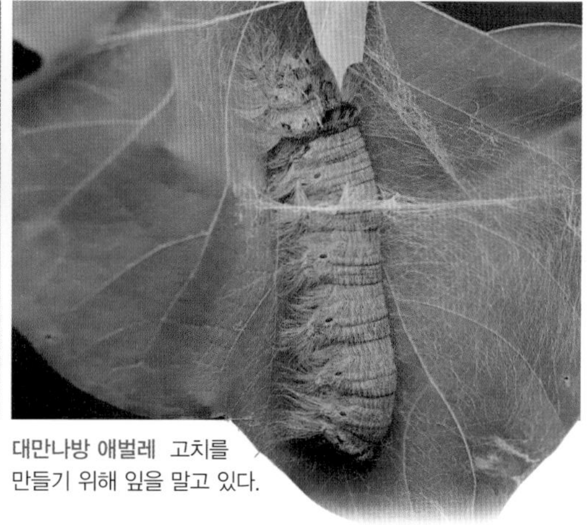

대만나방 애벌레 고치를 만들기 위해 잎을 말고 있다.

● 왕물결나방과(누에나방상과)

우리나라에는 왕물결나방, 산왕물결나방 2종만이 있습니다. 성충은 불빛에 종종 찾아오며 날개편길이가 약 130밀리미터인 대형 나방입니다. 성충의 머리는 매끈한 편이며 홑눈은 없습니다. 날개가 두껍고 배는 뚱뚱한 편입니다. 애벌레의 먹이식물은 쥐똥나무, 물푸레나무로 알려졌습니다.

왕물결나방

왕물결나방 날개는 두껍고 몸은 뚱뚱한 편이다. 몸은 전체적으로 흑회색이지만 몸통 가운데에 노란색 띠가 있다.

왕물결나방 빨대 주둥이가 있지만 기능은 하지 못한다고 한다.

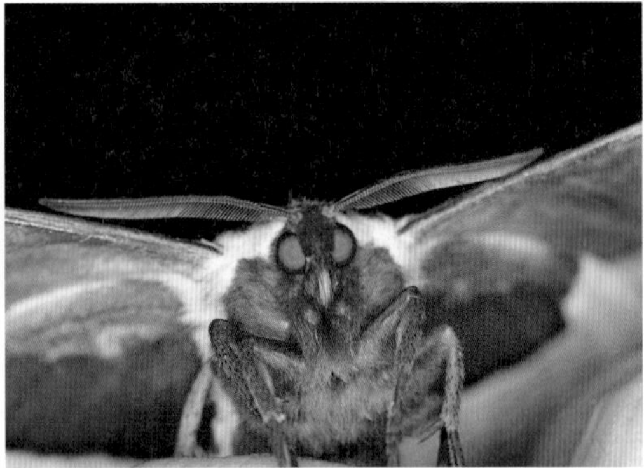

왕물결나방 얼굴

왕물결나방 날개편길이는 115~131mm, 5~8월에 보인다. 앞날개 뒤쪽에 검은색 가로줄이 겹겹이 물결무늬를 이룬다. 밤에 불빛에 잘 찾아든다. 애벌레가 쥐똥나무 등을 먹어 쥐똥나방이라고도 한다.

넓적사슴벌레와 같이 있는 왕물결나방 밤에 수액에도 모인다.

왕물결나방의 크기를 짐작할 수 있다. 밤에 자주 보이는 친근한 나방이다.

왕물결나방 한여름에 등화 관찰을 하면 여러 마리가 같이 오기도 한다.

왕물결나방 중령 애벌레 쥐똥나무, 물푸레나무 등을 먹는다. 번데기를 만들기 전에 몸에 있는 뿔 같은 돌기들을 다 떼어낸다.

왕물결나방 종령 애벌레 몸길이는 100mm, 5~8월에 보인다. 뿔 돌기를 다 떼어낸 모습이다.

왕물결나방 종령 애벌레 자극을 받으면 몸을 구부리고 앞가슴에 있는 눈알 무늬를 드러낸다.

왕물결나방 종령 애벌레 눈알 무늬가 보인다.

왕물결나방 종령 애벌레 다른 각도에서 본 눈알 무늬로, 상당히 위협적이다.

왕물결나방 종령 애벌레 배 아랫면은 검은색이며 배다리도 검은색이다. 매우 튼튼해 보인다.

왕물결나방 종령 애벌레의 크기를 짐작할 수 있다.

● 반달누에나방과(누에나방상과)

우리나라에는 반달누에나방 1종만이 알려져 있으며 성충은 앉았을 때 앞날개가 배를 거의 덮지 않습니다. 머리는 거친 털로 덮여 있으며 홑눈은 없습니다. 나방 중에서 보통 크기이며 배는 짧고 뚱뚱합니다.

애벌레는 배 윗면 마디마디에 긴 돌기가 여러 개 나 있으며 병꽃나무가 먹이식물입니다.

반달누에나방 날개편길이는 40~55mm, 4~6월에 보인다. 앞날개 가운데에 검은색 반달무늬와 점무늬가 있다. 날개 안쪽으로 커다란 갈색 얼룩무늬가 나타난다.

반달누에나방 어린 애벌레의 크기를 짐작할 수 있다. 병꽃나무가 먹이식물이다.

반달누에나방 중령 애벌레 몸에 붉은색이 보이기 시작한다.

반달누에나방 중령 애벌레 붉은색 개체와 노란색 개체가 있다.

반달누에나방 종령 애벌레 몸길이는 50~60mm, 5~6월에 보인다.

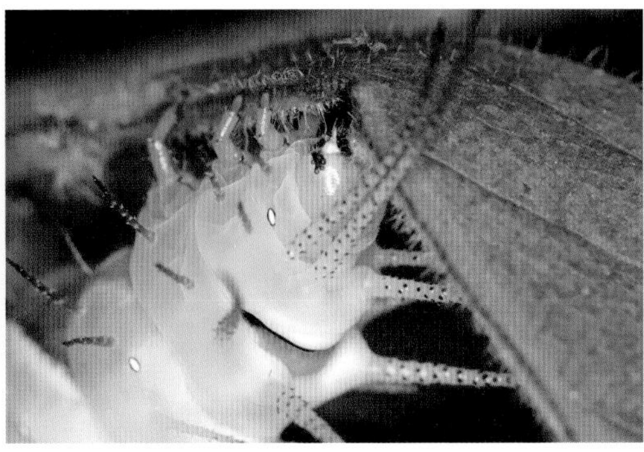

반달누에나방 종령 애벌레 가운데가슴과 뒷가슴 사이에 붉은색 띠무늬가 나타난다. 경고색이다.

반달누에나방 고치

반달누에나방이 막 고치에서 나오고 있다.

반달누에나방 날개돋이 직후의 모습이다.

• 누에나방과(누에나방상과)

멧누에나방 등 우리나라에 6종만이 알려진 나방 무리로 성충은 앉아 있을 때 앞날개가 배를 덮지 않거나 일부분만 덮습니다. 머리는 거친 털로 덮여 있으며 더듬이는 암수 모두 빗살 모양입니다. 홑눈은 없으며 배는 짧고 뚱뚱합니다.

애벌레는 뽕나무 등 먹이식물의 잎 사이에 촘촘한 번데기 방을 만들어 번데기가 됩니다.

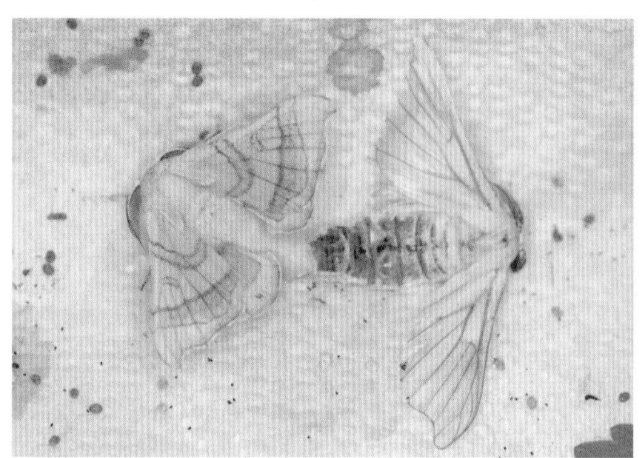

누에나방 날개편길이는 38~50mm다. 5~6월, 10~11월에 보인다.

누에나방 자연 상태에서는 보기 어렵고 대부분 사육종이다.

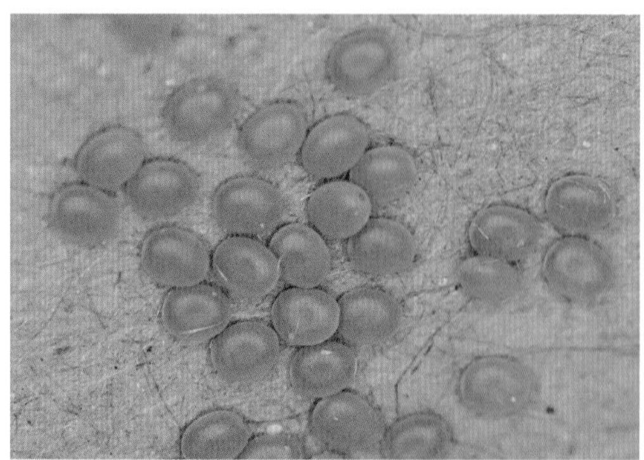

누에나방 알

누에나방 애벌레 배 끝에 꼬리돌기가 있다(동그라미 친 부분).

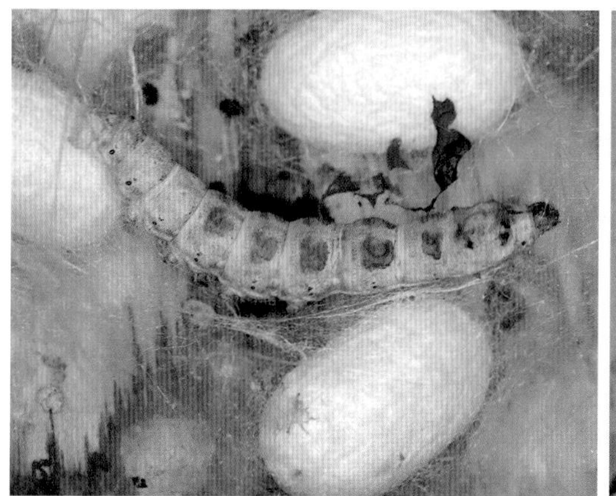
누에나방 애벌레와 고치

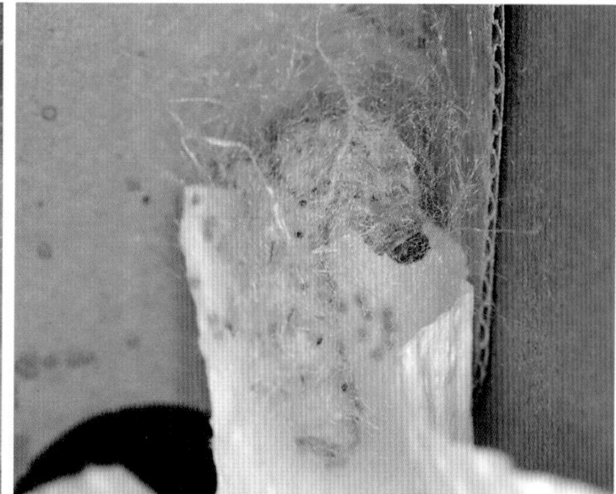
누에나방 애벌레가 고치를 만들고 있다.

누에나방 고치 요즘은 인위적으로 색깔 있는 고치를 만들기도 한다.

멧누에나방 날개편길이는 34~50mm, 5~11월에 보인다. 앞날개에 넓은 가로띠가 나타나며 날개 끝부분 바깥쪽에 커다란 흑갈색 무늬가 있다.

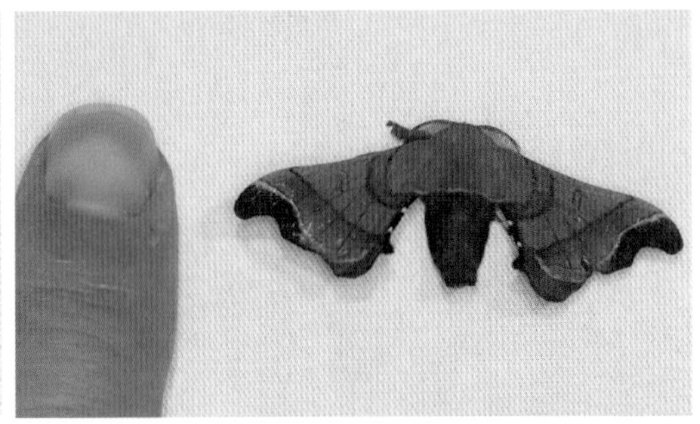

멧누에나방의 크기를 짐작할 수 있다.

멧누에나방 알

멧누에나방 애벌레가 허물을 벗고 있다.

멧누에나방 애벌레 가슴 윗면에 커다란 혹 같은 돌기가 있고 배 끝에 작은 꼬리 모양의 돌기가 있다. 먹이식물은 뽕나무다.

멧누에나방 애벌레 작은 머리가 보인다.

앞에서 본 멧누에나방 애벌레

멧누에나방 고치의
크기를 짐작할 수 있다.

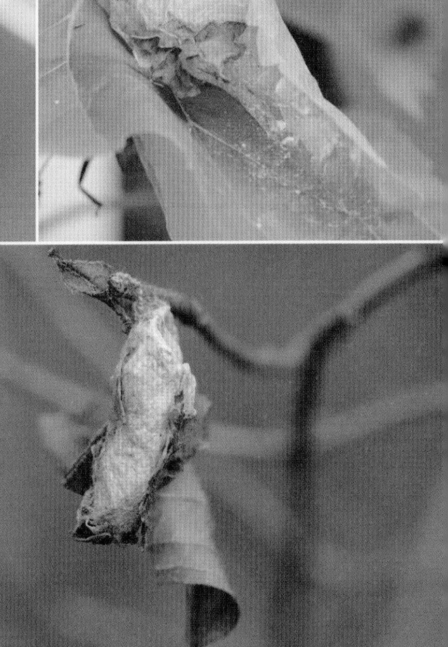

멧누에나방 고치

물결멧누에나방 날개편길이는 38~51mm, 4~8월에 보인다. 앞날개에 거친 톱니무늬 가로줄이 나타나며 날개 끝이 갈고리나방처럼 안쪽으로 휘었다.

물결멧누에나방의 크기를 짐작할 수 있다.

물결멧누에나방 배가 짧고 뚱뚱한 편이다.

물결멧누에나방 밤에 불빛에도 잘 찾아든다.

왕누에나방 날개편길이는 35~36mm, 8~11월에 보인다. 노란색 앞날개에 검은색 가로줄 2줄 사이에 검은색 점이 하나 있다.

● 산누에나방과(누에나방상과)

우리나라에는 유리산누에나방 등 13종이 알려져 있으며 대부분 대형종입니다. 성충은 앉았을 때 앞날개가 배 일부분만 덮으며 머리는 거친 털로 덮여 있습니다. 홑눈은 없으며 배는 짧고 뚱뚱한 편입니다.

애벌레는 다양한 활엽수의 잎을 먹으며 독특한 모양으로 고치를 만듭니다. 누에나방과 달리 날개 가시가 없습니다.

네눈박이산누에나방 날개편길이는 55~75mm, 4~6월에 보인다. 앞뒤 날개에 푸른빛을 띤 커다란 눈알 무늬가 4개 있다. 날개 가장자리는 검은색 띠로 이루어져 있다.

네눈박이산누에나방 암수 암컷이 조금 더 크다.

옥색긴꼬리산누에나방 날개편길이는 70~100mm, 5~8월에 보인다. 뒷날개 가운데에 있는 동그란 눈알 무늬가 크고 테두리가 뚜렷한 점이 긴꼬리산누에나방과 다르다.

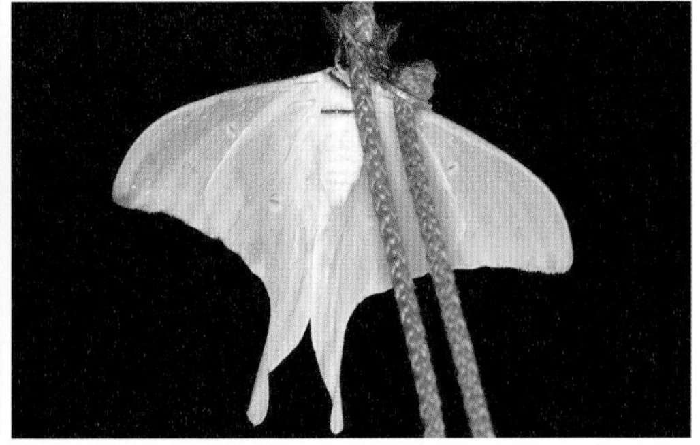

옥색긴꼬리산누에나방 아랫면 뒷날개에 있는 동그란 눈알 무늬가 선명하다.

옥색긴꼬리산누에나방의 크기를 짐작할 수 있다.

옥색긴꼬리산누에나방 얼굴

날개돋이 직후의 옥색긴꼬리산누에나방

옥색긴꼬리산누에나방 애벌레 원 안에 있는 돌기의 가로띠가 검은색이다. 붉은색이면 긴꼬리산누에나방 애벌레다.

긴꼬리산누에나방 날개편길이는 수컷 93~101mm, 암컷 112mm 내외다. 4~8월에 보인다. 뒷날개 가운데에 있는 동그란 무늬가 옆으로 길쭉한 것이 옥색긴꼬리산누에나방과 다르다.

긴꼬리산누에나방과 쥐박각시가 불빛에 찾아들었다.

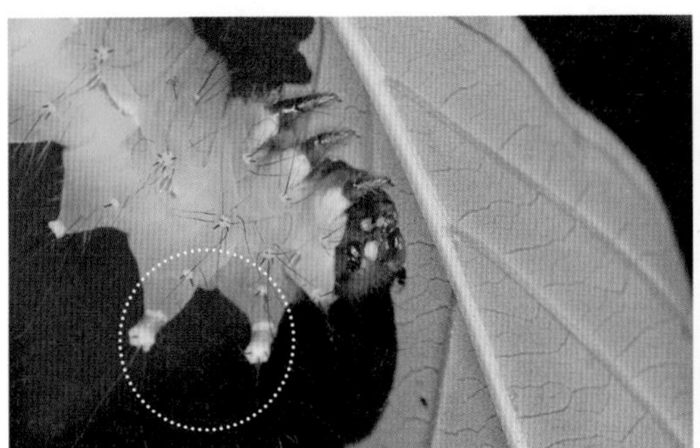

긴꼬리산누에나방 애벌레 원 안에 있는 돌기의 가로띠가 붉은색이라 옥색긴꼬리산누에나방 애벌레와 구별된다.

긴꼬리산누에나방 종령 애벌레의 크기를 짐작할 수 있다. 몸길이는 90mm 정도다. 8월에 주로 보인다.

긴꼬리산누에나방 종령 애벌레 다양한 활엽수의 잎을 먹는다.

참나무산누에나방 수컷 날개편길이는 112~145mm, 7~9월에 보인다. 앞뒤 날개에 가로띠가 선명하며 각 날개 가운데에 눈알 무늬가 뚜렷하다.

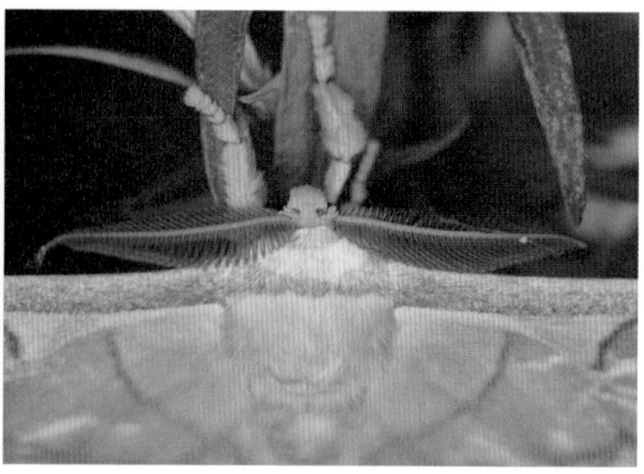

참나무산누에나방 수컷 더듬이가 깃털 모양이다.

참나무산누에나방 암컷

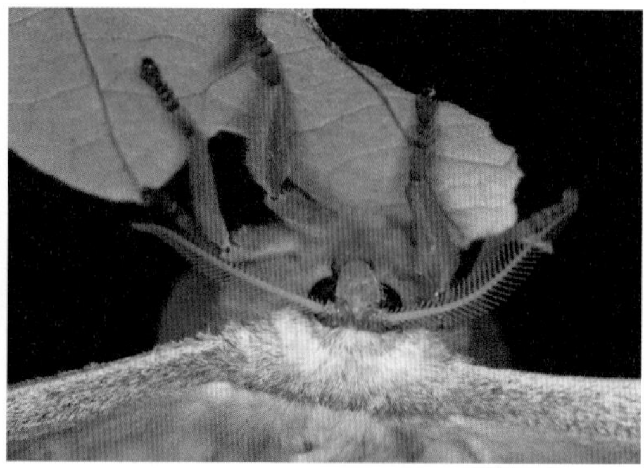

참나무산누에나방 암컷 더듬이가 빗살 모양이다.

참나무산누에나방의 크기를 짐작할 수 있다.

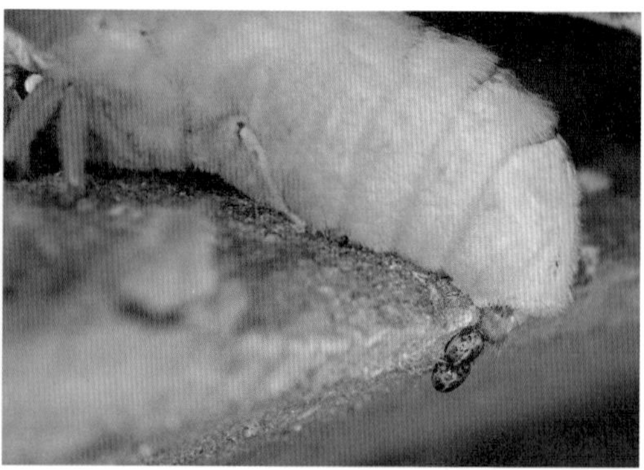

알을 낳고 있는 참나무산누에나방

참나무산누에나방 알

참나무산누에나방 애벌레는 참나무류의 잎을 먹는다. 몸길이는 100~110mm다.

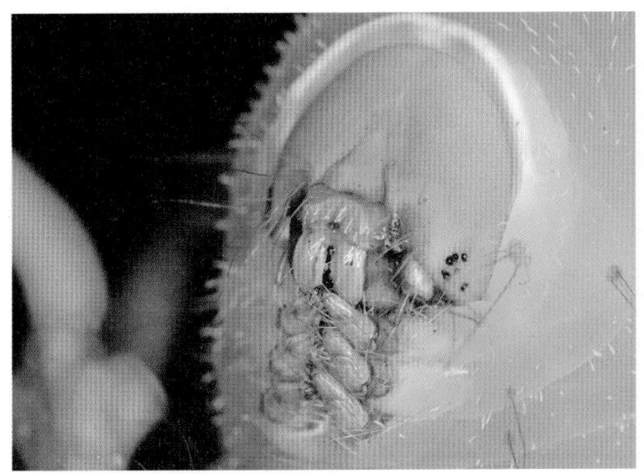

참나무산누에나방 애벌레 얼굴

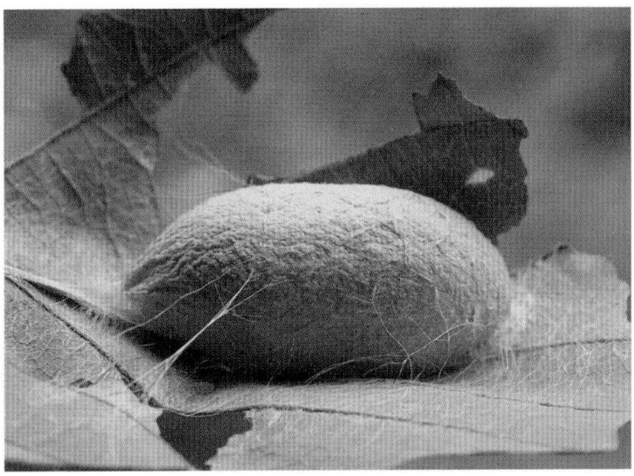

참나무산누에나방 고치

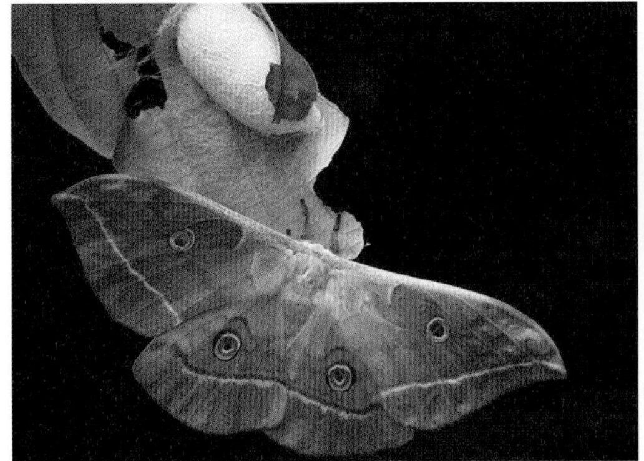

막 날개돋이를 한 참나무산누에나방

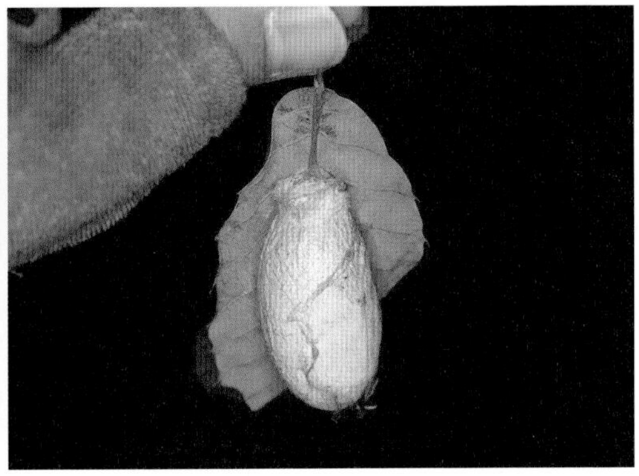

참나무산누에나방 빈 고치 시간이 지나면 색이 변한다.

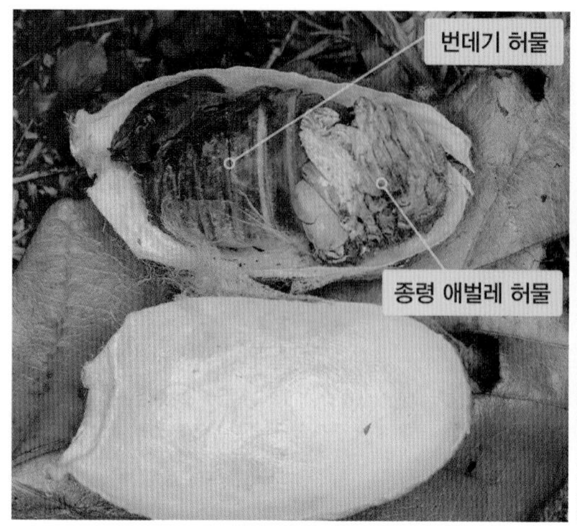

참나무산누에나방 빈 고치의 내부

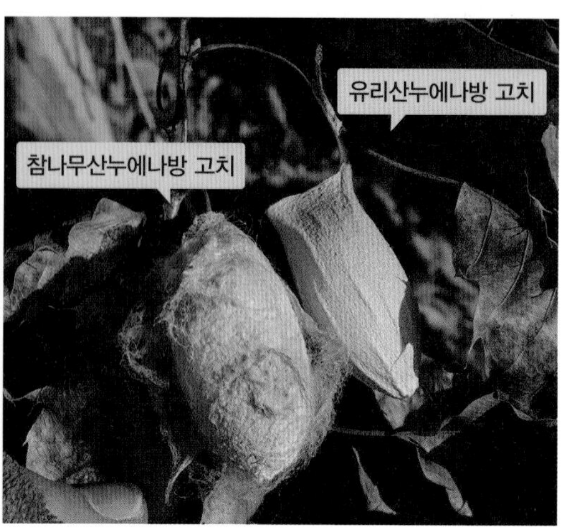

참나무산누에나방과 유리산누에나방 고치 비교

작은산누에나방 날개편길이는 75~80mm, 8~10월에 보인다. 앞뒤 날개에 눈알 무늬가 4개 있으며 각 날개 아랫부분에 짙은 갈색의 넓은 띠무늬가 있다.

밤나무산누에나방 날개편길이는 74~124mm, 8~11월에 보인다.

밤나무산누에나방 뒷날개 가운데에 검은색의 큰 눈알 무늬가 있다.

밤나무산누에나방 수컷 수컷의 더듬이는 깃털 모양, 암컷의 더듬이는 빗살 모양이다.

밤나무산누에나방의 크기를 짐작할 수 있다.

밤나무산누에나방 알

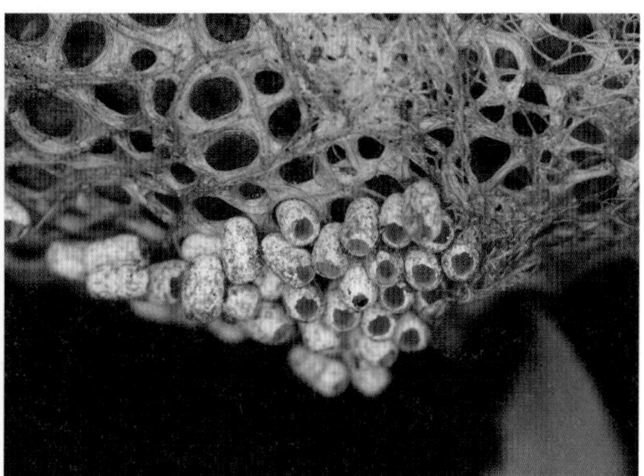

자신의 고치에 낳은 밤나무산누에나방 알

밤나무산누에나방 알

밤나무산누에나방 알의 크기를 짐작할 수 있다.

밤나무산누에나방 어린 애벌레 여러 마리가 모여서 밤나무 잎을 먹는다.

밤나무산누에나방 4령 애벌레

밤나무산누에나방 종령 애벌레 몸길이는 100~120mm다. 몸이 연두색으로 변하고 숨문선 위에 하늘색 무늬가 나타난다. 날개돋이는 9~11월에 이루어진다.

밤나무산누에나방 고치

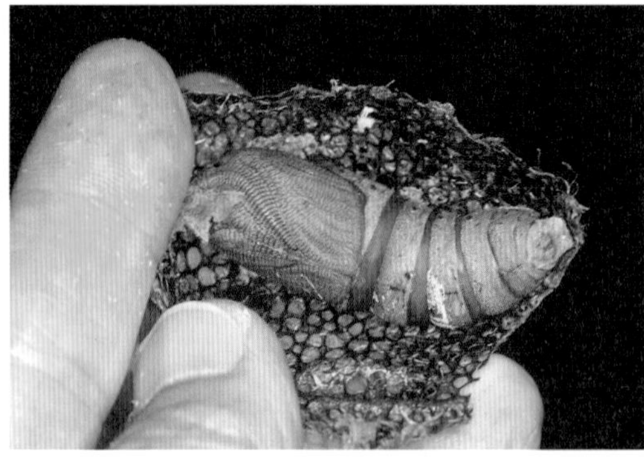

고치 속에 들어 있는 밤나무산누에나방 번데기

유리산누에나방 날개편길이는 75~93mm, 7~11월에 보인다.

유리산누에나방의 크기를 짐작할 수 있다. 앞뒤 날개 가운데에 투명한 유리창 모양의 둥근 무늬가 4개 있다.

유리산누에나방 날개 아랫면 투명한 유리창 모양의 둥근 무늬가 선명하다. 마치 뚫린 것처럼 보이지만 투명한 막으로 막혀 있다.

알을 낳고 있는 유리산누에나방 암컷

유리산누에나방 알

유리산누에나방 알 고치 겉에 알을 낳기도 한다.

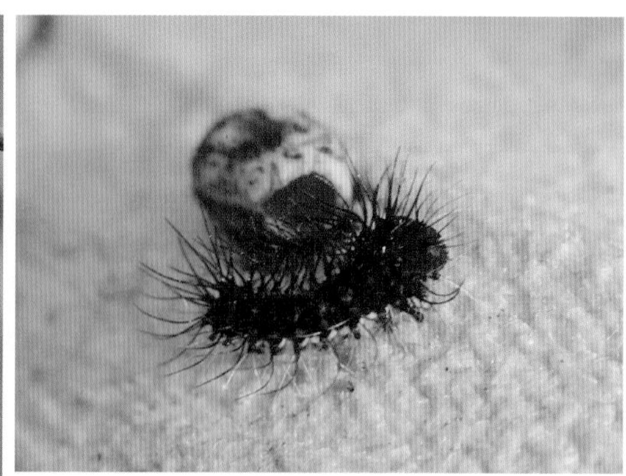

알에서 나온 지 얼마 안 된 유리산누에나방 애벌레

유리산누에나방 1령 애벌레의 크기를 짐작할 수 있다.

유리산누에나방 2령 애벌레

유리산누에나방 4령 애벌레

유리산누에나방 종령 애벌레 몸길이는 50~70mm다. 참나무류, 느티나무, 물푸레나무, 벚나무, 호랑버들의 잎을 먹으며 중간에 먹이를 바꾸지 않는다.

유리산누에나방 고치

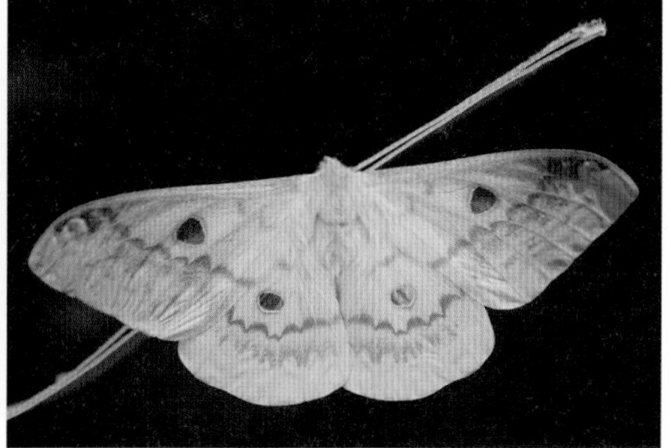

날개돋이 직후의 유리산누에나방

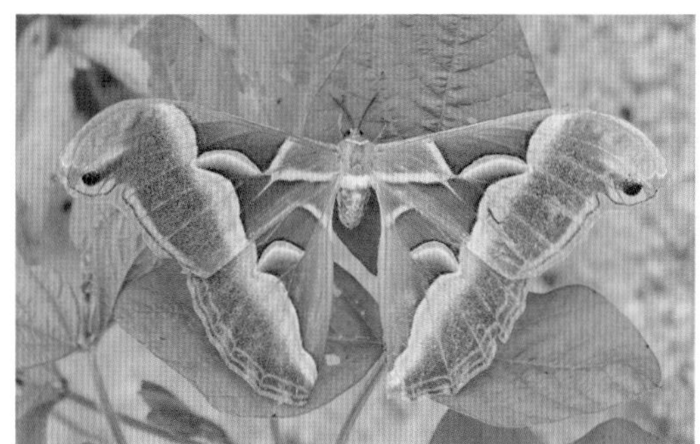

가중나무고치나방 날개편길이는 104~120mm, 5~9월에 보인다.

가중나무고치나방 앞날개 끝이 둥글게 안으로 굽었으며 그곳에 검은색 눈알 무늬가 있다. 앞뒤 날개에는 흰색과 황갈색의 독특한 겹줄 무늬가 모두 4개 나타난다.

가중나무고치나방 얼굴

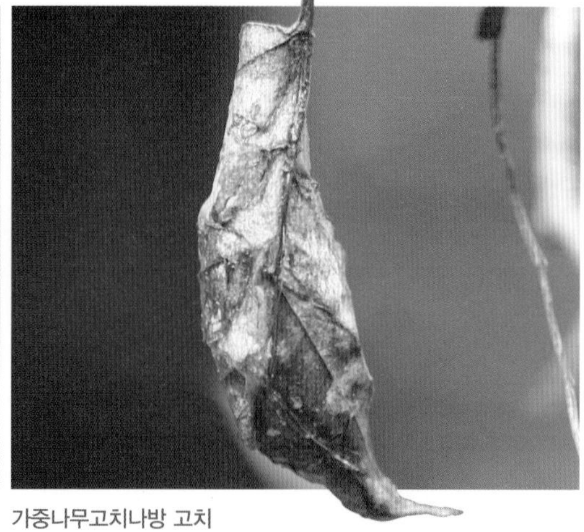

가중나무고치나방 고치

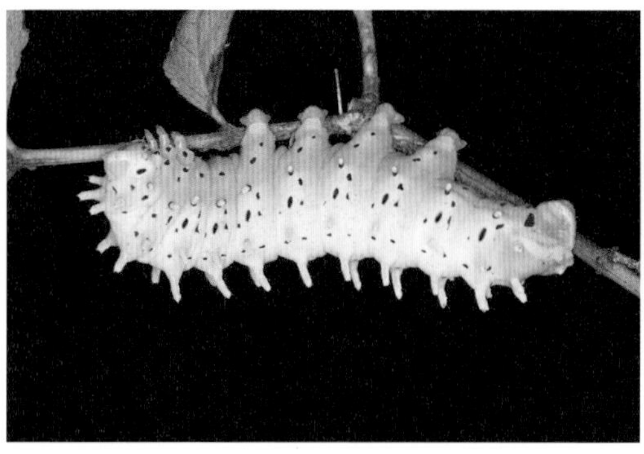

가중나무고치나방 애벌레 소태나무, 대추나무 등 다양한 나무의 잎을 먹는다.

가중나무고치나방 애벌레의 크기를 짐작할 수 있다.

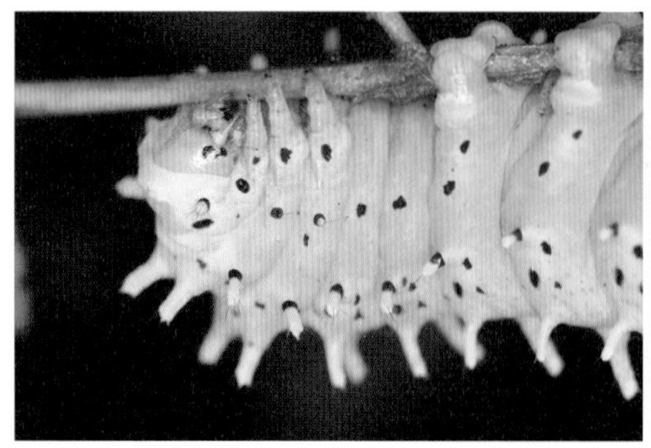

가중나무고치나방 애벌레 얼굴

가중나무고치나방 애벌레 다리

● 박각시나방과(누에나방상과)

우리나라에는 58종 이상이 알려진 나방 무리로 낮에 활동하는 몇몇 종을 제외하고 대부분 밤에 활동하며 불빛에도 잘 찾아옵니다. 성충은 앉았을 때 앞날개가 배를 덮거나 일부분만 덮으며 머리는 매끈한 편입니다. 홑눈은 없고, 배는 뚱뚱하고 긴 편이며 가운데가 굵고 양쪽으로 갈수록 가늘어지는 방추형이 대부분입니다.

애벌레는 다양한 활엽수의 잎을 먹으며 대부분 배 끝에 큰 가시 모양의 돌기가 있습니다. 하지만 털보꼬리박각시 애벌레처럼 가시 모양의 돌기 대신 돌출된 뱀눈 같은 돌기가 있는 종도 있습니다.

꼬리돌기는 무늬나 색이 다양하고 배 옆면에도 독특한 무늬와 색이 나타나는 종이 많습니다. 그리고 몇 종을 빼고는 대부분 어른 손가락 정도인 대형종이 많습니다.

큰쥐박각시 애벌레 대부분의 박각시 애벌레들은 배 끝에 가시 같은 커다란 돌기가 있다.

줄홍색박각시 애벌레 배 옆면에 흰색과 자주색의 겹줄로 된 사선 무늬가 독특하다.

줄홍색박각시 애벌레 꼬리돌기 끝은 검은색이며 그 아래는 검은색 테가 있는 노란색이다.

줄홍색박각시 애벌레 어른 손가락 정도인 대형종이다.

털보꼬리박각시 어린 애벌레

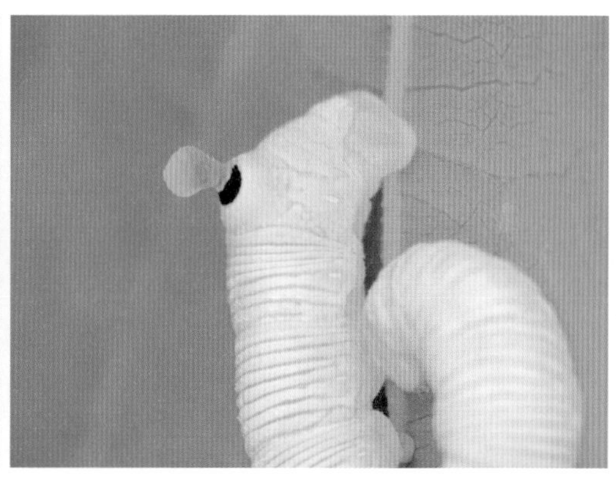

털보꼬리박각시 어린 애벌레 배 끝에 있는 돌기

털보꼬리박각시 종령 애벌레

털보꼬리박각시 종령 애벌레의 크기를 짐작할 수 있다.

털보꼬리박각시 종령 애벌레 여느 박각시류의 애벌레와 달리 배 끝에 빨간색 뱀눈 같은 돌기가 있다.

털보꼬리박각시 종령 애벌레의 배 끝에 있는 돌기

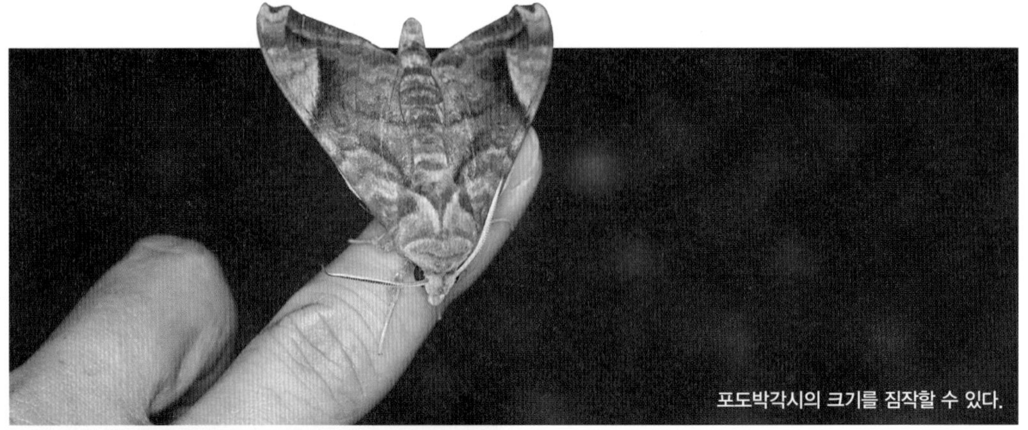
포도박각시의 크기를 짐작할 수 있다.

포도박각시 얼굴 머리는 삼각형이며, 겹눈은 검은색이다. 더듬이의 가장자리는 흰색을 띤다.

포도박각시 날개편길이는 84~96mm, 4~8월에 보인다. 암갈색의 날개에 복잡한 무늬가 흩어져 있다. 앞날개 끝에는 톱니 모양의 돌기가 있다. 애벌레 먹이식물은 포도과 식물이다.

머루박각시 날개편길이는 84~97mm, 5~8월에 보인다.

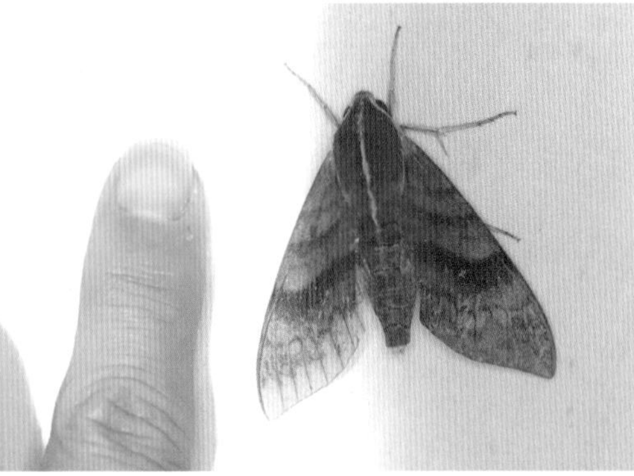
머루박각시의 크기를 짐작할 수 있다.

머루박각시 머리 끝에서 배 끝까지 가운데에 황백색 줄무늬가 나타난다.

머루박각시 애벌레 머루나 왕머루가 먹이식물이다.

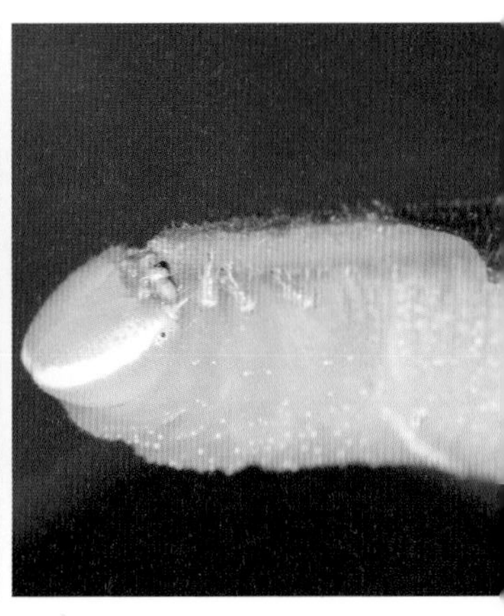

머루박각시 애벌레 얼굴

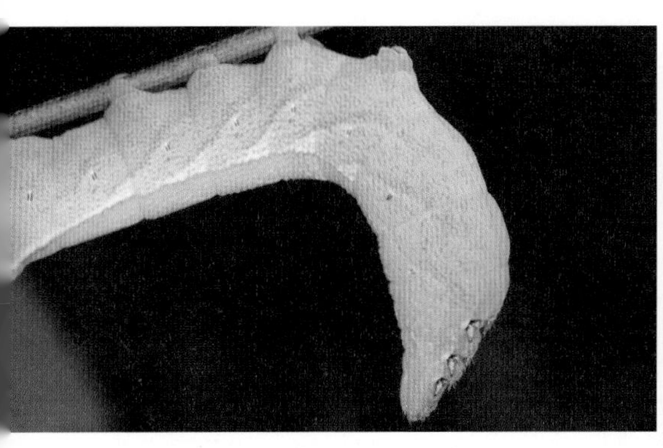

머루박각시 애벌레 자극을 받으면 머리를 치켜든다.

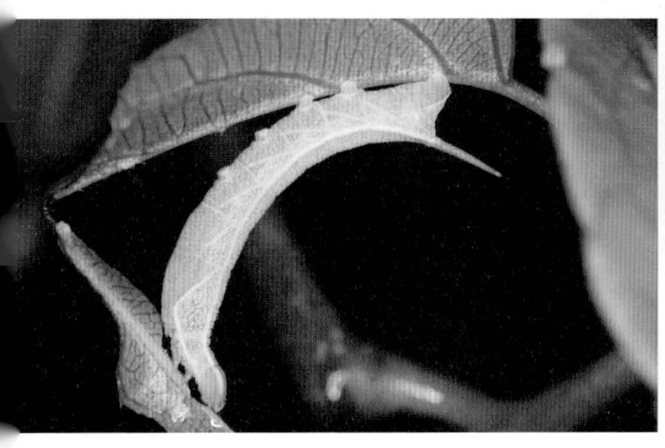

머루박각시 어린 애벌레

머루박각시 애벌레(갈색형)

주홍박각시 날개편길이는 55~65mm, 5~9월에 보인다. 더듬이는 분홍색이며 앞날개와 가슴에 분홍색 세로줄 무늬가 있다.

주홍박각시의 크기를 짐작할 수 있다.

산란 중인 주홍박각시

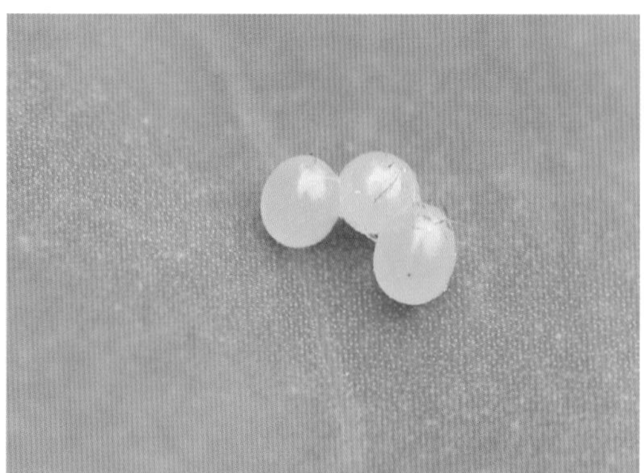

주홍박각시 알

주홍박각시 애벌레 몸길이는 80mm 정도, 중령 애벌레는 녹색이지만 종령이 되면 회갈색이 된다.

주홍박각시 애벌레 달맞이꽃, 부처꽃, 봉숭아 등이 먹이식물이며 땅속에 들어가 번데기로 월동한다.

주홍박각시 종령 애벌레 번데기 만들 자리를 찾기 위해 바닥을 기어가고 있다. 10월 8일에 관찰한 모습이다.

검정황나꼬리박각시 날개편길이는 42~63mm, 5~11월에 보인다.

검정황나꼬리박각시 배 중간에 독특한 검은색 띠무늬가 나타나며 투명한 앞뒤 날개는 흑갈색의 띠가 둘러져 있다.

검정황나꼬리박각시 성충이 낮에 활동하는 박각시로 주로 꽃에서 꿀을 빠는 모습이 보인다.

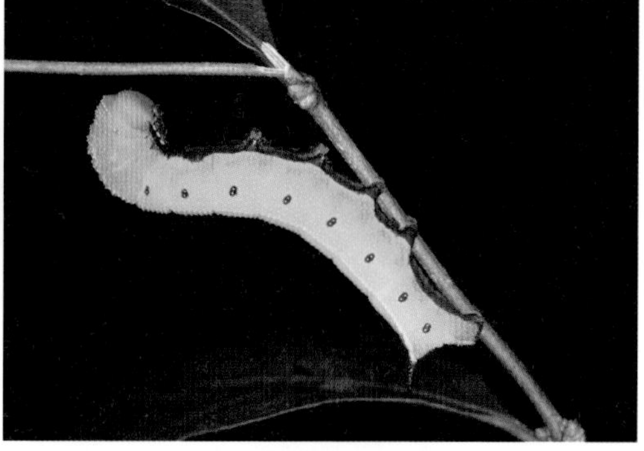

검정황나꼬리박각시 배 아랫면이 흑갈색이라 다른 종과 구별이 쉽다. 인동덩굴, 마타리 등이 먹이식물이다.

작은검은꼬리박각시 날개편길이는 40~45mm, 7~10월에 보인다.

작은검은꼬리박각시 머리와 가슴은 황록색이며 배 끝부분이 검은색이다. 검은색 사이에 흰색 점무늬가 나타난다. 앞날개는 황갈색이며 검은색 가로띠 두 줄이 선명하다.

작은검은꼬리박각시 주로 낮에 활동하는 박각시로 먹이 활동을 하지 않을 때에는 주둥이를 돌돌 만다.

작은검은꼬리박각시 정지비행을 한 상태에서 주둥이를 펴고 꿀을 빨아 먹는다.

작은검은꼬리박각시 우리 주변의 꽃밭 등지에서 자주 보이는 친근한 나방이다.

작은검은꼬리박각시가 꽃범의꼬리에서 꿀을 먹기 위해 날아든다. 돌돌 말린 주둥이가 보인다.

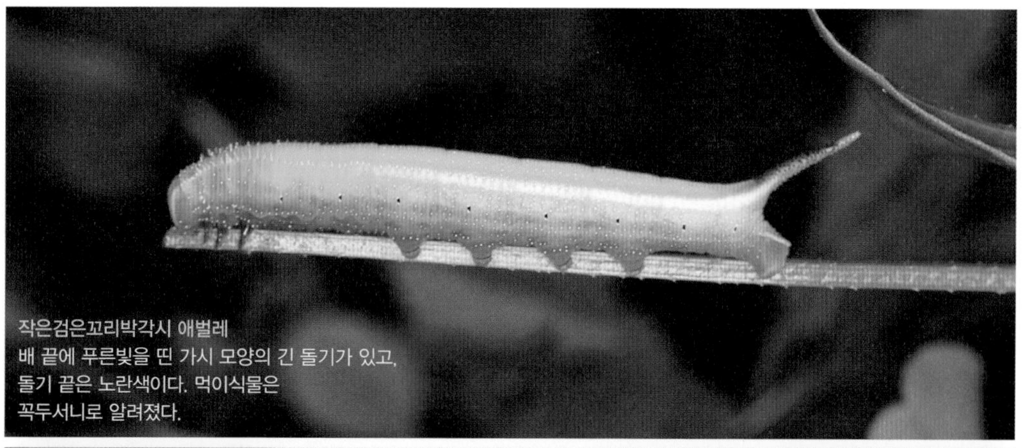

작은검은꼬리박각시 애벌레
배 끝에 푸른빛을 띤 가시 모양의 긴 돌기가 있고,
돌기 끝은 노란색이다. 먹이식물은
꼭두서니로 알려졌다.

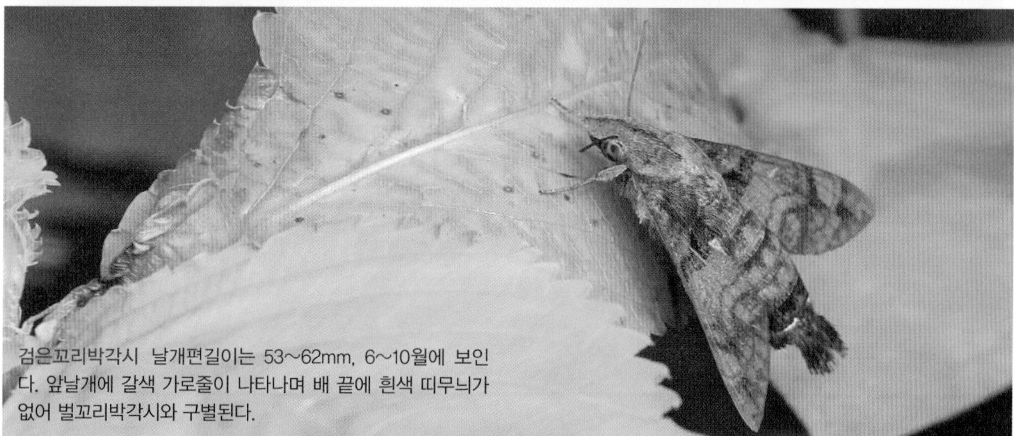

검은꼬리박각시 날개편길이는 53~62mm, 6~10월에 보인다. 앞날개에 갈색 가로줄이 나타나며 배 끝에 흰색 띠무늬가 없어 벌꼬리박각시와 구별된다.

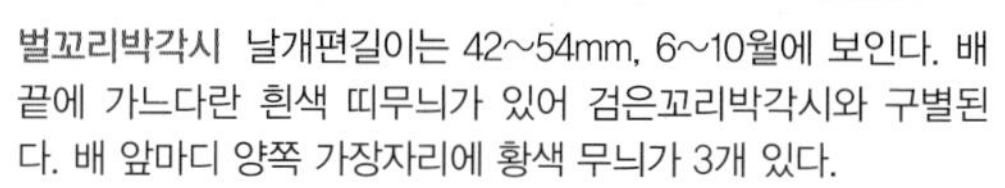

벌꼬리박각시 날개편길이는 42~54mm, 6~10월에 보인다. 배 끝에 가느다란 흰색 띠무늬가 있어 검은꼬리박각시와 구별된다. 배 앞마디 양쪽 가장자리에 황색 무늬가 3개 있다.

벌꼬리박각시 주로 낮에 활동하며 정지비행을 하면서 꿀을 빨아 먹는다. 긴 주둥이가 특징이다.

꼬리박각시 날개편길이는 48~56mm, 4~10월에 보인다. 앞날개에 가느다란 가로띠가 두 줄 있고, 그 사이에 검은색 점무늬가 있다.

꼬리박각시 뒷날개는 주황색이다.

꼬리박각시 낮에 활동하며 정지비행을 하면서 꿀을 빨아 먹는 모습이 종종 보인다.

꼬리박각시 아랫면 배 아랫면에 크고 작은 흰색 점무늬가 나타나 다른 꼬리박각시류와 구별된다.

황나꼬리박각시 날개편길이는 40mm 내외다. 머리와 가슴이 가느다란 황색 털로 덮여 있다. 앞뒤 날개는 투명하며 붉은빛을 띤 갈색 테두리가 둘러져 있어 검정황나꼬리박각시와 구별된다.

진도벌꼬리박각시(추정) 날개편길이는 55~65mm, 7~10월에 보인다. 참고용으로 싣는다.

진도벌꼬리박각시 가슴 옆면에 짙은 무늬가 없고 배 끝에 흰색 점무늬가 없거나 무늬가 다른 것이 벌꼬리박각시나 작은검은꼬리박각시와 구별된다.

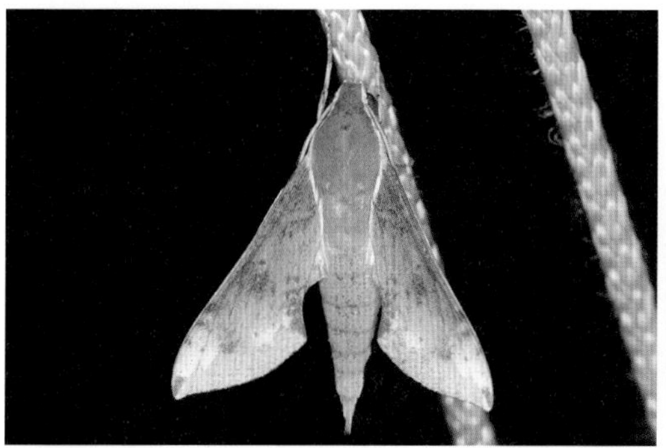

우단박각시 날개편길이는 47~64mm, 5~8월에 보인다.

우단박각시의 크기를 짐작할 수 있다.

우단박각시 배는 가운데가 굵고 앞뒤쪽으로 갈수록 가늘어지는 전형적인 방추형이다.

우단박각시 머리와 가슴에 흰색 테두리가 있으며 가슴 뒤쪽에 황갈색 무늬가 나타난다. 날개 꼭지에 검은색 삼각 무늬가 있다.

우단박각시 애벌레 담쟁이덩굴 같은 포도과 식물이 먹이식물이다.

우단박각시 애벌레 배마디 앞쪽에 뱀눈 모양의 독특한 무늬가 있다.

줄박각시 날개편길이는 55~76mm, 5~9월에 보인다. 가슴에서 배까지 이어지는 줄무늬가 선명하다. 앞날개의 짙은 갈색 줄무늬가 날개를 펼쳤을 때 'ㅅ' 자처럼 보인다.

줄박각시의 크기를 짐작할 수 있다.

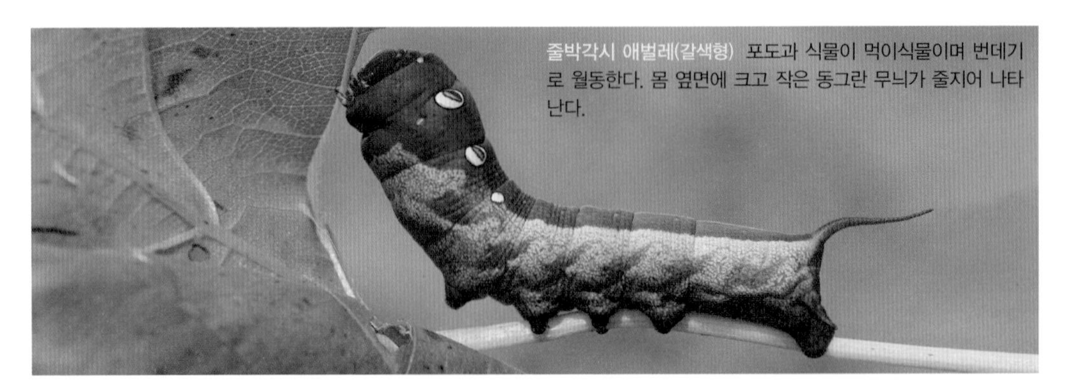

줄박각시 애벌레(갈색형) 포도과 식물이 먹이식물이며 번데기로 월동한다. 몸 옆면에 크고 작은 동그란 무늬가 줄지어 나타난다.

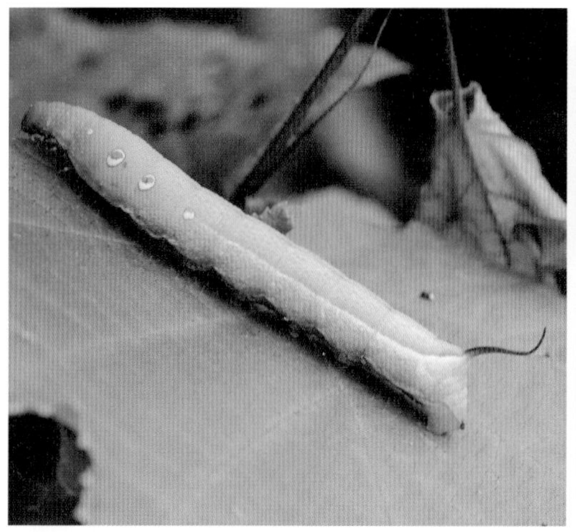

줄박각시 애벌레(녹색형) 배 끝에 강아지 꼬리 같은 돌기가 있다.

줄박각시 번데기

날개돋이 직후의 줄박각시

버들박각시 날개편길이는 60~76mm, 5~8월에 보인다. 가슴에 짙은 갈색의 종 무늬가 있다. 앞날개에 물결무늬의 가로줄이 있다. 끝 가장자리는 굵은 톱니 모양이다. 뒷날개에는 눈알 무늬가 있다.

버들박각시 애벌레 뱀눈박각시 애벌레와 생김새와 먹이식물이 비슷해 구별하기 어렵다. 배 끝에 있는 돌기가 조금 짧다. 황철나무, 버드나무 등이 먹이식물이다.

뱀눈박각시 날개편길이는 70~100mm, 5~9월에 보인다. 앞날개 가운데에 직선에 가까운 가로줄이 나타나 버들박각시와 구별된다. 뒷날개에 커다란 눈알 무늬가 있다.

뱀눈박각시의 크기를 짐작할 수 있다.

뱀눈박각시 애벌레 버드나무 등이 먹이식물이다. 버들박각시 애벌레보다 꼬리돌기가 조금 길다고 하는데 구별하기가 어렵다.

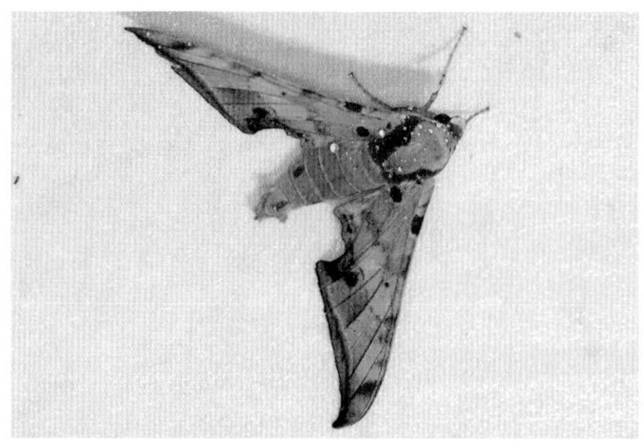

점갈고리박각시 날개편길이는 91~102mm, 4~8월에 보인다.

점갈고리박각시 앞날개가 갈고리 모양이다. 가슴에 굵은 검은색 테두리가 있으며 앞날개에 검은색의 동그란 점무늬가 나타난다.

박각시 날개편길이는 92~114mm, 5~10월에 보인다. 앞날개에 가느다란 '11' 자 무늬가 있으며 배마디에 검은색과 분홍색이 어우러져 나타난다.

박각시 날개를 접으면 전혀 다른 나방 같다.

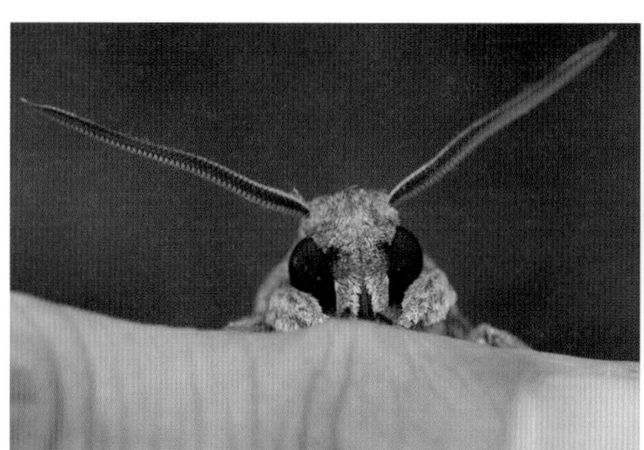

박각시 얼굴

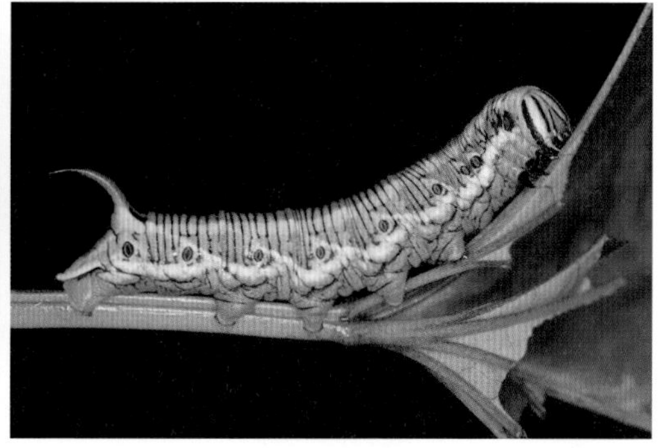

박각시 애벌레 고구마, 메꽃, 나팔꽃 등을 먹는다. 개체마다 색깔 차이가 있다.

박각시 애벌레

박각시 번데기 번데기 상태로 월동한다.

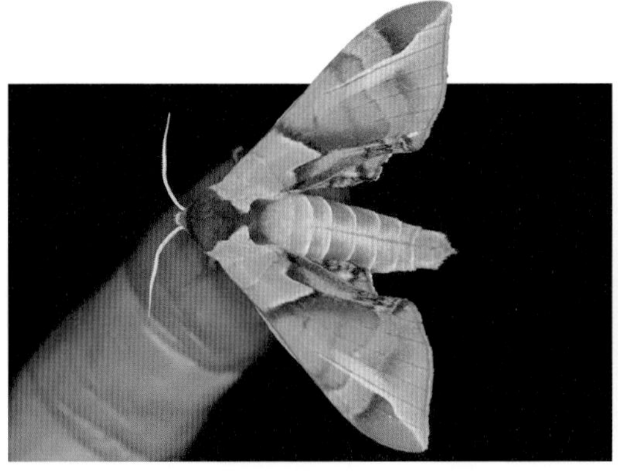

녹색박각시의 크기를 짐작할 수 있다. 날개편길이는 53~81mm, 5~10월에 보인다.

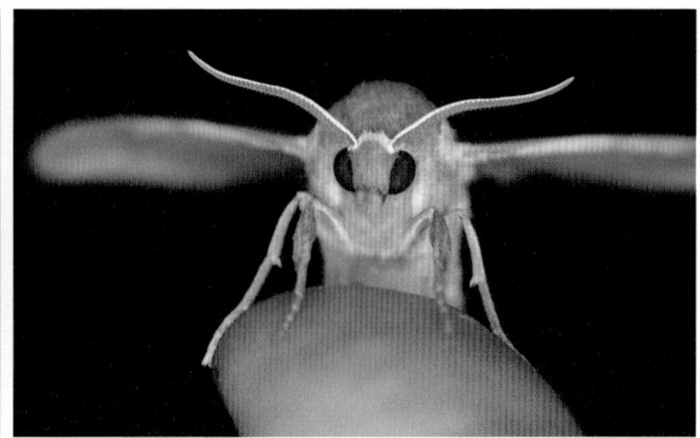

녹색박각시 얼굴

녹색박각시 앞날개는 연둣빛이며 가슴 윗면과 날개 곳곳에 녹색 무늬가 있다.

녹색박각시 더듬이에 흰색과 붉은색이 반반씩 나타나며 다리도 붉은빛이 돈다. 녹색의 배마디에 흰색 무늬가 눈처럼 덮여 있다.

녹색박각시 앞날개와 달리 뒷날개 일부가 붉은색이다.

녹색박각시 애벌레 제1,3,5,7 배마디에 흰색 사선 무늬가 있다. 느티나무와 느릅나무가 먹이식물이다.

콩박각시 날개편길이는 94~110mm, 5~9월에 보인다. 앞날개에 톱니 모양의 가로줄이 나타나며 날개 끝에 짙은 갈색의 삼각무늬가 있다. 머리에서 가슴으로 이어지는 짙은 갈색의 세로줄이 있으며 더듬이는 분홍색이다.

콩박각시 애벌레 몸에 노란색 줄이 7줄 있으며 숨구멍(기문)의 색이 드러나지 않는 점이 뱀눈박각시 애벌레와 구별된다. 콩과 식물이 먹이식물이다.

콩박각시 애벌레 노란색이 섞인 개체로, 박각시 애벌레처럼 보이지만 콩박각시다. 크기를 짐작할 수 있다.

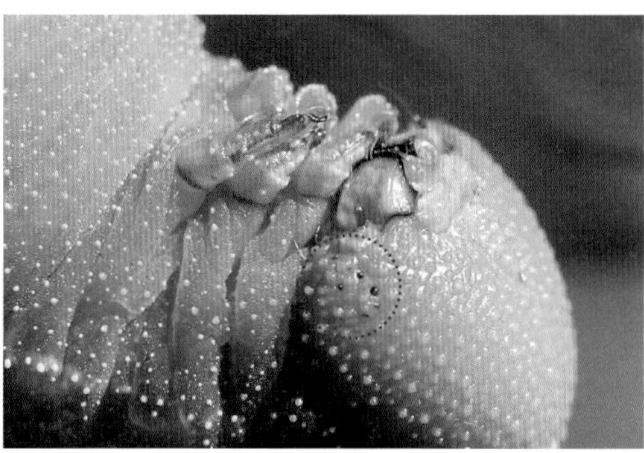

콩박각시 애벌레 온몸에 노란 좁쌀 같은 돌기가 있으며 홑눈이 6쌍 있다(동그라미 친 부분).

무늬콩박각시 날개편길이는 110~120mm, 5~8월에 보인다. 녹색박각시와 크기를 비교해볼 수 있다.

무늬콩박각시 앞날개 끝에 있는 삼각 무늬가 더 크고 가로줄이 더 뚜렷해 콩박각시와 구별된다.

애물결박각시 날개편길이는 50~58mm, 4~8월에 보인다. 배 윗면만으로 물결박각시와 구별이 어렵다. 크기를 짐작할 수 있다.

애물결박각시 흑갈색 무늬가 없으면 애물결박각시, 있으면 물결박각시다.

물결박각시 날개편길이는 55~69mm, 4~8월에 보인다.

물결박각시 애물결박각시와는 배 아랫면의 흑갈색 무늬로 구별한다.

점박각시 날개편길이는 78~97mm, 5~8월에 보인다.

점박각시 앞날개에 검은색 세로줄이 연달아 나타나며 가운데에 흰색 점이 있다.

점박각시 꼬리돌기는 붉은색이며 먹이식물은 물푸레나무로 알려졌다.

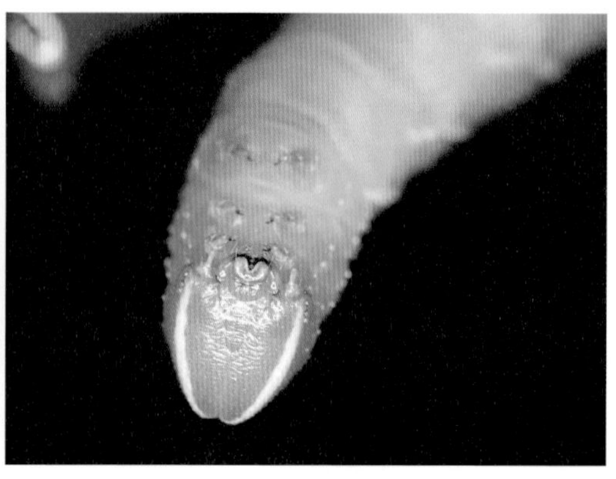

점박각시 애벌레 머리 둘레에 하얀색 테두리가 나타난다.

물결무늬박각시 날개편길이는 88~90mm, 4~7월에 보인다. 점박각시와는 날개의 가로줄 무늬와 가슴 뒤쪽의 무늬로 구별한다.

대왕박각시 날개편길이는 126~143mm, 3~5월에 보인다. 우리나라 박각시 가운데 가장 크다. 앞날개는 매우 길고 좁으며 날개 바깥 가장자리가 톱니 모양이다.

대왕박각시 이른 봄부터 활동한다. 알을 낳고 있다. 밑에 형광 연두색 알이 보인다.

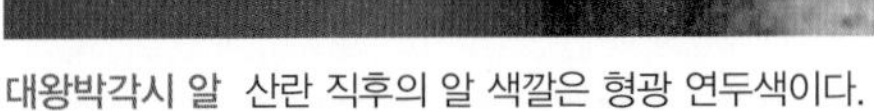

대왕박각시 알 산란 직후의 알 색깔은 형광 연두색이다.

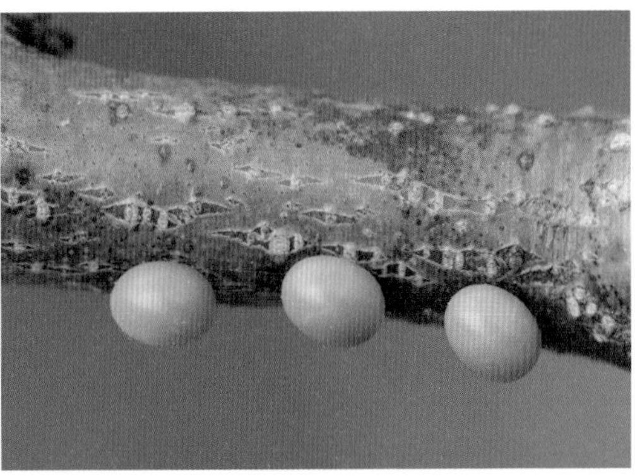

산란한 지 3일 정도 지난 대왕박각시 알 노랗게 변했다.

산란한 지 일주일 정도 지난 대왕박각시 알 붉게 변했다.

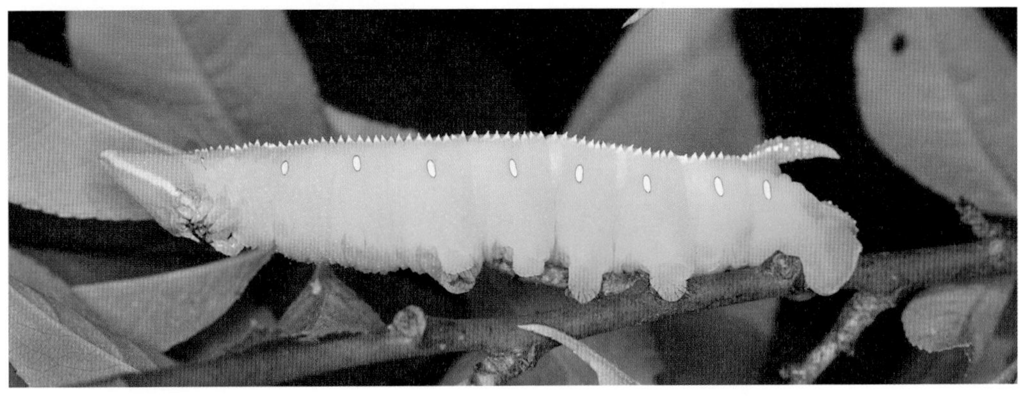

대왕박각시 애벌레 머리 위가 솟았으며 숨구멍(기문)은 형광 하늘색이다. 머리 양쪽으로 흰색 띠가 나타난다. 천적으로부터 자신을 지키기 위해 숨구멍(기문)의 압력을 이용해 소리를 낸다. 등쪽 가운데를 중심으로 하얀색 돌기들이 배 끝까지 이어졌다. 복숭아나무, 개복숭아나무, 자두나무와 벚나무도 먹는다고 한다.

분홍등줄박각시 날개편길이는 72~87mm, 4~8월에 보인다. 앞날개에 가로줄이 뚜렷하며 앞날개 가장자리 안쪽에 검은색 점무늬가 있다. 속날개는 적자색이며 검은색의 둥근 무늬가 나타난다.

분홍등줄박각시의 크기를 짐작할 수 있다.

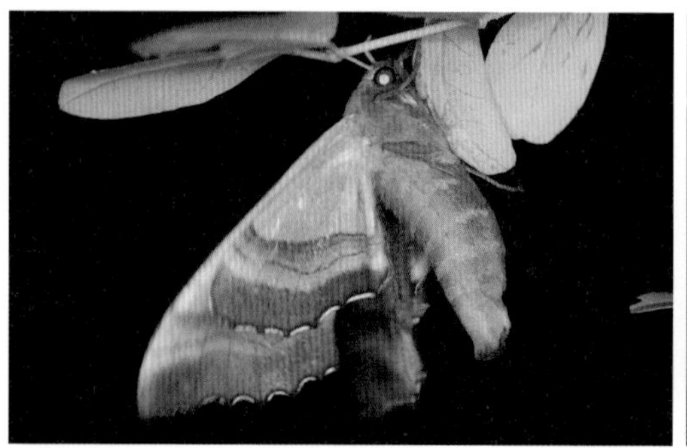

분홍등줄박각시 배는 가운데가 굵고 앞뒤로 갈수록 가늘어지는 방추형이다. 배마디에 흰색 띠무늬가 있다.

분홍등줄박각시 애벌레 먹이식물은 벚나무, 복숭아나무, 자두나무, 매실나무, 사과나무, 배나무, 화살나무, 황매화 등이다.

분홍등줄박각시 애벌레 개체마다 색깔 등에 차이가 있다.

등줄박각시 날개편길이는 95~113mm, 5~8월에 보인다.

등줄박각시 원 안에 있는 뒷날개 끝이 노란색이면 산등줄박각시다.

등줄박각시의 크기를 짐작할 수 있다.

등줄박각시와 분홍등줄박각시 크기 비교 등줄박각시가 조금 더 크다.

등줄박각시 옆면

등줄박각시가 알을 낳고 있다. 아래 노란색 알이 보인다.

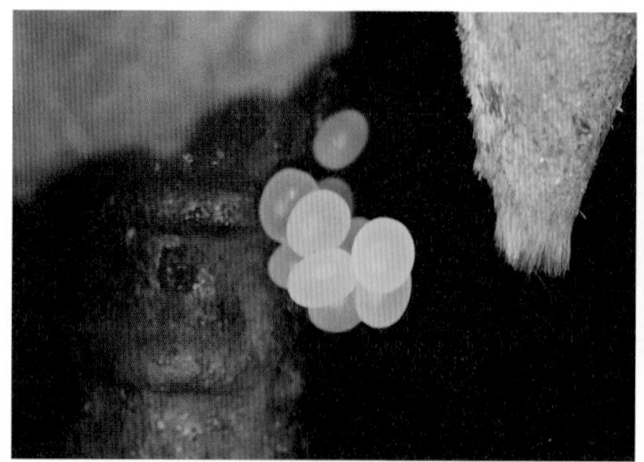

등줄박각시 알

등줄박각시 애벌레 밤나무, 상수리나무, 졸참나무 등이 먹이식물이다.

등줄박각시 애벌레를 정면에서 보면 얼굴이 정삼각형에 가깝다. 위로 길쭉한 이등변삼각형이면 분홍등줄박각시다.

등줄박각시 밤에 불빛에 잘 찾아든다.

산등줄박각시 날개편길이는 83~96mm, 6~7월에 보인다.

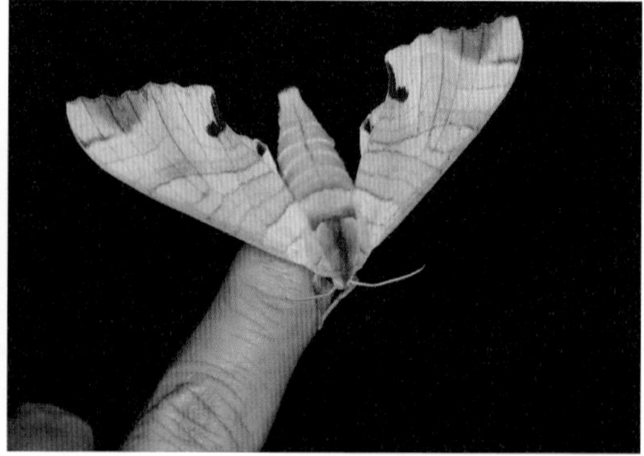

산등줄박각시의 크기를 짐작할 수 있다.

산등줄박각시 앞날개에 가로줄이 많으며 줄 사이에 색이 진해 전체적으로 세 덩어리의 가로띠처럼 보인다. 뒷날개에 노란색이 있어 여느 등줄박각시류와 구별된다.

산등줄박각시 날개 아랫면에 노란색이 선명하다.

산등줄박각시 옆면

산등줄박각시 알 산란관 옆에 있는 분비샘을 거쳐서 알을 낳기 때문에 알이 쉽게 떨어지지 않는다.

쥐박각시 날개편길이는 87~110mm, 6~8월에 보인다. 앞날개에 있는 검은색 빗금무늬가 큰쥐박각시보다 굵다.

쥐박각시의 크기를 짐작할 수 있다.

쥐박각시 배 윗면과 달리 배 아랫면은 하얀색이다.

쥐박각시 밤에 불빛에 잘 찾아든다.

큰쥐박각시 날개편길이는 91~102mm, 6~8월에 보인다. 앞날개에 있는 검은색의 가로줄과 빗금무늬가 쥐박가시보다 가늘다.

큰쥐박각시 옆모습

큰쥐박각시 아랫면

큰쥐박각시 애벌레 누리장나무, 쥐똥나무 등의 잎을 먹으며 개체마다 색깔 차이가 있다.

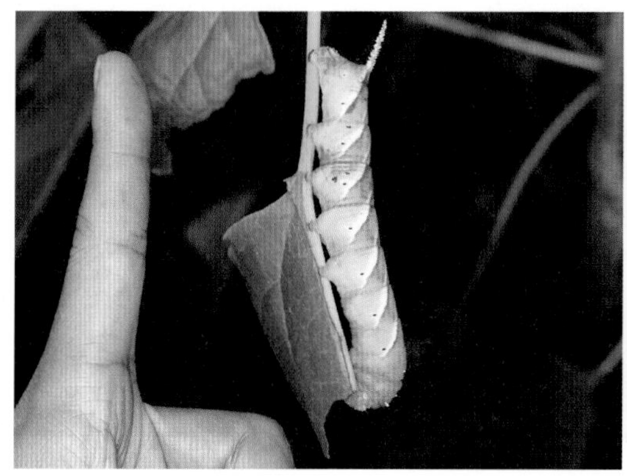

큰쥐박각시 애벌레의 크기를 짐작할 수 있다.

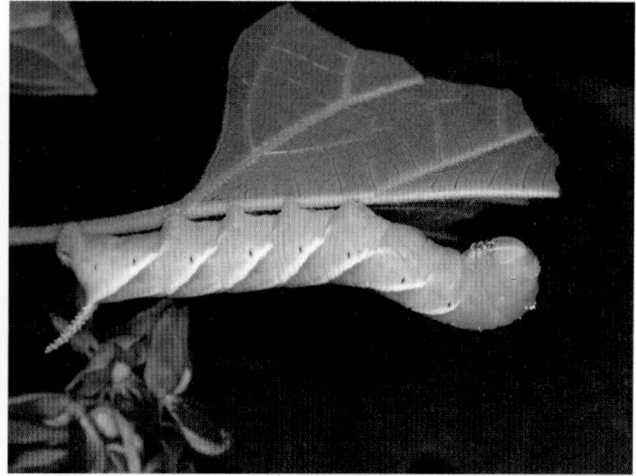

큰쥐박각시 애벌레

닥나무박각시 날개편길이는 69~84mm, 5~9월에 보인다. 앞날개 전체에 암갈색 무늬가 나타나며 앞날개 가운데에 은백색 점무늬가 있다. 애벌레는 닥나무, 꾸지나무, 버드나무 등이 먹이식물이다.

벚나무박각시 날개편길이는 90~118mm, 5~8월에 보인다.

벚나무박각시의 크기를 짐작할 수 있다.

벚나무박각시 옆모습

벚나무박각시 아랫면

벚나무박각시 얼굴

벚나무박각시 쉴 때는 뒷날개가 앞날개 앞으로 튀어나와 어깨처럼 보인다. 머리 끝에서 배로 이어지는 흑갈색의 세로줄 무늬가 있다.

벚나무박각시 뒷날개가 보일 때의 모습이다.

벚나무박각시 뒷날개가 보이지 않을 때의 모습이 전혀 다른 나방 같다.

톱갈색박각시 날개편길이는 59~77mm, 5~8월에 보인다. 중부지방을 중심으로 국지적으로 분포한다. 봄에 발생하는 개체들은 앞날개 가운데 흑갈색 띠가 뚜렷하다. 여름에 발생하는 개체들은 보통 띠무늬가 중간에 끊어진 형태로 나타난다. 7월 초 강원도 점봉산에서 만난 개체다.

갈색박각시 날개편길이는 57~59mm, 6~7월에 보인다. 앞날개 가운데에 흰색 점무늬가 있으며 바깥 가로줄이 희미한 톱니무늬다.

솔박각시 날개편길이는 64~75mm, 4~10월에 보인다. 앞날개에 짧고 굵은 검은색의 줄무늬 3개가 선명하다.

솔박각시 애벌레가 허물을 벗고 있다.

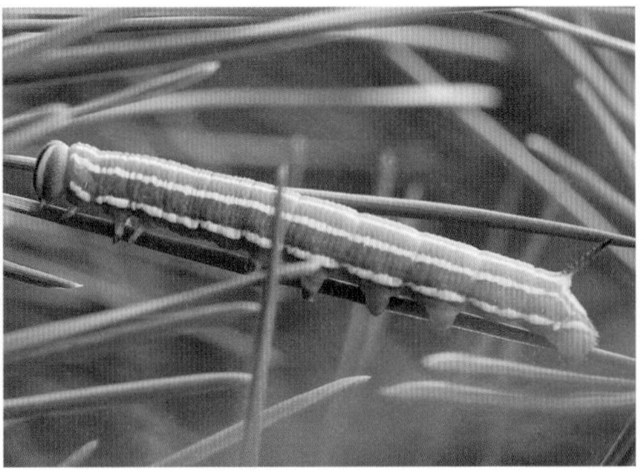

솔박각시 애벌레 애벌레의 먹이식물은 소나무, 곰솔, 낙엽송, 가문비나무, 일본잎갈나무 등이다.

솔박각시 애벌레

붉은솔박각시 날개편길이는 60~72mm, 4~9월에 보인다. 앞날개 색과 무늬가 붉은빛을 띠어서 솔박각시와 구별된다.

● 제비나비붙이과(자나방상과)

우리나라에는 두줄제비나비붙이 등을 비롯해 3종이 알려진 무리로 성충은 앉았을 때 앞날개가 배를 덮지 않습니다. 머리는 긴 털로 덮여 있으며 홑눈은 없고 배는 가늘고 긴 편입니다.

애벌레는 원통형이며 하얀색 왁스 가루로 덮여 있어 솜뭉치처럼 보입니다. 참느릅나무가 먹이식물로 알려졌습니다.

두줄제비나비붙이 날개편길이는 42~65mm, 7~9월에 보인다. 제비나비와 매우 비슷하게 생겼지만 더듬이 모양이나 앞가슴등판 양옆의 무늬가 다르다.

두줄제비나비붙이 전체적으로 검은색이며 앞가슴등판 양옆, 배, 뒷날개 끝부분의 무늬가 붉은색이다.

두줄제비나비붙이 애벌레 하얀색 왁스 가루를 덮어쓰고 있다. 느릅나무과가 먹이식물로 알려졌지만 다른 나무의 잎도 먹는 것 같다.

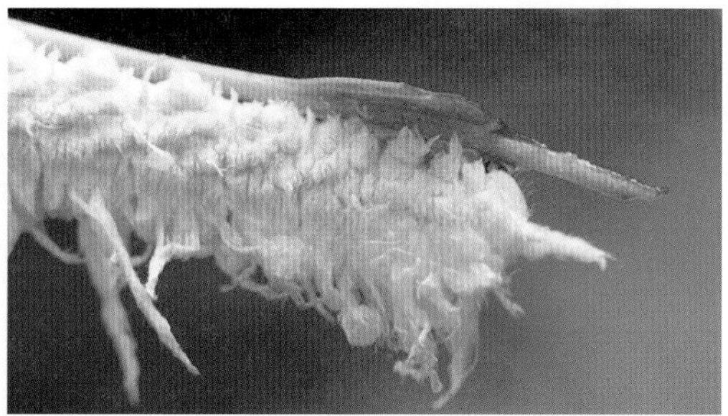

두줄제비나비붙이 애벌레의 얼굴

● 제비나방과(자나방상과)

우리나라에는 제비나방아과, 쌍꼬리나방아과 등에 14종이 있는 것으로 알려진 나방 무리로 성충은 앉아 있을 때 앞날개가 배 일부분을 덮습니다. 성충의 머리는 매끈한 편이며 홑눈은 없고 대부분 날개에 복잡한 무늬가 보입니다.

제비나방 애벌레는 몸이 통통한 편이며 박주가리가 먹이식물로 알려졌습니다.

뒷무늬쌍꼬리나방 날개편길이는 22mm 내외, 5~7월에 보인다. 앞날개 뒷부분과 뒷날개는 흑갈색 바탕에 얼룩덜룩한 무늬가 흩어져 있다.

고운쌍꼬리나방 날개편길이는 16~23mm, 6~8월에 보인다.

고운쌍꼬리나방 앞날개 앞 가장자리에 얼룩무늬가 없어 검은띠쌍꼬리나방과 구별된다. 앞뒤 날개 뒷부분에 얼룩무늬가 있다.

검은띠쌍꼬리나방 날개편길이는 15~16mm 5~9월에 보인다.

검은띠쌍꼬리나방 앞날개 앞 가장자리에 얼룩무늬가 있어 고운쌍꼬리나방과 구별된다.

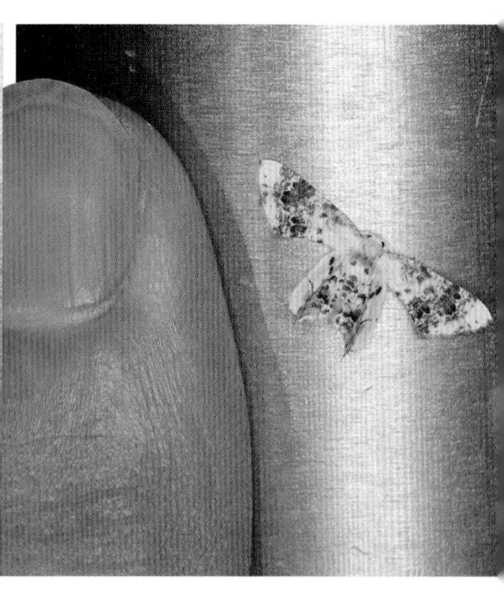

검은띠쌍꼬리나방의 크기를 짐작할 수 있다. 흰색 바탕의 날개에 흑갈색 무늬가 얼룩져 있다. 밤에 불빛에도 잘 찾아든다.

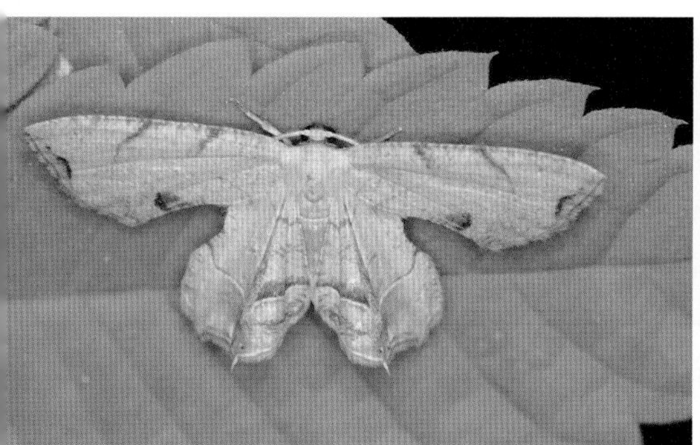

흑점쌍꼬리나방 날개편길이는 22~27mm, 5~9월에 보인다.

흑점쌍꼬리나방 앞날개 앞 가장자리와 뒤쪽 가장자리에 흑갈색 무늬가 나타나며 뒷날개 가운데에 가로 띠무늬가 있다. 밤에 불빛에도 잘 찾아든다.

제비나방 날개편길이는 25~31mm, 6~10월에 보인다.

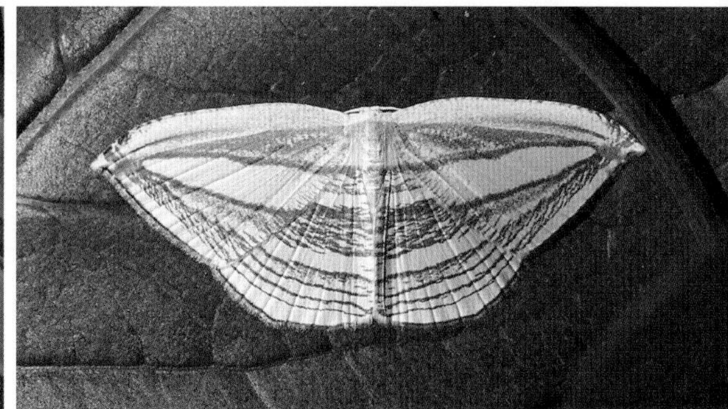

제비나방 흰색 바탕의 앞뒤 날개에 회색 가로줄이 선명하다. 앞날개의 가로줄은 날개 끝에 모이며 그곳에 황갈색 무늬가 있다.

● 자나방과(자나방상과)

우리나라에 683종 이상이 알려진 무리로 성충은 앉아 있을 때 앞날개가 배를 덮거나 일부만 덮습니다. 낮이나 해 질 무렵에 활동하는 종도 있지만 대부분 밤에 활동합니다. 머리는 대부분 거친 털로 덮여 있으며 홑눈은 있지만 발달하지 않았습니다. 배는 가늘고 긴 편이며 앞날개에 색과 무늬가 다양한 종이 대부분입니다.

애벌레는 대부분 매끈하며 다양한 활엽수 잎을 먹습니다. 배다리 4쌍 중 한 쌍만 남아 있는 종이 많습니다.

흰띠겨울자나방 날개편길이는 29~30mm, 11~12월에 보인다. 겨울에 활동하는 나방으로 암컷은 날개가 퇴화했다. 회갈색 바탕의 날개에 흰색 가로줄이 나타나며 앉을 때 날개 일부분을 포갠다.

북방겨울자나방 날개편길이는 27mm 내외, 11~12월에 보인다. 겨울에 활동하며 암컷은 날개가 퇴화했다. 갈색 바탕의 날개에 가로줄이 두 줄 나타나며 날개 끝 가장자리에 부드러운 털(연모)이 나 있다.

얇은날개겨울자나방 날개편길이는 25~26mm, 11~12월에 보인다.

얇은날개겨울자나방의 크기를 짐작할 수 있다.

얇은날개겨울자나방 겨울에 활동하는 나방으로 암컷은 날개가 퇴화했다. 날개에 엷은 가로줄이 나타나며 날개 끝 가장자리에 부드러운 털이 있다.

좁은날개겨울자나방 날개편길이는 24~30mm, 2~3월에 보인다.

좁은날개겨울자나방 연한 갈색 바탕의 앞날개에 가로줄이 있다. 이 줄은 앞날개 앞 가장자리 안쪽에서 한 번 구부러진 뒤 직선으로 이어진다.

좁은날개겨울자나방 암컷 수컷과 달리 암컷은 날개가 퇴화했다.

검은점겨울자나방 날개편길이는 24~26mm, 11~12월에 보인다. 앞날개의 가로줄이 앞쪽 가장자리 안쪽에서 한 번 구부러지고 나머지는 직선이다. 앞날개에 검은색 점이 있다. 암컷은 날개가 퇴화했다.

흰무늬겨울가지나방 날개편길이는 25~30mm, 2~5월에 보인다. 앞날개에 검은색 선으로 경계 지은 흰색 띠가 나타난다. 암컷은 날개가 아주 짧다.

흰무늬겨울가지나방 암컷 날개편길이는 2mm다. 수컷보다 날개가 매우 짧다. 날지 못한다. 암컷이 성페로몬으로 수컷을 끌어들이면 수컷이 암컷에게 날아와 짝짓기가 이루어진다.

흰무늬겨울가지나방 애벌레 몸길이는 20mm 정도, 5월에 보인다. 참나무류가 먹이식물이다.

참나무겨울가지나방 수컷 날개편길이는 36~44mm, 10~12월에 보인다. 앞날개에 가로줄이 두 줄 있다.

참나무겨울가지나방 암컷 날개가 퇴화했다. 배 윗면에 검은색 점과 줄무늬가 있다.

참나무겨울가지나방 어린 애벌레 버드나무, 벚나무, 사과나무, 참나무류 등의 잎을 먹는다.

참나무겨울가지나방 중령 애벌레 몸길이는 25~35mm, 5월에 보인다. 자극을 받으면 몸 앞부분을 치켜세운다.

줄점겨울가지나방 날개편길이는 32~36mm, 10~12월에 보인다. 수컷 앞날개에 직선형 가로줄이 3줄 있다. 1~2번째 줄 간격이 2~3번째 줄 간격보다 좁다.

줄점겨울가지나방 암컷 날개가 퇴화해서 날지 못한다.

겨울가지나방들이 해충 방제용 끈끈이에 붙어 죽어 있다. 11월에 본 장면이다.

사과나무겨울가지나방 암컷 수컷과 달리 암컷은 날개가 거의 퇴화하여 날지 못한다.

사과나무겨울가지나방 암컷의 크기를 짐작할 수 있다. 3~4월에 주로 보인다.

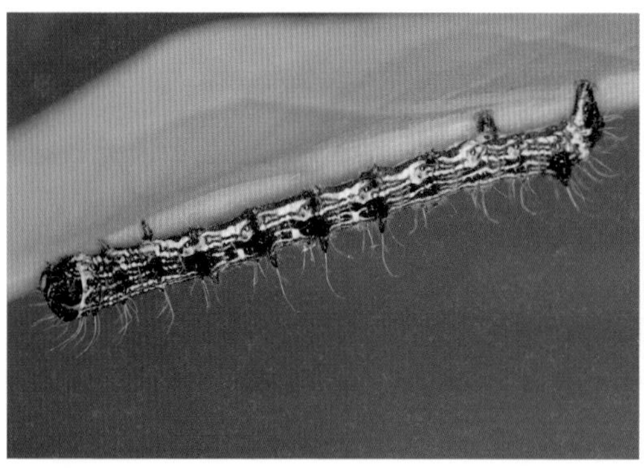

사과나무겨울가지나방 중령 애벌레 개암나무, 신갈나무 등 여러 나무의 잎을 먹는다.

사과나무겨울가지나방 종령 애벌레 몸길이는 40mm, 5월에 보인다.

북방겨울가지나방 날개편길이는 41~49mm, 3~5월에 보인다. 앞날개에 구부러진 가로띠 세 줄이 보인다. 뒷날개는 흰색이며 가로띠가 선명하다.

북방겨울가지나방 수컷 아랫면

북방겨울가지나방 짝짓기 암컷은 날개가 퇴화했다.

북방겨울가지나방 애벌레 몸길이는 40mm, 4~5월에 보인다. 신갈나무, 찔레, 은사시나무 등 여러 가지를 먹는다.

이른봄넓은띠겨울가지나방 날개편길이는 29mm 내외, 3~5월에 보인다.

이른봄넓은띠겨울가지나방 암컷 날개가 거의 퇴화하여 짧다.

이른봄넓은띠겨울가지나방 암컷의 크기를 짐작할 수 있다.

이른봄넓은띠겨울가지나방 짝짓기 이른 봄에 여러 마리가 짝짓기 하는 모습을 볼 수 있다.

이른봄넓은띠겨울가지나방 짝짓기 아래가 수컷이다.

앞노랑겨울가지나방 암수 날개가 다르다. 수컷은 앞날개에 가로줄이 있다. 11월에 많이 보인다.

앞노랑겨울가지나방 암컷 날개가 거의 퇴화했다. 날개 길이는 2mm 정도다.

앞노랑겨울가지나방 암컷의 크기를 짐작할 수 있다.

앞노랑겨울가지나방 애벌레 몸길이는 25mm, 5월에 보이며 신갈나무가 먹이식물이다.

금빛겨울가지나방 이른 봄에 보이며 앞뒤 날개에 독특한 무늬가 있다. 온몸이 털로 덮여 있다.

금빛겨울가지나방 수컷 더듬이

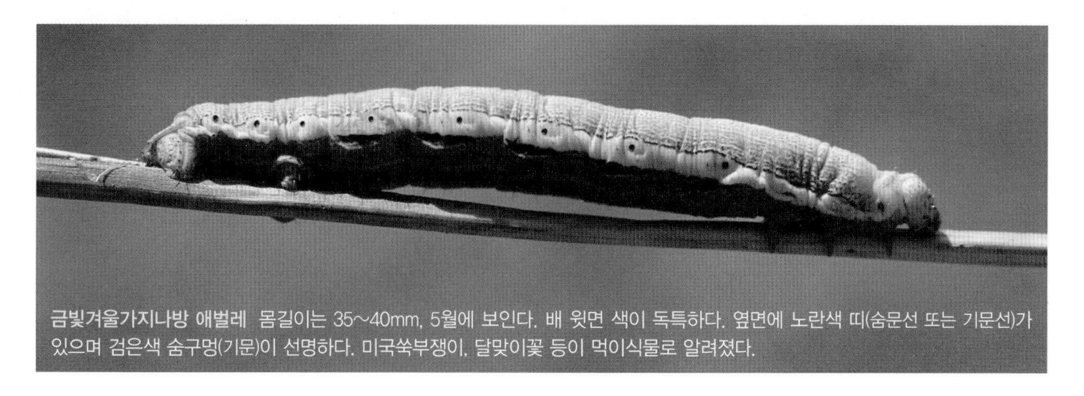

금빛겨울가지나방 애벌레 몸길이는 35~40mm, 5월에 보인다. 배 윗면 색이 독특하다. 옆면에 노란색 띠(숨문선 또는 기문선)가 있으며 검은색 숨구멍(기문)이 선명하다. 미국쑥부쟁이, 달맞이꽃 등이 먹이식물로 알려졌다.

주변에서 비교적 쉽게 관찰할 수 있는 얼룩가지나방 종류에는 참빗살얼룩가지나방, 버드나무얼룩가지나방, 애기얼룩가지나방, 각시얼룩가지나방이 있으며, 이들을 구별하기가 만만치 않습니다. 사진만으로 구별하기는 더더욱 어렵습니다.

여기에서는 몇 가지 구별점과 사진을 싣는 것으로 자세한 설명을 대신합니다.

참빗살얼룩가지나방 날개편길이는 37~42mm, 5~8월에 보인다.

참빗살얼룩가지나방 앞날개에 있는 횡맥 무늬 속에 고리 무늬가 있는 것이 버드나무얼룩가지나방과 구별된다.

참빗살얼룩가지나방 애벌레 7월에 볼 수 있으며 참빗살나무, 노박덩굴이 먹이식물이다.

버드나무얼룩가지나방 날개편길이는 32~36mm, 6~8월에 보인다. 앞날개에 있는 횡맥 무늬 속에 고리 무늬가 없는 것이 참빗살얼룩가지나방과 구별된다.

애기얼룩가지나방 앞날개 횡맥 무늬 속에 고리 무늬가 희미하거나 없으며, 뒷날개 아랫부분에 점무늬가 없다.

각시얼룩가지나방 날개편길이는 30~36mm, 6~9월에 보인다. 앞날개 횡맥 무늬에 고리 무늬가 있으며 뒷날개 원 안에 점무늬나 줄무늬가 없다.

뾰족가지나방 날개편길이는 42~46mm, 9~10월에 보인다. 날개 끝이 뾰족하며 바깥 가로줄 자리에 날개맥마다 작은 점무늬가 줄지어 있다.

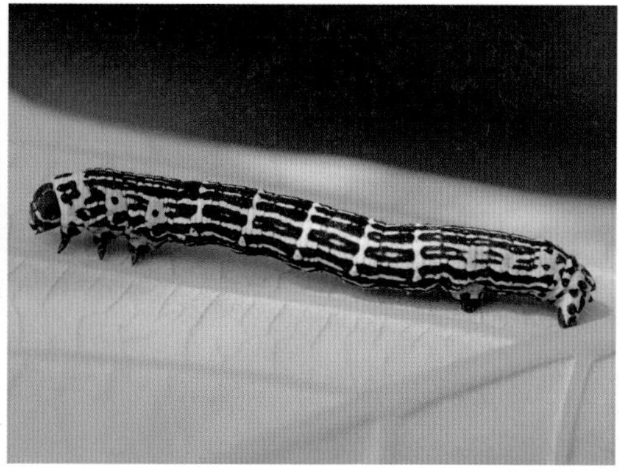

뾰족가지나방 애벌레 5월에 보이며 몸길이는 35~50mm다. 화살나무, 갈참나무 등이 먹이식물이다.

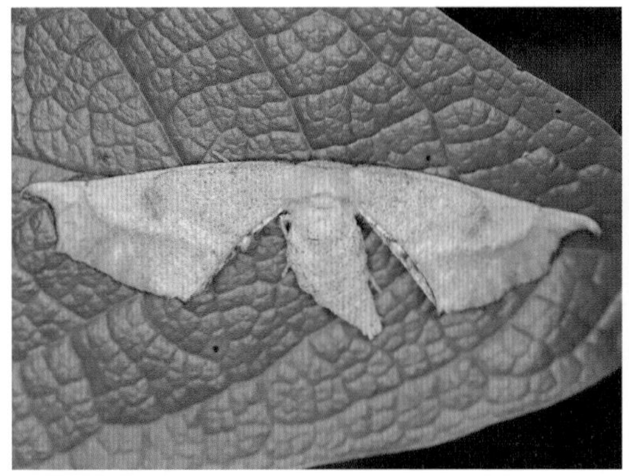

큰뾰족가지나방 날개편길이는 50~56mm, 10월에 주로 보인다. 날개 끝이 갈고리 모양이며 뾰족가지나방과 달리 날개맥에 작은 점무늬가 없다.

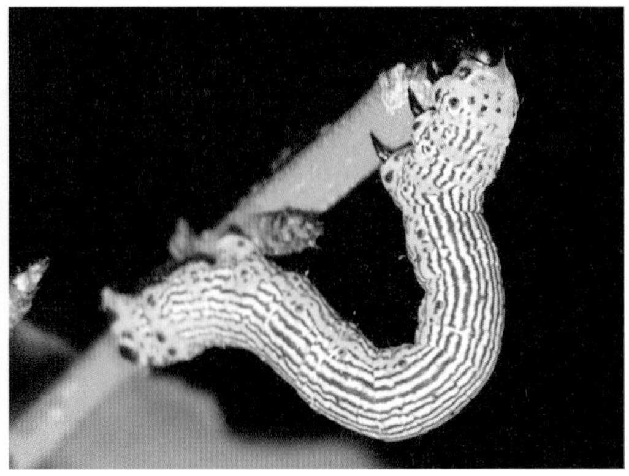

큰뾰족가지나방 애벌레 몸길이는 50mm 내외로 느티나무, 때죽나무, 벚나무, 참나무류가 먹이식물로 알려졌다.

아지랑이물결가지나방 날개편길이는 22~28mm, 4~8월에 보인다. 앞날개에 있는 가로줄은 날개 바깥쪽에는 진하고 안쪽으로 들어오면 옅어진다. 배마디에 검은색 점무늬가 있다.

줄고운노랑가지나방 날개편길이는 22~35mm, 4~8월에 보인다.

줄고운노랑가지나방 촘촘한 가로줄이 날개 전체에 나타난다. 앞날개 뒤쪽과 뒷날개 가운데 부분에 검은색 얼룩이 있다. 개체마다 차이가 있다. 밤에 불빛에 잘 찾아든다.

털뿔가지나방 수컷 날개편길이는 25~36mm, 5~10월에 보인다. 더듬이가 빗살 모양이다.

털뿔가지나방 암컷 앞날개의 가로줄 사이에 흰색 띠무늬가 나타난다. 더듬이가 실 모양이다.

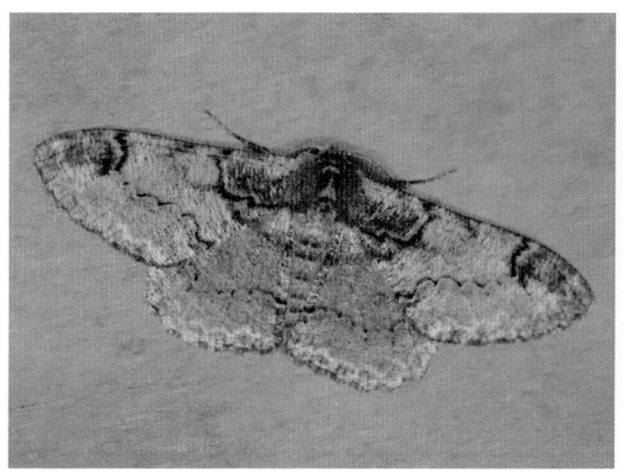

노박덩굴가지나방 수컷 날개편길이는 43~7mm, 5~8월에 보인다. 더듬이가 빗살 모양이다.

노박덩굴가지나방 암컷 앞날개 시작 점과 끝부분에 황갈색의 무늬가 독특하며 뒷날개 가운데에도 황갈색 무늬가 있다.

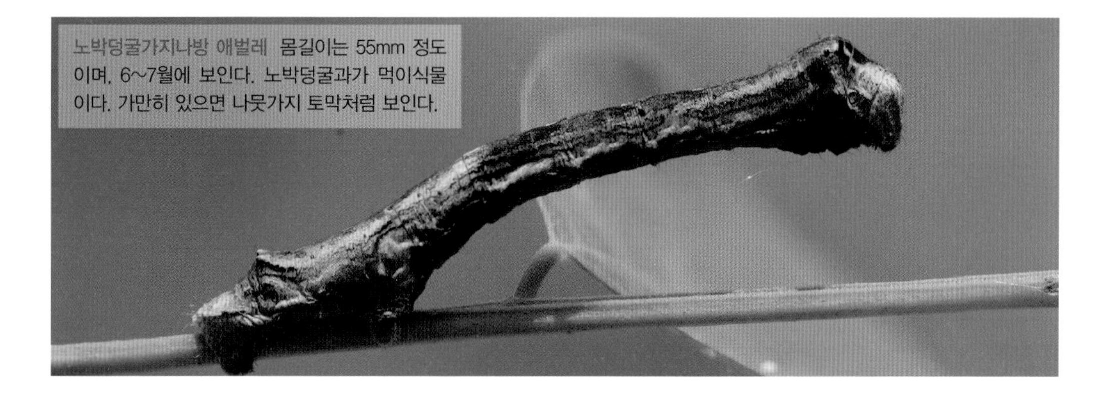

노박덩굴가지나방 애벌레 몸길이는 55mm 정도이며, 6~7월에 보인다. 노박덩굴과가 먹이식물이다. 가만히 있으면 나뭇가지 토막처럼 보인다.

오얏나무가지나방 날개편길이는 26~52mm, 5~8월에 보인다. 개체마다 색깔이나 무늬에 차이가 있다. 특히 수컷의 변이가 심하다.

오얏나무가지나방의 크기를 짐작할 수 있다.

오얏나무가지나방 짝짓기 아래 개체가 수컷이다.

오얏나무가지나방

오얏나무가지나방

알락흰가지나방 날개편길이는 50~55mm, 5~8월에 보인다.

알락흰가지나방의 크기를 짐작할 수 있다. 흰색 바탕의 날개에 크고 작은 검은색 점무늬가 흩어져 있다.

큰알락흰가지나방 날개편길이는 57~59mm, 5~8월에 보인다. 배가 노란색이라 알락흰가지나방과 구별된다. 흰색 바탕의 날개에 크고 작은 검은색 점무늬가 흩어져 있다.

큰알락흰가지나방의 크기를 짐작할 수 있다.

가시가지나방 날개편길이는 33~40mm, 3~4월에 보인다. 이른 봄부터 보이며 온몸이 털로 덮여 있다.

가시가지나방 날개 아랫면에 갈색과 흑갈색의 얼룩무늬가 흩어져 나타난다.

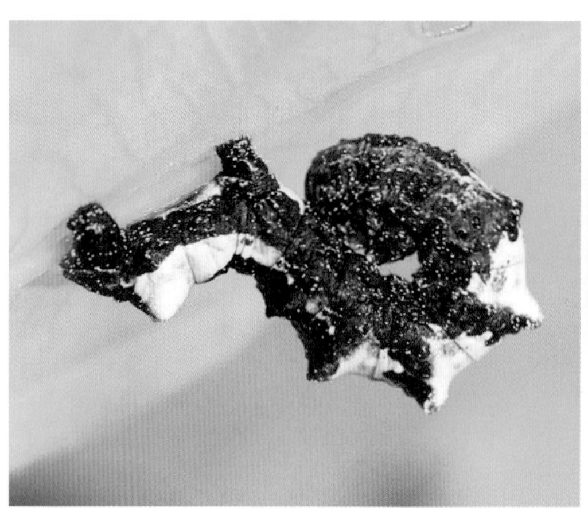

가시가지나방 애벌레 움직이지 않을 때는 새똥처럼 보인다. 개체마다 차이가 있다.

가시가지나방 애벌레는 주로 5월에 보이며 버드나무, 느티나무, 벚나무, 붉나무 등 다양한 나무의 잎을 먹는다.

가시가지나방 애벌레

가시가지나방 날개돋이에 실패했는지 아니면 원래 날개가 짧은 단시형인지는 정확하지 않다. 숲에서 종종 보인다.

가시가지나방

뒷노랑점가지나방 수컷 날개편길이는 33~48mm, 5~8월에 보인다. 회백색의 앞날개에 크고 작은 검은색 점무늬가 흩어져 있고 노란색 뒷날개에도 검은색 점무늬가 흩어져 있다. 더듬이가 빗살 모양이다.

뒷노랑점가지나방 암컷 더듬이가 실 모양이다.

뒷노랑점가지나방 앞뒤 날개 아랫면은 모두 노란색이며 거기에 크고 작은 점무늬가 흩어져 있다.

외줄노랑가지나방 날개편길이는 30~40mm, 6~7월에 보인다.

외줄노랑가지나방 앞날개 앞쪽 3분의 1은 노란색이며 그 뒤는 갈색이다. 날개를 펼치면 앞뒤 날개의 가로줄이 연결된다. 밤에 불빛에도 잘 찾아든다.

노랑띠알락가지나방 날개편길이는 47~67mm, 5~9월에 보인다. 하얀색 바탕의 앞뒤 날개에 황갈색 무늬가 띠를 이루어 나타난다.

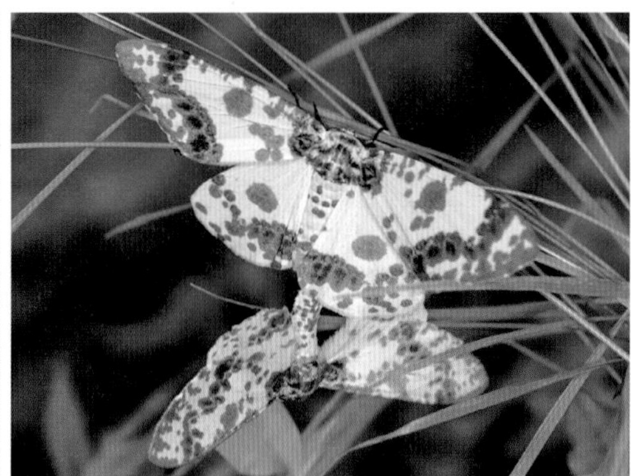

노랑띠알락가지나방 짝짓기 위의 개체가 암컷이다.

노랑띠알락가지나방
밤에 불빛에도 잘 찾아든다.

불회색가지나방 수컷 날개편길이는 44~76mm, 6~8월에 보인다. 날개 색은 암수가 다르다. 앞뒤 날개에 갈색이나 흑갈색의 가로띠가 나타난다. 더듬이가 빗살 모양이다.

불회색가지나방이 자작나무에서 짝짓기하고 있다. 아래쪽 큰 개체가 암컷이다.

불회색가지나방의 크기를 짐작할 수 있다.

몸큰가지나방 수컷 날개편길이는 42~82mm, 3~5월에 보인다. 빗살 모양의 더듬이는 적갈색이다. 앞날개에 물결무늬의 가로줄이 3줄 있다.

몸큰가지나방 수컷의 크기를 짐작 할 수있다.

몸큰가지나방 암컷 더듬이가 실 모양이다. 보랏빛이 도는 회백색의 날개에 물결무늬 가로줄이 3줄 나타난다.

몸큰가지나방 암컷 아랫면

몸큰가지나방 중령 애벌레 머리에 뿔 같은 돌기가 있다.

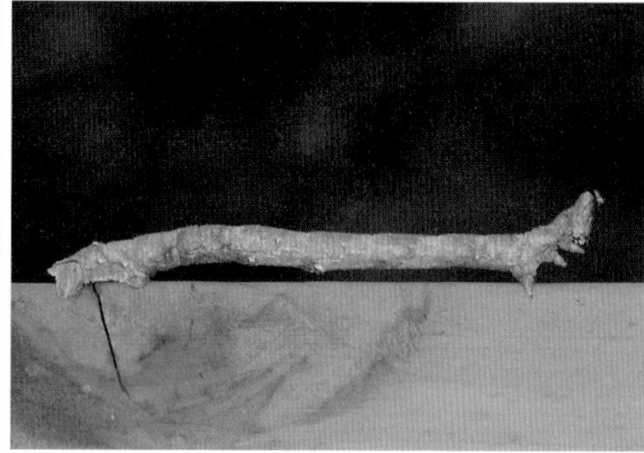

몸큰가지나방 종령 애벌레 애벌레의 먹이식물은 쉬땅나무, 신갈나무 등 여러 나무다.

몸큰가지나방 종령 애벌레 몸길이는 83mm 정도, 5~8월에 보인다.

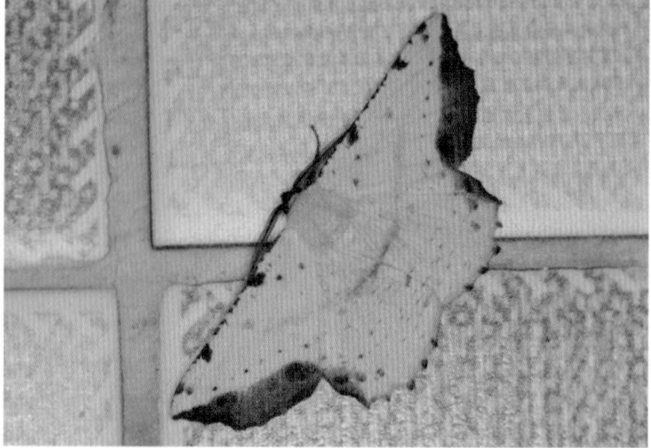

끝갈색가지나방 날개편길이는 30~59mm, 6~9월에 보인다. 앞날개 끝 가장자리에 큰 갈색 무늬가 있다. 이 무늬는 뒷날개에도 나타나 마치 연결된 무늬처럼 보인다.

뒷검은그물가지나방
날개편길이는 19~28mm, 5~8월에 보인다.

뒷검은그물가지나방
앞날개 뒤쪽 가장자리 안쪽과
뒷날개 뒷부분에 짙은 갈색 띠가 연결된 듯하고
앞뒤 날개에 사각의 그물 무늬가 연이어 나타난다.

줄마디가지나방 날개편길이는 27~42mm, 5~8월에 보인다. 앞뒤 날개에 갈색 가로줄이 나타나며 앞날개 뒷부분에 흑갈색 무늬가 갈색 줄을 경계로 맞닿아 있다.

두줄점가지나방 날개편길이는 25~31mm, 5~9월에 보인다. 앞뒤 날개에 황갈색 가로줄과 검은색 점무늬가 있다. 뒷날개의 가장자리 모양으로 세줄점가지나방과 구별한다.

두줄점가지나방의 크기를 짐작할 수 있다.

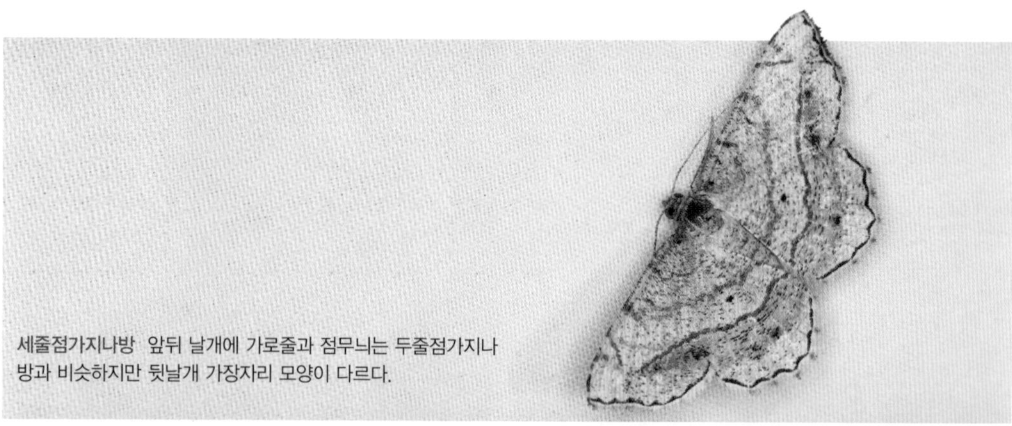
세줄점가지나방 앞뒤 날개에 가로줄과 점무늬는 두줄점가지나방과 비슷하지만 뒷날개 가장자리 모양이 다르다.

흰깃가지나방 날개편길이는 28~35mm, 5~6월에 보인다. 앞뒤 날개에 서로 이어지는 흰색 띠무늬가 나타나며 날개 시작점(기부)과 끝부분에 갈색 가로줄이 있다. 배 윗부분에는 검은색 점무늬가 있다.

흰점갈색가지나방 날개편길이는 34~45mm, 10~11월에 보인다.

흰점갈색가지나방 앞날개에 가로줄 2줄과 흰색, 갈색 점무늬가 각각 하나씩 있다. 날개 펴는 각도에 따라 다른 나방처럼 보이기도 한다.

흰점갈색가지나방 뒷날개 끝부분이 물결 모양이다.

큰노랑애기가지나방 날개편길이는 23~30mm, 5~8월에 보인다. 수컷은 노란색 앞날개 기부에 투명한 유리창 무늬가 있다.

큰노랑애기가지나방 수컷 유리창 무늬가 선명하다.

큰노랑애기가지나방 수컷의 크기를 짐작할 수 있다.

큰노랑애기가지나방 수컷이 날개를 접고 앉아 있다. 자나방과 가운데 날개를 접고 앉는 종이 여럿 있다.

큰노랑애기가지나방 암컷 수컷과 달리 날개 기부에 유리창 무늬가 없다.

큰노랑애기가지나방 암컷 아랫면 날개 끝에 커다란 갈색 무늬가 있다.

얼룩수염가지나방 날개편길이는 41~56mm, 3~5월에 보인다.

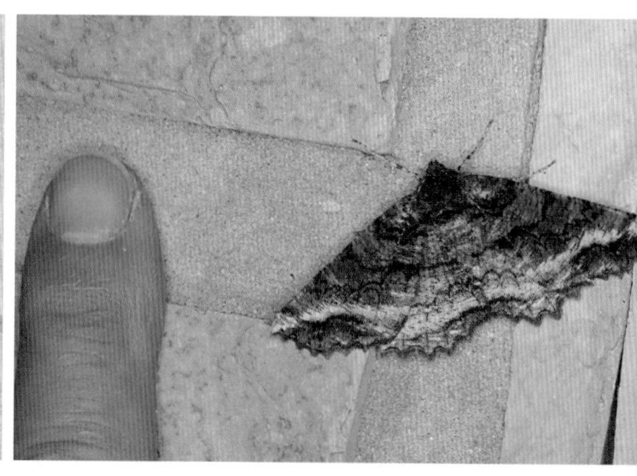

얼룩수염가지나방의 크기를 짐작할 수 있다.

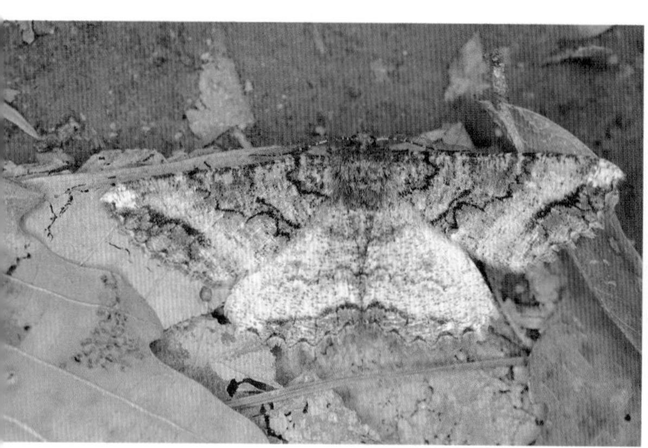

얼룩수염가지나방 앞날개에 검고 가느다란 겹줄 무늬가 많아 얼룩져 보인다. 뒷날개 가운데 부분은 밝아 보인다.

얼룩수염가지나방 앞뒤 날개 끝부분은 굵은 톱니 모양, 앞날개 끝부분에 흰색 무늬가 나타난다.

세줄노랑가지나방 날개편길이는 40~55mm, 7~9월에 보인다. 앞날개에 가늘고 짧은 줄무늬가 겹겹이 있어 얼룩져 보인다. 날개 끝은 뾰족하며 가장자리는 톱니 모양이다. 개체마다 색깔 차이가 있다.

세줄노랑가지나방 아랫면

세줄노랑가지나방

잠자리가지나방 날개편길이는 48~56mm, 6~7월에 보인다. 배 윗면에 사각 무늬가 있어 흑띠잠자리가지나방과 구별된다.

잠자리가지나방 배 윗면에 사각 무늬가, 배 옆면에는 동그란 무늬가 있다.

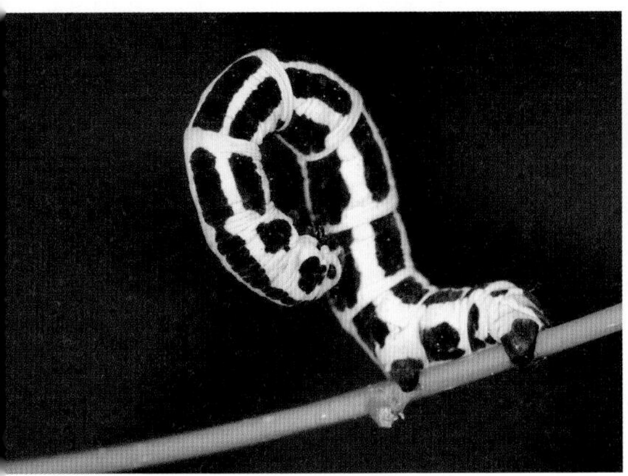

잠자리가지나방 애벌레 5월에 보이며 자극을 받으면 몸을 둥글게 구부린다. 몸길이는 35mm 정도다.

잠자리가지나방 애벌레의 크기를 짐작할 수 있다. 노박덩굴이 먹이식물이다.

흑띠잠자리가지나방 날개편길이는 44~52mm, 5~6월에 보인다. 배 윗면의 무늬가 잠자리가지나방과 구별된다.

흑띠잠자리가지나방의 크기를 짐작할 수 있다.

흑띠잠자리가지나방 아랫면 배는 노란색이며 불규칙하게 검은색 무늬가 나타난다.

흰점세줄가지나방 날개편길이는 38~41mm, 3~6월에 보인다. 앞날개에 가로줄이 3줄 있으며 앞날개 뒷부분에 흰색 점 하나가 있다.

큰빗줄가지나방 날개편길이는 38~51mm, 3~5월에 보인다. 앞날개에 흑갈색 빗금이 뚜렷하다. 개체에 따라 이 빗금이 점무늬로 이어지기도 한다.

큰빗줄가지나방 앞날개는 황갈색이며 뒷날개는 흰색이다.

큰빗줄가지나방 아랫면 자잘한 점무늬들이 흩어져 있다.

큰빗줄가지나방 수컷 더듬이가 빗살 모양이다.

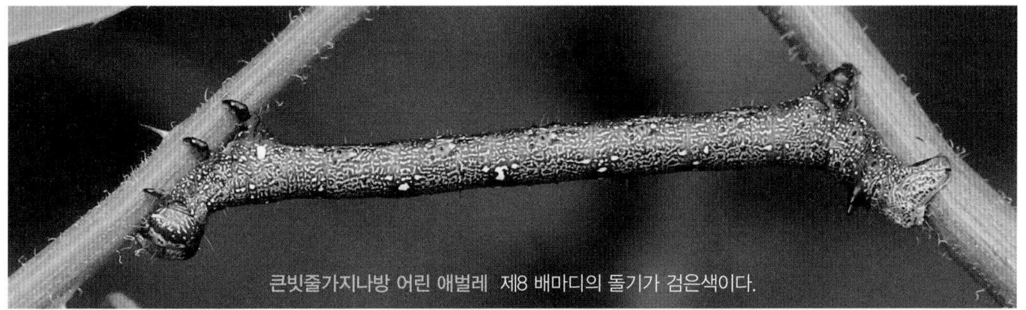

큰빗줄가지나방 어린 애벌레 제8 배마디의 돌기가 검은색이다.

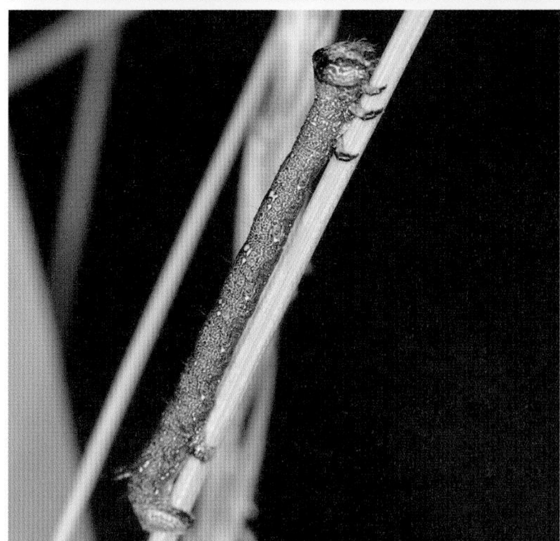

큰빗줄가지나방 중령 애벌레 제8 배마디 돌기가 붉은색이다.

큰빗줄가지나방 종령 애벌레 몸길이는 40mm 정도, 5~6월에 보인다. 상수리나무, 조록싸리 등 여러 나무의 잎을 먹는다.

넓은띠큰가지나방 날개편길이는 44~60mm, 7~9월에 보인다. 앞날개 가운데쯤에 폭넓은 흰색 띠가 나타난다.

넓은띠큰가지나방 어린 애벌레의 크기를 짐작할 수 있다. 생강나무가 먹이식물이다.

넓은띠큰가지나방 애벌레 종령 애벌레가 되면 머리에 띠가 나타난다.

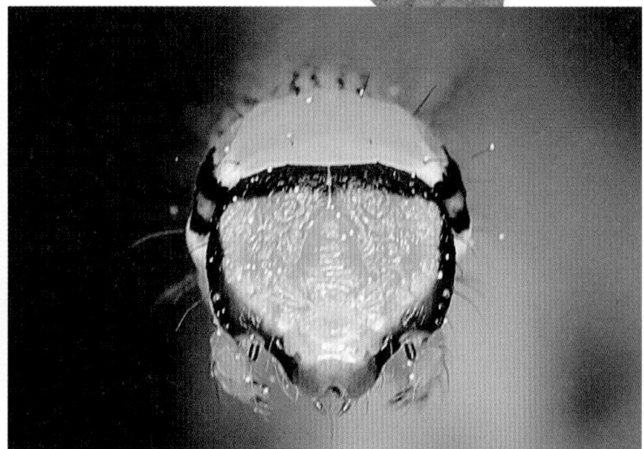

넓은띠큰가지나방 애벌레 머리는 삼각형이며 검은색 띠 옆으로 붉은색 무늬가 선명하다.

연회색가지나방 날개편길이는 42~53mm, 5~8월에 보인다.

연회색가지나방 회백색 앞뒤 날개에 붉은빛을 띤 비늘가루가 흩뿌려져 있다. 바깥쪽 가로줄은 흑갈색과 연갈색의 겹줄로 나타난다.

줄고운가지나방 날개편길이는 32~51mm, 4~9월에 보인다. 앞날개에 톱니무늬의 가로줄이 있고 가운데 부분에 점무늬가 한 쌍 있다.

줄고운가지나방 애벌레 몸길이는 35~40mm, 6~9월에 보인다. 제2~4 배마디의 색이 짙다. 버드나무, 조록싸리, 살구나무 등 여러 식물의 잎을 먹는다.

뾰족귀무늬가지나방 날개편길이는 32~38mm, 6~8월에 보인다. 누런색 바탕의 날개에 황갈색 가로줄이 있고, 앞날개 가운데와 뾰족한 날개 끝 아래에 짙은 갈색 무늬가 있다.

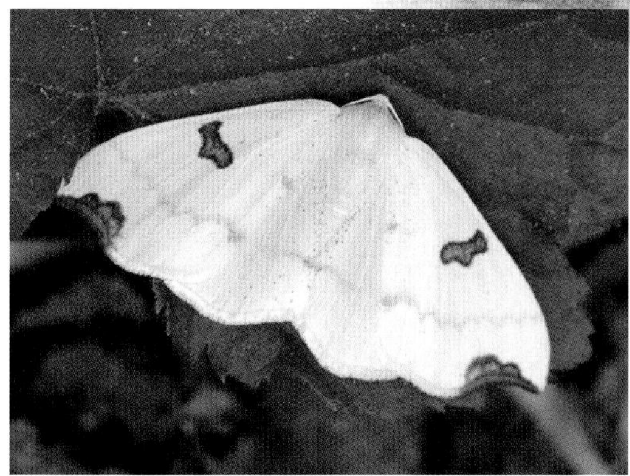

귀무늬가지나방 날개편길이는 30~31mm, 5~6월에 보인다.

귀무늬가지나방 앞뒤 날개의 색이 달라 뾰족귀무늬가지나방과 구별된다.

두줄짤룩가지나방 날개편길이는 23~36mm, 4~8월에 보인다.

두줄짤룩가지나방 갈색 바탕의 날개에 짙은 갈색 가로줄이 두 줄 있으며 앞날개 가운데쯤에 흑갈색의 점무늬가 있다.

흰그물왕가지나방 날개편길이는 51~65mm, 5~8월에 보인다.

흰그물왕가지나방 검은빛이 도는 갈색 바탕 날개에 흰색 굵은 줄무늬가 뚜렷하다. 날개 전체에 황갈색의 가는 줄무늬가 흩어져 있다.

흰그물왕가지나방 아랫면 밤에 불빛에 잘 찾아든다.

날개가지나방 날개편길이는 21~25mm, 5~8월에 보인다. 황백색 바탕의 앞날개에 갈색 무늬가 얼룩져 나타나며 앞날개 가운데에 점무늬가 뚜렷하다.

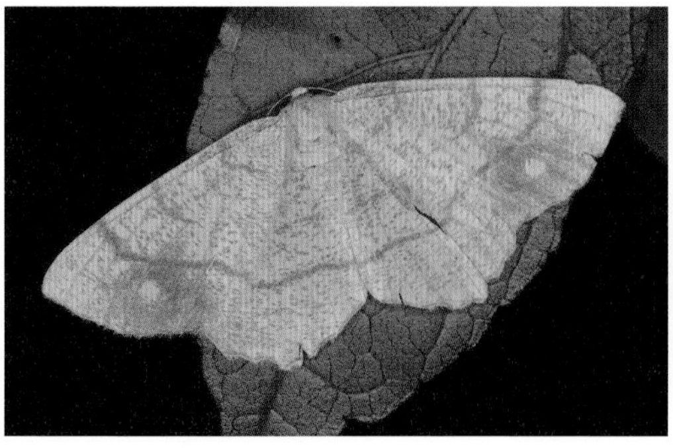

노랑가지나방 암컷 날개편길이는 28~40mm, 5~9월에 보인다. 황갈색 바탕의 앞날개 뒷부분에 노란색 점무늬가 있으며 그 주변은 갈색으로 얼룩져 보인다. 수컷은 이 무늬가 없다.

노랑가지나방 얼굴

뿔무늬큰가지나방 날개편길이는 45~61mm, 5~8월에 보인다.

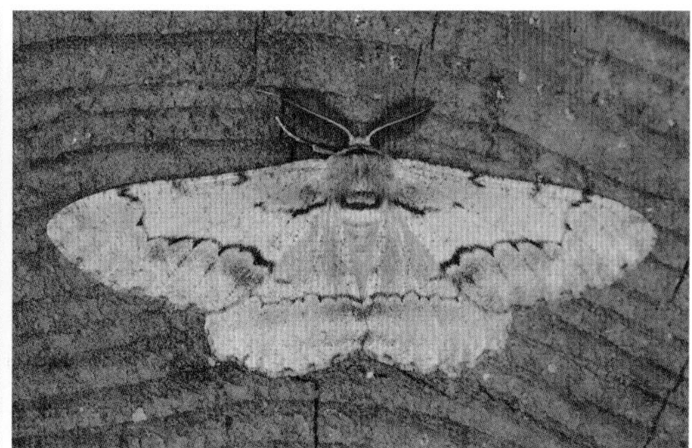

뿔무늬큰가지나방 날개에 가로띠가 선명하며 앞날개 기부와 끝부분에 적갈색 띠무늬가 있다.

뿔무늬큰가지나방 애벌레 몸길이는 60mm, 7~8월에 보이며 개암나무, 밤나무, 버드나무 등 여러 활엽수가 먹이식물이다.

갈고리가지나방 날개편길이는 28~37mm, 5~9월에 보인다.

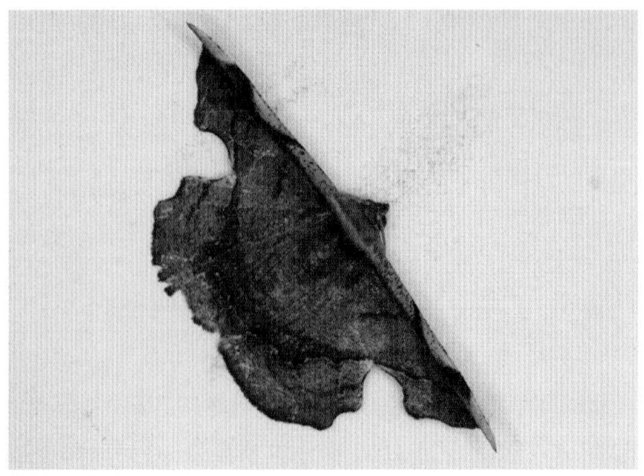

갈고리가지나방 흑갈색이나 적갈색 바탕의 날개에 가로띠가 있으며 앞날개와 뒷날개에 파인 부분이 있다. 앞날개 끝이 뾰족하다.

갈고리가지나방 날개 아랫면

꼬마노랑가지나방 날개편길이는 17~19mm, 6~8월에 보인다.

꼬마노랑가지나방 암컷 누런색 바탕의 앞날개에 가로줄이 두 줄 나타나며 앞날개 가운데에 얼룩 점무늬가 있다.

꼬마노랑가지나방 수컷 더듬이가 빗살 모양이다.

네무늬가지나방 날개편길이는 15~18mm, 5~8월에 보인다. 앞날개 바깥 가장자리 부분에 갈색으로 둘러싸인 사각 무늬가 4개 있다.

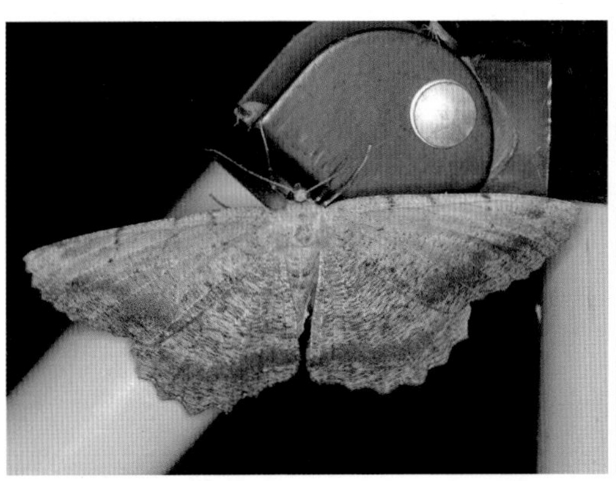
썩은잎가지나방 날개편길이는 58~90mm, 7~9월에 보인다.

썩은잎가지나방 어두운 갈색 바탕 앞뒤 날개 바깥쪽에 물감으로 그린 듯한 짙은 흑갈색 띠무늬가 나타난다.

네눈가지나방 암컷 날개편길이는 34~5mm, 4~8월에 나타난다. 더듬이가 실 모양이다.

네눈가지나방 수컷 더듬이가 빗살 모양이다.

세줄날개가지나방 수컷 날개편길이는 39~54mm, 5~8월에 보인다. 회갈색 바탕의 날개에 굵기와 모양이 다른 가로줄 무늬가 있으며 가로줄이 뭉쳐진 부분이 점무늬처럼 보인다.

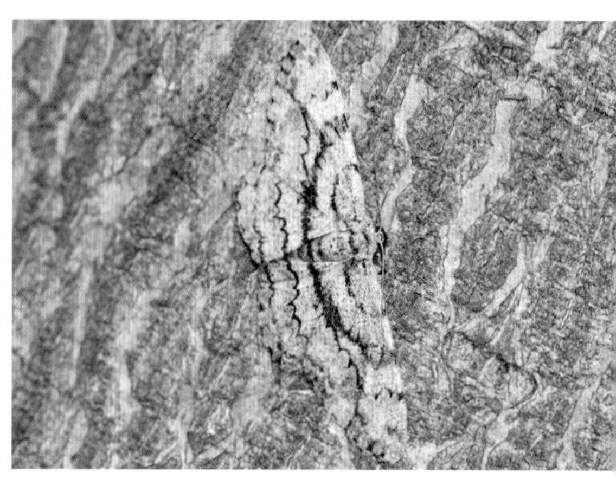

세줄날개가지나방 암컷 더듬이가 실 모양이다.

줄구름무늬가지나방 암컷 날개편길이는 33~46mm, 5~9월에 보인다. 앞날개 바깥 가로줄 앞에 또 하나의 가로줄이 있어 구름무늬가지나방과 구별된다.

줄구름무늬가지나방의 크기를 짐작할 수 있다. 수컷으로 더듬이가 빗살 모양이다.

줄구름무늬가지나방 수컷

구름무늬가지나방 암컷 날개편길이는 43~45mm, 6~7월에 보인다. 앞날개 바깥 가로줄 앞에 또 다른 가로줄이 없어 줄구름무늬가지나방과 구별된다.

구름무늬가지나방의 크기를 짐작할 수 있다.

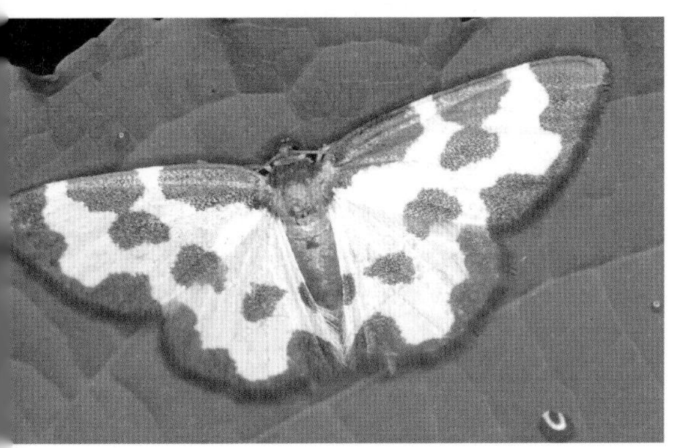

고운애기가지나방 날개편길이는 22~26mm, 5~7월에 보인다.

고운애기가지나방 하얀색 바탕의 날개에 크고 작은 검은색 점무늬들이 나타난다.

쌍점흰가지나방 날개편길이는 22~29mm, 4~8월에 보인다. 흰색 바탕의 앞날개 앞 가장자리에 점무늬가 2개 있다.

쌍점흰가지나방 날개 아랫면

쌍점흰가지나방 짝짓기

두줄흰가지나방 날개편길이는 21~27mm, 6~8월에 보인다. 흰색 바탕의 날개에 희미한 작은 점들이 줄무늬를 이루어 마치 두 줄이 있는 것처럼 보인다.

흑점박이흰가지나방 날개편길이는 25~28mm, 4~8월에 보인다. 앞날개에 흑갈색 무늬가 흩어져 나타난다. 무늬의 크기와 모양이 다양하다.

흑점박이흰가지나방의 크기를 짐작할 수 있다.

다색띠큰가지나방
날개편길이는 22~25mm,
5~9월에 보인다.

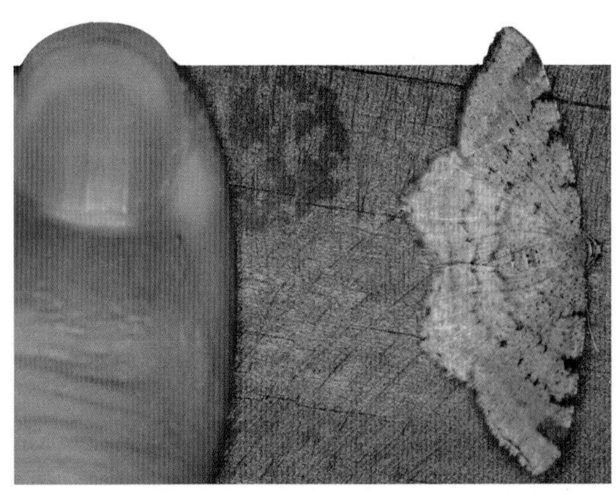

다색띠큰가지나방의 크기를 짐작할 수 있다.

다색띠큰가지나방 앞날개 끝쪽 가장자리 부분에 주황색과 갈색이 어우러진 무늬가 나타난다.

각시가지나방 날개편길이는 24~31mm, 5~9월에 보인다.

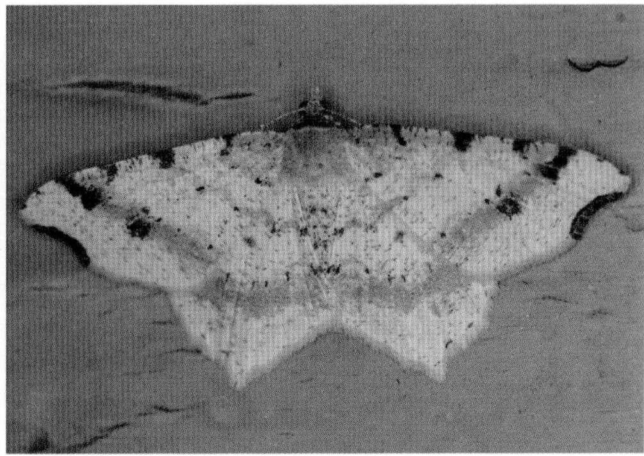

각시가지나방 날개에 가로줄이 있다. 앞날개 끝에 짙은 갈색 무늬가 있는 곳이 오목하다.

각시가지나방의 크기를 짐작할 수 있다.

털겨울가지나방 수컷 날개편길이는 29~35mm, 3~5월에 보인다. 앞날개에 굴곡이 심한 가로줄이 나타나며 날개는 전체적으로 얼룩덜룩하다. 온몸에 가느다랗고 긴 털이 많다.

털겨울가지나방 수컷 날개돋이를 하고 있지만, 날개가 아직 다 펴지지 않았다.

털겨울가지나방 수컷 날개 아랫면은 밝은색이며 더듬이는 빗살 모양이다.

털겨울가지나방 암컷 날개가 퇴화하여 날지 못하며 수컷처럼 온몸이 긴 털로 덮여 있다.

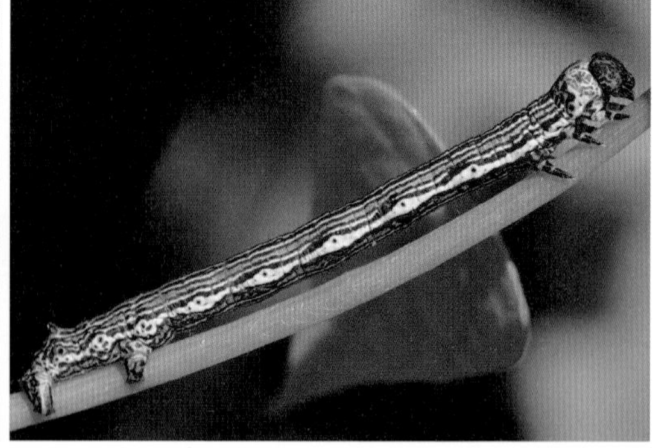

털겨울가지나방 4령 애벌레 검은색 머리에 노란색 무늬가 흩어져 있다.

털겨울가지나방 4령 애벌레 머리

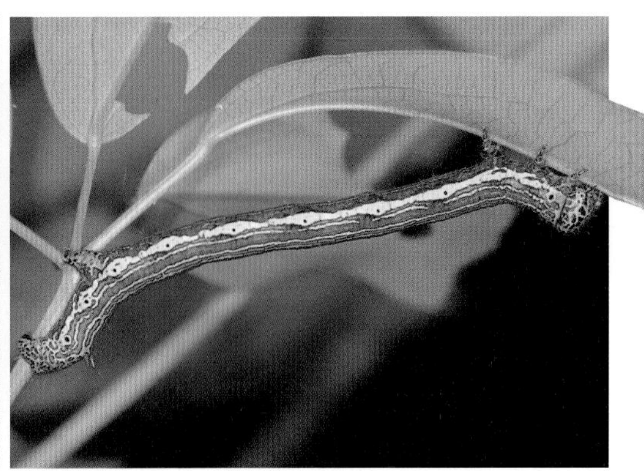

털겨울가지나방 5령 애벌레 몸길이는 50mm 정도, 5월에 보인다. 광대싸리, 신나무, 괴불나무, 아까시나무 등을 먹는다.

먹그림가지나방 날개편길이는 28~41mm, 5~9월에 보인다.

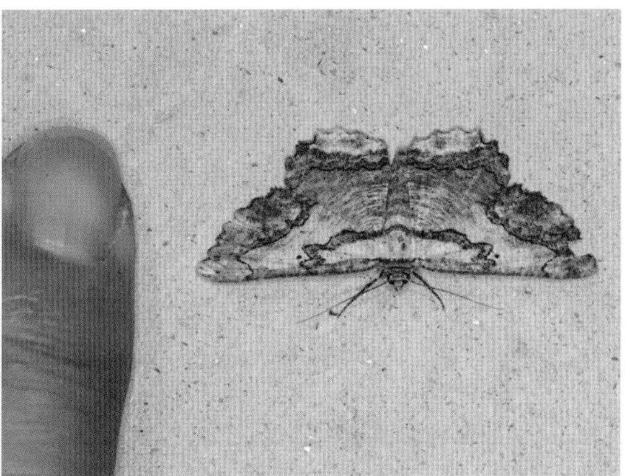

먹그림가지나방의 크기를 짐작할 수 있다.

먹그림가지나방 앞날개에 가로줄이 두 줄 있으며 앞날개 가운데에 검은색 점무늬가 선명하다. 뒷날개 끝은 흰색이다. 전체적으로 먹으로 그린 듯한 무늬가 있다.

뽕나무가지나방 암컷 날개편길이는 39~55mm, 5~월에 보인다. 먹그림가지나방과 비슷하지만 앞날개에 검은색 점이 없고 가로줄 무늬 형태가 다르다. 배가 날개 밖으로 나와 있다.

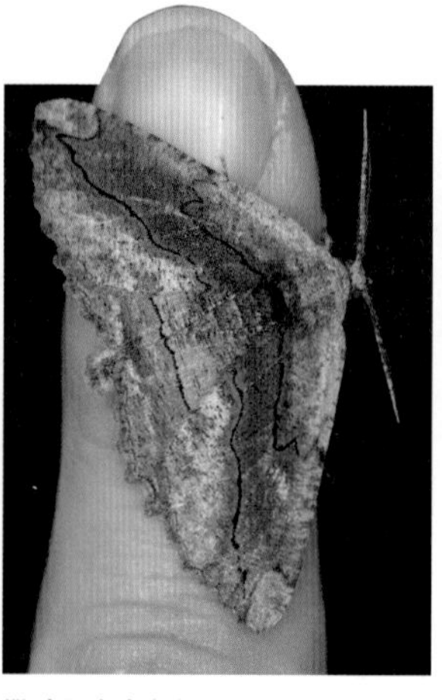

뽕나무가지나방 암컷의 크기를 짐작할 수 있다.

뽕나무가지나방 수컷 더듬이가 빗살 모양이다.

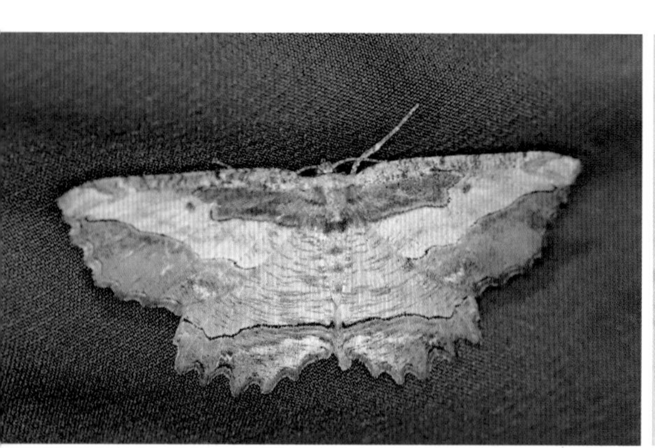

토끼눈가지나방 날개편길이는 30~45mm, 5~9월에 보인다.

토끼눈가지나방 암컷 앞날개 가운데에 있는 넓은 띠무늬가 날개 끝까지 이어져 먹그림가지나방과 구별된다.

토끼눈가지나방 암컷의 크기를 짐작할 수 있다.

토끼눈가지나방 수컷 앞날개 가운데에 검은색 점무늬가 있다. 날개 전체 무늬가 동물 얼굴처럼 보인다. 더듬이가 빗살 모양이다.

우수리가지나방 날개편길이는 27~37mm, 4~5월에 보인다.

우수리가지나방의 크기를 짐작할 수 있다.

우수리가지나방 연한 황갈색 바탕의 앞날개에 짙은 갈색 비늘 가루와 짙은 세로줄이 섞여 있으며 흐릿한 가로줄이 두 줄 있다.

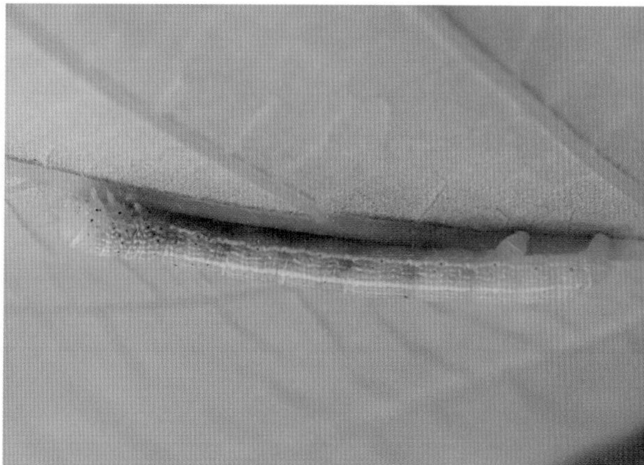

우수리가지나방 중령 애벌레 참나무류가 먹이식물이다.

우수리가지나방 종령 애벌레 몸에 노란색 줄이 있다. 몸길이는 25mm 정도, 5월에 보인다.

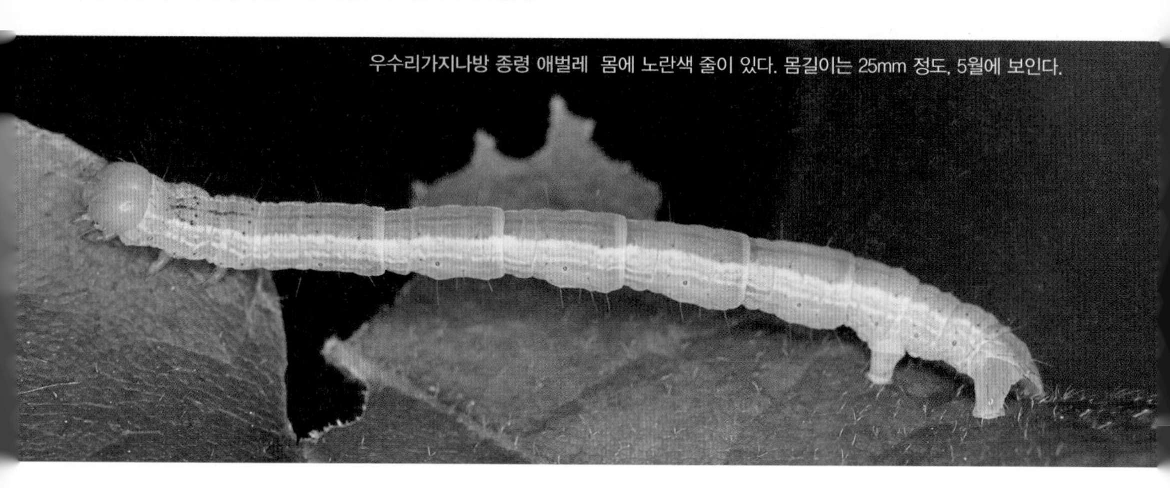

먹세줄흰가지나방 날개편길이는 30~42mm, 7~10월에 보인다. 흰색 바탕의 앞날개에 흑갈색 줄무늬가 비스듬히 3줄 있으며 뒷날개 끝에 갈색 점무늬가 있다.

먹세줄흰가지나방의 크기를 짐작할 수 있다.

먹세줄흰가지나방 밤에 불빛에 잘 찾아든다.

먹세줄흰가지나방 낮에도 보인다.

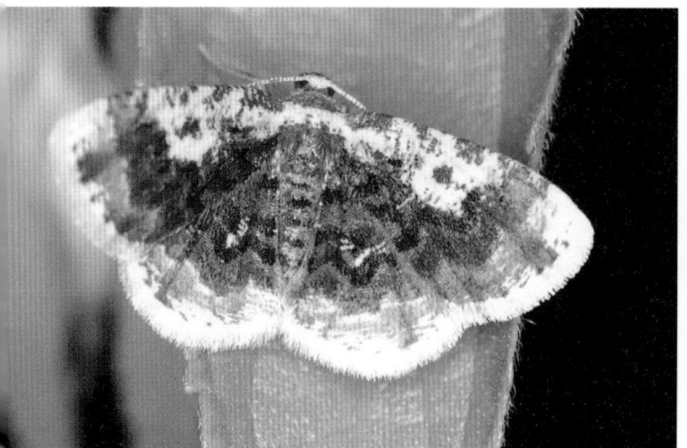

보라애기가지나방 날개편길이는 15~21mm, 5~8월에 보인다. 개체마다 색깔 차이가 있다.

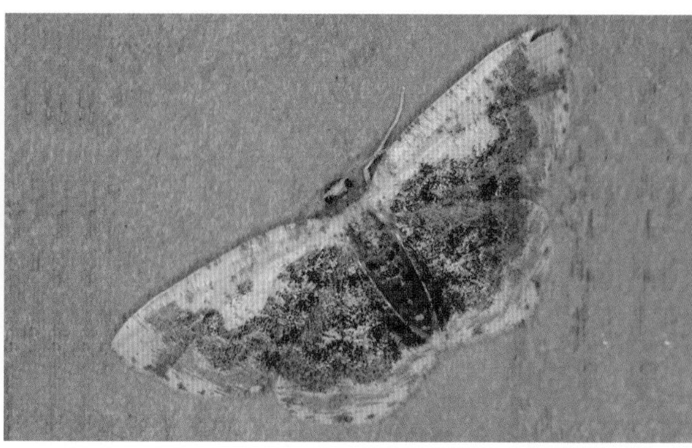

보라애기가지나방 날개 전체에 흑회색의 얼룩무늬가 흩어져 있으며 날개 뒤쪽 가장자리에 황갈색의 물결무늬 가로줄이 있다.

보라애기가지나방의 크기를 짐작할 수 있다. 밤에 불빛에 잘 찾아든다.

구름애기가지나방 날개편길이는 21~24mm, 5~7월에 보인다.

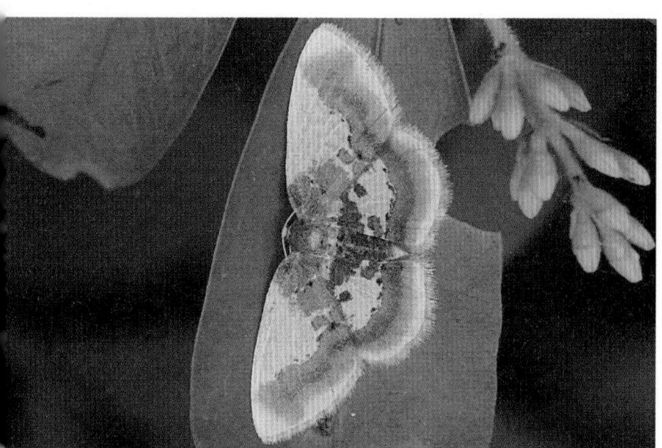

구름애기가지나방 날개 뒤쪽에 보랏빛이 도는 회색 띠무늬가 있고 앞날개 앞쪽에 적갈색의 얼룩무늬가 있다.

구름애기가지나방 날개 아랫면

노랑날개무늬가지나방 날개편길이는 50~68mm, 5~9월에 보인다. 앞뒤 날개에 크고 작은 검은색 무늬가 흩어져 있다. 앞날개는 전체가 진한 노란색이며 뒷날개는 뒤쪽 가장자리만 진한 노란색이고 나머지는 흰색이다.

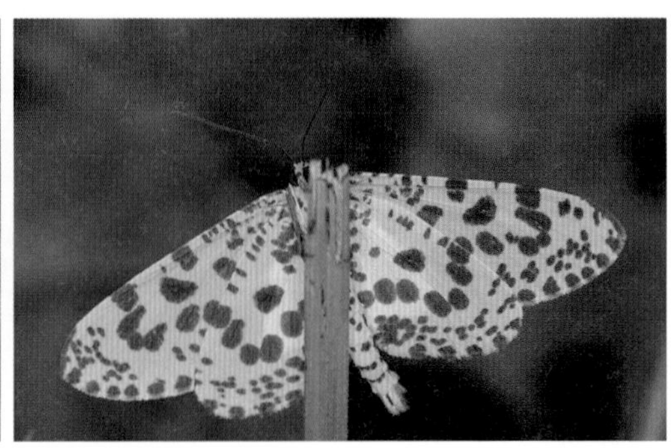

노랑날개무늬가지나방 아랫면도 윗면과 같은 색과 무늬가 나타난다.

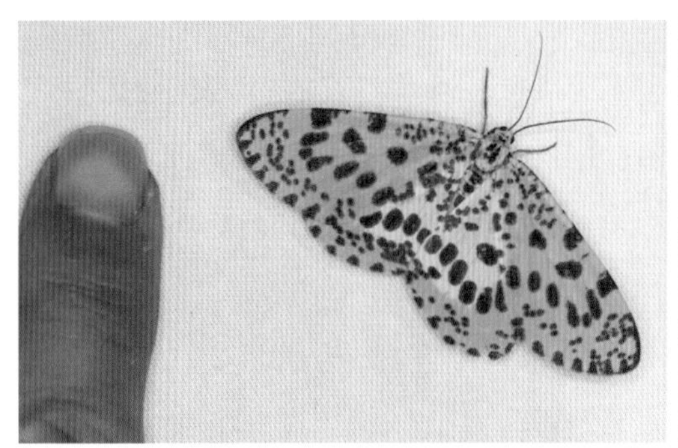

노랑날개무늬가지나방의 크기를 짐작할 수 있다.

노랑날개무늬가지나방 애벌레 몸길이는 45mm, 5월에 보이며 노박덩굴이 먹이식물이다.

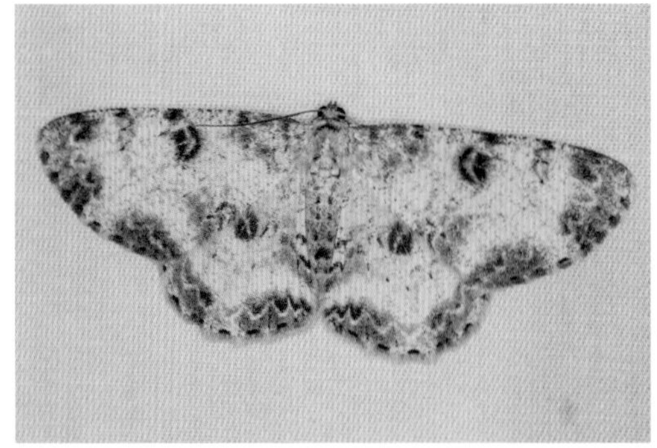

큰눈노랑가지나방 날개편길이는 38~57mm, 5~8월에 보인다. 앞뒤 날개에 큰 단춧구멍처럼 생긴 무늬가 모두 4개다. 날개 가장자리를 따라 띠가 나타난다.

큰눈노랑가지나방, 꼬마봉인밤나방 불빛에 잘 찾아든다. 크기를 짐작할 수 있다.

네눈푸른가지나방 날개편길이는 35~44mm, 5~8월에 보인다. 녹색 바탕의 앞뒤 날개 가운데에 눈알 무늬가 모두 4개 있다. 뒷날개 가운데는 검은색의 넓은 띠무늬가 나타난다.

흰제비가지나방 날개편길이는 51~57mm, 6~9월에 보인다. 뒷날개 끝에 검은색 점무늬가 2개 있으며, 안에 붉은색을 띠기도 한다. 날개 끝의 부드러운 털(연모)은 등갈색이라 다른 제비가지나방류와 구별된다.

제비가지나방 날개편길이는 34~46mm, 6~8월에 보인다. 뒷날개 가로줄이 'ㄴ' 자로 각이 져 있어 다른 제비가지나방류와 구별된다. 뒷날개에 검은색과 붉은색이 반씩 있는 동그란 점무늬가 각각 하나씩 있다.

제비가지나방 애벌레 몸길이는 40mm, 5~6월에 보이며 노린재나무가 먹이식물이다.

제비가지나방 애벌레의 크기를 짐작할 수 있다.

북방제비가지나방 날개편길이는 38~58mm, 6~8월에 보인다. 날개 끝의 부드러운 털(연모)은 적갈색이며, 뒷날개 꼬리 모양의 돌기 주변에 점무늬가 있다.

북방제비가지나방 얼굴이 회갈색이다. 굵은줄제비가지나방은 북방제비가지나방의 동종이명으로 처리되었다고 한다.

북방제비가지나방의 크기를 짐작할 수 있다.

알락제비가지나방 날개편길이는 51~61mm, 5~8월에 보인다. 황갈색 바탕의 앞날개에 곧은 갈색 가로줄이 있다. 뒷날개 끝에는 꼬리 모양의 돌기가 있고 테두리가 곧은 갈색 줄 모양이다.

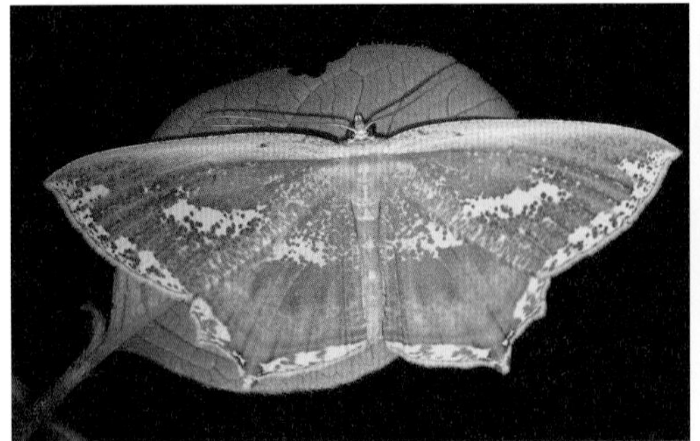

노랑제비가지나방 날개편길이는 45~55mm, 5~9월에 보인다. 날개에 노란색과 회갈색이 어우러진 물감으로 그린 듯한 무늬가 나타난다.

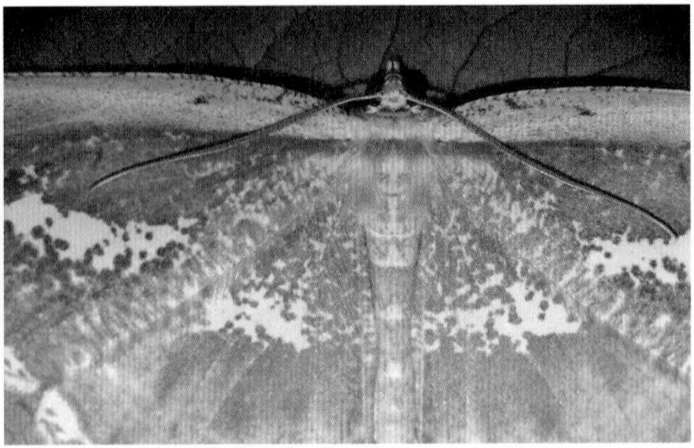

노랑제비가지나방 배 윗면 앞쪽에 해골 같은 독특한 무늬가 있다.

노랑제비가지나방 날개 아랫면

날개돋이 중인 노랑제비가지나방 아직 날개가 다 펴지지 않았다.

범제비가지나방 날개편길이는 32~36mm, 7월에 주로 보인다. 앞날개에 굵은 갈색 줄무늬와 뒷날개의 노란색 띠와 검은색 점무늬가 '범' 무늬처럼 보인다.

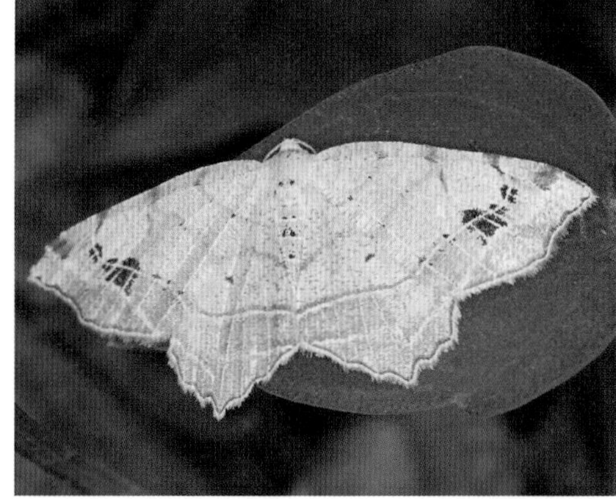

고운날개가지나방 날개편길이는 25~33mm, 5~8월에 보인다. 앞날개에 가로줄, 앞쪽 가장자리에 갈색 무늬, 가운데에는 흑갈색 무늬가 있다. 뒷날개 끝은 뾰족하며 황갈색 테두리가 나타난다.

고운날개가지나방 개체마다 색깔이나 무늬에 차이가 있다.

뒷흰가지나방 날개편길이는 32~51mm, 3~5월에 보인다. 앞날개에 검은색과 흰색이 섞여 있는 가로줄이 굴곡져 나타난다. 뒷날개는 하얀색이다.

뒷흰가지나방 날개 아랫면

뒷흰가지나방 애벌레 몸길이는 40~45mm, 5월에 보인다. 신갈나무, 벚나무, 개암나무 등 여러 나무의 잎을 먹는다.

연푸른가지나방 날개편길이는 24~33mm, 4~8월에 보인다. 날개는 황백색이며 앞날개에 두 줄, 뒷날개에 갈색 가로줄이 한 줄 있다.

연푸른가지나방 더듬이는 갈색을 띤다.

연푸른가지나방 짝짓기 6월 초에 관찰한 모습이다.

중국두줄가지나방 날개편길이 25~32mm, 5~7월에 보인다. 황갈색 날개에 진한 갈색 가로줄이 두 줄 있다. 바깥 가로줄이 거의 직선에 가깝다. 앞뒤 날개의 가장자리는 물결 모양이다.

끝짤룩노랑가지나방 날개편길이는 27~39mm, 5~8월에 보인다.

끝짤룩노랑가지나방 황갈색 바탕의 날개에 짙은 갈색의 가로띠가 나타나며 앞날개 끝부분에 흑갈색의 삼각 무늬가 있다.

끝짤룩노랑가지나방 개체마다 차이가 있다.

끝짤룩노랑가지나방 아랫면

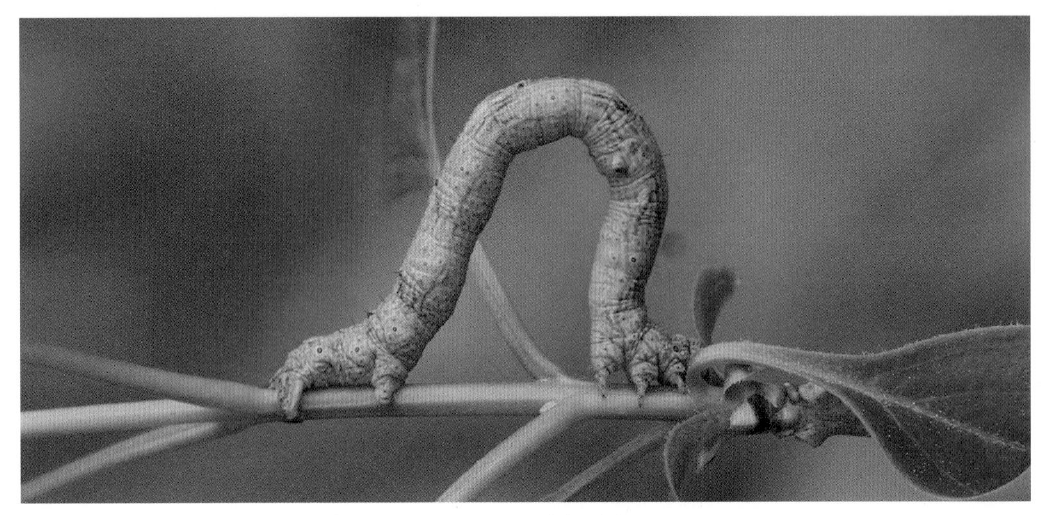

끝짤룩노랑가지나방 몸길이는 30mm, 8월에 보이며 때죽나무가 먹이식물이다.

가랑잎가지나방 날개편길이는 34~39mm, 6~8월에 보인다.

가랑잎가지나방 앞날개 가운데에 동그란 무늬가 있으며 전체적으로 날개가 얼룩덜룩한 느낌이다.

흰무늬노랑가지나방 날개편길이는 20~32mm, 5~7월에 보인다. 앞날개 바깥쪽에 황백색 동그란 무늬가 선명하다. 앞날개에 흑갈색 가로줄이 뚜렷하다.

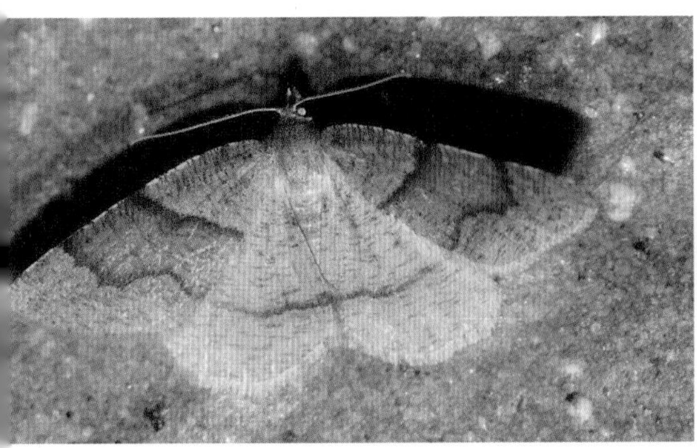

띠넓은가지나방 날개편길이는 24~36mm, 5~9월에 보인다. 날개는 황갈색이며 짙은 갈색 가로띠가 앞날개에 2개, 뒷날개에 하나 있다.

띠넓은가지나방 가로띠 사이가 짙은 갈색을 띠는 개체도 있다.

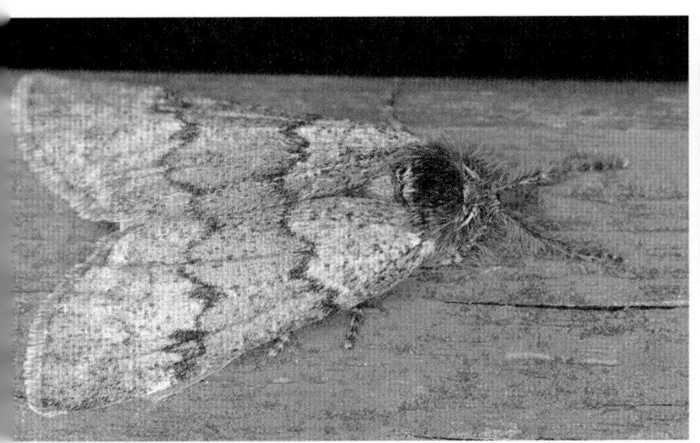

이른봄긴날개가지나방 날개편길이는 수컷 33~35mm, 암컷 43~51mm, 3~5월에 보인다. 앞날개에 무딘 톱니 모양의 가로띠가 있다. 개체마다 차이가 있다.

이른봄긴날개가지나방의 크기를 짐작할 수 있다.

날개돋이 직후의 이른봄긴날개가지나방 수컷

이른봄긴날개가지나방 날개 아랫면

이른봄긴날개가지나방 짝짓기 날개가 긴 아래 개체가 암컷이다.

담흑가지나방 날개편길이는 27~35mm, 5~10월에 보인다.

담흑가지나방 황갈색 바탕의 앞날개에 짙은 갈색 가로줄이 있다. 가운데 가로줄과 바깥 가로줄이 앞날개 안쪽 가장자리에서 가까워진다. 개체마다 무늬나 색깔 차이가 있다.

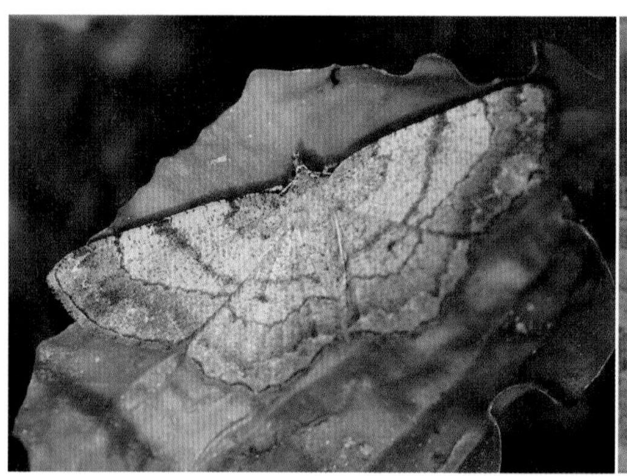

담흑가지나방

밑검은가지나방 날개편길이는 35~40mm, 9~10월에 보인다. 연한 회색의 앞날개 앞쪽에 짙은 갈색 무늬가 나타난다.

두줄가지나방 날개편길이는 27~40mm, 5~9월에 보인다.

두줄가지나방 붉은빛을 띤 갈색 앞날개에 가로줄이 두 줄 있다. 그 사이가 연한 회색이라 넓은 띠처럼 보인다. 개체마다 차이가 있다.

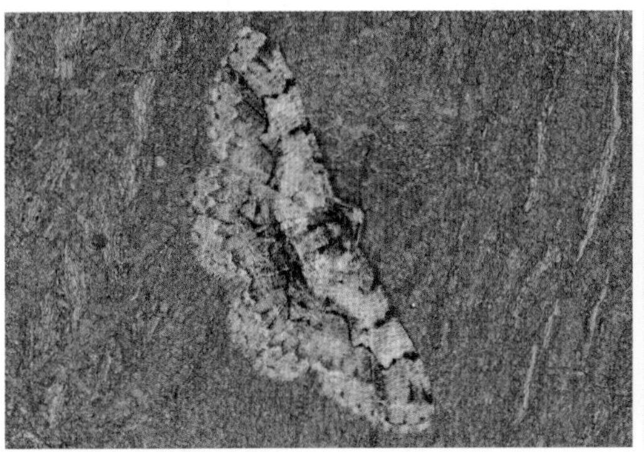

배털가지나방 날개편길이는 19~25mm, 4~8월에 보인다.

배털가지나방 회갈색 바탕의 날개에 검은색 가로줄이 나타난다. 날개를 펼쳤을 때 가로줄이 날개 가운데를 가로지르는 검은색 띠처럼 보인다.

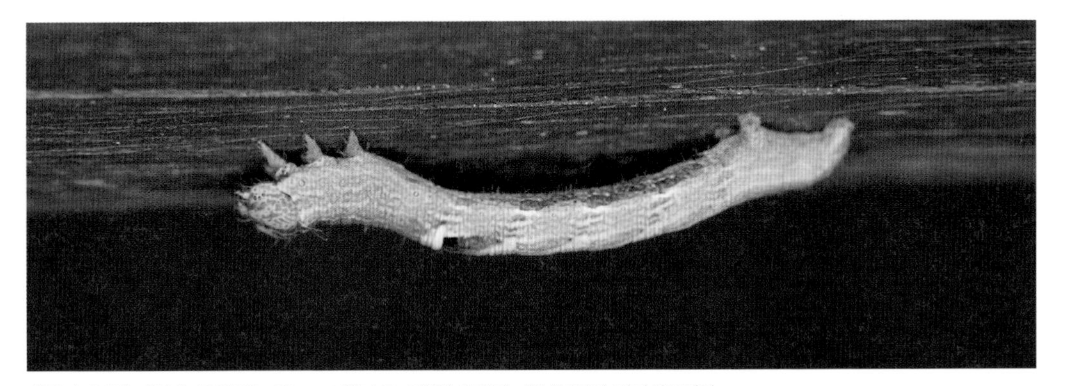

배털가지나방 애벌레 몸길이는 20mm, 5월과 7~8월에 보인다. 참나무류가 먹이식물이다.

금빛가지나방 날개편길이는 22~28mm, 6~8월에 보인다.

금빛가지나방 금빛을 띤 앞뒤 날개에 작은 점무늬가 모두 4개, 은빛을 띤 가로줄이 있다. 개체마다 차이가 있다.

끝갈색흰가지나방 날개편길이는 28~39mm, 5~9월에 보인다.

끝갈색흰가지나방 앞날개에 가로줄이 보이며 앞날개 앞쪽 가장자리와 날개 끝에 짙은 갈색 무늬가 있다. 앞날개 끝이 뾰족하다.

네눈애기가지나방 날개편길이는 17~22mm, 5~8월에 보인다. 앞날개 뒤쪽에 사각 무늬가 모두 4개 있으며 앞날개 가운데로 짙은 갈색의 긴 점무늬가 있다.

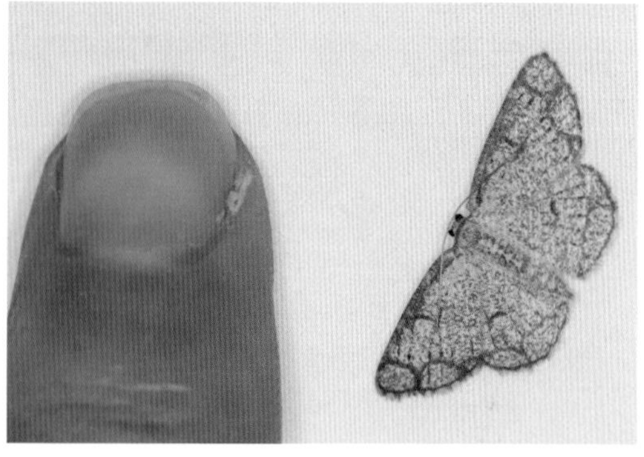

네눈애기가지나방의 크기를 짐작할 수 있다.

녹두빛가지나방 날개편길이는 24~30mm, 6~8월에 보인다. 앞날개에 가로줄이 있으며 끝쪽 가장자리에 짙은 갈색 얼룩무늬가 있다.

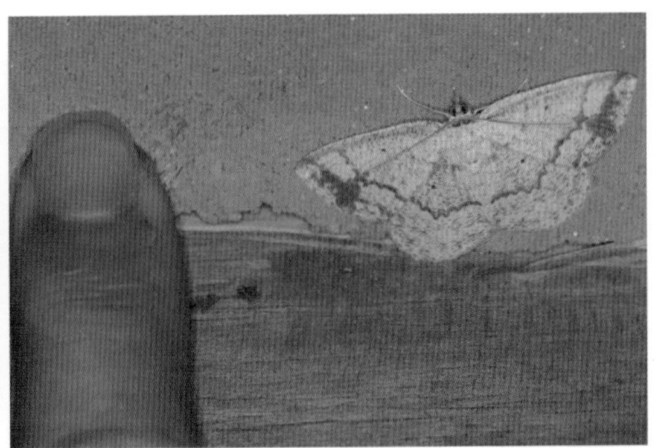

녹두빛가지나방의 크기를 짐작할 수 있다.

세줄흰가지나방 날개편길이는 29~43mm, 6~9월에 보인다.

세줄흰가지나방 은백색 바탕의 앞뒤 날개에 회색 띠무늬 3개가 선명하다.

니도베가지나방 날개편길이는 26~38mm, 10~11월에 보인다. 앞날개에 연한 갈색의 띠무늬가 있으며 그 안에 검은색 점무늬가 있다.

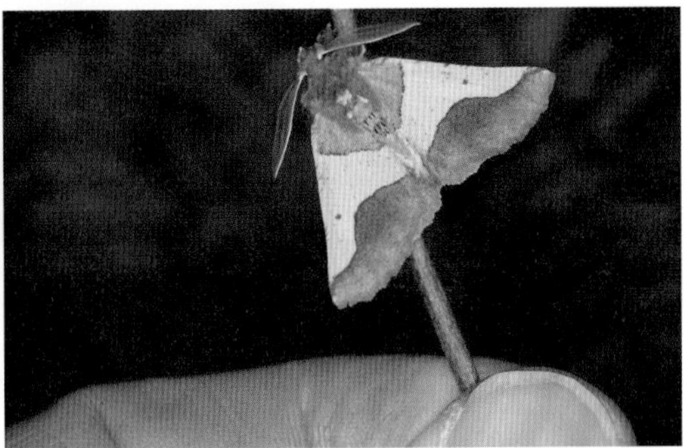

니도베가지나방의 크기를 짐작할 수 있다.

니도베가지나방 날개 아랫면

니도베가지나방 애벌레 몸길이는 35mm, 4~5월에 보인다. 단풍나무, 신갈나무, 귀룽나무 등 여러 나무의 잎을 먹는다. 황색형이다.

니도베가지나방 애벌레(흑색형)

흰띠왕가지나방 날개편길이는 55~74mm, 5~8월에 보인다.

흰띠왕가지나방 앞날개에 세로로 넓은 하얀색 띠무늬가 있다. 뒷날개 끝 가장자리에도 흰색 띠가 일부분 보인다.

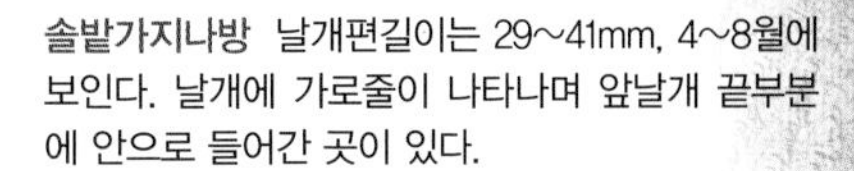

솔밭가지나방 날개편길이는 29~41mm, 4~8월에 보인다. 날개에 가로줄이 나타나며 앞날개 끝부분에 안으로 들어간 곳이 있다.

노랑얼룩끝짤름가지나방 날개편길이는 40~49mm, 7~8월에 보인다.

노랑얼룩끝짤름가지나방 앞뒤 날개 가운데에 노란색 점무늬가 있으며 앞날개 앞쪽 가장자리 가운데에 커다란 노란색 무늬 그리고 날개 끝에 노란색 반달무늬가 있다.

노랑얼룩끝짤름가지나방 날개 끝이 안으로 잘린 듯한 모양이다. 개체마다 차이가 있다.

노랑얼룩끝짤름가지나방 앞모습 밤에 불빛에 잘 찾아든다.

■ 배붉은푸른자나방 날개편길이는 23~30mm, 6~9월에 보인다.

■ 배붉은푸른자나방 제4~6 배마디는 적갈색이며 앞뒤 날개에 검은색 점이 하나씩 있다. 흰색 가로줄은 약간 휘어 있다.

■ 흰줄무늬애기푸른자나방 날개편길이는 18~22mm, 5~8월에 보인다. 제4~6 배마디는 적갈색이다. 날개 앞쪽 가장자리에 갈색 점무늬가 있고, 앞뒤 날개의 뒤쪽 가장자리에 작은 흰색 점무늬가 테두리처럼 나타난다. 앞뒤 날개의 가로줄은 흰색이며 자잘하게 굴곡진다.

■ 흰줄무늬애기푸른자나방의 크기를 짐작할 수 있다.

■ 네점푸른자나방 날개편길이는 21~27mm, 6~8월에 보인다.

■ 네점푸른자나방 앞날개 앞 가장자리가 선명한 흰색이다.

■ 네점푸른자나방 앞뒤 날개에 검은색 점이 모두 4개 있다. 날개를 자연스럽게 펼쳤을 때 두 날개가 만나는 곳에 가늘고 긴 갈색 무늬가 나타난다. 날개 가장자리를 따라 검은색 점무늬가 성기게 있다.

쌍눈푸른자나방 날개편길이는 25~31mm, 6~9월에 보인다. 앞뒤 날개 뒤쪽 가장자리는 눈을 뿌린 듯하다. 뒷날개에 눈썹무늬가 뚜렷하며 앞날개 가운데에 점무늬가 있다.

쌍눈푸른자나방의 크기를 짐작할 수 있다.

붉은무늬푸른자나방 암컷 날개편길이는 18~22mm, 5~9월에 보인다. 두 날개가 만나는 곳에 붉은색 무늬가 나타난다.

붉은무늬푸른자나방 수컷 앞날개에 흰색 가로띠가 두 줄, 앞쪽 가장자리는 흰색이 선명하다. 앞뒤 날개 가운데에 점무늬가 모두 4개 있다. 뒷날개 가장자리는 연한 갈색으로 검은색 점무늬가 줄처럼 이어져 일부분 나타난다.

붉은무늬푸른자나방의
크기를 짐작할 수 있다.

무늬박이푸른자나방 날개편길이는 20~25mm, 6~9월에 보인다. 앞뒤 날개가 만나는 곳에 갈색 테두리를 두른 크기가 다른 흰색 무늬가 있다.

무늬박이푸른자나방 앞뒤 날개에 작은 갈색 점이 모두 4개 있다. 앞 가장자리는 흰색이며 나머지 가장자리에는 부드러운 갈색 털과 검은색 점이 박음질한 듯 보인다.

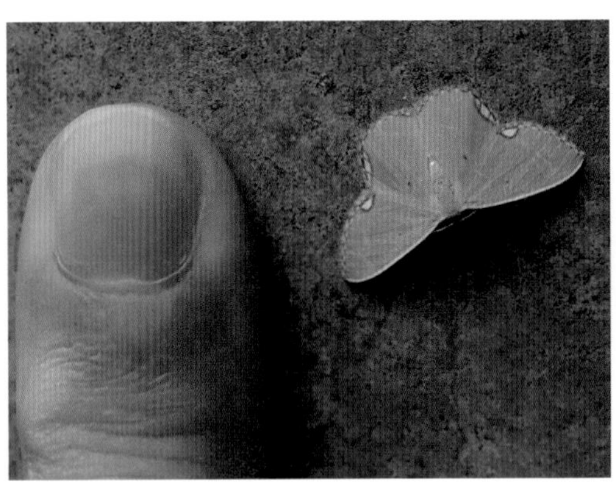

무늬박이푸른자나방 암컷의 크기를 짐작할 수 있다.

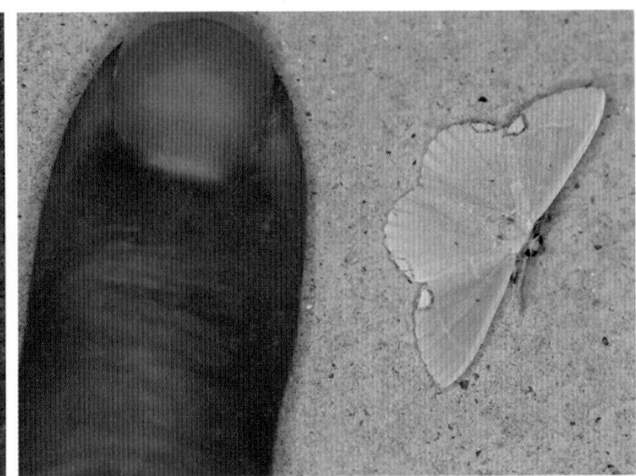

무늬박이푸른자나방 수컷의 크기를 짐작할 수 있다.

큰무늬박이푸른자나방 날개편길이는 26~29mm, 6~7월에 보인다. 두 날개가 만나는 곳의 무늬가 무늬박이푸른자나방과 구별된다.

갈색무늬푸른자나방 날개편길이는 22~25m, 6~9월에 보인다. 뒷날개 가장자리 앞쪽에 흰색 줄이 있어 붉은무늬푸른자나방과 구별된다. 앞날개 앞 가장자리는 흰색이며 앞뒤 날개에 모두 4개의 점무늬가 있다. 두 날개가 만나는 곳의 무늬는 갈색이다.

갈색무늬푸른자나방의 크기를 짐작할 수 있다.

애기네눈박이푸른자나방 날개편길이는 15~20mm, 5~11월에 보인다. 앞뒤 날개에 노란색 테두리를 두른 갈색 무늬가 모두 4개 있다.

애기네눈박이푸른자나방 가로줄이 노란색과 갈색이 섞인 점무늬로 이루어져 있다. 날개 바깥 가장자리에 갈색 점무늬가 촘촘하게 박음질한 듯하다.

애기네눈박이푸른자나방의 크기를 짐작할 수 있다.

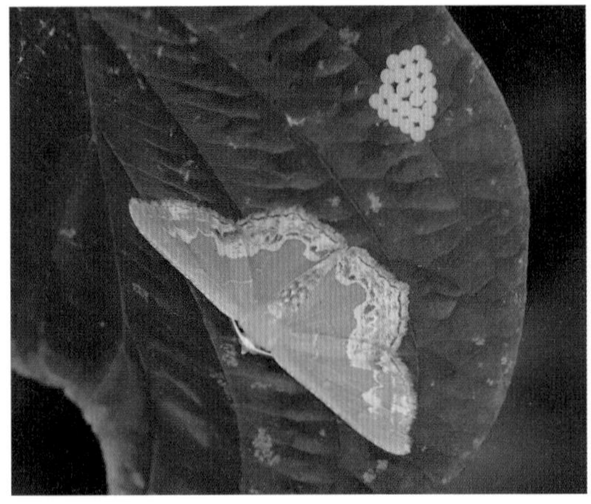

왕무늬푸른자나방 날개편길이는 25~35mm, 6~9월에 보인다.

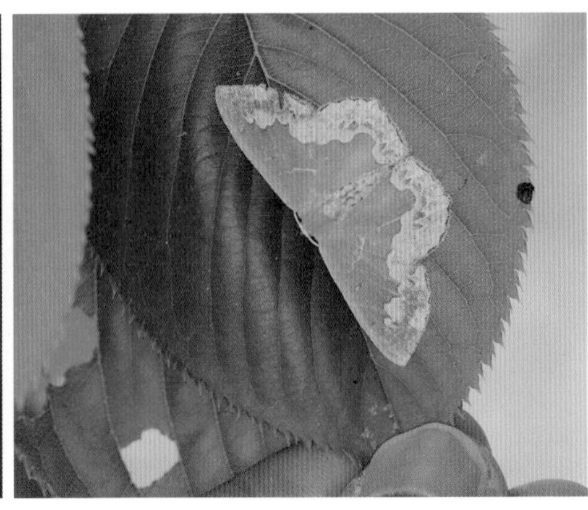

왕무늬푸른자나방의 크기를 짐작할 수 있다.

왕무늬푸른자나방 뒷날개 뒤 가장자리에 황백색의 띠무늬가 독특하며 앞날개 안쪽 가장자리에도 이 무늬가 연결되어 나타난다. 배 윗면에도 이 무늬가 있다.

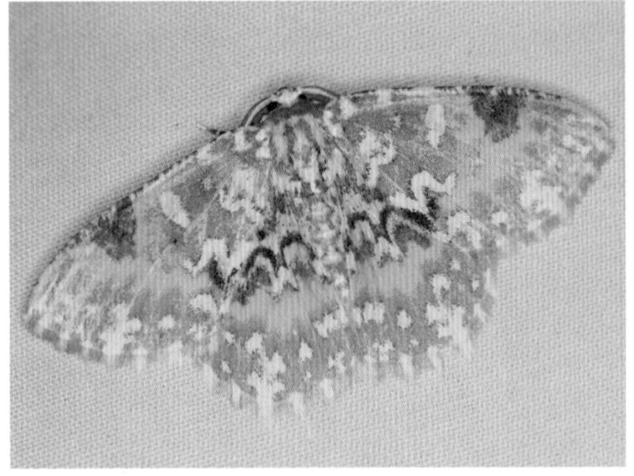

색동푸른자나방 날개편길이는 33~35mm, 6~7월에 보인다. 연두색 날개에 흰색과 노란색, 붉은색이 어우러진 무늬가 있어 색동처럼 보인다.

색동푸른자나방의 크기를 짐작할 수 있다.

색동푸른자나방 아랫면은 하얀색이다.

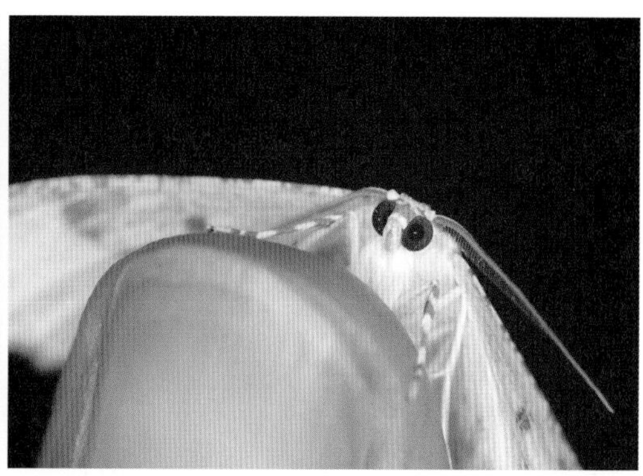

색동푸른자나방 얼굴

흰줄푸른자나방 날개편길이는 29~45mm, 5~9월에 보인다.

흰줄푸른자나방 앞날개에 흰색 가로줄 두 줄밖에 없다. 앞날개 가운데에도 무늬가 없다.

흰줄푸른자나방 날개 아랫면

흰줄푸른자나방 밤에 계곡 가에 앉아 물을 마시고 있다. 여름에 자주 볼 수 있는 장면이다.

쌍줄푸른자나방 날개편길이는 44~52mm, 6~8월에 보인다. 앞날개 앞 가장자리는 흰색이며 별다른 무늬가 없어 흰띠푸른자나방과 구별된다. 날개 바깥쪽에 희미한 가로줄이 물결무늬를 이룬다.

쌍줄푸른자나방 굵고 선명한 황백색 가로줄이 두 줄 있으며 그 사이에 별다른 무늬가 없어 흰띠푸른자나방과 구별된다. 두 번째 가로줄은 약간 불규칙하게 휘었다.

쌍줄푸른자나방 얼굴

쌍줄푸른자나방 짝짓기

흰띠푸른자나방 날개편길이는 34~50mm, 5~9월에 보인다.

흰띠푸른자나방의 크기를 짐작할 수 있다. 흰줄푸른자나방과 달리 날개 바깥쪽에 황백색 가로줄이 희미하게 보인다.

흰띠푸른자나방 앞날개 가로줄이 굵고 선명하며 앞날개 가운데에 황백색의 초승달 무늬가 있어 다른 푸른자나방류와 구별된다.

앞흰꼬리푸른자나방 날개편길이는 38~41mm, 6~9월에 보인다.

앞흰꼬리푸른자나방 날개 가장자리가 약한 물결 모양이고 부드러운 털(연모)에 갈색 점이 있어 다른 푸른자나방류와 구별된다.

줄물결푸른자나방 날개편길이는 25~38mm, 6~8월에 보인다.

줄물결푸른자나방 앞뒤 날개에 동그란 무늬가 있어 다른 푸른자나방류와 구별된다. 앞날개 가로줄은 톱니무늬, 날개 가장자리에 갈색 점이 나타난다.

녹색푸른자나방 날개편길이는 21~23mm, 5~9월에 보인다.

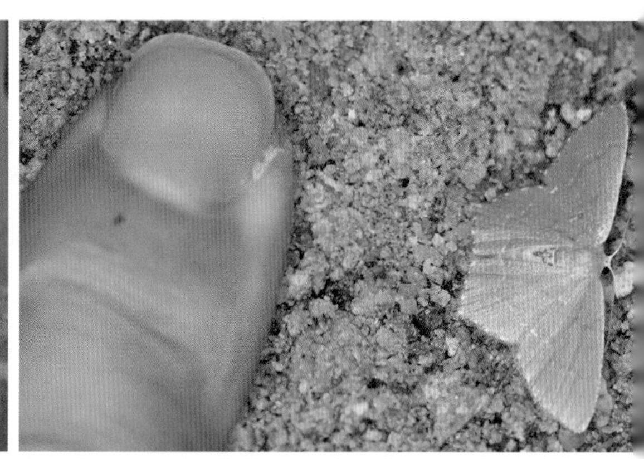

녹색푸른자나방의 크기를 짐작할 수 있다.

녹색푸른자나방 앞날개 앞 가장자리는 연한 갈색이며 끝에 진한 갈색의 부드러운 털(연모)이 가장자리를 따라 빽빽하게 나타난다.

녹색푸른자나방 머리는 녹색, 날개에 황백색의 가로줄이 물결치듯 나타난다. 제4~5 배마디는 적갈색이다.

두줄푸른자나방 날개편길이는 17~23mm, 6~9월에 보인다. 날개는 연두색이며 앞뒤 날개에 녹색과 흰색이 겹가로띠 두 개가 선명하다. 날개 가장자리 연모에는 특별한 무늬가 없다.

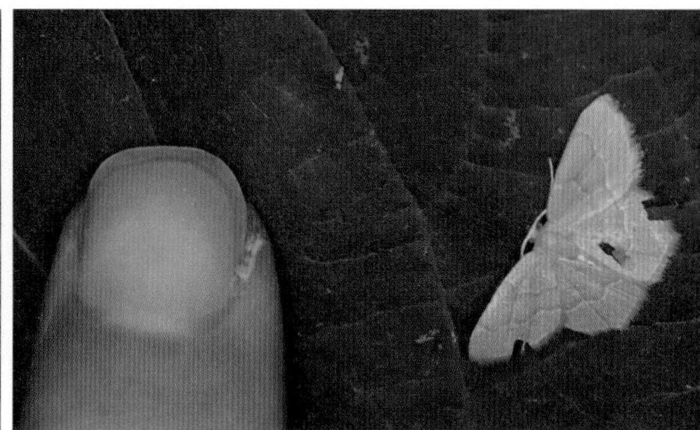

두줄푸른자나방의 크기를 짐작할 수 있다.

빗살무늬푸른자나방
날개편길이는 57~62mm,
7~8월에 보인다.

빗살무늬푸른자나방 날개에 황백색과 노란색 겹가로띠가 나타나며 앞뒤 날개 바깥쪽에 검은색의 빗살무늬가 있다.

빗살무늬푸른자나방 배는 노란색이며 마디에 흰색 고리 무늬가 나타난다.

빗살무늬푸른자나방 밤에 불빛에 잘 찾아든다. 파리와 비교하면 크기를 짐작할 수 있다.

빗살무늬푸른자나방 앞뒤 날개 아랫면은 황백색이며 가운데에 검은색 눈썹 무늬가 있다.

두줄애기푸른자나방 날개편길이는 16~22mm, 4~8월에 보인다.

두줄애기푸른자나방 앞뒤 날개에 약한 물결무늬의 흰색 가로줄이 나타나며 날개 끝 부드러운 털(연모)은 연둣빛이 돈다.

두줄애기푸른자나방 희미한 눈썹 무늬 외에 별다른 무늬가 없다.

두줄애기푸른자나방 낮에도 종종 보인다. 날개돋이한 지 얼마 되지 않아서 날개가 깨끗하고 무늬도 선명하다.

흰두줄푸른자나방 날개편길이는 27~39mm, 6~9월에 보인다. 황백색 가로줄이 앞날개에 두 줄, 뒷날개에 한 줄 있다. 이 외에 별다른 무늬는 없다. 두줄애기푸른자나방과는 뒷날개 가로줄 수로 구별한다.

벚나무제비푸른자나방 날개편길이는 29~41mm, 5~9월에 주로 보인다. 큰제비푸른자나방과는 날개 바깥쪽 모양이 다른 것으로 구별한다.

벚나무제비푸른자나방의 크기를 짐작할 수 있다.

큰제비푸른자나방 앞날개 앞 가장자리에 갈색 잔 점무늬가 많고 앞뒤 날개 바깥 가장자리에는 갈색 줄무늬가 있다. 날개 끝 부드러운 털(연모)에 흑갈색 점이 보인다.

붉은줄푸른자나방 날개편길이는 24~30mm, 6~9월에 보인다.

붉은줄푸른자나방 적갈색을 띤 곧은 가로줄이 앞날개에 두 줄, 뒷날개에 한 줄 있다. 앞날개 앞 가장자리에 작은 흑갈색 점무늬가 흩뿌려져 있다.

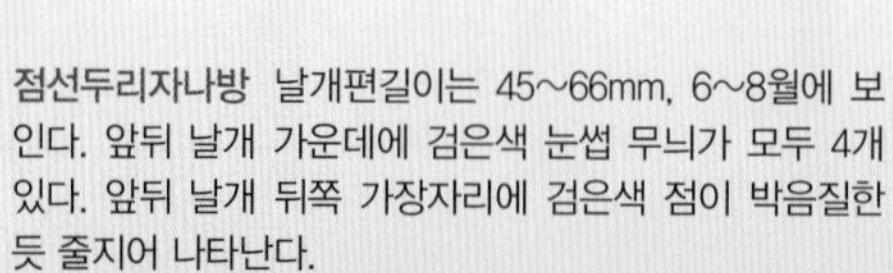

점선두리자나방 날개편길이는 45~66mm, 6~8월에 보인다. 앞뒤 날개 가운데에 검은색 눈썹 무늬가 모두 4개 있다. 앞뒤 날개 뒤쪽 가장자리에 검은색 점이 박음질한 듯 줄지어 나타난다.

점선두리자나방 아랫면

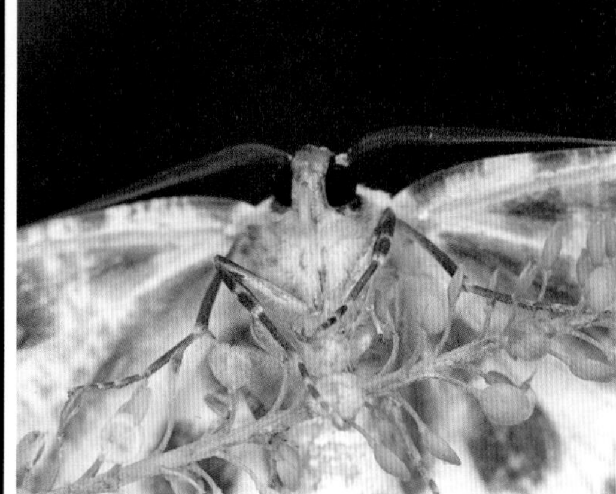

점선두리자나방 얼굴

각시톱무늬자나방 날개편길이는 36~42mm, 6~7월에 보인다.

각시톱무늬자나방 앞뒤 날개에 끝이 뾰족한 가로줄이 나타난다. 앞날개에 두 줄, 뒷날개에는 한 줄이다. 날개에 연한 푸른빛이 돌아 푸른자나방 무리에 속한다.

날개둥근푸른자나방 날개편길이는 30~40mm, 4~8월에 보인다. 연회색 바탕의 앞뒤 날개에 날카로운 물결무늬의 가로줄이 나타난다.

네눈박이푸른자나방 날개편길이는 23~35mm, 6~9월에 보인다.

네눈박이푸른자나방 앞뒤 날개에 크고 흰색 둥근 무늬가 모두 4개 있으며 무늬 가운데에 갈색 점이 있다.

네눈박이푸른자나방 수컷

네눈박이푸른자나방 날개 아랫면

톱날푸른자나방 날개편길이는 32~40mm, 5~8월에 보인다.

톱날푸른자나방 앞날개 끝이 뾰족한 갈고리 모양이다. 날개에 흰색 유리창 무늬가 가운데를 중심으로 굵은 띠를 이룬다.

톱날푸른자나방의 크기를 짐작할 수 있다.

톱날푸른자나방 날개는 짙은 녹색이지만 개체에 따라 차이가 있다.

검띠물결자나방 날개편길이는 18~24mm, 7~8월에 보인다.

검띠물결자나방 담갈색, 녹갈색, 황갈색 등 개체마다 색깔 차이가 있다. 앞날개 가운데에 물결무늬의 가로줄 4줄이 하나의 넓은 띠를 이루어 나타난다.

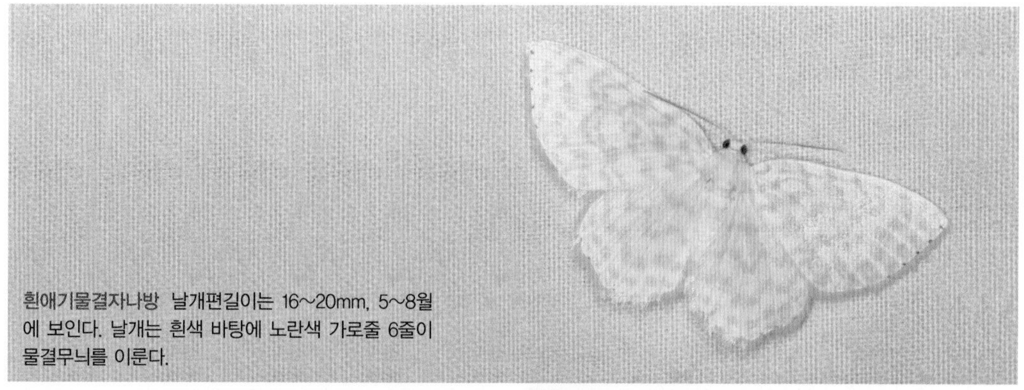

흰애기물결자나방 날개편길이는 16~20mm, 5~8월에 보인다. 날개는 흰색 바탕에 노란색 가로줄 6줄이 물결무늬를 이룬다.

흰띠큰물결자나방 날개편길이는 19~24mm, 5~7월에 보인다.

흰띠큰물결자나방 앞뒤 날개는 검은색이다. 앞날개 끝부분에 흰색 띠가 사선으로 나타난다.

배노랑물결자나방 날개편길이는 35~46mm, 6~8월에 보인다.

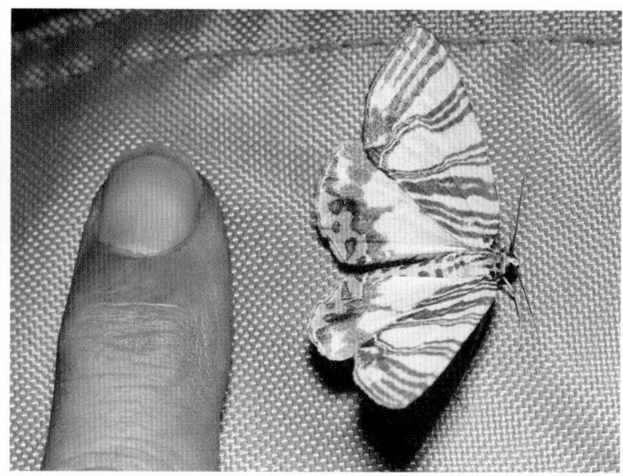

배노랑물결자나방의 크기를 짐작할 수 있다.

배노랑물결자나방 배를 위로 치켜든 자세다.

배노랑물결자나방 날개 아랫면

배노랑물결자나방 앞날개 앞쪽에서부터 3줄씩 이루어진 줄무늬가 나타나며 날개 끝에는 2줄은 길고 2줄은 짧은 4줄로 이루어진 줄무늬가 있다. 이 무늬가 북방네줄물결자나방과 구별된다.

북방네줄물결자나방 원 안의 무늬가 배노랑물결자나방과 다르다.

북방네줄물결자나방 날개편길이는 36~40mm, 7~8월에 보인다. 앞날개에 4줄씩 짝을 이룬 줄무늬가 나타나며 날개 끝에는 짧은 줄무늬가 3줄 있다.

무늬박이흰물결자나방 날개편길이는 35~47mm, 6~10월에 보인다. 앞날개에 큰 적갈색 무늬와 흐린 흑갈색 무늬가 있어 얼룩져 보인다. 배는 노란색이며 검은색 점이 두 줄로 이어 나타난다.

점줄뾰족물결자나방 날개편길이는 24~29mm, 7~9월에 보인다. 앞뒤 날개의 가장자리가 각져 있으며, 앞뒤 날개 위의 노란색 가로줄 위아래로 검은색 사각 무늬가 맞대어 나타난다. 날개 바탕색보다 진한 날개맥이 선명하다.

쌍무늬물결자나방 날개편길이는 23~27mm, 4~7월에 보인다. 앞날개에 물결무늬의 흑갈색 띠가 나타나며, 배 윗면 앞쪽에 눈만 가리는 가면 무늬(일명 조로 가면)가 있다.

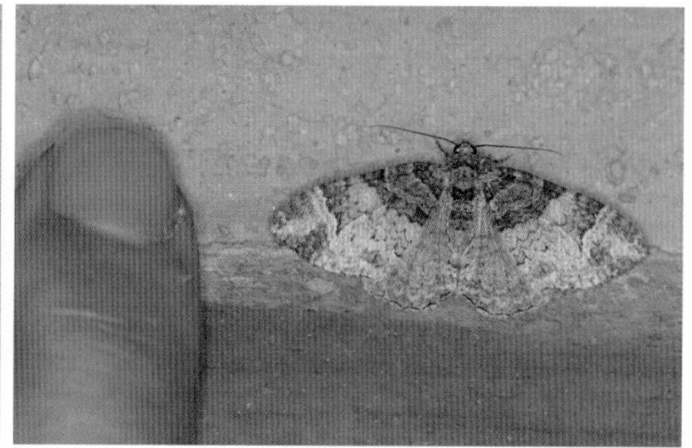

쌍무늬물결자나방의 크기를 짐작할 수 있다.

먹줄초록물결자나방 날개편길이는 15~16mm, 4~7월에 보인다.

먹줄초록물결자나방의 크기를 짐작할 수 있다.

먹줄초록물결자나방 날개 아랫면

먹줄초록물결자나방 초록빛이 도는 앞날개에 앞이 V 자로 꺾인 가로줄이 나타난다. 이름처럼 초록 바탕에 먹줄로 그린 듯한 무늬다.

등노랑물결자나방 날개편길이는 25~26mm, 5~7월에 보인다. 몸이 등황색이라 다른 톱날물결자나방류와 구별된다. 앞날개 끝에 하얀색 띠와 톱니 모양의 줄무늬가 나타난다.

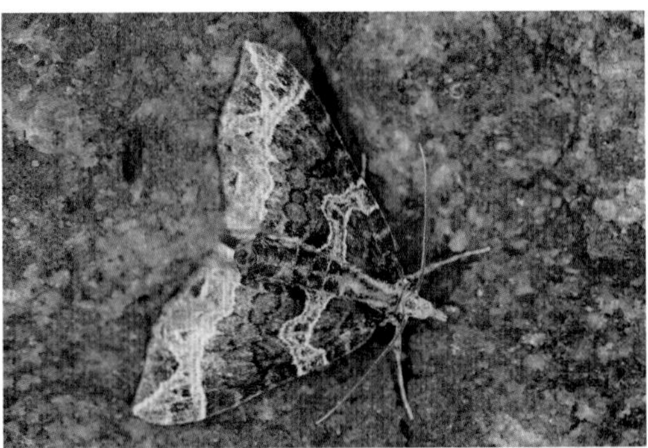

큰톱날물결자나방 날개편길이는 24~32mm, 4~9월에 보인다.

큰톱날물결자나방 짙은 갈색 바탕의 앞날개 끝에 하얀색과 금색의 톱니 모양이 겹줄로 나타난다. 검은색 점무늬가 여러 개 있다.

큰톱날물결자나방 날개 아랫면

두흰줄물결자나방 날개편길이는 22~28mm, 5~9월에 보인다. 앞뒤 날개를 펼치고 앉으면 넓은 흰색 줄무늬 두 줄이 날개를 가로지르며 물결치듯 나타난다.

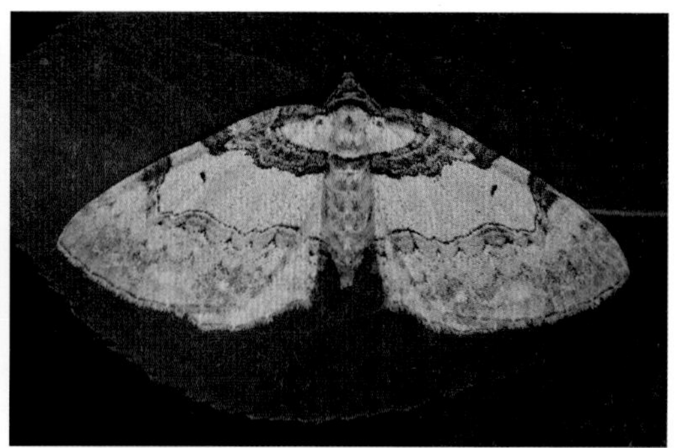

검은띠물결자나방 날개편길이는 32~35mm, 8~11월에 보인다. 앞날개에 물결무늬의 가로띠가 2개 나타나는데 앞쪽은 흑갈색이며 뒤쪽은 연갈색이다. 앞날개에 검은색 점무늬가 하나 있다.

뒷흰얼룩물결자나방 날개편길이는 18~25mm, 3~4월에 보인다. 개체마다 색깔 차이가 있다.

뒷흰얼룩물결자나방 이른 봄부터 보이는 나방으로 앞날개에 겹 가로띠와 얼룩무늬가 흩어져 있고 뒷날개는 흰색에 가까운 미색이다.

노랑그물물결자나방 날개편길이는 27~35mm, 5~8월에 보인다. 앞날개는 흑갈색이며 굵기가 다른 노란색 그물 무늬가 날개 전체에 퍼져 나타난다.

노랑그물물결자나방의 크기를 짐작할 수 있다.

노랑그물물결자나방 짝짓기

흰그물물결자나방 날개편길이는 19~25mm, 4~10월에 보인다. 개체마다 색깔 차이가 있다.

흰그물물결자나방 흑갈색의 앞날개에 연한 노란색 가로줄이 앞날개 뒤 가장자리에서부터 시작되는 듯하다. 그곳에 넓은 황갈색 무늬가 있다.

흰그물물결자나방 흑색형으로 추정되는 개체다.

회색물결자나방 날개편길이는 57~65mm, 6~8월에 보인다.

회색물결자나방 흰색 앞날개에 회갈색 줄무늬와 얼룩무늬가 흩어져 있다.

회색물결자나방 날개 아랫면

큰노랑물결자나방 날개편길이는 46~58mm, 6~10월에 보인다.

큰노랑물결자나방의 크기를 짐작할 수 있다.

큰노랑물결자나방 황갈색 앞날개에 적갈색의 각진 띠무늬와 줄무늬가 나타나며 뒷날개에 둔한 톱니 모양의 흑갈색 가로띠가 있다.

큰노랑물결자나방 날개 아랫면

큰노랑물결자나방 세 마리가 동물의 배설물에 모여 있다.

뒷노랑흰물결자나방 날개편길이는 27~34mm, 5~8월에 보인다.

뒷노랑흰물결자나방 흰색 바탕의 날개에 바깥 가장자리는 황갈색이다. 앞날개에 다양한 크기의 흑갈색 무늬가 나타나 얼룩져 보인다.

흰물결자나방 날개편길이는 28~32mm, 6~8월에 보인다.

흰물결자나방 연한 갈색 바탕의 날개에 흰색 물결무늬의 가로띠가 많이 보인다. 개체마다 색깔 차이가 있다.

밑무늬물결자나방 날개편길이는 23~34mm, 5~10월에 보인다. 회갈색 바탕의 앞날개 뒤쪽에 검은색 띠무늬가 있고, 가로줄이 물결무늬를 이룬다.

노랑꼬마물결자나방 날개편길이는 19mm 내외, 5~8월에 보인다. 연한 노란색 바탕의 날개에 짙은 노란색이나 황갈색의 물결무늬 가로줄이 나타나며, 앞날개 가운데에 검은색 점무늬가 뚜렷하다.

꼬마물결자나방 날개편길이는 14~17mm, 5~8월에 보인다. 누런색 바탕의 앞날개에 검은색 가로줄이 물결치듯 나타난다. 줄무늬는 점들이 연결된 것처럼 보인다.

흑띠검정물결자나방 날개편길이는 30~34mm, 5~8월에 보인다. 보랏빛을 띤 앞날개에 노란색 테두리를 두른 크기가 다양한 검은색 무늬들이 흩어져 나타난다. 뒷날개는 연한 흑갈색이다.

노랑무늬물결자나방 날개편길이는 22~28mm, 3~5월에 보인다. 황갈색 바탕의 앞날개 가운데에 동그란 눈알 무늬가 있으며 구불구불한 가로줄이 여럿 나타난다.

노랑무늬물결자나방 날개 아랫면

노랑무늬물결자나방의 크기를 짐작할 수 있다.

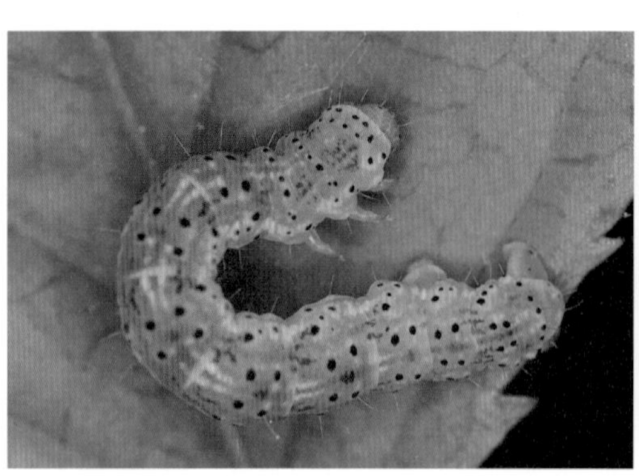

노랑무늬물결자나방 애벌레 몸길이는 23mm, 5월에 보이며 신갈나무가 먹이식물이다.

토막무늬물결자나방 날개편길이는 23~26mm, 5~9월에 보인다. 황갈색 바탕의 앞날개 뒤쪽에 흑갈색 얼룩무늬가 넓게 나타나며, 날개 전체에 토막 무늬들이 흩어져 있다.

푸른물결자나방 날개편길이는 22~26mm, 5~8월에 보인다.

푸른물결자나방 옥색 바탕의 앞날개에 전체적으로 곧은 흰색 가로줄이 나타나며 앞날개 가운데에 흰색 점무늬가 있다.

큰애기물결자나방 날개편길이는 22~30mm, 4~7월에 보인다. 앞날개 앞쪽 3분의 2는 짙은 갈색이며 그 뒤는 연한 갈색이다. 앞날개에 굴곡이 심한 가로줄이 있고 가슴에 흑갈색 세로줄이 뚜렷하다.

큰애기물결자나방 날개 아랫면

각시검띠물결자나방 날개편길이는 18~25mm, 7~9월에 보인다. 앞날개 뒤 가장자리에 크고 둥근 흰색 무늬가 나타난다. 앞날개 앞쪽에 검은색 띠가 있으며 가슴에 검은색 점무늬가 뚜렷하다.

흰무늬물결자나방 날개편길이는 27~31mm, 5~8월에 보인다.

흰무늬물결자나방 앞날개 뒤 가장자리에 흰색 눈알 무늬가 선명하다.

가운데흰물결자나방 날개편길이는 24~30mm, 5~8월에 보인다. 흑갈색 바탕의 앞날개 가운데에 물결무늬의 흰색 띠가 나타난다.

겨울물결자나방 날개편길이는 27~33mm, 10~12월에 보인다. 연한 황갈색 바탕의 앞날개 가운데에 연한 회갈색 띠무늬가 나타난다.

겨울물결자나방 애벌레 몸길이는 20mm, 4~5월에 보인다. 당단풍나무, 살구나무 등 여러 나무의 잎을 먹는다.

큰겨울물결자나방 날개편길이는 29~32mm, 11~12월에 보인다.

큰겨울물결자나방 겨울에 활동하는 나방으로 앞날개에 물결무늬의 가로줄이 나타나며 앞날개 색은 개체마다 차이가 있다.

까치물결자나방 날개편길이는 26~35mm, 5~8월에 보인다. 검은색 날개에 마치 까치처럼 흰색 띠무늬가 선명하다.

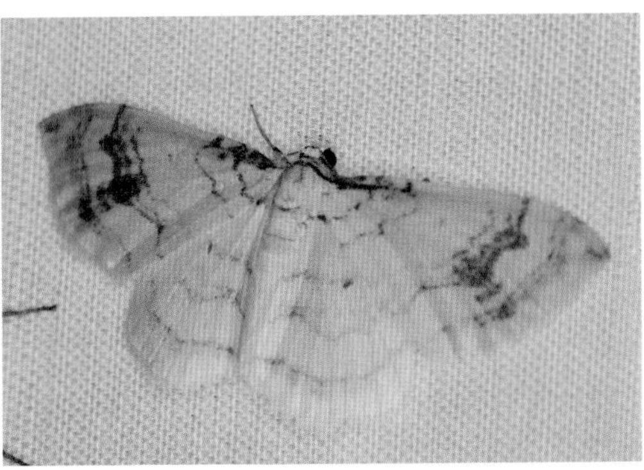

노랑물결자나방 날개편길이는 21~24mm, 7~8월에 보인다. 옅은 황갈색 바탕의 앞날개에 흑갈색의 얼룩무늬가 나타나며 가로줄도 선명하다.

겹줄물결자나방 날개편길이는 33mm 내외, 7~8월에 보인다.

겹줄물결자나방 황갈색 바탕의 앞뒤 날개에 겹가로줄이 촘촘하다.

큰먹줄물결자나방 날개편길이는 33~45mm, 6~10월에 보인다. 앞날개 가운데에 먹줄 형태의 굵은 가로줄이 있으며, 먹줄 앞뒤의 가로줄들은 희미하다.

얼룩물결자나방 날개편길이는 20~29mm, 5~8월에 보인다.

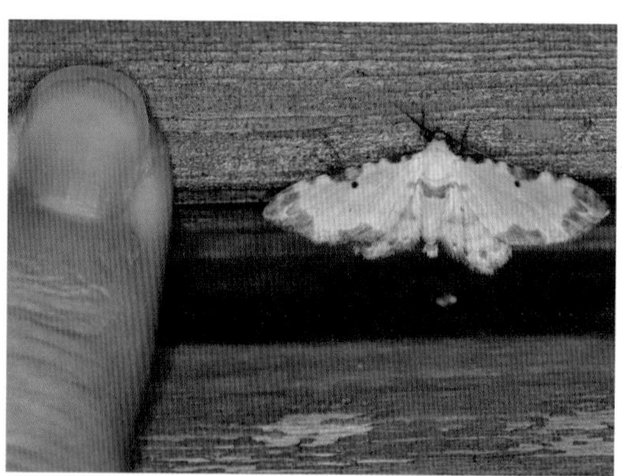

얼룩물결자나방의 크기를 짐작할 수 있다.

얼룩물결자나방 미색의 앞날개 가운데에 검은색 동그란 무늬가 있으며 앞날개 앞 가장자리와 뒤 가장자리에 흑갈색 얼룩무늬가 이어서 나타난다.

다갈색띠물결자나방 날개편길이는 17~21mm, 4~5월에 보인다. 연한 갈색 바탕의 앞날개 앞 가장자리 가운데에 넓은 진갈색 무늬가 있다. 가로줄들이 물결무늬이다.

노랑다리물결자나방 날개편길이는 32~36mm, 6~7월에 보인다. 미색 앞날개에 황갈색 가로띠 무늬가 나타난다. 머리, 가슴, 배는 노란색이며 검은색 점들이 두 줄로 이어져 있다.

가는줄애기물결자나방 날개편길이는 19~20mm, 10~11월에 보인다. 연한 흑갈색 바탕의 앞날개에 검은색 가로줄들이 나타나며 뒷날개도 앞날개와 같은 색이다.

별박이자나방 날개편길이는 43~50mm, 6~7월에 보인다. 앞뒤 흰색 날개에 작고 검은색 점무늬가 마치 별이 박힌 듯이 날개에 나타난다.

별박이자나방 아랫면

별박이자나방의 크기를 짐작할 수 있다.

별박이자나방 짝짓기

별박이자나방이 알을 낳고 있다. 막 낳은 알은 흰색이지만 시간이 지나면 적갈색으로 변한다.

별박이자나방 애벌레 입에서 실을 토해내 거미줄처럼 나뭇가지에 걸쳐 놓고 그 안에서 집단으로 생활한다. 8월부터 보이며 겨울엔 낙엽층에서 월동하고 그 이듬해 다시 올라와 생활하다 6월쯤 날개돋이를 한다.

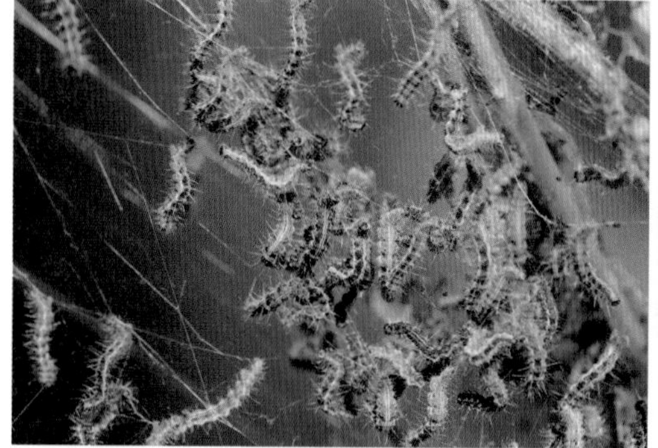
별박이자나방 어린 애벌레

별박이자나방 애벌레 몸길이는 30mm 정도다. 쥐똥나무, 물푸레나무 등이 먹이식물이다.

별박이자나방 번데기

별박이자나방 날개돋이 뒤에 빈 번데기가 보인다.

네눈애기자나방 날개편길이는 19~24mm, 4~8월에 보인다. 연한 황갈색 바탕의 날개 가운데에 붉은빛을 띤 갈색 띠가 나타나며 그곳에 연한 노란색의 작고 둥근 무늬가 있다.

줄굵은애기자나방 날개편길이는 13~15mm, 4~8월에 보인다. 황갈색 바탕의 앞날개에 흑갈색 띠가 네 줄 나타난다.

연노랑물결애기자나방 날개편길이는 14~20mm, 6~10월에 보인다. 톱니 모양의 날개 주위로 연한 갈색 가로줄들이 있으며 앞뒤 날개에 검은색 점이 모두 4개 나타난다.

무늬연노랑물결애기자나방 날개편길이는 15~19mm, 6~7월에 보인다. 연한 노란색의 앞날개에 물결무늬의 흑갈색 가로줄이 나타나며, 앞날개 앞 가장자리에 흑갈색 비늘가루가 흩뿌려져 있어 얼룩져 보인다.

노랑띠애기자나방 날개편길이는 12~18mm, 6~9월에 보인다. 연한 노란색 바탕의 앞뒤 날개에 뒤 가장자리를 따라 적자색 띠가 나타나며 앞날개 가운데에 검은색 점이 있다.

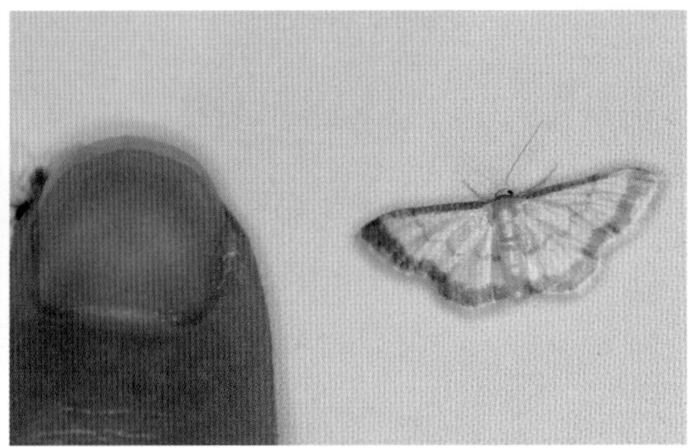

노랑띠애기자나방의 크기를 짐작할 수 있다.

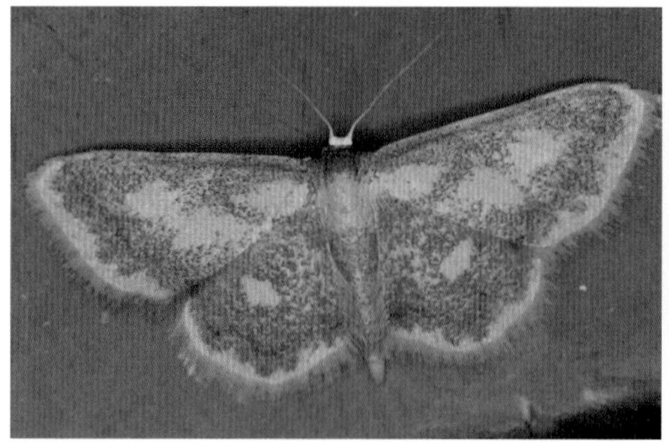

분홍애기자나방 날개편길이는 17~23mm, 5~9월에 보인다. 날개 가장자리는 노란색이며 앞뒤 날개에 보랏빛을 띤 분홍색 무늬가 폭넓게 나타난다.

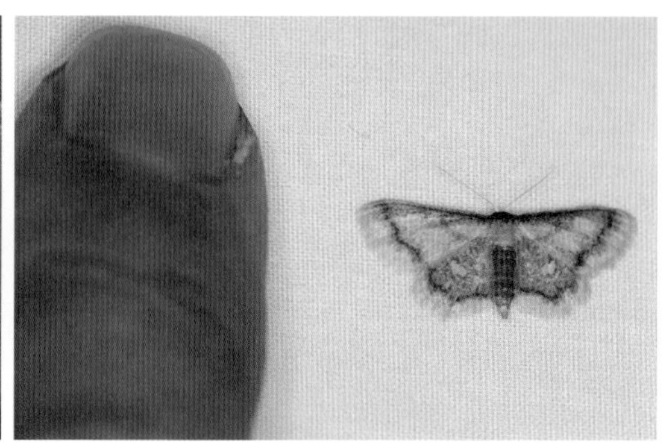

분홍애기자나방의 크기를 짐작할 수 있다.

구슬큰눈애기자나방 날개편길이는 39~44mm, 5~9월에 보인다. 흰색의 앞뒤 날개에 크기가 다른 둥그런 무늬가 모두 4개 있으며 무늬 주변의 노란색으로 마치 연결된 것처럼 보인다.

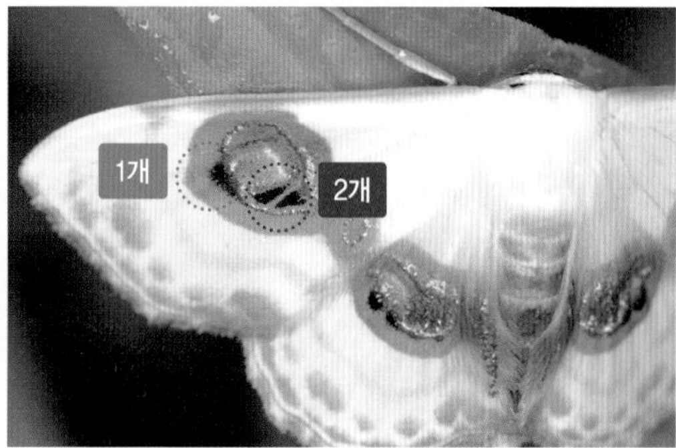

구슬큰눈애기자나방 검은색 무늬가 파란색 원 안에 하나, 빨간색 원 안에 2개 있다.

왕눈큰애기자나방 날개편길이는 46~50mm, 6~9월에 보인다. 은백색의 날개 바깥 가장자리에 회색 점무늬가 띠를 이룬다. 앞날개 둥근 무늬 주변은 노란색이다.

왕눈큰애기자나방 원 안의 무늬가 비슷하게 생긴 구슬큰눈애기자나방과 구별된다.

큰눈흰애기자나방 날개편길이는 26~38mm, 6~9월에 보인다.

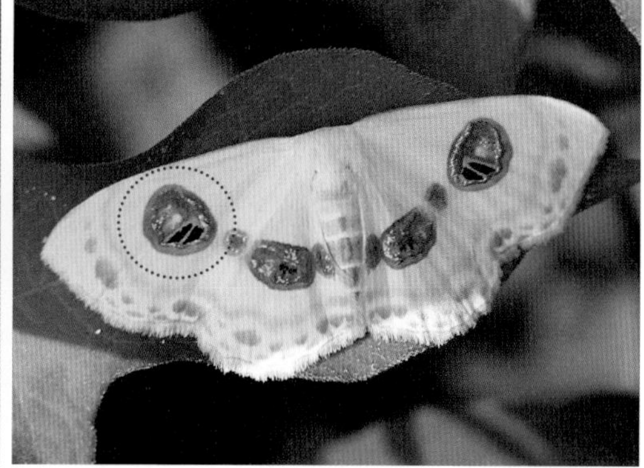

큰눈흰애기자나방 원 안에 검은색 무늬가 2개 있다.

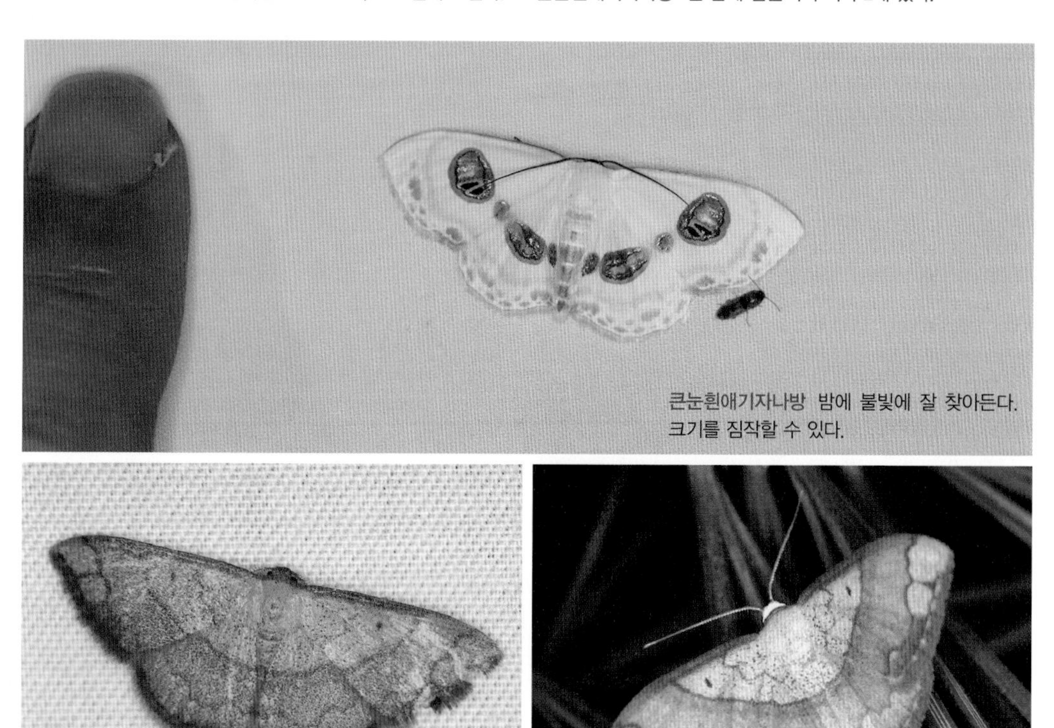

큰눈흰애기자나방 밤에 불빛에 잘 찾아든다. 크기를 짐작할 수 있다.

끝무늬애기자나방 날개편길이는 19~24mm, 4~9월에 보인다.

끝무늬애기자나방 앞날개 앞쪽은 미색이며 그 뒤는 연한 황갈색이다. 앞날개 가운데에 검은색 점무늬가 있고 뒤 가장자리에 커다란 둥근 무늬가 나타난다.

꼬마점줄흰애기자나방 날개편길이는 16~22mm, 5~9월에 보인다. 앞뒤 날개 가운데에 진한 갈색의 굵은 가로줄이 나타나며 이 줄무늬 앞뒤로 점줄 무늬가 있다.

꼬마점줄흰애기자나방의 크기를 짐작할 수 있다.

물결큰애기자나방 날개편길이는 24mm 내외, 5~10월에 보인다. 앞뒤 날개에 굵기가 비슷한 가로줄이 나타나며 날개 바깥 가장자리로 검은색 점줄 무늬가 있다.

각시애기자나방 날개편길이는 12mm 내외, 6~7월에 보인다. 앞날개에 굵기가 다른 가로줄이 여럿 나타나며 앞날개 가운데 점무늬는 흐릿하지만 뒷날개 가운데 점무늬는 뚜렷하다.

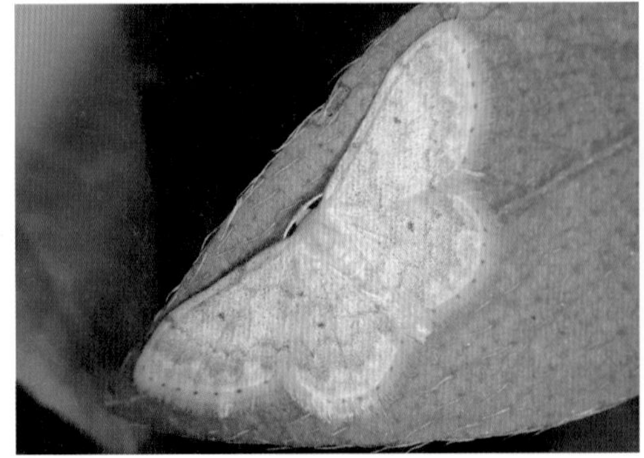

연노랑물결애기자나방 날개편길이는 14~20mm, 6~10월에 보인다. 앞날개에 둔한 톱니 모양의 가로줄이 있다. 바깥 가로줄이 가장 진하며 폭이 넓은 흑갈색 띠무늬와 맞닿아 있다. 날개 바깥 가장자리에 검은색 점줄 무늬가 연이어 있다.

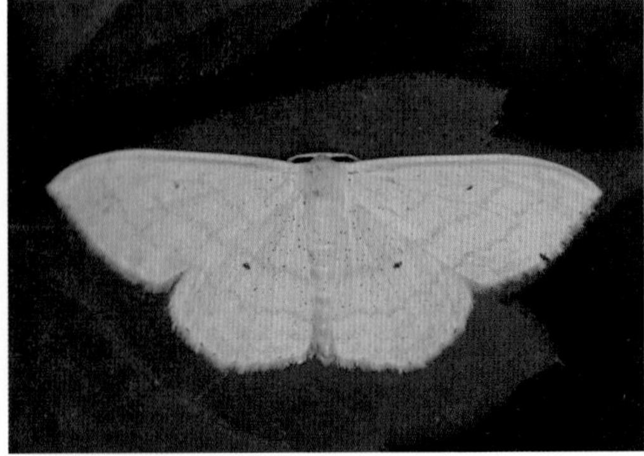

넉점물결애기자나방 앞뒤 날개 가운데에 검은색 점무늬가 모두 4개 있으며 날개 바깥 가장자리에는 점줄 무늬가 나타난다.

구름무늬흰애기자나방 날개편길이는 24~32mm, 5~8월에 보인다.

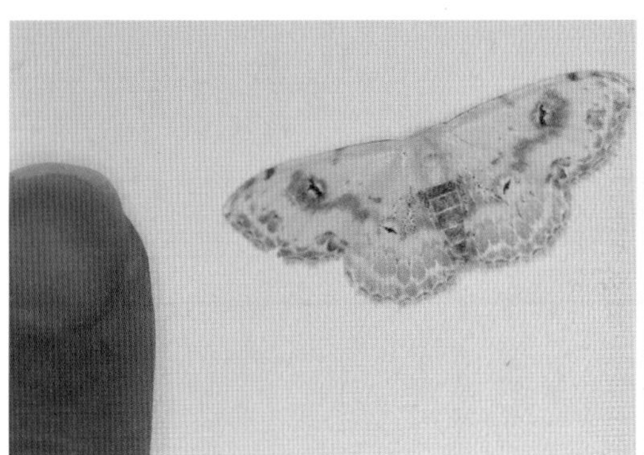

구름무늬흰애기자나방의 크기를 짐작할 수 있다.

구름무늬흰애기자나방 앞날개 가운데에 독특한 무늬가 뚜렷하며 날개 바깥 가장자리에 회색 점줄 무늬가 있다.

앞노랑애기자나방 날개편길이는 27mm 내외, 5~9월에 보인다. 앞날개 앞쪽 가장자리가 연한 노란색이다.

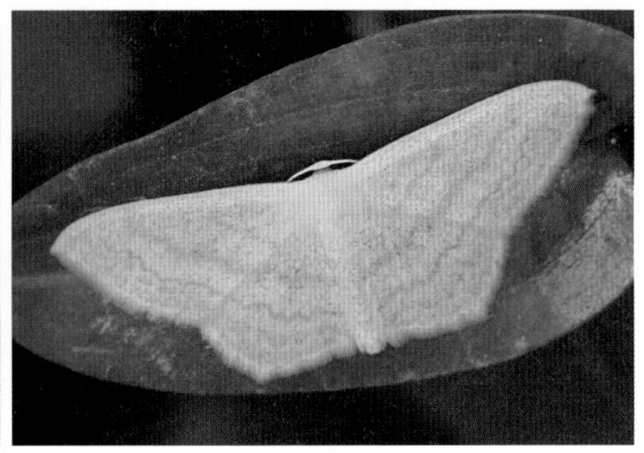

앞노랑애기자나방 앞날개 가운데 가로줄이 가장 진하며 날개 바깥쪽 가장자리에 점무늬와 줄무늬가 있다.

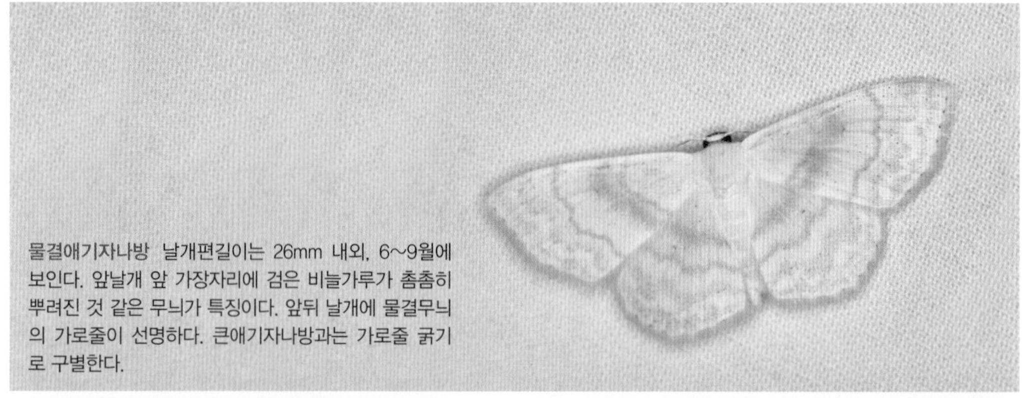

물결애기자나방 날개편길이는 26mm 내외, 6~9월에 보인다. 앞날개 앞 가장자리에 검은 비늘가루가 촘촘히 뿌려진 것 같은 무늬가 특징이다. 앞뒤 날개에 물결무늬의 가로줄이 선명하다. 큰애기자나방과는 가로줄 굵기로 구별한다.

큰애기자나방 날개편길이는 28mm 내외, 6~9월에 보인다. 물결애기자나방보다 가로줄이 가지런하게 나타나며 굵기가 비슷하다.

큰애기자나방의 크기를 짐작할 수 있다.

줄노랑흰애기자나방 날개편길이는 20~23mm, 5~10월에 보인다.

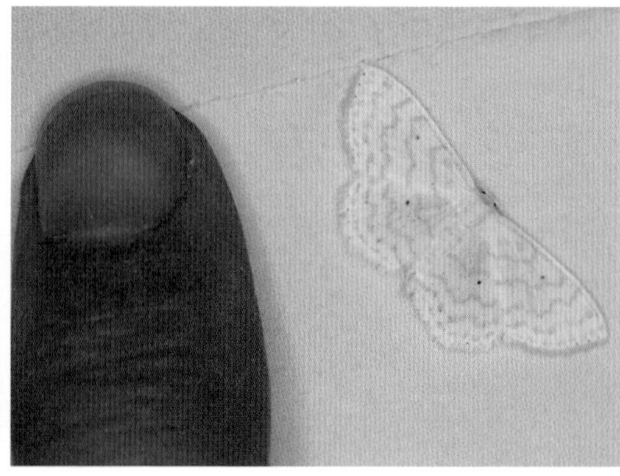

줄노랑흰애기자나방의 크기를 짐작할 수 있다.

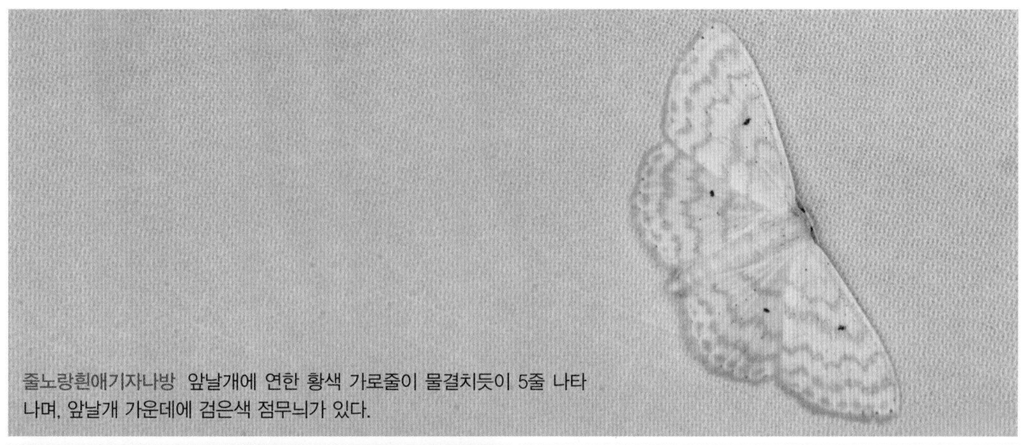

줄노랑흰애기자나방 앞날개에 연한 황색 가로줄이 물결치듯이 5줄 나타나며, 앞날개 가운데에 검은색 점무늬가 있다.

홍띠애기자나방 날개편길이는 19~25mm, 5~10월에 보인다. 앞뒤 날개에 이어지는 붉은빛을 띤 갈색 가로줄이 선명하다. 뒷날개 끝은 뾰족하며 연모는 연한 갈색이다.

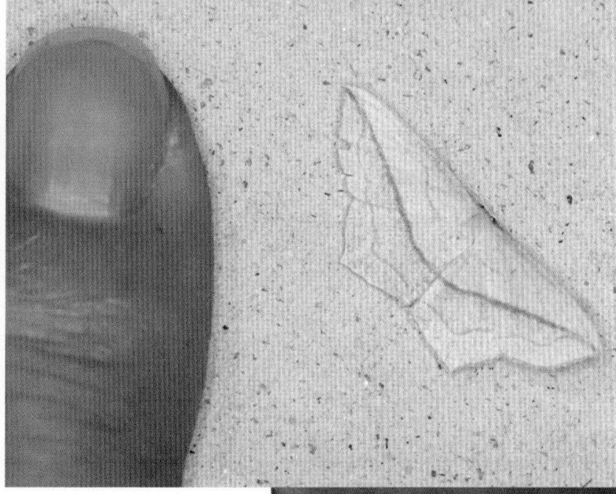

홍띠애기자나방의 크기를 짐작할 수 있다.

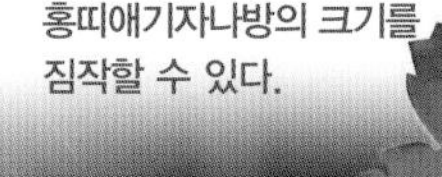

붉은날개애기자나방 날개편길이는 22~24mm, 5~8월에 보인다. 앞뒤 날개 끝 가장자리의 연모가 붉은색이라 홍띠애기자나방류와 구별된다.

● 재주나방과(밤나방상과)

우리나라에 105종 이상이 알려진 나방 무리로 성충은 앉아 있을 때 앞날개가 배를 완전히 덮거나 일부분만 덮습니다. 머리는 거친 털로 덮여 있으며 몇 종을 제외한 대부분은 홑눈이 있습니다. 배는 뚱뚱한 편이며 배 끝에 꼬리술이 발달한 종이 많습니다.

애벌레는 형태가 독특한 종이 많으며 다양한 활엽수 잎이 먹이식물입니다.

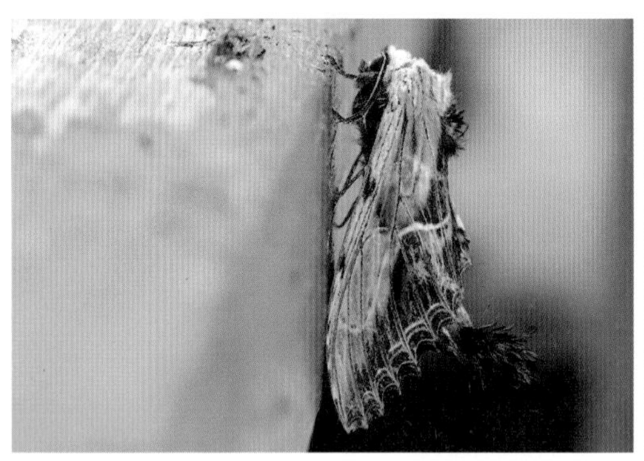

꽃술재주나방 날개편길이는 70~89mm, 5~9월에 보인다.

꽃술재주나방 위에서 본 모습이다. 앞날개에 하얀색 가로줄이 있고 날개 끝 가장자리는 톱니 모양이다.

꽃술재주나방 배 끝에 큰 털 다발이 있다.

꽃술재주나방 자극을 받으면 배를 위로 치켜든다.

꽃술재주나방 애벌레 몸길이는 60mm, 8~10월에 보인다. 제1 배마디에 흰색 둥근 무늬가 있으며 몸에 크기가 다양한 가시 돌기가 있다. 신나무, 복자기, 단풍나무 등 단풍나무과가 먹이식물이다.

박쥐재주나방 날개편길이는 60mm 내외, 5~9월에 보인다. 가슴 뒤쪽의 털 다발이 노란색을 띠며 앞날개는 연한 적갈색이다.

박쥐재주나방 애벌레 몸길이는 45mm, 8~9월에 보인다. 주로 머리와 가슴을 뒤로 젖히고 나뭇가지에 매달린다. 꼬리다리가 퇴화했고 제8 배마디가 위로 솟아 있다. 층층나무가 먹이식물이다.

갈고리재주나방 날개편길이는 62~83mm, 5~8월에 보인다. 누런색 바탕의 앞날개에 짙은 갈색 가로줄이 있으며, 앞날개 가운데에 흰색 점무늬가 나타난다.

갈고리재주나방 바닥에 앉아 있는 모습이다. 앞날개 끝이 갈고리 모양이다. 밤에 불빛에 잘 찾아든다.

갈고리재주나방 날개 아랫면 앞날개 끝 가장자리는 둔한 톱니 모양이다.

곱추재주나방 날개편길이는 65~82mm, 5~9월에 보인다. 앞날개에 적갈색 가로줄이 두 줄 있으며 앞날개 가운데에 노란색 점무늬 두 개가 연이어 나타난다.

곱추재주나방의 크기를 짐작할 수 있다.

곱추재주나방 얼굴

푸른곱추재주나방, 곱추재주나방 비교

곱추재주나방 애벌레 참나무류가 먹이식물이다.

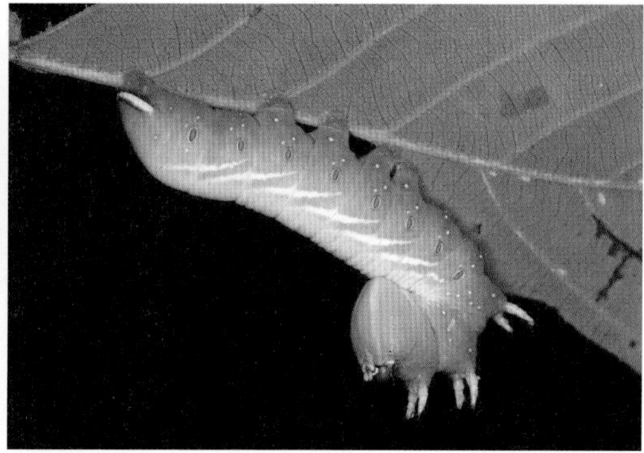

곱추재주나방 몸길이는 65mm, 8월에 보인다. 자극을 받으면 몸 일부를 뒤로 젖힌다.

날개돋이 직후의 곱추재주나방

푸른곱추재주나방 날개편길이는 62~83mm, 5~8월에 보인다.

푸른곱추재주나방 앞날개에 X 자에 가까운 적갈색 가로줄이 있으며 앞날개 가운데에 흰색 점무늬 2개가 연이어 나타난다.

푸른곱추재주나방 중령 애벌레 참나무류가 먹이식물이다.

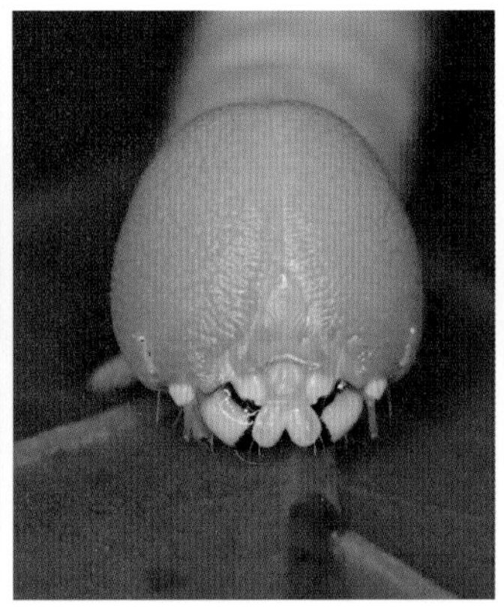

푸른곱추재주나방 중령 애벌레 얼굴

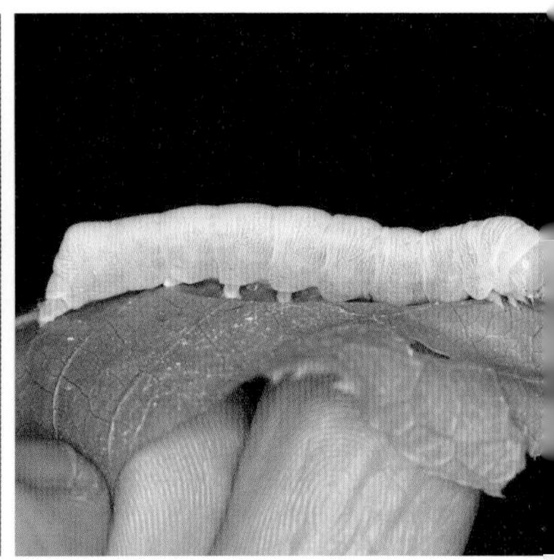

푸른곱추재주나방 종령 애벌레 몸길이는 35~40mm, 7월에 보인다.

푸른곱추재주나방 날개돋이 직후의 모습

푸른곱추재주나방 아랫면

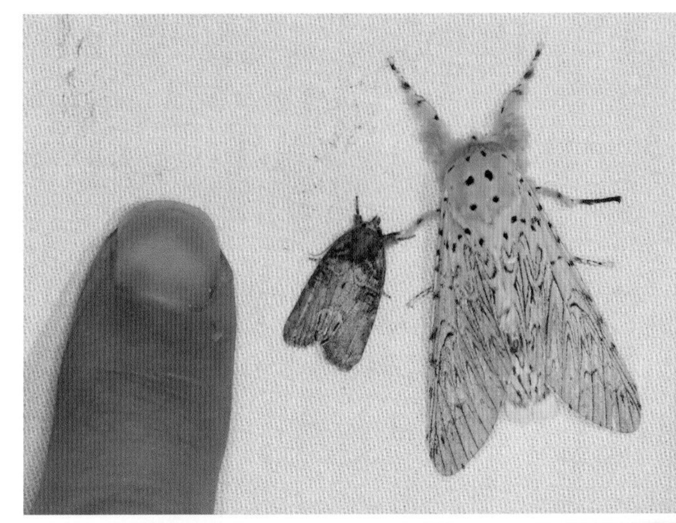

큰나무결재주나방 날개편길이는 65mm 내외, 6~8월에 보인다. 흰색 바탕의 앞날개에 검은색 톱니 모양 줄무늬가 겹줄로 나 있다. 털 뭉치가 있는 가슴에 검은색 점들이 있다.

검은띠나무결재주나방 날개편길이는 32~44mm, 5~8월에 보인다.

검은띠나무결재주나방 앞날개에 톱니 모양 가로줄이 나타나며 날개가 맞닿는 가운데에 커다란 회색 무늬가 있다. 앞날개 바깥 가장자리에 검은색 점무늬가 이어서 나타난다.

검은띠나무결재주나방 애벌레 몸길이는 30mm, 7월, 9~10월에 보인다. 배 끝에 채찍 같은 꼬리돌기가 한 쌍 있다. 자극을 받으면 이 꼬리돌기를 이리저리 흔들며 위협한다. 버드나무가 먹이식물이다.

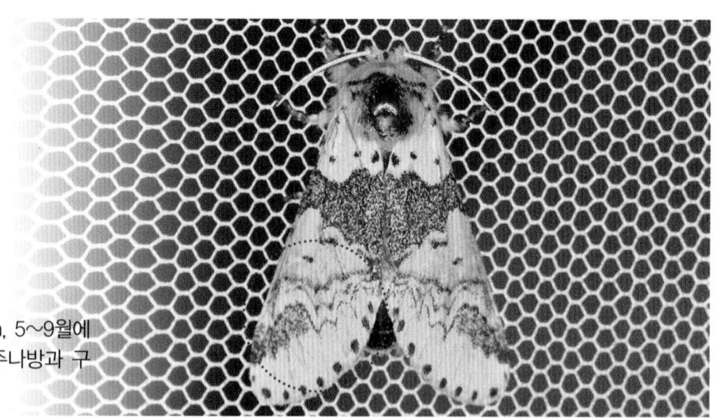

흰그물재주나방 날개편길이는 35~38mm, 5~9월에 보인다. 원 안의 무늬가 검은띠나무결재주나방과 구별된다.

은재주나방 날개편길이는 41~51mm, 6~7월에 보인다.

은재주나방 앞날개 앞쪽에 은백색 무늬가 있고 그 뒤로 넓게 황갈색 띠무늬가 나타난다. 날개 끝에 검은색 빗금무늬가 있다.

은재주나방 종령 애벌레 8월에 주로 보이며 참나무류가 먹이식물이다. 배마디에 뿔 같은 돌기가 발달했으며 배 옆면에는 물감이 묻은 것 같은 하얀색 무늬가 있다.

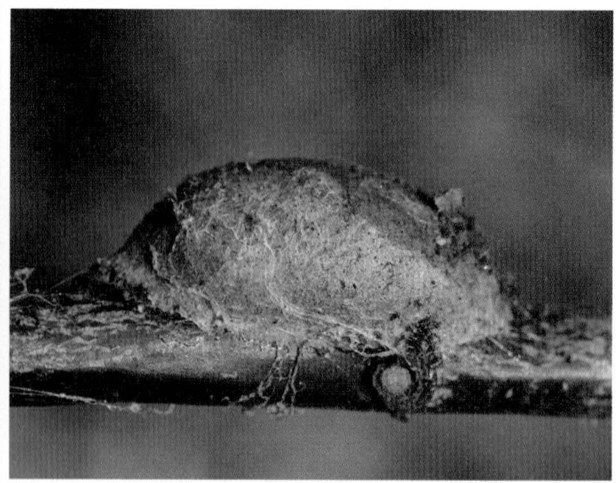

은재주나방 고치

꽃무늬재주나방 날개편길이는 35~43mm, 4~8월에 보인다. 회백색 바탕의 앞날개 가운데에 적갈색 띠가 넓게 나타난다. 온몸은 부드러운 긴 털로 덮여 있다. 크기를 짐작할 수 있다.

꽃무늬재주나방 애벌레 몸길이는 35mm, 7~8월에 보인다.

꽃무늬재주나방 자극을 받으면 몸을 위로 접는다. 산딸기, 줄딸기, 국수나무 등 장미과 식물이 먹이식물이다.

뒷검은재주나방 날개편길이는 34~56mm, 5~9월에 보인다. 앞날개 끝부분에 검은색 점무늬가 있으며 앞날개 가운데에도 검은색 점무늬가 나타난다.

뒷검은재주나방의 크기를 짐작할 수 있다.

뒷검은재주나방 뒷날개는 앞날개와 달리 검은색이다.

연갈색재주나방 날개편길이는 36~47mm, 5~8월에 보인다.

연갈색재주나방 앞날개에 점무늬가 없는 것이 뒷검은재주나방과 구별된다.

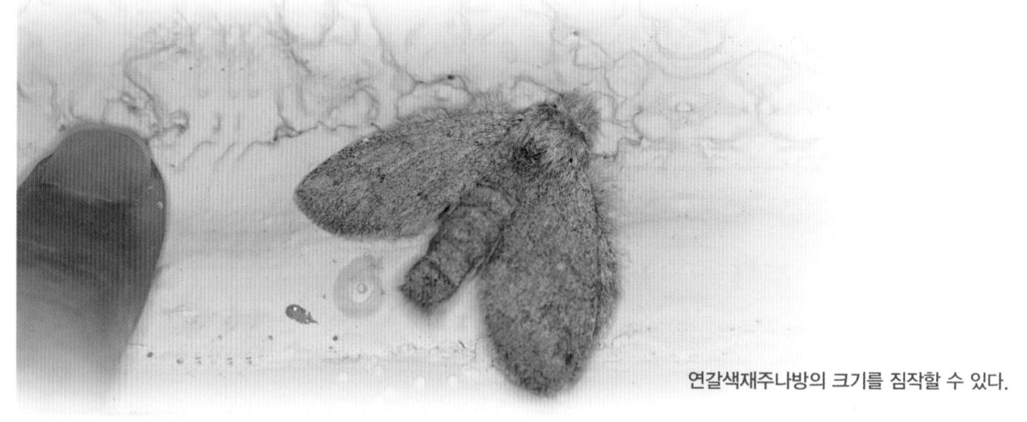

연갈색재주나방의 크기를 짐작할 수 있다.

연갈색재주나방 종령 애벌레 몸길이는 25~30mm, 9월에 보인다. 때죽나무, 쪽동백나무가 먹이식물이다.

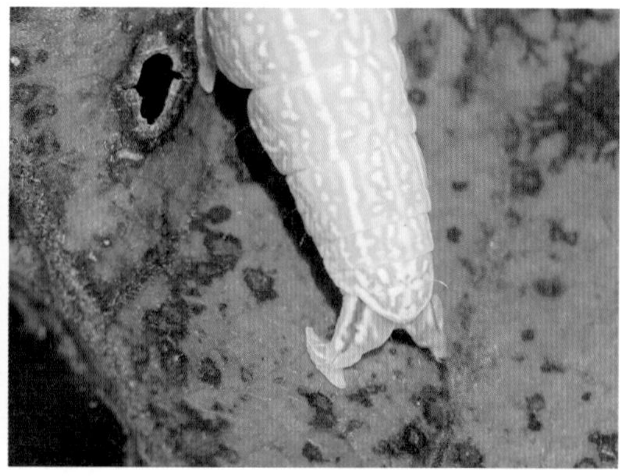

연갈색재주나방 애벌레 꼬리다리에 붉은색 줄무늬가 있다.

회색재주나방 날개편길이는 34~52mm, 5~8월에 보인다.

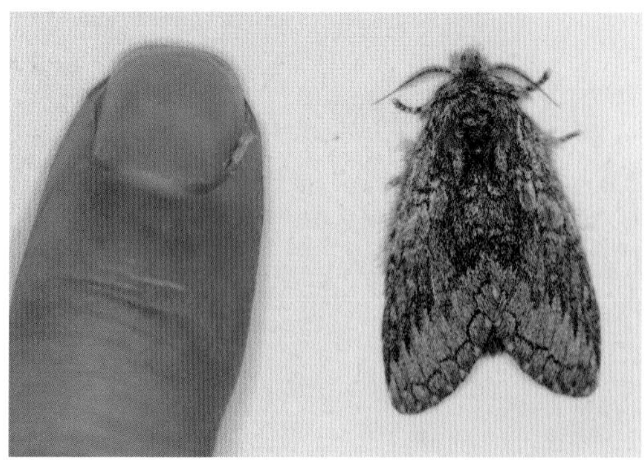

회색재주나방 온몸이 흑회색의 부드러운 털로 덮여 있으며 앞날개 가운데에 짙은 띠무늬가 나타난다. 크기를 짐작할 수 있다.

밤나무재주나방 날개편길이는 40~50mm, 4~9월에 보인다.

밤나무재주나방 앞날개 가운데에 둥근 황갈색 무늬가 나타나며 앞날개 뒤쪽 3분의 2는 회색이다.

밤나무재주나방 애벌레의 크기를 짐작할 수 있다.

밤나무재주나방 종령 애벌레 밤나무, 갈참나무 등 참나무류가 먹이식물이다.

밤나무재주나방 종령 애벌레 몸길이는 40mm, 7~8월에 보인다. 초록색, 갈색, 붉은색 등 다양한 색과 무늬가 있어 화려하다.

먹무늬은재주나방 날개편길이 30~36mm, 5~8월에 보인다.

먹무늬은재주나방 회백색 바탕의 앞날개에 긴 삼각형과 반달 형태의 자갈색 무늬가 나타난다. 날개 바깥 가장자리에 부드러운 회백색 털이 있다.

숲재주나방 날개편길이는 50~56mm, 5~8월에 보인다.

숲재주나방 흑갈색 바탕의 앞날개에 황갈색 가로띠가 나타나며 앞날개 안쪽 가장자리에도 황갈색 무늬가 있다. 몸은 부드러운 긴 털로 덮여 있다.

밑노랑재주나방 날개편길이는 43~54mm, 5~8월에 보인다.

밑노랑재주나방 흑회색 바탕의 앞날개에 적갈색과 황갈색이 어우러진 무늬가 독특하며 앞날개 가운데에 적갈색의 눈알 무늬가 있다. 뒷날개는 연한 노란색이다.

옹이재주나방 날개편길이는 42~53mm, 6~8월에 보인다.

옹이재주나방 회색의 앞날개 앞쪽에 나무 옹이 같은 커다란 무늬가 나타난다.

곧은줄재주나방 날개편길이는 49~61mm, 5~10월에 보인다.

곧은줄재주나방 흑회색 바탕의 앞날개에 황갈색 가로줄이 나타난다. 가슴과 다리 안쪽에 털 뭉치가 있다.

곧은줄재주나방 애벌레 몸길이는 35~40mm, 7월에 주로 보인다. 머리 양옆에 붉은색, 검은색, 노란색의 겹줄로 된 띠가 가슴까지 이어져 있다. 각 배마디 아래쪽에도 붉은색 사선이 있다. 갈참나무, 밤나무 등 참나무류가 먹이식물이다.

삼봉재주나방 날개편길이는 61~67mm, 7~8월에 보인다.

삼봉재주나방 회백색의 앞날개에 갈색 무늬가 나타나는데 앞쪽 무늬는 산봉우리처럼 생겼으며 뒤쪽은 가장자리에만 물감으로 그린 듯 나타난다. 뒷날개는 미색이며 세로 날개맥이 선명하다.

긴날개재주나방 날개편길이는 55mm 내외, 5~8월에 보인다. 흑회색 바탕의 앞날개에 적갈색 무늬가 나타나며 뒷날개는 앞날개와 달리 미색이다.

남방재주나방 날개편길이는 56~59mm, 7~8월에 보인다. 연한 회색 바탕의 앞날개 앞쪽에 둥근 겹줄 무늬가 있으며 그 안은 흑갈색을 띤다. 뒷날개는 미색이다.

오리나무재주나방 날개편길이는 46~53mm, 5~9월에 보인다.

오리나무재주나방 연한 회색 바탕의 앞날개에 회백색 가로띠가 나타나며 가슴에 적갈색 무늬가 있다.

멋쟁이재주나방 날개편길이는 34~45mm, 4~10월에 보인다.

멋쟁이재주나방 앞날개에 세로로 커다란 톱니무늬가 하나 있으며 앞날개 가운데에 검은색 점무늬가 선명하다.

두톱니재주나방 날개편길이는 41~47mm, 7~8월에 보인다. 앞날개에 세로로 커다란 톱니무늬 두 개가 있어 멋쟁이재주나방과 구별된다. 앞날개에 점무늬가 없다.

물결멧누에나방과 같이 있는 두톱니재주나방 밤에 불빛에 잘 찾아든다.

주홍테불나방과 같이 앉아 있는 두톱니재주나방 크기를 짐작할 수 있다.

흰날개재주나방 날개편길이는 35~42mm, 5~8월에 보인다. 흰색 바탕의 앞날개에 주황색으로 Y 자 무늬가 나타나며 그 앞뒤로 검은색 가로줄이 있다. 독나방과와 비슷하게 생겨 혼동을 일으킨다.

검은줄재주나방 날개편길이는 50~54mm, 5~9월에 보인다. 회색 바탕의 앞날개에 검은색의 짧은 사선 무늬와 점무늬가 나타난다.

흰무늬재주나방 날개편길이는 42~48mm, 5~8월에 보인다.

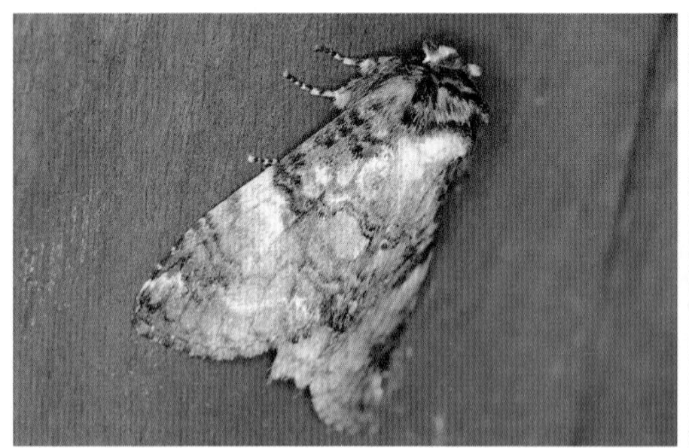

흰무늬재주나방 회색 바탕의 앞날개에 녹색과 흰색 무늬가 곳곳에 나타난다.

흰무늬재주나방 가슴에 털 뭉치가 있으며 다리는 흰색과 검은색이 번갈아 나타난다.

점무늬재주나방 날개편길이는 52mm, 7~8월에 보인다. 적갈색 바탕의 앞날개에 검은색 점무늬가 있다.

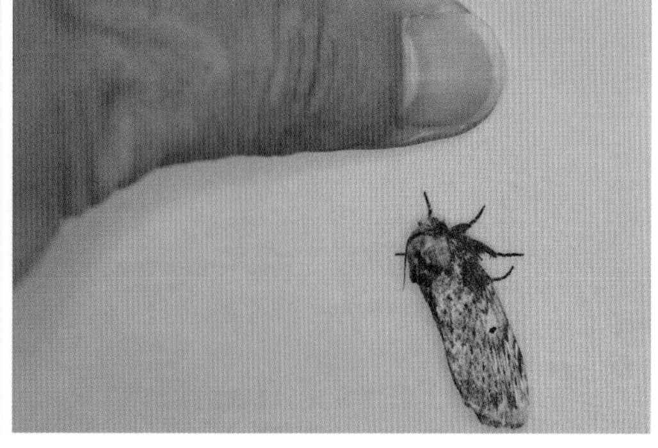

점무늬재주나방의 크기를 짐작할 수 있다.

비녀재주나방 연회색 바탕의 앞날개에 흑갈색 점무늬와 줄무늬가 곳곳에 나타난다. 몸이 부드러운 긴 털로 덮여 있다.

비녀재주나방 배는 주황색이며 뒷날개는 미색이다.

비녀재주나방의 크기를 짐작할 수 있다.

긴띠재주나방 날개편길이는 45~55mm, 5~8월에 보인다.

긴띠재주나방 회갈색 바탕의 앞날개에 검은색 줄무늬가 긴 띠처럼 선명하다.

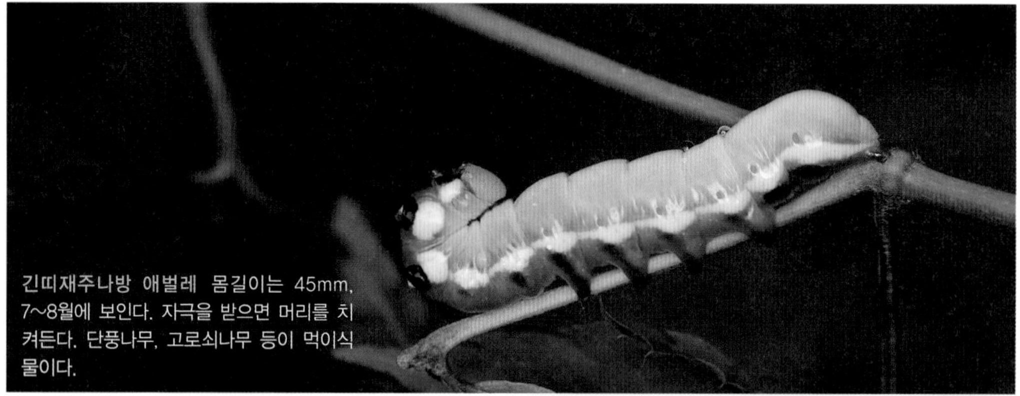

긴띠재주나방 애벌레 몸길이는 45mm, 7~8월에 보인다. 자극을 받으면 머리를 치켜든다. 단풍나무, 고로쇠나무 등이 먹이식물이다.

겹줄무늬재주나방 날개편길이는 37~42mm, 4~9월에 보인다. 앞날개 가운데에 노란색과 검은색의 겹줄 무늬가 나타난다.

겹줄무늬재주나방의 크기를 짐작할 수 있다.

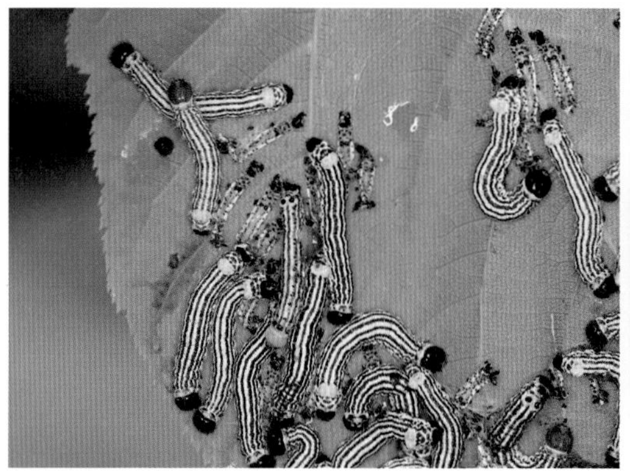

허물을 벗은 겹줄무늬재주나방 애벌레 신나무, 산겨릅나무 등이 먹이식물이다.

겹줄무늬재주나방 종령 애벌레 몸길이는 37mm, 9월에 보인다. 노란색 몸에 검은색 줄무늬가 있으며 배 끝에 붉은색 돌기 한 쌍이 솟아 있다.

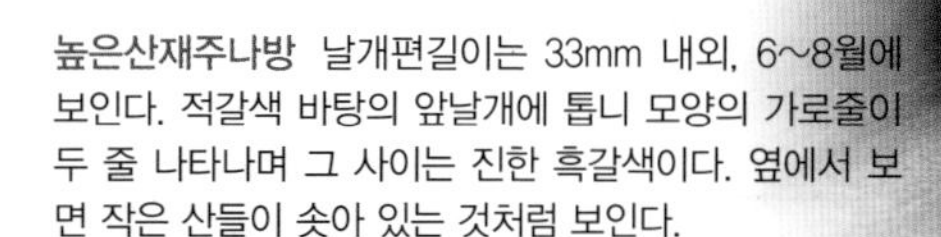

높은산재주나방 날개편길이는 33mm 내외, 6~8월에 보인다. 적갈색 바탕의 앞날개에 톱니 모양의 가로줄이 두 줄 나타나며 그 사이는 진한 흑갈색이다. 옆에서 보면 작은 산들이 솟아 있는 것처럼 보인다.

남방섬재주나방 날개편길이는 40mm 내외, 6~7월에 보인다.

남방섬재주나방 적갈색 바탕의 날개 가장자리는 뾰족한 톱니 모양이다. 날개 가운데에 반달무늬가 두 개 있고 그 안은 주황색이다.

겹날개재주나방 날개편길이는 40~43mm, 5~8월에 보인다. 앞날개 가운데 부분에 있는 검은색 가로줄(외횡선)을 경계로 앞은 적갈색이며 뒤는 회갈색이라 마치 날개가 겹쳐 보이는 듯하다.

겹날개재주나방 애벌레 몸길이는 35~40mm, 7~9월에 보인다. 숨구멍을 따라 붉은색 줄이 선명하다. 단풍나무, 복자기나무 등 단풍나무과가 먹이식물이다.

주름재주나방 날개편길이는 49~66mm, 4~8월에 보인다. 밤에 불빛에 잘 찾아든다.

주름재주나방 날개에 가로줄 무늬가 발달해 주름진 것처럼 보인다. 앞날개 바깥 가장자리는 뾰족한 톱니 모양이며 가만히 앉아 있으면 나무껍질처럼 보인다.

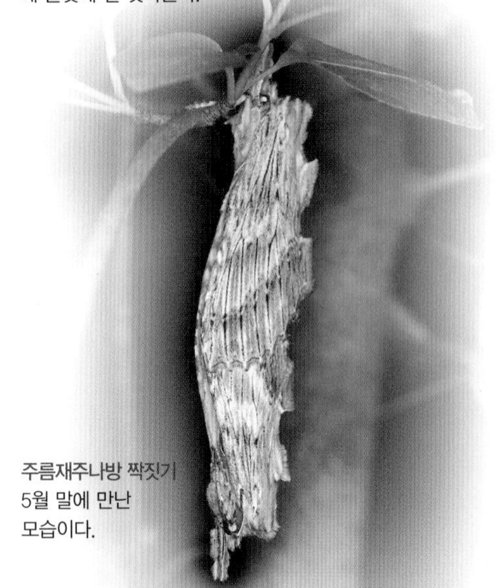

주름재주나방 짝짓기
5월 말에 만난
모습이다.

주름재주나방 애벌레 몸길이는 55mm 내외, 등나무, 다릅나무 등이 먹이식물이다. 8월에 보인다. 몸 옆에 검은색, 노란색, 하얀색의 3겹 줄무늬가 있다.

끝흰재주나방 날개편길이는 35~50mm, 6~8월에 보인다. 앞날개 끝에 길쭉한 황백색 무늬가 나타난다.

끝흰재주나방 황갈색과 흑자색이 어우러진 앞날개와 달리 뒷날개는 연한 갈색을 띤다.

줄재주나방 날개편길이는 42~54mm, 6~8월에 보인다. 회갈색 바탕의 앞날개에 둔한 톱니 모양의 검은색 가로줄이 나타나며 날개맥이 선명하다. 앞날개 가운데는 황백색 띠를 이루며 날개 끝에 검은색과 흰색의 겹줄 사선 무늬가 있다.

참나무재주나방 날개편길이는 43~65mm, 6~8월에 보인다.

참나무재주나방 수컷 검은색 바탕에 갈색 선이 있다(동그라미 친 부분).

참나무재주나방 수컷 위에서 보면 전혀 다른 나방처럼 보인다.

참나무재주나방 암컷 갈색 선만 나타난다(동그라미 친 부분).

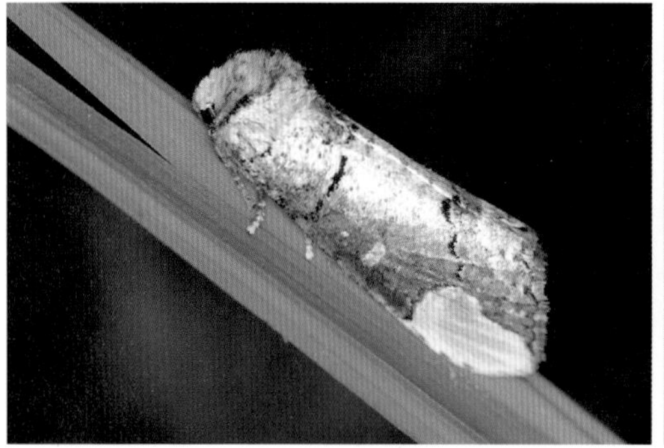
참나무재주나방 은회색 바탕의 앞날개에 검은색 가로줄이 나타나며 앞날개 가운데에 동그란 황백색 무늬와 날개 끝에 커다란 황백색 무늬가 나타난다.

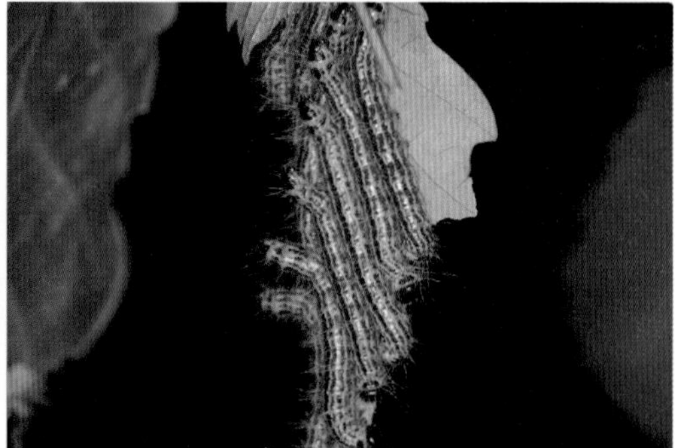
참나무재주나방 어린 애벌레 참나무류가 먹이식물이다.

참나무재주나방 종령 애벌레 몸길이는 50mm, 9월에 보인다. 검은색 몸에 붉은색 줄무늬가 있으며 온몸에 흰색 긴 털이 덮여 있다. 어린 애벌레뿐만 아니라 다 자란 애벌레도 모여 산다.

먹무늬재주나방 날개편길이는 42~56mm 6~9월에 보인다.

먹무늬재주나방 앞날개는 황백색이며 날개 끝에 흑자색의 요철 무늬가 띠를 이루며 나타난다.

먹무늬재주나방 가슴이 양털 같은 털로 덮여 있다.

먹무늬재주나방 날개를 펴면 전혀 다른 나방처럼 보인다.

먹무늬재주나방 어린 애벌레 버드나무, 산사나무가 먹이식물이다.

먹무늬재주나방 애벌레 모여 산다. 자극을 받으면 줄을 타고 내려왔다가 다시 올라간다.

먹무늬재주나방 종령 애벌레 몸길이는 40~45mm, 8~9월에 보인다. 검은색 몸에 자주색 무늬가 나타나며 누런빛이 도는 긴 흰색 털로 덮여 있다.

배얼룩재주나방 날개편길이는 70~87mm, 6~8월에 보인다. 앞날개 끝에 적갈색의 커다란 무늬가 나타나며 머리 앞쪽은 흰색 꽃을 단 것처럼 보인다.

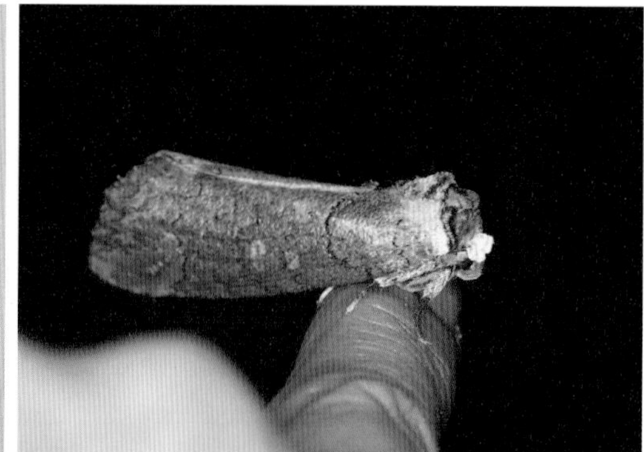

배얼룩재주나방의 크기를 짐작할 수 있다.

배얼룩재주나방 3령 애벌레 허물을 벗기 위해 자리를 잡았다. 애벌레는 아까시나무, 싸리 등 콩과 식물을 먹는다.

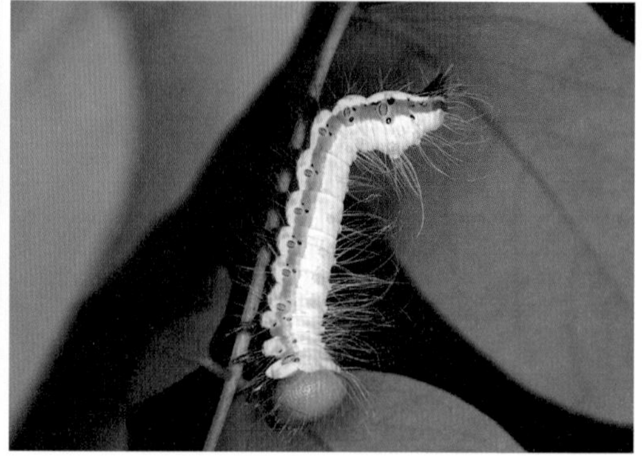

배얼룩재주나방 4령 애벌레 배 윗면에 가시 같은 흰색 긴 털이 있다.

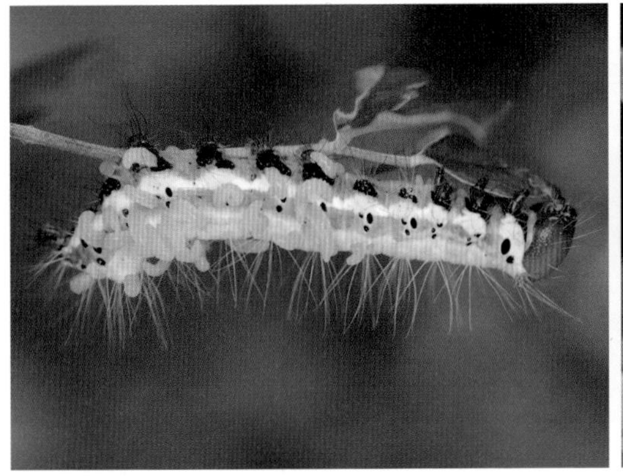

기생 당한 배얼룩재주나방 애벌레 몸속에서 기생벌로 추정되는 애벌레들이 나오고 있다.

배얼룩재주나방 종령 애벌레 곧 땅속으로 들어가 번데기가 된다.

세은무늬재주나방 날개편길이는 34~45mm, 5~8월에 보인다. 앞날개 안쪽에 은백색 무늬들이 나타나는데 그중 3개가 크다. 날개는 나뭇잎처럼 생겼다. 배 끝이 검고 갈라져 있으면 수컷이다.

세은무늬재주나방 애벌레 몸길이는 50mm, 8월에 보인다. 제1 배마디와 제8 배마디에 뿔 같은 돌기가 한 쌍 있다. 느티나무, 참나무류가 먹이식물이다.

은무늬재주나방 날개편길이는 37~45mm, 5~8월에 보인다. 앞날개에 길쭉한 은백색 무늬가 있다.

은무늬재주나방 암컷 날개 밖으로 배가 나오지 않는다. 수컷보다 조금 더 크다.

은무늬재주나방 수컷 배 끝이 날개 밖으로 나오며 두 갈래로 갈라져 있다.

은무늬재주나방 얼굴

은무늬재주나방 날개를 편 모습

큰은무늬재주나방 수컷 날개편길이는 43~55mm, 6~8월에 보인다. 배 끝이 날개 밖으로 나왔다.

큰은무늬재주나방의 크기를 짐작할 수 있다.

큰은무늬재주나방 흑갈색의 앞날개 앞쪽에 크기가 다른 황백색 점무늬가 나타나며 앞날개 끝부분에도 황백색 점무늬가 있다.

큰은무늬재주나방 암컷 수컷보다 조금 크며 배 끝이 날개 밖으로 나오지 않았다.

쌍띠재주나방 날개편길이는 30~35mm, 5~8월에 보인다. 앞날개에 회백색의 띠가 2개 나타난다. 전체적으로 검은빛이 난다.

팔자머리재주나방 날개편길이는 23~32mm, 4~9월에 보인다.

팔자머리재주나방 날개 끝이 잘린 듯한 모양이며 앞날개에 삼각 무늬가 나타난다. 보랏빛이 감도는 나방이다.

팔자머리재주나방 애벌레 몸길이는 22mm, 7월, 8~9월에 보인다. 버드나무가 먹이식물이다. 숨구멍을 따라 분홍색과 흰색의 겹줄 무늬가 나타난다.

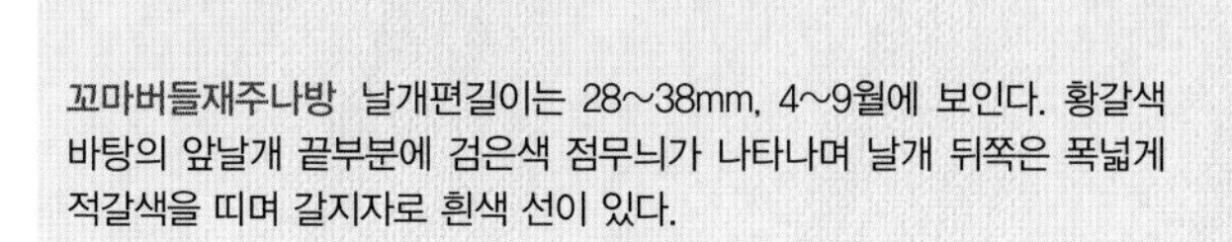

꼬마버들재주나방 날개편길이는 28~38mm, 4~9월에 보인다. 황갈색 바탕의 앞날개 끝부분에 검은색 점무늬가 나타나며 날개 뒤쪽은 폭넓게 적갈색을 띠며 갈지자로 흰색 선이 있다.

버들재주나방 날개편길이는 31~40mm, 5~10월에 보인다. 암수 모두 더듬이가 빗살 모양이다. 배 끝이 날개 밖으로 나오면 수컷이다.

버들재주나방 앞날개에 흰색 가로줄이 선명하며 뒤쪽에 검은색 점무늬가 있다.

버들재주나방 암컷 더듬이가 수컷처럼 빗살 모양이지만 더 짧다. 배가 날개 밖으로 나오지 않는다.

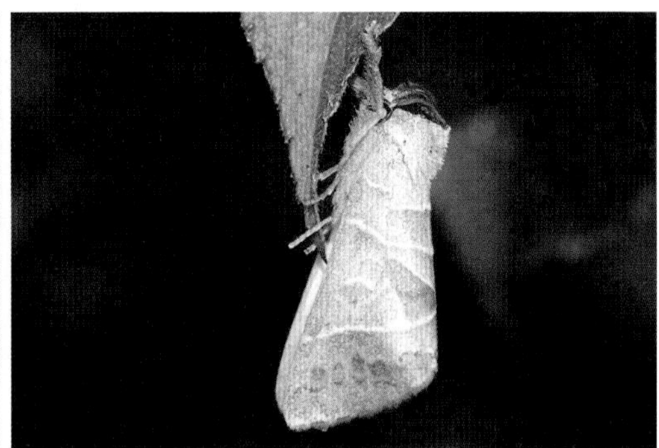

버들재주나방 밤에 나뭇잎에 매달려 쉬고 있다.

버들재주나방 애벌레 몸길이는 35mm 내외, 7~8월에 주로 보인다. 버드나무가 먹이식물이다. 노란색, 검은색, 붉은색 돌기가 있어 독나방과 애벌레처럼 보이기도 한다.

버들재주나방 번데기

작은점재주나방 날개편길이는 21~26mm, 6~8월에 보인다.

작은점재주나방 연한 적갈색 바탕의 앞날개에 회색 줄무늬가 요철을 이루며 나타난다. 앞날개에 작은 점이 보인다.

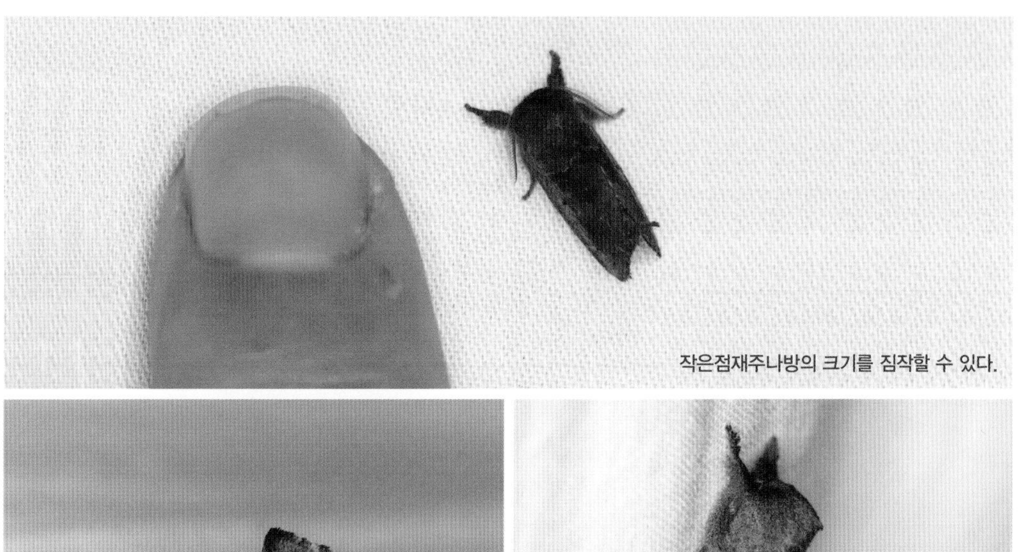

작은점재주나방의 크기를 짐작할 수 있다.

애기재주나방 날개편길이는 19~25mm, 5~10월에 보인다.

애기재주나방 앞날개 가운데에 작은 점과 줄무늬가 있으며 날개 끝 가장자리는 울퉁불퉁하다. 가슴에 털 뭉치가 있다.

● 태극나방과(밤나방상과)

487종 이상이 알려진 무리로 우리나라에는 15아과로 이루어졌습니다. 이전에는 불나방, 수염나방, 짤름나방, 독나방 등이 '과' 단위로 분류되었지만 최근에 태극나방과의 '아과'로 분류 체계가 바뀌었습니다. 이 때문에 국명이 바뀐 나방이 많습니다. 국명 표기는 바뀐 이름을 먼저 쓰고 이전 이름을 괄호 안에 넣는 식으로 표기합니다. 예를 들어 주황얼룩수염나방(주황얼룩무늬밤나방)으로 표기합니다.

상과	과	아과	대표 종
밤나방상과	태극나방과	남방구리잎나방아과	남방구리잎나방 등
		불나방아과	흰무늬왕불나방 등
		잎짤름나방아과	톱날개짤름나방 등
		갈고리큰나방아과	왕갈고리큰나방 등
		태극나방아과	태극나방 등
		수염나방아과	수중다리나방 등
		노랑수염나방아과	노랑수염나방 등
		꼬마짤름나방아과	둥근점꼬마짤름나방 등
		가을뒷노랑큰나방아과	가을뒷노랑큰나방 등
		독나방아과	무늬독나방 등
		짤름나방아과	떠들썩짤름나방 등
		대나무짤름나방아과	대나무짤름나방 등
		톱니큰나방아과	붉은잎큰나방 등
		수리나방아과	목검은나방 등
		Toxocampinae	

성충은 앉았을 때 앞날개가 배를 완전히 덮거나 일부분만 덮습니다. 머리는 매끈한 편이며 홑눈은 없습니다.

애벌레는 다양한 먹이를 먹으며 다 자란 애벌레는 털이 촘촘히 나 있거나 매끈합니다.

흰무늬왕불나방 날개편길이는 70~90mm, 5~9월에 보인다.

흰무늬왕불나방의 크기를 짐작할 수 있다. 검은 바탕의 앞날개에 크기와 모양이 다양한 흰색 무늬가 나타나며 앞날개 가운데에는 노란색 점무늬가 있다. 뒷날개는 노란색과 검은색이 어우러져 호랑이 무늬처럼 보인다.

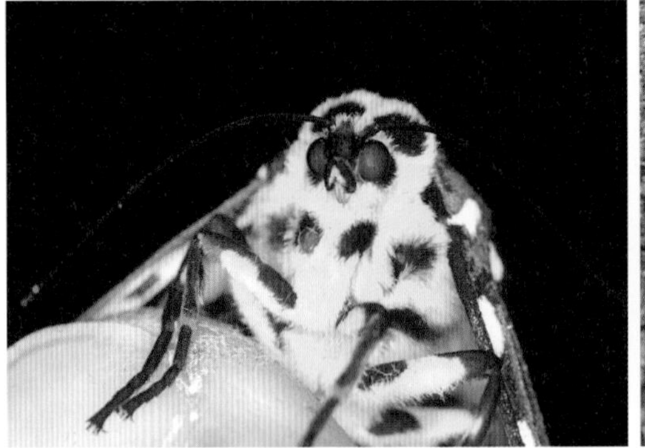

흰무늬왕불나방 얼굴

날개돋이 중인 흰무늬왕불나방

날개돋이를 마친 직후의 흰무늬왕불나방

흰무늬왕불나방 애벌레 몸길이는 60mm, 9~10월에 보인다. 여뀌, 고마리 등이 먹이식물로 알려졌다.

흰제비불나방 날개편길이는 수컷 55~70mm, 암컷 70~80mm, 6~9월에 보인다.

흰제비불나방 배 양옆에 붉은색 무늬가 있으며 순백색의 배 윗면 각 마디 가운데에 검은색 점무늬가 있다.

흰제비불나방 각 다리의 넓적다리마디 윗면이 붉은색이다.

흰제비불나방 얼굴

흰제비불나방 밤에 불빛에도 잘 찾아든다.

흰제비불나방의 크기를 짐작할 수 있다.

굴뚝불나방 암컷
날개편길이는 32~40mm, 4~6월에 보인다.
앞뒤 날개는 검은색이며 더듬이는 실 모양이다.

굴뚝불나방 수컷 앞뒤 날개는 검은색이며 뒷날개 안쪽 가두리가 노란빛을 띤다. 배 윗면은 노란색이며 검은색 점과 줄무늬가 나타난다.

굴뚝불나방 수컷의 아랫면

미국흰불나방 날개편길이는 28~38mm, 5~9월에 보인다.

미국흰불나방 개체마다 색깔과 무늬 차이가 있다.

미국흰불나방 옆모습

미국흰불나방 아랫면

미국흰불나방 날개의 색깔이나 무늬에 따라 배의 무늬나 색깔도 다르게 나타난다.

미국흰불나방 짝짓기

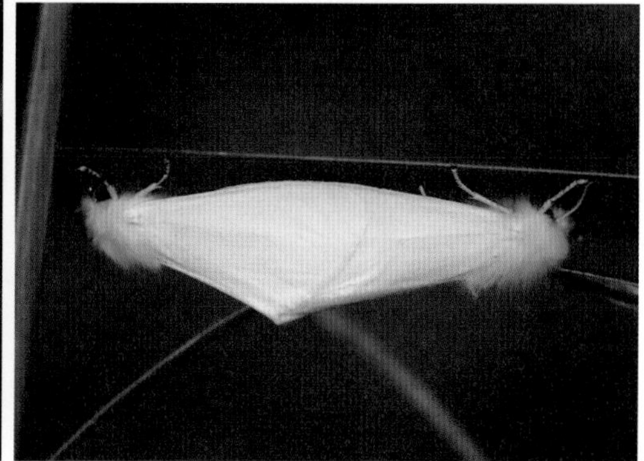

미국흰불나방 짝짓기 개체마다 색깔 차이가 있다.

미국흰불나방 산란

미국흰불나방 어린 애벌레들은 잎을 엮어 텐트 같은 은신처를 만들고 모여 산다.

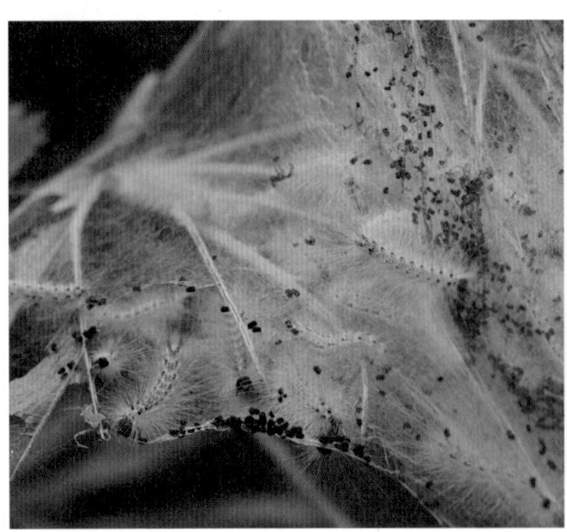

미국흰불나방 애벌레 200여 가지의 식물을 먹는다고 알려졌다. 애벌레들은 색 변이가 있으며 1년에 2회 나타난다.

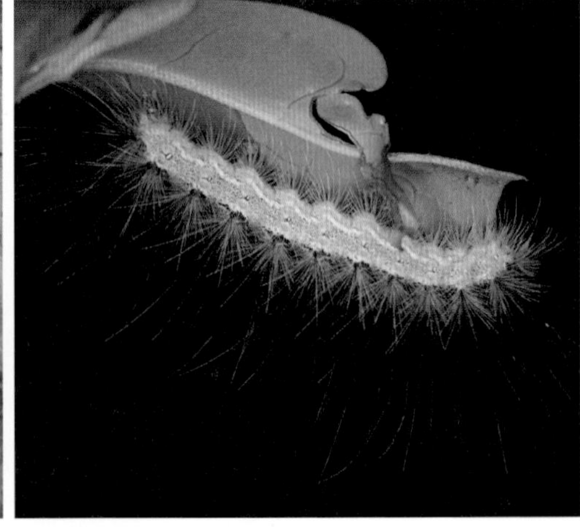

미국흰불나방 애벌레 몸길이는 30mm, 6~9월에 보인다. 다양한 나무에서 모여 있다.

등붉은뒷흰불나방 날개편길이는 26~40mm, 5~7월에 보인다. 앞날개 앞 가장자리를 따라 점무늬가 2~3개 나타나며 날개를 접고 앉으면 거꾸로 된 V 자 점줄 무늬가 보인다.

등붉은뒷흰불나방 배 윗면은 붉은색이며 검은색 점줄 무늬가 있다.

회색줄점불나방 날개편길이는 34~52mm, 7~8월에 보인다. 노란색 바탕의 앞날개에 회색 줄과 점줄 무늬가 나타난다. 점줄 무늬는 가운데 무늬가 가장 크다.

회색줄점불나방 배는 붉은색이며 가운데 검은색 점무늬가 줄지어 있다.

외줄점불나방 날개편길이는 31~40mm, 5~8월에 보인다.

외줄점불나방 원 안에 검은색 줄무늬가 없는 것이 줄점불나방과 다르다. 배는 연한 황갈색을 띤다.

줄점불나방 날개편길이는 35~54mm, 5~8월에 보인다.

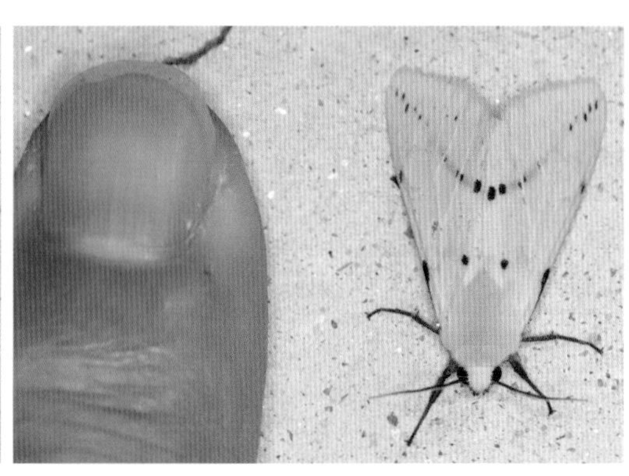

줄점불나방의 크기를 짐작할 수 있다.

줄점불나방 원 안에 검은색 줄무늬가 나타나서 외줄점불나방과 구별된다.

줄점불나방 앞다리의 넓적다리마디가 선홍색을 띤다. 배는 선홍색이며 검은색 점무늬가 줄지어 있다.

수검은줄점불나방 날개편길이는 수컷 36~54mm, 암컷 50~64mm, 6~9월에 보인다.

수검은줄점불나방 암컷은 황백색이며 수컷은 흑갈색이다. 앞날개에 점줄 무늬가 나타난다. 산란하는 모습이다.

수검은줄점불나방 어린 애벌레 입에서 토해낸 실로 텐트 같은 집을 짓고 모여 산다.

수검은줄점불나방 어린 애벌레의 크기를 짐작할 수 있다.

수검은줄점불나방 종령 애벌레 몸길이는 40mm, 10월~이듬해 6월에 보인다. 뽕나무, 참나무, 벚나무 등 다양한 나무의 잎을 먹는다.

뒷노랑왕불나방 날개편길이는 수컷 62~80mm, 암컷 76~92mm, 7~8월에 보인다.

뒷노랑왕불나방 얼굴 얼굴과 가슴은 붉은색이며 검은색의 사각 무늬들이 나타난다.

뒷노랑왕불나방 흑갈색 바탕의 앞날개 앞 가장자리를 따라 커다란 누런색 무늬가 4개 나타난다. 노란색 뒷날개에 커다란 검은색 무늬들이 흩어져 있다. 배는 붉은색이며 가운데에 검은색 점무늬가 줄지어 나타난다.

좀안주홍불나방 날개편길이는 28~42mm, 5~9월에 보인다. 개체마다 차이가 있다.

좀안주홍불나방 원 안에 점무늬가 있어 꼬마안주홍불나방과 구별된다. 앞날개 가운데에 흐릿한 점무늬가 있으며 그 주변과 앞쪽에 검은색 점무늬가 있다.

꼬마안주홍불나방 날개편길이는 30~48mm, 6~9월에 보인다. 원 안에 검은색 점이 없어 좀안주홍불나방과 구별된다. 뒷날개는 주홍색이며 검은색 점무늬가 나타난다.

홍배불나방 날개편길이는 수컷 48~52mm, 암컷 62~77mm, 5~8월에 보인다.

홍배불나방 흰색 바탕의 앞날개에 흐릿한 검은색 점무늬가 흩어져 있다.

홍배불나방 배는 붉은색이며 검은색 점무늬가 있다.

홍배불나방의 크기를 짐작할 수 있다.

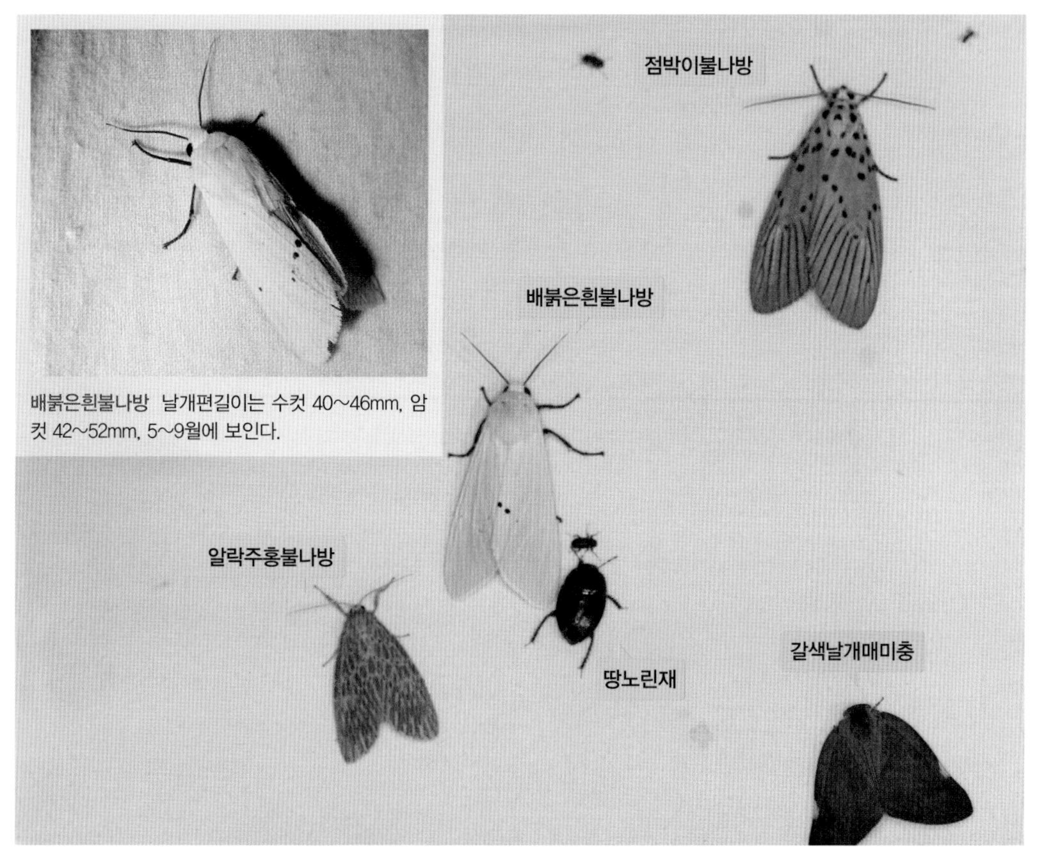

배붉은흰불나방 날개편길이는 수컷 40~46mm, 암컷 42~52mm, 5~9월에 보인다.

다른 불나방들과 함께 불빛에 찾아든 배붉은흰불나방

배붉은흰불나방 앞날개에 검은색 점무늬가 2~3개 있고 배는 붉은색을 띠며 가운데에 검은색 점무늬가 이어져 있다.

배붉은흰불나방 애벌레 몸길이는 40mm, 8~9월에 보인다. 숨문선은 황갈색이며 억센 털 뭉치가 있다. 뽕나무, 꼬리조팝나무 등 여러 나무의 잎을 먹는다.

배점무늬불나방 날개편길이는 43~46mm, 5~9월에 보인다.

배점무늬불나방 앞날개에 검은색 점이 흩어져 나타난다. 배는 노란색이며 검은색 점무늬가 가운데에 일렬로 있다. 앞다리의 넓적다리마디와 배가 황색이라 점무늬불나방과 구별된다.

배점무늬불나방 배 윗면 가운데 선은 미백색이며 억센 털이 많이 있다. 뽕나무, 동자꽃 등이 먹이식물로 알려졌다.

배점무늬불나방의 크기를 짐작할 수 있다.

점무늬불나방 날개편길이는 31~45mm, 4~9월에 보인다. 앞다리의 넓적다리마디와 배가 붉은색이라 배점무늬불나방과 구별된다. 크기를 짐작할 수 있다.

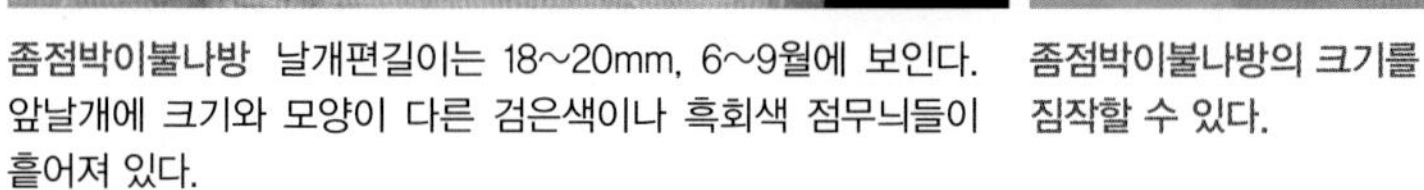

좀점박이불나방 날개편길이는 18~20mm, 6~9월에 보인다. 앞날개에 크기와 모양이 다른 검은색이나 흑회색 점무늬들이 흩어져 있다.

좀점박이불나방의 크기를 짐작할 수 있다.

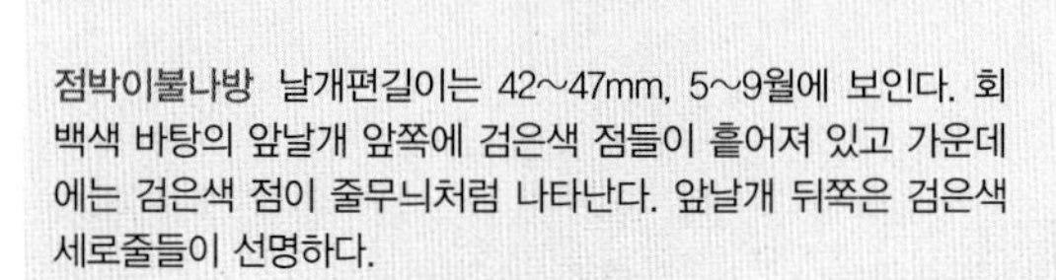

점박이불나방 날개편길이는 42~47mm, 5~9월에 보인다. 회백색 바탕의 앞날개 앞쪽에 검은색 점들이 흩어져 있고 가운데에는 검은색 점이 줄무늬처럼 나타난다. 앞날개 뒤쪽은 검은색 세로줄들이 선명하다.

점박이불나방 더듬이는 회색과 검은색이 섞여 있으며 주둥이는 노란색이다.

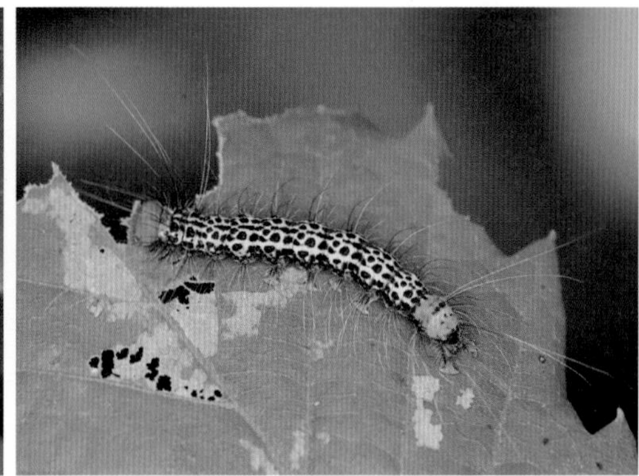

점박이불나방 애벌레 몸길이는 30mm 내외, 7~8월에 많이 보인다. 머리와 배 끝이 같은 주황색이다. 노란색 몸에 검은색 점이 흩어져 있다. 신갈나무 등 참나무류가 먹이식물로 알려졌다.

교차무늬주홍테불나방 날개편길이는 20~28mm, 5~9월에 보인다.

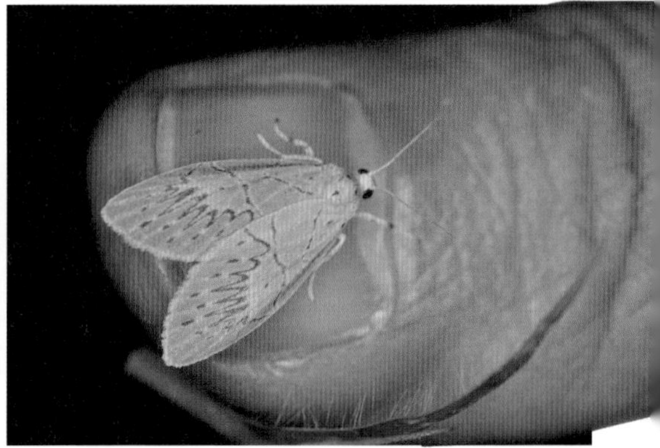

교차무늬주홍테불나방의 크기를 짐작할 수 있다.

교차무늬주홍테불나방 앞날개에 가로줄이 3줄 있으며, 앞의 두 줄이 서로 교차하듯 가까워진다. 앞날개 뒤에는 길이가 다른 뾰족한 바늘 무늬가 있다.

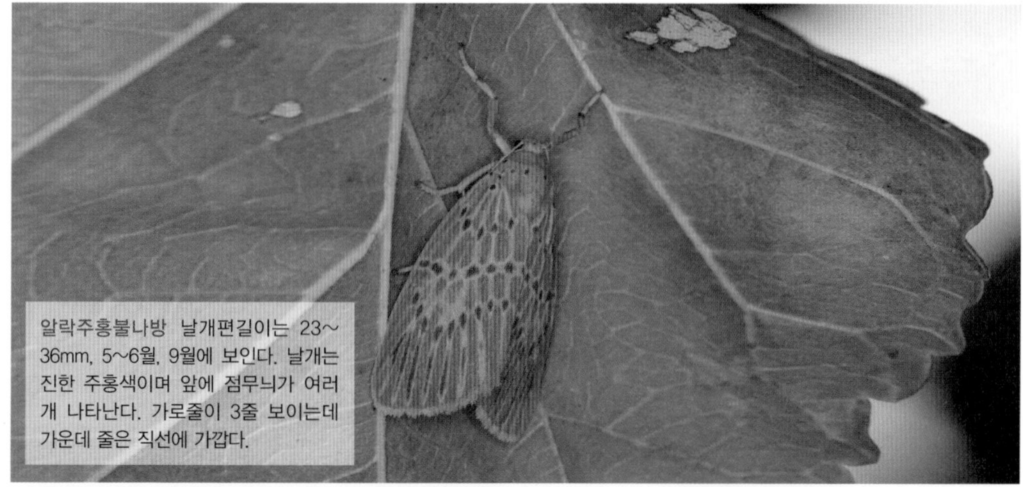
알락주홍불나방 날개편길이는 23~36mm, 5~6월, 9월에 보인다. 날개는 진한 주홍색이며 앞에 점무늬가 여러 개 나타난다. 가로줄이 3줄 보이는데 가운데 줄은 직선에 가깝다.

알락주홍불나방의 크기를 짐작할 수 있다.

알락주홍불나방 뒷날개도 앞날개와 색이 같지만 무늬가 없다.

홍줄불나방 날개편길이는 수컷 28~45mm, 암컷 37~50mm, 5~9월에 보인다.

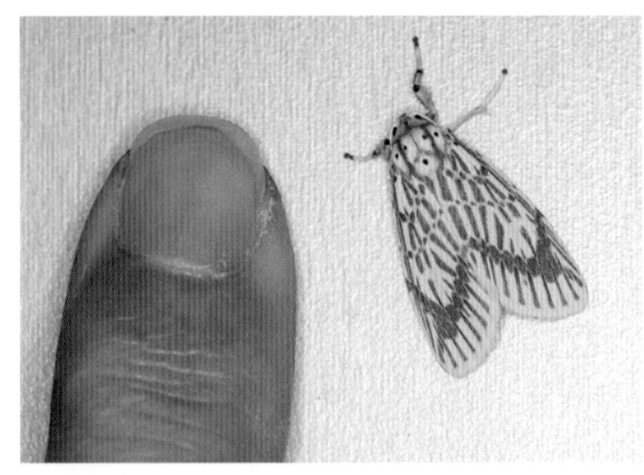

홍줄불나방의 크기를 짐작할 수 있다.

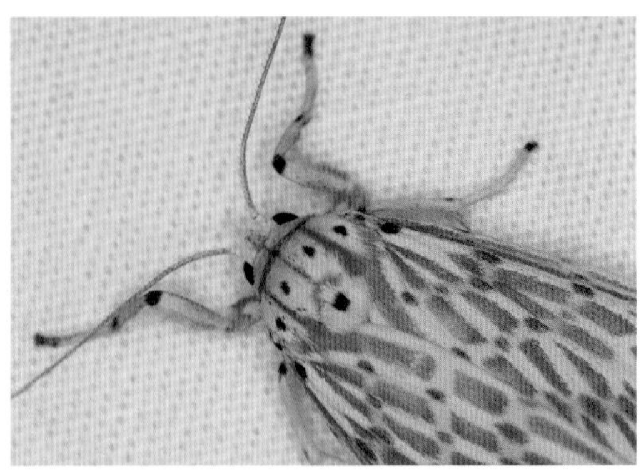

홍줄불나방 가슴 앞쪽에 검은색 점 4개가 일렬로 나타난다.

홍줄불나방 앞날개에 가로줄이 3줄 있는데 가운데 줄은 직선에 가깝고 앞뒤 줄은 W자 모양이다.

홍줄불나방 각 다리의 마디가 만나는 곳에 검은색 점무늬가 나타난다. 더듬이에도 검은색 무늬가 있다.

노랑테불나방 날개편길이는 28~40mm, 5~8월에 보인다. 머리, 가슴 가장자리, 앞날개 앞 가장자리는 노란색이며 날개 바탕은 회색이다.

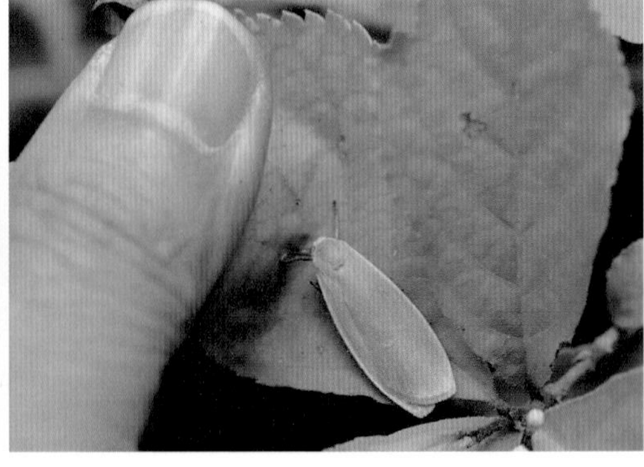

노랑테불나방의 크기를 짐작할 수 있다.

어리붉은줄불나방(어리홍줄불나방) 날개편길이는 28~32mm, 7~8월에 보인다. 흰색 바탕의 앞날개에 붉은색 가로줄이 두 줄 있다. 그 사이에 암컷은 3개, 수컷은 2개의 검은색 점이 나타난다. 크기를 짐작할 수 있다.

어리붉은줄나방(어리홍줄불나방) 날개돋이 직후의 모습. 밑에 고치가 보인다.

붉은줄불나방 수컷 날개편길이는 26~32mm, 6~9월에 보인다. 앞날개에 있는 붉은색 가로줄 사이에 검은색 점이 2개 있다. 하나 있으면 암컷이다.

붉은줄불나방 암컷 앞날개에 검은색 점이 하나 있다. 가운데 붉은색 가로줄 모양도 수컷과 다르다.

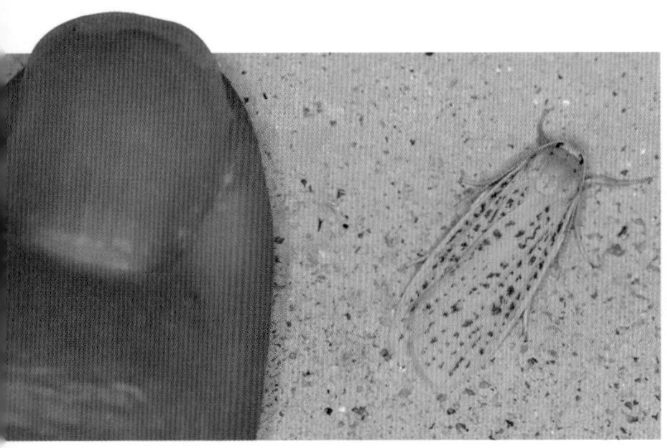

앞날개무늬불나방 날개편길이는 27mm 내외, 5~8월에 보인다. 노란색 바탕의 앞날개에 검은색 점무늬가 줄지어 나타난다. 크기를 짐작할 수 있다.

앞노랑검은불나방 날개편길이는 33~46mm, 5~8월에 보인다. 머리는 검은색, 가슴판은 주황색이다. 흑회색 바탕의 앞날개 앞 가장자리는 노란색이다. 머리 색으로 앞선두리불나방과 구별한다.

앞선두리불나방 날개편길이는 30~48mm, 5~8월에 보인다.

앞선두리불나방 머리가 노란색이라 앞노랑검은불나방과 구별된다. 앞날개 앞 가장자리와 가슴판도 노란색이다.

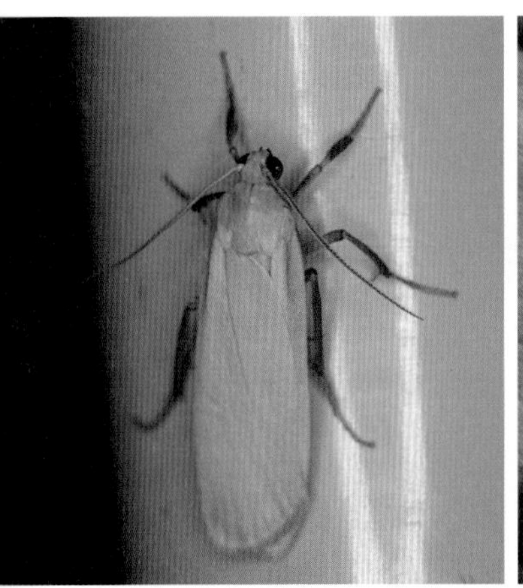

노랑배불나방 수컷 날개편길이는 30~35mm, 6~9월에 보인다. 암수 색이 다르다. 수컷은 전체적으로 누런빛을 띤다.

노랑배불나방 암컷 짙은 회색 바탕의 앞날개 앞 가장자리에 노란색 테두리가 있고 머리와 가슴도 노란색이다.

노랑배불나방 암컷 노란색 테두리의 경계가 분명하여 각시불나방과 구별된다.

넉점박이불나방 암컷 날개편길이는 수컷 32~48mm, 암컷 42~56mm, 6~11월에 보인다. 암수가 색과 무늬가 다르다.

넉점박이불나방 암컷 전체적으로 금빛을 띤 노란색이며 앞날개에 청록색 점무늬가 모두 4개 있다.

넉점박이불나방 암컷 앞날개에 각각 2개씩 모두 4개의 점무늬가 보인다.

알을 낳고 있는 넉점박이불나방 암컷

넉점박이불나방 수컷 몸의 앞 3분의 1은 주황색이며 그 아래는 회색이다.

넉점박이불나방 수컷의 크기를 짐작할 수 있다.

넉점박이불나방 수컷 다리에 청록색 비늘가루가 흩뿌려져 있으며 주둥이는 연한 주황색이다.

목도리불나방 날개편길이는 35~54mm, 6~9월에 보인다.

목도리불나방 앞가슴등판이 진한 주황색이라 목도리를 두른 것 같다. 머리와 가슴은 청람색이며 앞날개는 광택이 나는 회청색이다.

목도리불나방 배에 청람색 가루를 뿌린 듯 보인다. 날개맥이 선명하다.

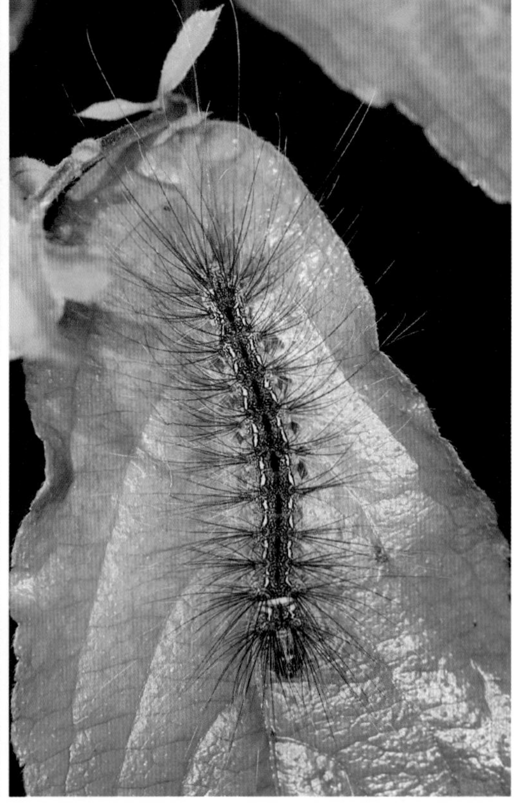

목도리불나방 애벌레 아직 정확한 생태 정보가 없다.

목도리불나방 애벌레 다양한 나무나 풀에서 보인다. 나무껍질에서도 관찰되는 것으로 보아 지의류도 먹는 것 같다.

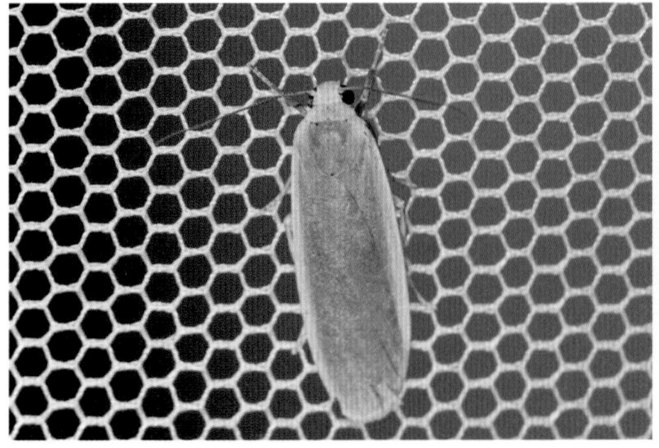

각시불나방 날개편길이는 24mm 내외, 5~9월에 보인다.

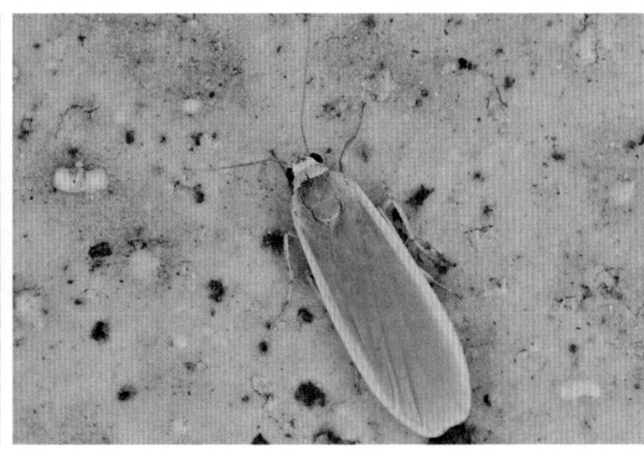

각시불나방 앞날개가 회갈색을 띠는 것과 날개 가장자리의 노란색 테두리 경계가 뚜렷하지 않아 노랑배불나방 암컷과 구별된다.

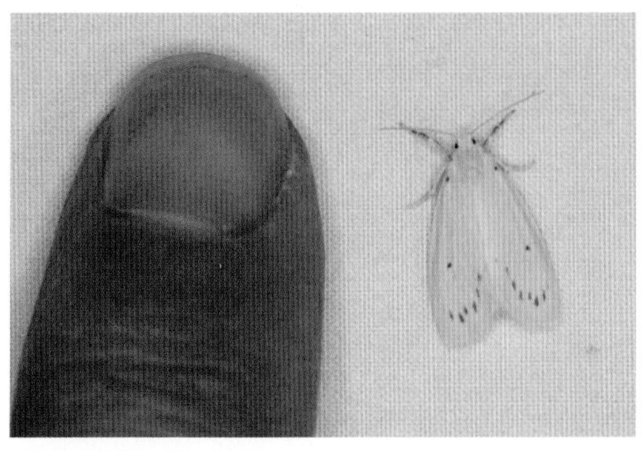

노랑불나방 날개편길이는 18~26mm, 5~9월에 보인다. 크기를 짐작할 수 있다.

노랑불나방 앞날개는 유백색 바탕에 가장자리가 노란빛이 강하며 가운데와 뒤쪽에 점무늬와 점줄 무늬가 나타난다. 개체마다 색깔과 무늬 차이가 있다.

주홍테불나방 날개편길이는 24~32mm, 5~9월에 보인다.

주홍테불나방 앞날개는 누런색이며 가장자리에 주홍색 테가 있다. 앞날개 가운데에 직선 형태의 가로줄이 없어 톱날무늬노랑불나방과 구별된다.

톱날무늬노랑불나방 날개편길이는 20~32mm, 6~9월에 보인다. 날개 뒤쪽으로 톱날무늬가 나타난다.

톱날무늬노랑불나방 순백색 바탕의 앞날개 가장자리를 따라 붉은색 테두리가 있으며 가운데 가로줄은 직선에 가깝다.

별박이불나방 날개편길이는 20~28mm, 5~9월에 보인다. 회갈색 바탕의 앞날개에 가운데를 중심으로 검은색 점이 앞쪽에 2개, 뒤쪽에 3개 나타난다.

알락노랑불나방 날개편길이는 26~34mm, 5~8월에 보인다. 금빛을 띤 노란색 바탕의 앞날개에 검은색 점무늬가 흩어져 있다.

알락노랑불나방 원 안에 검은색 점무늬가 적어 민무늬알락노랑불나방과 구별된다.

민무늬알락노랑불나방 날개편길이는 22~30mm, 6~9월에 보인다. 원 안에 검은색 점무늬가 알락노랑불나방보다 많다.

민무늬알락노랑불나방 노란색 앞날개에 검은색 점무늬가 흩어져 나타난다. 뒷날개도 노란색이지만 점무늬는 없다.

점박이알락노랑불나방 날개편길이는 38mm 내외, 5~8월에 보인다. 유백색 바탕의 앞날개에 머리, 가슴판, 덮개, 앞날개 앞뒤 가장자리는 노란색이며 검은색 점이 줄무늬처럼 3줄 있다.

검정무늬주홍불나방 날개편길이는 22~28mm, 6~8월에 보인다. 앞날개는 주홍색이며 검은색의 긴 무늬가 가로띠처럼 나타난다.

금빛노랑불나방 날개편길이는 26~30mm, 5~8월에 보인다.

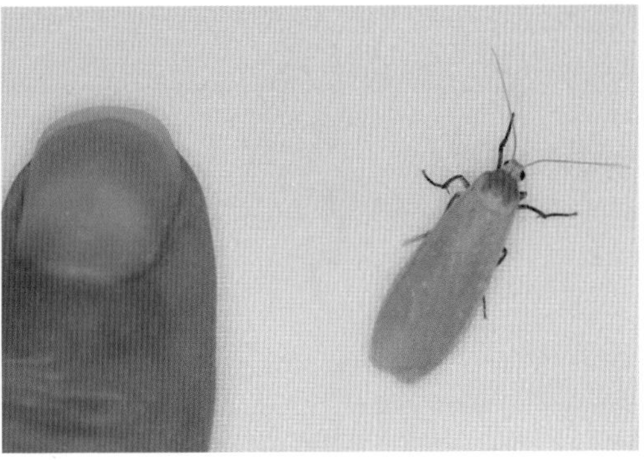

금빛노랑불나방의 크기를 짐작할 수 있다.

금빛노랑불나방 수컷 전체적으로 붉은빛을 띤 노란색이며 다리는 검은색이다.

금빛노랑불나방 암컷 전체적으로 금빛을 띤 노란색이며 다리는 검은색이다.

애기나방 날개편길이는 28~37mm, 6~9월에 보인다. 검은색의 앞날개에 다양한 크기와 모양의 흰색 무늬가 유리창처럼 나타난다.

애기나방 아랫면

애기나방 배는 검은색이며 노란색 고리 무늬와 점무늬가 있다. 낮에 볼 수 있는 나방이다.

애기나방 짝짓기

노랑애기나방 날개편길이는 30~42mm, 7~8월에 보인다. 애기나방과 비슷하지만 배의 색과 무늬가 다르다.

노랑애기나방 검은색 날개에 흰색 반투명한 무늬가 유리창처럼 나타난다.

멧꼬마짤름나방(멧꼬마밤나방) 날개편길이는 11~12mm, 5~9월에 보인다. 회백색 바탕의 앞뒤 날개에 회색 얼룩무늬가 나타나며 앞날개 가운데에 검은색 점이 흐릿하다.

톱날개짤름나방 날개편길이는 30~32mm, 6~7월에 보인다.

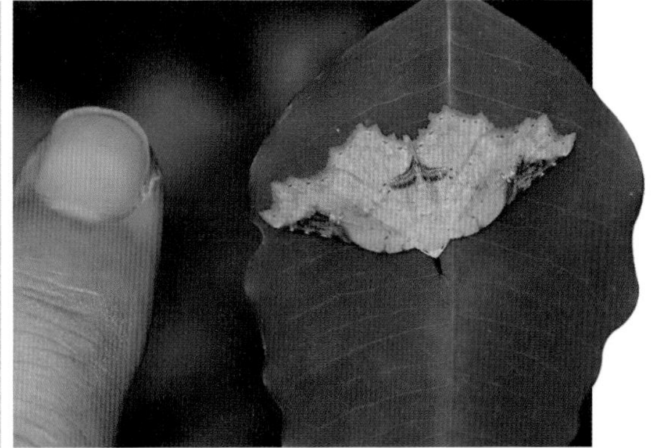

톱날개짤름나방의 크기를 짐작할 수 있다. 황갈색 바탕의 앞뒤 날개 끝 가장자리는 톱날처럼 뾰족하며 앞날개 앞 가장자리에 흑갈색의 커다란 삼각 무늬가 나타난다.

꽃무늬꼬마짤름나방(꽃무늬꼬마밤나방) 날개편길이는 18~19mm, 6~9월에 보인다.

꽃무늬꼬마짤름나방(꽃무늬꼬마밤나방) 진한 갈색 바탕의 앞날개 앞 가장자리에 커다란 흑갈색 무늬가 나타나며 앞날개 가운데에 검은색 점이 있다.

두점깨다시짤름나방 황백색 바탕의 앞날개 앞 가장자리에 크기가 다른 흑갈색의 무늬가 모두 4개 나타난다. 앞날개 가운데에 검은색 점 2개가 있다.

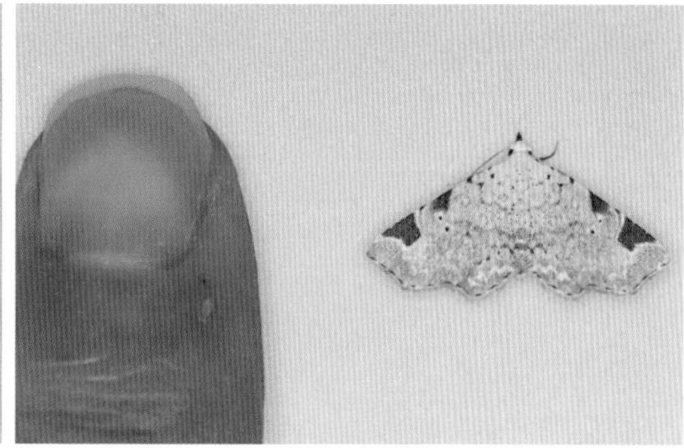

두점깨다시짤름나방의 크기를 짐작할 수 있다.

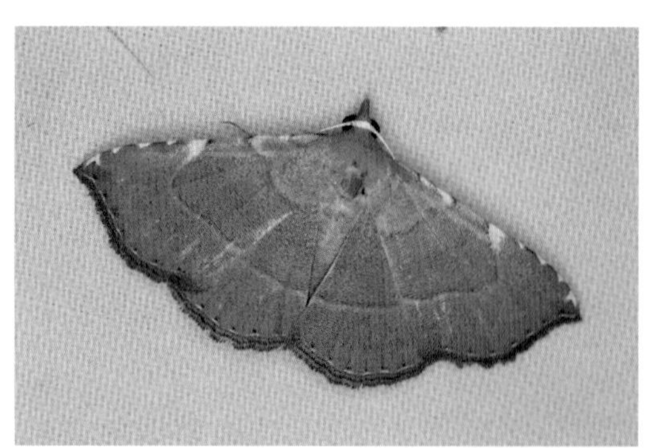

흰점애기짤름나방(흰점꼬마밤나방) 날개편길이는 17~21mm, 5~9월에 보인다.

흰점애기짤름나방(흰점꼬마밤나방) 원 안의 무늬가 분홍애기짤름나방과 다르다.

분홍애기짤름나방(분홍꼬마밤나방) 날개편길이는 13~19mm, 6~8월에 보인다.

분홍애기짤름나방(분홍꼬마밤나방) 원 안의 무늬가 흰점애기짤름나방과 다르다. 날개는 분홍색을 띤 갈색이다.

둥근애기짤름나방(둥근꼬마밤나방) 날개편길이는 12~16mm, 6~8월에 보인다. 원 안의 무늬가 흰점애기짤름나방이나 분홍애기짤름나방과 다르다. 정수리는 흰색이며 날개 끝 연모는 짙은 분홍색이다.

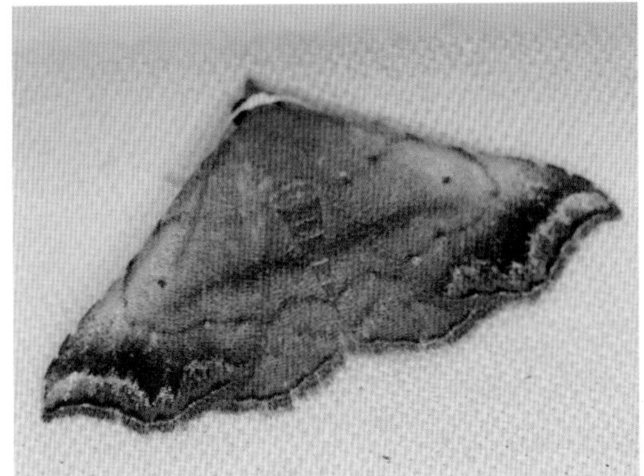

붉은애기짤름나방(붉은꼬마밤나방) 날개편길이는 13~19mm, 6~8월에 보인다.

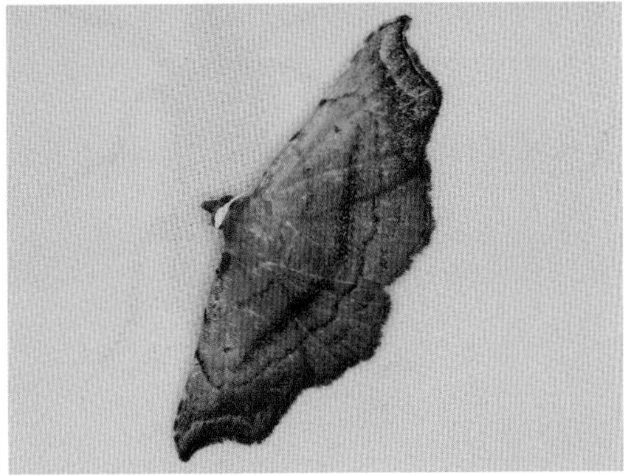

붉은애기짤름나방(붉은꼬마밤나방) 앞날개 끝은 흑갈색이며 갈고리처럼 휘었다. 그곳에 흰색 눈썹 무늬가 나타난다.

검은줄애기짤름나방(검은줄꼬마밤나방) 날개편길이는 12~14mm, 6~8월에 보인다.

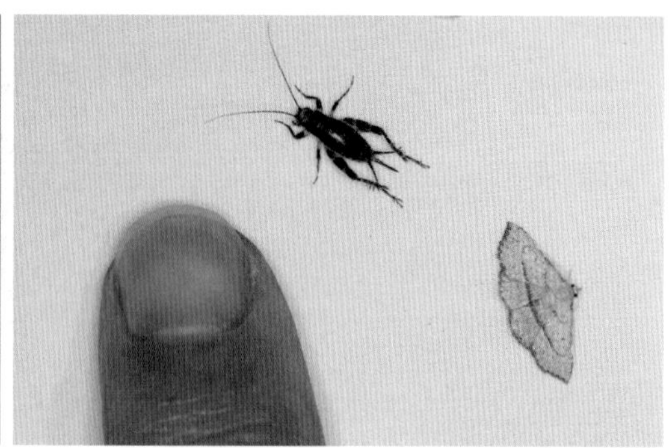

검은줄애기짤름나방(검은줄꼬마밤나방)의 크기를 짐작할 수 있다.

검은줄애기짤름나방(검은줄꼬마밤나방) 앞날개에 짙은 갈색 가로줄이 나타나며 가운데에 점무늬가 있다.

쌍줄짤름나방 날개편길이는 27~29mm, 4~8월에 보인다. 회황색 바탕의 앞날개에 갈색 가로줄이 있으며 가운데 부분에서 아래로 둥글게 휘었다.

꽃꼬마짤름나방(꽃꼬마밤나방) 날개편길이는 23~28mm, 5~9월에 보인다. 앞날개 앞쪽에 분홍색 넓은 띠가 있으며 뒤는 회갈색이다. 앞날개 가운데와 뒤쪽 가장자리에 검은색 점무늬가 있다.

꽃꼬마짤름나방(꽃꼬마밤나방) 애벌레 몸길이는 25mm 내외, 8월에 보이며 청미래덩굴, 청가시덩굴이 먹이식물이다. 배마디에 돌기가 3쌍, 배 끝에도 돌기가 한 쌍 있다.

신부짤름나방 날개편길이는 26~30mm, 5~9월에 보인다. 진한 분홍색 바탕의 앞뒤 날개 끝이 뾰족하며 노란색 가로줄이 나타난다. 가운데 가로줄은 거의 직선이며 굵고 선명하다.

신부짤름나방의 크기를 짐작할 수 있다.

줄무늬꼬마짤름나방(줄무늬꼬마밤나방) 날개편길이는 19~25mm, 6~9월에 보인다.

줄무늬꼬마짤름나방(줄무늬꼬마밤나방) 앞뒤 날개는 황갈색이며 검은색 얼룩 같은 무늬가 가로띠를 이루며 나타난다. 날개 끝이 뾰족하다.

흰띠꼬마짤름나방(흰띠꼬마밤나방) 날개편길이는 23~28mm, 7~9월에 보인다.

흰띠꼬마짤름나방 앞날개 앞쪽에 유백색 띠무늬가 폭넓게 있어 이름에 '흰띠'를 붙였다. 흰띠 아래는 개체마다 색깔 차이가 있다.

노랑줄꼬마짤름나방(노랑줄꼬마밤나방) 날개편길이는 18~24mm, 5~8월에 보인다. 비슷하게 생긴 백운꼬마짤름나방, 가는줄꼬마짤름나방과 구별하기 어렵다.

노랑줄꼬마짤름나방(노랑줄꼬마밤나방)의 크기를 짐작할 수 있다.

알락무늬짤름나방(알락무늬수염나방)
날개편길이는 28~34mm, 5~10월에 보인다. 황갈색 바탕의 앞날개에 황백색 가로띠, 앞날개 가운데에 동그란 점무늬가 있다.

팥흑점꼬마짤름나방(팥흑점꼬마밤나방) 날개편길이는 16~18mm, 5~9월에 보인다.

팥흑점꼬마짤름나방(팥흑점꼬마밤나방) 앞날개는 분홍빛이 도는 갈색이며 노란색의 완만한 가로줄이 나타난다. 앞날개 가운데에 검은색 점 2개가 연이어 있다.

점분홍꼬마짤름나방(점분홍꼬마밤나방) 날개편길이는 18~22mm, 5~9월에 보인다. 분홍빛이 도는 앞날개 가운데에 큰 검은색 점무늬가 선명하며 겹가로줄에서 가운데 가로줄이 선명하고 곧다.

점분홍꼬마짤름나방(점분홍꼬마밤나방)의 크기를 짐작할 수 있다.

네눈검정잎짤름나방(네눈검정잎밤나방) 날개편길이는 27~29mm, 5~9월에 보인다. 앞뒤 날개에 비슷한 크기의 검은색 점들이 가로줄로 연결되어 나타나고 그 앞쪽에 조금 작은 동그란 점무늬가 앞날개에만 있다.

네눈검정잎짤름나방(네눈검정잎밤나방) 보랏빛을 띤 날개에 얼룩무늬들이 흩어져 있는 것이 보라잎짤름나방과 비슷하지만 원 안의 황백색 무늬가 더 큰 것이 다르다.

보라잎짤름나방(보라잎밤나방) 날개편길이는 26mm 내외, 6~8월에 보인다. 보랏빛을 띤 앞날개 앞 가장자리에 황백색 무늬가 3개 나타나며 앞날개 가운데에 검은색 점무늬가 있다.

비로도잎짤름나방(비로드잎밤나방) 날개편길이는 22~28mm, 6~9월에 보인다. 앞뒤 날개는 회색 얼룩 바탕이며 날개 앞 가장자리에 살구색 띠가 가장자리를 따라 넓게 나타난다.

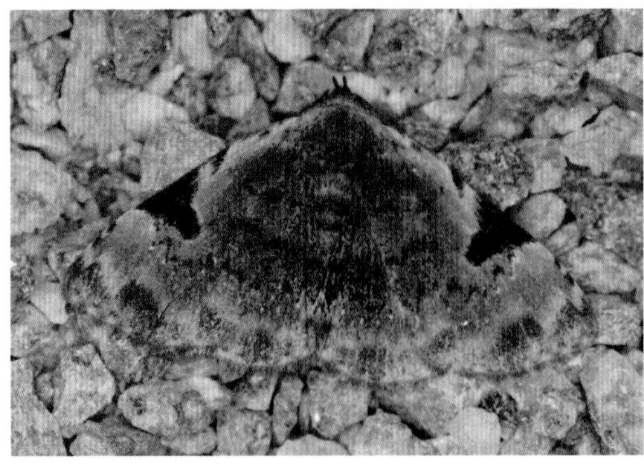

세모무늬잎짤름나방(세모무늬잎밤나방) 날개편길이는 31mm 내외, 6~7월에 보인다.

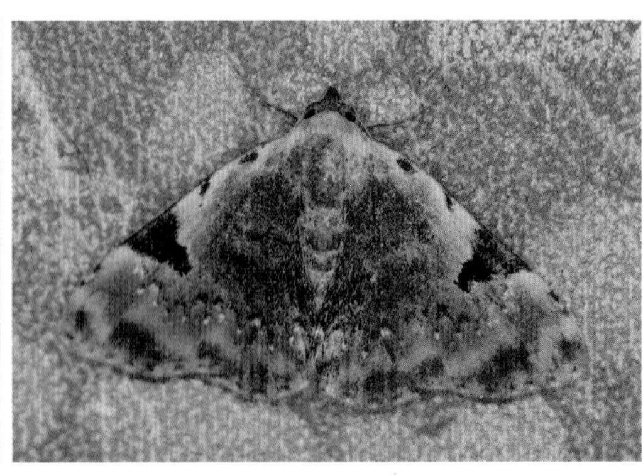

세모무늬잎짤름나방(세모무늬잎밤나방) 앞날개 앞 가장자리 가운데에 검은색 세모 무늬가 있다.

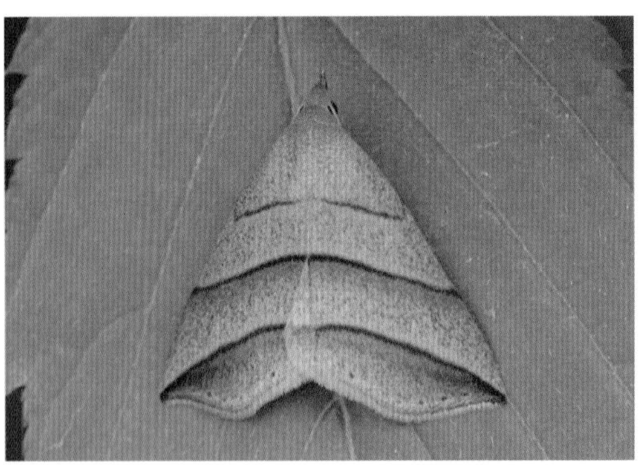

세줄짤름나방 날개편길이는 23~26mm, 4~8월에 보인다.

세줄짤름나방 회갈색 바탕의 앞날개에 굵기가 다른 가로줄 3줄이 뚜렷하다.

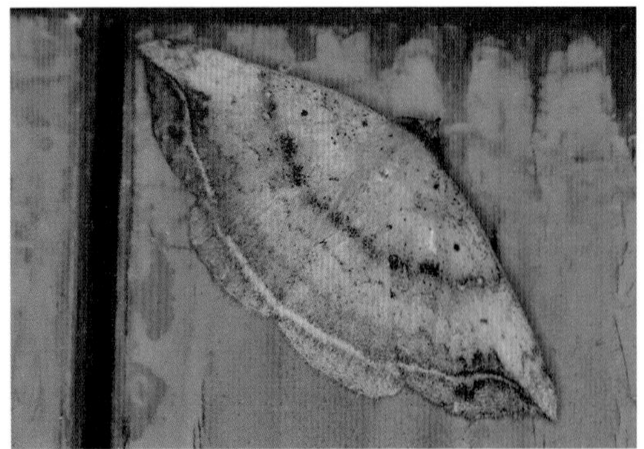

태백밤나방 날개편길이는 38~42mm, 7~8월에 보인다. 연한 황갈색 바탕의 앞날개 끝이 뾰족하며 가운데 안쪽에 검은색 점이 나타난다. 날개 끝 쪽에 검은색 얼룩무늬가 있다.

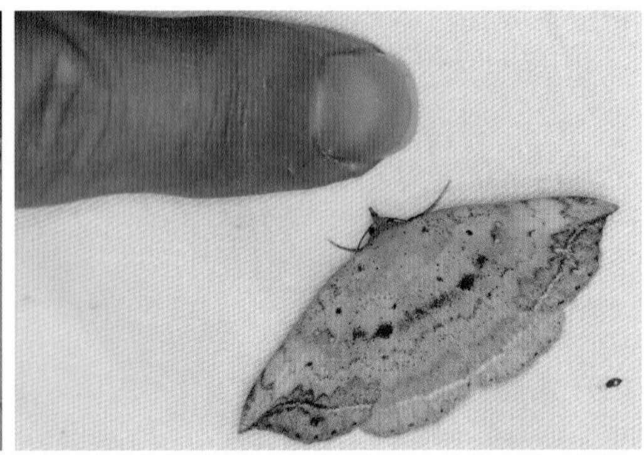

태백밤나방 원 안에 검은색 점이 있어 우수리밤나방과 구별된다.

우수리밤나방 날개편길이는 35~43mm, 7~9월에 보인다.

우수리밤나방 원 안에 검은색 점이 없어 태백밤나방과 구별된다.

북방갈고리큰나방(북방갈고리밤나방) 날개편길이는 48~55mm, 6~10월에 보인다.

북방갈고리큰나방(북방갈고리밤나방) 앞날개에 굵은 갈색 띠무늬와 분홍색과 갈색의 겹가로줄이 있다.

금빛갈고리큰나방(금빛갈고리밤나방) 날개편길이는 49~58mm, 7~10월에 보인다.

금빛갈고리큰나방(금빛갈고리밤나방)의 크기를 짐작할 수 있다.

금빛갈고리큰나방(금빛갈고리밤나방) 앞날개 바깥 가장자리는 물결 모양이며 가운데에 검은색 점이 2개 있다.

금빛갈고리큰나방(금빛갈고리밤나방) 애벌레 몸길이는 45~50mm, 5월에 보인다. 머리는 노란색이며 검은색 점무늬가 여럿 나타난다. 몸은 검은빛이다. 선괴불주머니가 먹이식물이다.

으름큰나방(으름밤나방) 날개편길이는 96~104mm, 7~9월에 보인다.

으름큰나방(으름밤나방) 앞날개는 황갈색이며 나뭇잎처럼 생겼다.

으름큰나방(으름밤나방) 뒷날개는 노란색이며 검은색 굵은 무늬가 있다.

으름큰나방(으름밤나방) 몸은 뒷날개와 마찬가지로 노란색이며 얼굴에 독특한 모양의 돌기가 있다.

으름큰나방(으름밤나방) 중령 애벌레 으름덩굴이 먹이식물이다.

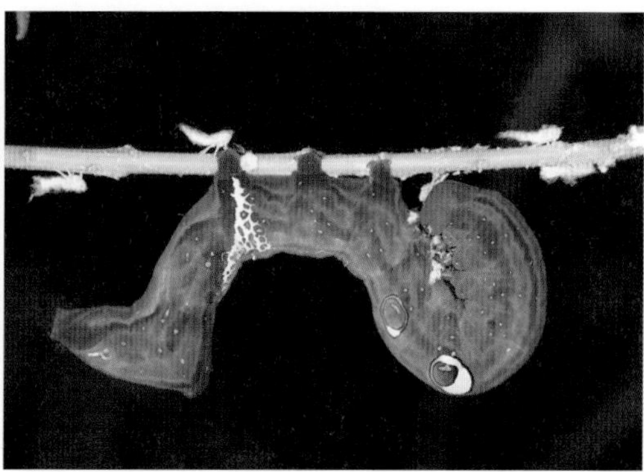

으름큰나방(으름밤나방) 종령 애벌레 개체마다 색깔 차이가 있다.

으름큰나방(으름밤나방) 종령 애벌레 몸길이는 70mm, 7~8월에 보인다.

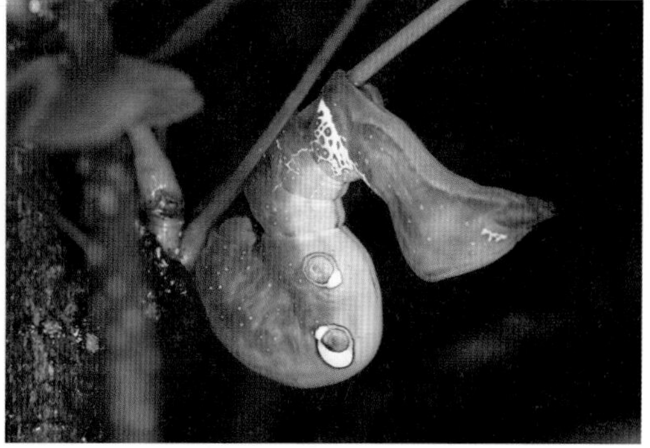

으름큰나방(으름밤나방) 종령 애벌레 제2~3 배마디에 눈알 무늬가 있다. 제5 배마디 윗면에 삼각형의 그물 무늬가 나타난다.

으름큰나방(으름밤나방)
앞날개 윗면과 아랫면

작은갈고리큰나방(작은갈고리밤나방) 날개편길이는 37mm 내외. 5~10월에 보인다.

작은갈고리큰나방(작은갈고리밤나방) 위에서 보면 전혀 다른 나방처럼 보인다.

작은갈고리큰나방(작은갈고리밤나방) 앞날개 가운데에 있는 곧은 줄무늬를 경계로 위와 아래 무늬가 달라서 매우 독특하게 보인다.

붉은갈고리큰나방(붉은갈고리밤나방) 날개편길이는 46~50mm, 3~12월에 보인다. 앞날개는 나뭇잎처럼 생겼으며 가운데에 긴 가로줄이 뚜렷하다.

붉은갈고리큰나방(붉은갈고리밤나방) 나뭇잎이 풀줄기에 붙어 있는 것처럼 보인다.

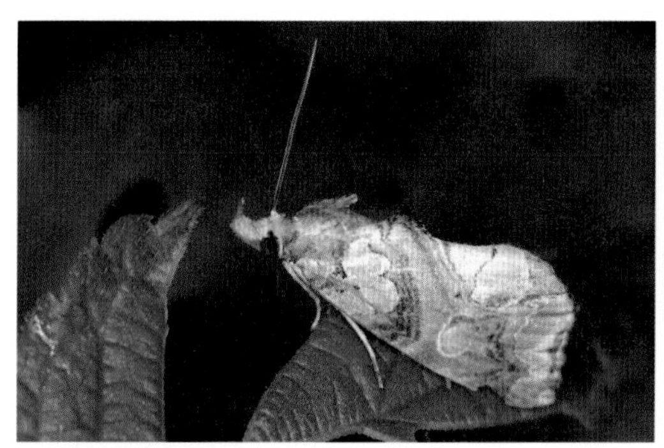

은무늬갈고리큰나방(은무늬갈고리밤나방) 날개편길이는 25~30mm, 5~9월에 보인다.

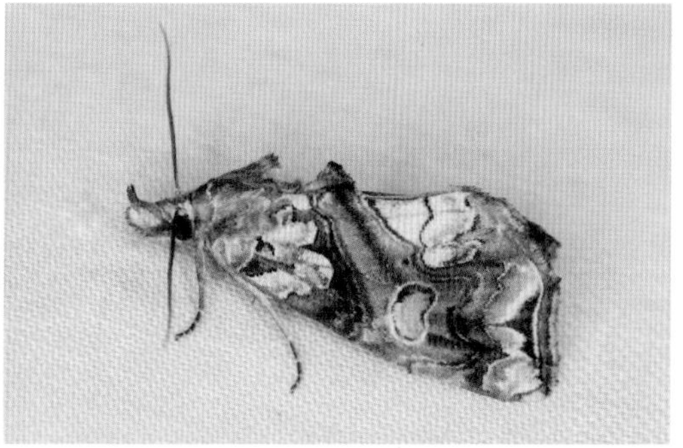

은무늬갈고리큰나방(은무늬갈고리밤나방) 앞날개에 굴곡이 매우 심한 가로줄이 나타나며 가로줄 앞뒤로 금빛 타원 무늬가 있다. 날개 곳곳에 은색 무늬가 나타난다.

은무늬갈고리큰나방(은무늬갈고리밤나방) 앞날개 무늬가 데칼코마니처럼 보인다.

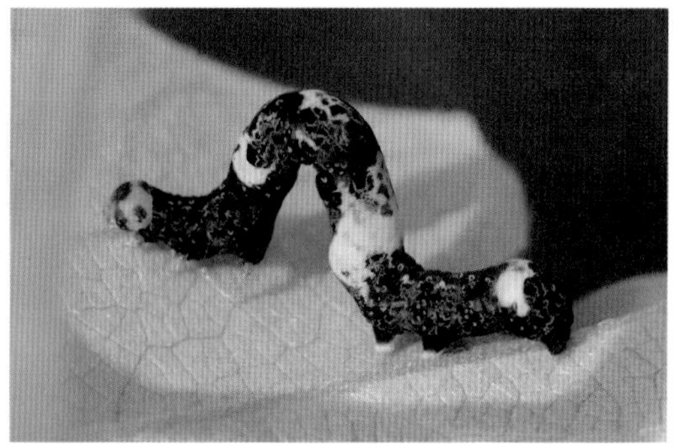

은무늬갈고리큰나방(은무늬갈고리밤나방) 애벌레 몸길이는 30mm 내외, 8~9월에 많이 보인다. 새똥을 닮았고, 댕댕이덩굴이 먹이식물이다.

쥐빛끝짤름나방 날개편길이는 51mm 내외, 6~9월에 보인다. 앞날개 끝 가장자리는 불규칙한 톱니 모양이며 그 앞쪽으로 회백색 띠가 나타난다.

쥐빛끝짤름나방이 수액을 먹고 있다.

흰무늬박이뒷날개나방 날개편길이는 50~62mm, 6~9월에 보인다.

흰무늬박이뒷날개나방의 크기를 짐작할 수 있다.

흰무늬박이뒷날개나방 앞날개 가운데에 흰색 무늬가 있으며 뒷날개에는 흰색 띠무늬가 나타난다.

흰무늬박이뒷날개나방 뒷날개 아랫면에 흰색 띠가 선명하다.

작은흰무늬박이뒷날개나방 날개편길이는 50~58mm, 6~10월에 보인다. 밤에 불빛에 잘 찾아든다.

작은흰무늬박이뒷날개나방 앞날개 가운데에 검고 굵은 띠무늬가 있어 흰무늬박이뒷날개나방과 구별된다.

작은흰무늬박이뒷날개나방 특징

작은흰무늬박이뒷날개나방 날개 아랫면

잿빛노랑뒷날개나방 날개편길이는 54~56mm, 6~8월에 보인다.

잿빛노랑뒷날개나방의 크기를 짐작할 수 있다.

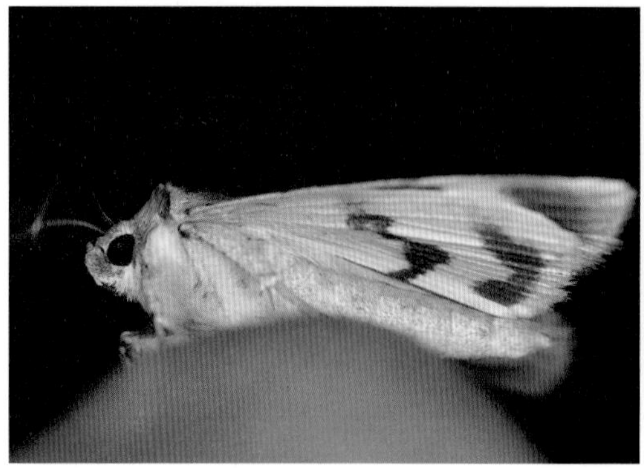

잿빛노랑뒷날개나방 날개 아랫면

잿빛노랑뒷날개나방 얼굴

잿빛노랑뒷날개나방 앞날개 가운데에 회백색의 둥글납작한 무늬가 있으며, 노란색 뒷날개에 검은색 띠무늬가 나타난다. 날개를 활짝 펴자 뒷날개에 있는 검은색 띠무늬가 선명하게 드러난다.

사과나무노랑뒷날개나방 날개편길이는 55~65mm, 7~8월에 보인다. 회색빛 앞날개 가운데에 희미하고 둥근 흰색 무늬가 있으며 물결무늬의 가로줄이 나타난다. 뒷날개는 노란색이며 검은색 띠가 있다.

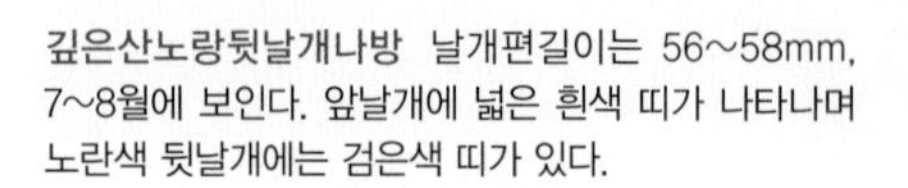

깊은산노랑뒷날개나방 날개편길이는 56~58mm, 7~8월에 보인다. 앞날개에 넓은 흰색 띠가 나타나며 노란색 뒷날개에는 검은색 띠가 있다.

깊은산노랑뒷날개나방 애벌레 몸길이는 55mm, 5~6월에 보인다.

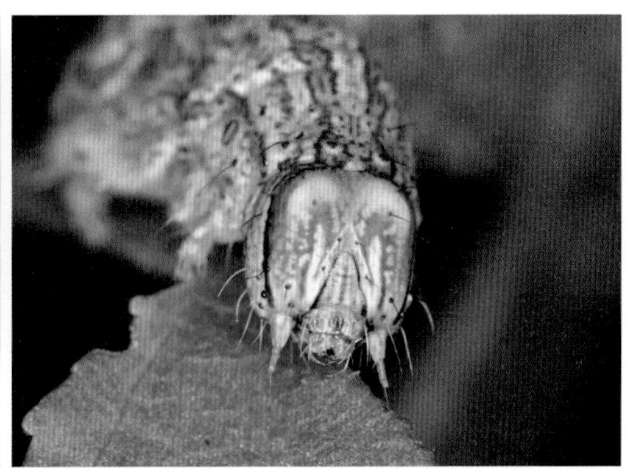

깊은산노랑뒷날개나방 애벌레 머리 위쪽에 주황색 띠가 있으며 무늬가 복잡하다. 느릅나무, 느티나무가 먹이식물이다.

굵은줄노랑뒷날개나방 날개편길이는 55~69mm, 5~9월에 보인다.

굵은줄노랑뒷날개나방 앞날개 가운데에 검은색 테두리의 노란색 씨앗 무늬가 있으며 노란색 뒷날개에는 굵은 검은색 띠가 있다.

굵은줄노랑뒷날개나방 뒷날개 바깥 가장자리 안쪽에 흰색 점무늬와 바깥쪽에 커다란 흰색 점무늬가 나타난다.

꼬마노랑뒷날개나방 날개편길이는 38~51mm, 6~9월에 보인다.

꼬마노랑뒷날개나방 앞날개에 완만한 V 자 모양의 흰색 띠 가운데에 동그란 무늬가 있다. 개체마다 색깔 차이가 있다.

꼬마노랑뒷날개나방 뒷날개는 노란색이며 검은색 띠무늬가 나타난다.

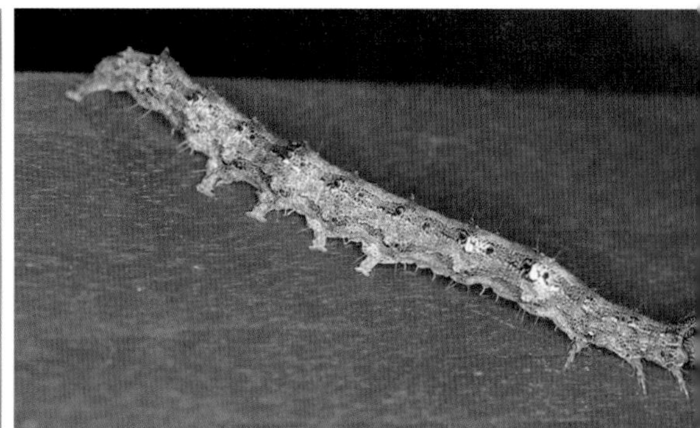

꼬마노랑뒷날개나방 애벌레 몸길이는 50mm, 5월에 보인다. 제1~2 배마디 윗면에 흰색 점이 한 쌍씩 있으며 배다리 4쌍 중 앞의 다리 2쌍은 조금 짧다.

꼬마노랑뒷날개나방 애벌레의 크기를 짐작할 수 있다.

꼬마노랑뒷날개나방 얼굴
갈참나무가 먹이식물로 알려졌다.

뾰족노랑뒷날개나방 날개편길이는 60~65mm, 5~9월에 보인다. 날개 앞쪽이 넓게 회백색을 띠며 앞날개 가운데에 동그란 무늬가 있다. 뒷날개는 연한 노란색이며 검은색 띠가 나타난다.

뾰족노랑뒷날개나방 날개 아랫면

광대노랑뒷날개나방 날개편길이는 52~56mm, 5~8월에 보인다.

광대노랑뒷날개나방 앞날개에 회백색 띠무늬가 선명하며 요철이 심한 가로줄이 있다. 노란색 뒷날개에는 굵은 검은색 띠가 있다.

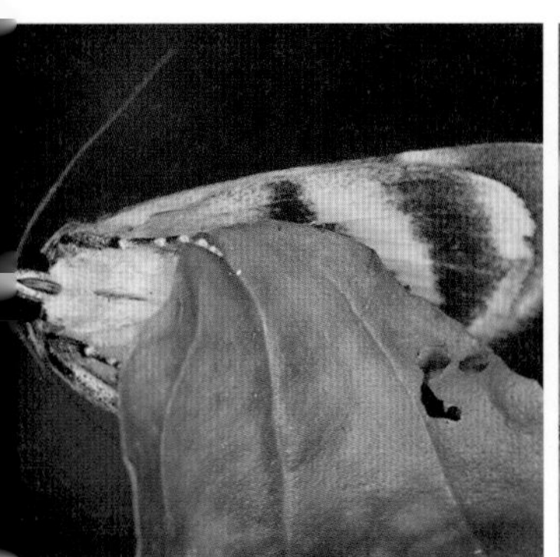

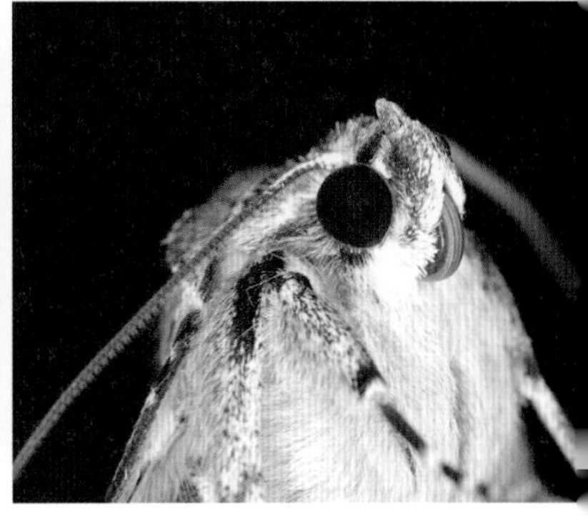

광대노랑뒷날개나방 날개 아랫면

광대노랑뒷날개나방 앞모습

광대노랑뒷날개나방 얼굴

광대노랑뒷날개나방 밤에 불빛에 잘 찾아든다.

광대노랑뒷날개나방 애벌레 윗면에 가시털과 길이가 다른 돌기들이 많으며, 아랫면은 흰색에 검은색 점무늬가 있다.

광대노랑뒷날개나방 애벌레 몸길이는 70mm, 5월에 보인다.

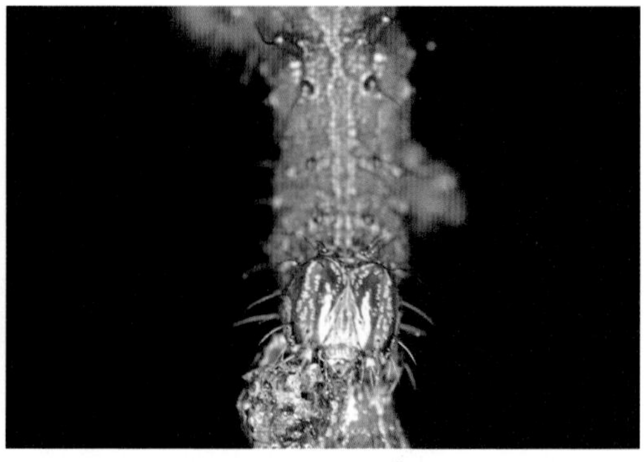

광대노랑뒷날개나방 애벌레 얼굴 위쪽은 붉은색이며 복잡한 무늬들이 있다. 벚나무가 먹이식물이다.

흰뒷날개나방 날개편길이는 90mm 내외로 8~10월에 보인다. 앞날개의 이끼 무늬와 뒷날개의 흰색 바탕에 흑갈색 줄무늬 두 줄이 뚜렷하다. 나무에 앉으면 알아보기가 매우 어렵다.

흰뒷날개나방의 크기를 짐작할 수 있다.

흰줄노랑뒷날개나방 날개편길이는 49~55mm, 6~8월에 보인다. 앞날개 가운데에 흰색 점무늬가 2개 있어 다른 노랑뒷날개나방류와 구별된다.

흰줄노랑뒷날개나방 아랫면

연노랑뒷날개나방 날개편길이는 50~57mm, 5~7월에 보인다.

연노랑뒷날개나방의 크기를 짐작할 수 있다.

연노랑뒷날개나방 앞날개 가운데에 동그란 흰색 무늬가 있으며 노란색 뒷날개에 U 자 모양의 검은색 띠무늬가 나타난다.

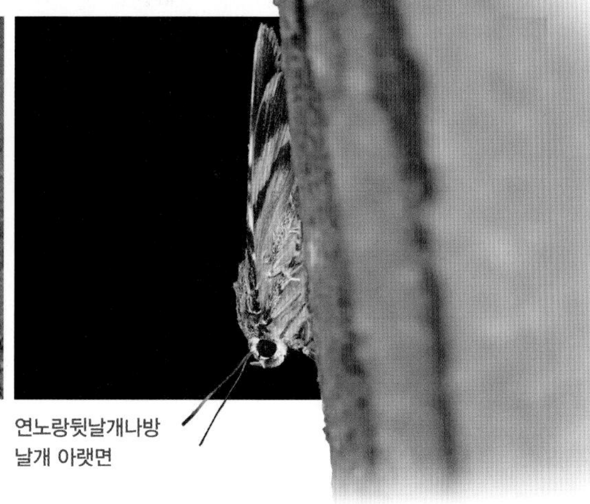

연노랑뒷날개나방
날개 아랫면

연노랑뒷날개나방 중령 애벌레

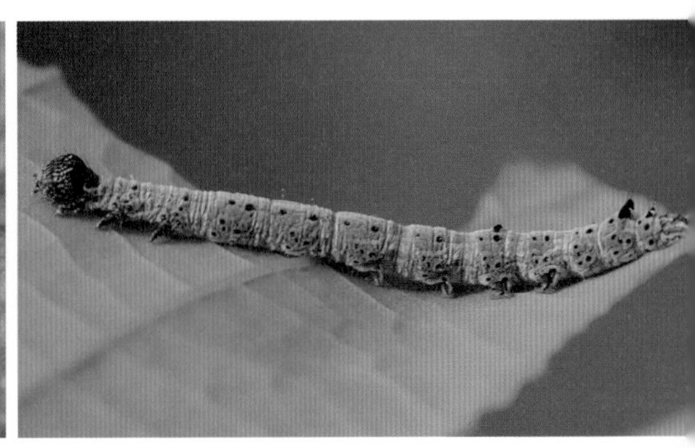

연노랑뒷날개나방 중령 애벌레 상수리나무, 신갈나무 등 참나무류가 먹이식물이다.

연노랑뒷날개나방 종령 애벌레 몸길이는 45mm, 5월에 보인다. 제5,8 배마디에 돌기가 한 쌍 있다.

연노랑뒷날개나방 밤에 불빛에 잘 찾아든다.

붉은뒷날개나방 날개편길이는 64~68mm, 7~9월에 보인다. 개체마다 색깔 차이가 있다.

붉은뒷날개나방 앞날개에 하얀색 무늬가 많은 개체다.

붉은뒷날개나방의 크기를 짐작할 수 있다.

붉은뒷날개나방 붉은색 뒷날개가 보인다.

붉은뒷날개나방 붉은색 뒷날개 바깥 가장자리에 굵은 검은색 띠가, 안쪽에는 두 번 각진 굵기가 다른 띠무늬가 나타난다.

붉은뒷날개나방 날개 아랫면

회색붉은뒷날개나방 날개편길이는 70~82mm, 6~8월에 보인다.

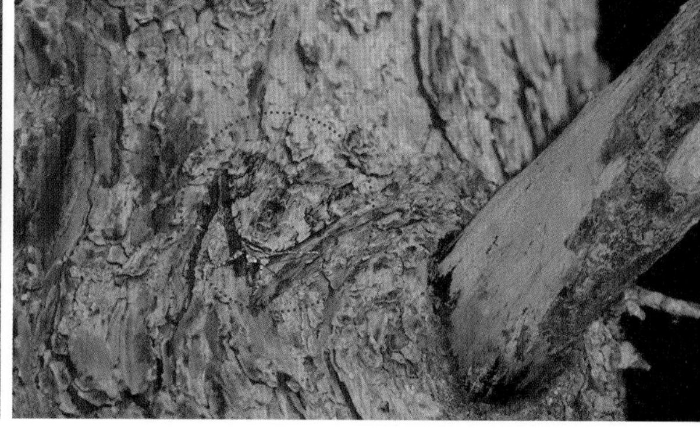

회색붉은뒷날개나방 나무껍질과 비슷한 색이다.

회색붉은뒷날개나방의 크기를
짐작할 수 있다.

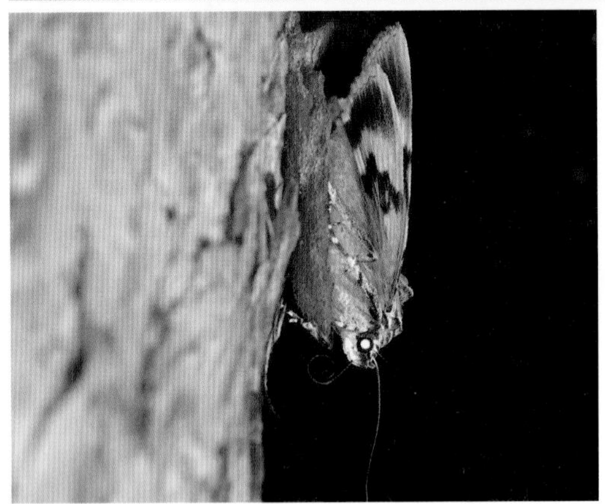

회색붉은뒷날개나방이 수액을 먹으려고 자리를 잡았다.

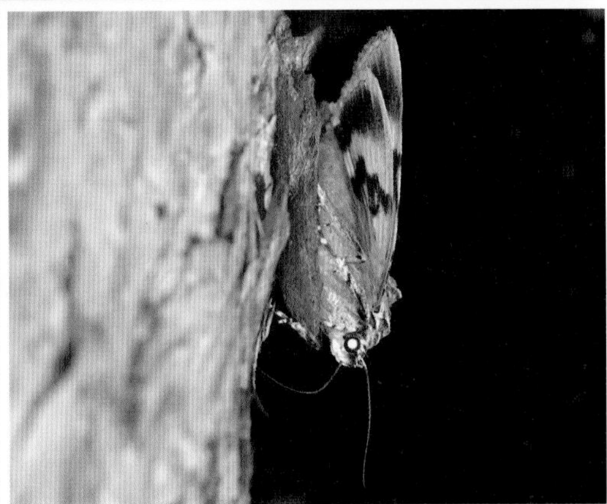

회색붉은뒷날개나방이 돌돌 말린 주둥이를 펴고 수액을 먹고 있다.

회색붉은뒷날개나방 앞날개 가운데에 안이 노란색인 독특한 무늬가 있으며 날카로운 톱니 모양의 가로줄이 있다. 붉은색 뒷날개에는 검은색 띠무늬가 나타난다.

회색붉은뒷날개나방 밤에 불빛에 잘 찾아든다.

북방노랑뒷날개나방 날개편길이는 53~65mm, 6~8월에 보인다.

북방노랑뒷날개나방 앞날개 아래쪽에 완만한 곡선을 이루는 흰색 줄이 있으며 앞 가장자리에 커다란 검은색 무늬가 있다. 앞날개 앞에는 둥근 W 자 흰색 무늬가 죽 이어져 나타난다.

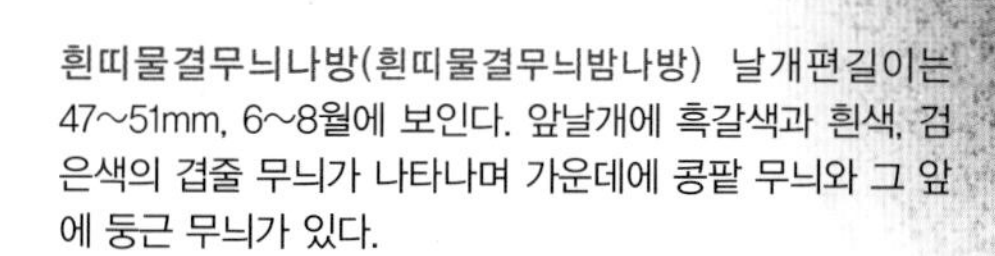

흰띠물결무늬나방(흰띠물결무늬밤나방) 날개편길이는 47~51mm, 6~8월에 보인다. 앞날개에 흑갈색과 흰색, 검은색의 겹줄 무늬가 나타나며 가운데에 콩팥 무늬와 그 앞에 둥근 무늬가 있다.

보라무늬밤나방 암컷 날개편길이는 41~55mm, 5~9월에 보인다. 암수가 다른 나방으로 개체마다 색깔 차이가 있다.

보라무늬밤나방 수컷 앞날개 끝에 청백색 무늬가 나타난다.

청백무늬밤나방 날개편길이는 39~51mm, 4~9월에 보인다.

청백무늬밤나방 앞날개에 보랏빛 줄무늬와 짧은 흰색 무늬가 나타난다. 개체마다 차이가 있다.

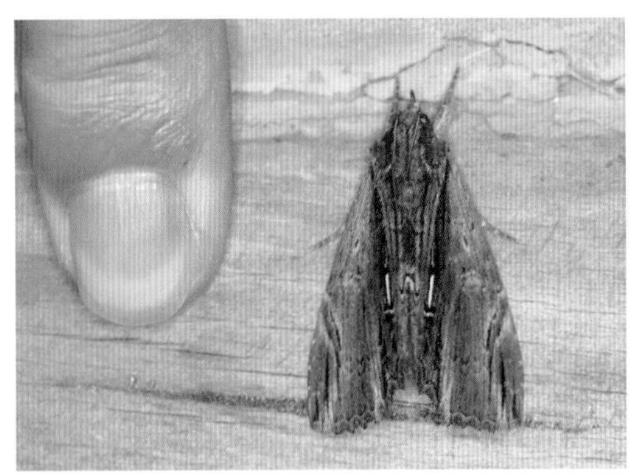

청백무늬밤나방의 크기를 짐작할 수 있다.

청백무늬밤나방 뒷날개에 흑갈색 줄무늬가 날개맥을 따라 나타난다.

왕흰줄태극나방 날개편길이는 95~100mm, 5~9월에 보인다.

왕흰줄태극나방의 크기를 짐작할 수 있다. 앞날개 가운데에 커다란 태극무늬가 있으며, 날개를 펴면 완만한 U 자 무늬가 날개 전체에 이어 나타난다. 앞날개 끝부분에 흰색 삼각 무늬가 있다.

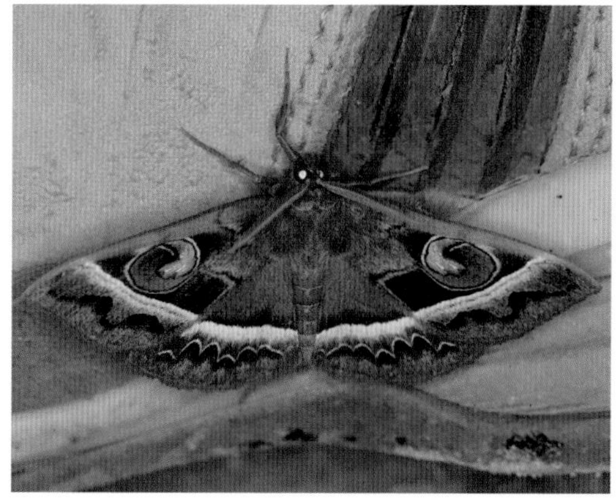

흰줄태극나방 날개편길이는 55~76mm, 6~8월에 보인다.

흰줄태극나방 앞날개 가운데에 커다란 태극무늬가 있고, 날개를 펴면 앞뒤 날개에 이어진 굵은 흰색 띠가 부드러운 곡선을 이룬다.

수액을 먹고 있는 흰줄태극나방
날개 끝에 흰색 삼각 무늬가
없어 왕흰줄태극나방과 구별된다.

태극나방 날개편길이는 60~72mm, 5~9월에 보인다. 개체마다 차이가 있다.

태극나방 날개를 접은 모습

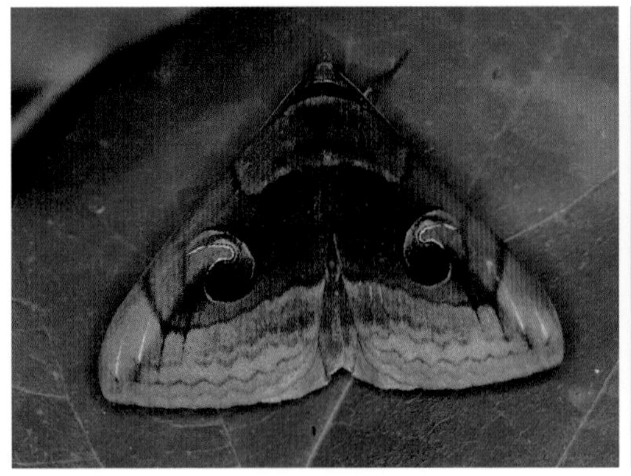

태극나방 적갈색인 개체로 날개를 접은 모습이다.

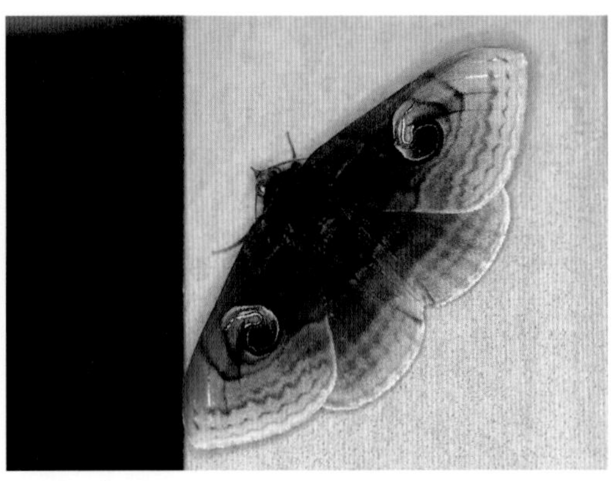

태극나방 흑갈색 개체 1

태극나방 흑갈색 개체 2

태극나방 얼굴

태극나방 날개 윗면

태극나방 날개 아랫면

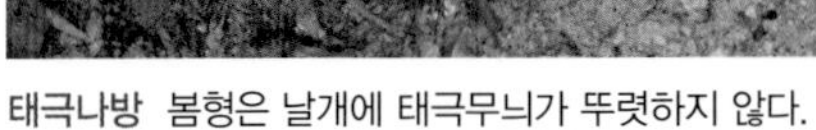

태극나방 봄형은 날개에 태극무늬가 뚜렷하지 않다.

태극나방 봄형 날개 아랫면

꼬마구름무늬나방(꼬마구름무늬밤나방)
날개편길이는 41~44mm, 4~8월에 보인다.

꼬마구름무늬나방(꼬마구름무늬밤나방)의 크기를 짐작할 수 있다.

꼬마구름무늬나방(꼬마구름무늬밤나방) 앞날개에 물방울 무늬, 띠무늬, 물결무늬 등 다양한 무늬가 있으며 뒷날개는 연한 노란색이다.

구름무늬나방(구름무늬밤나방) 날개편길이는 40~47mm, 5~9월에 보인다. 뒷날개가 흑갈색이라 꼬마구름무늬나방(꼬마구름무늬밤나방)과 구별된다.

푸른띠무늬나방(푸른띠밤나방) 날개편길이는 65~73mm, 7~9월에 보인다. 앞날개 가운데에 넓고 연한 갈색 띠가 나타나며, 그 사이에 동그란 무늬가 2개 있다. 뒷날개는 연한 흑갈색이며 흰색 띠가 있다.

무궁화무늬나방(무궁화밤나방) 날개편길이는 82~95mm, 5~9월에 보인다.

무궁화무늬나방(무궁화밤나방) 뒷날개 앞쪽 3분의 2는 검은색 바탕에 청백색 U 자 무늬가 나타나고 뒤는 연한 주황색이다. 앞날개에 크기가 다른 검은색 점무늬가 있다.

무궁화무늬나방(무궁화밤나방) 날개 아랫면

무궁화무늬나방(무궁화밤나방) 동물의 배설물을 먹고 있다.

수중다리나방(수중다리밤나방) 날개편길이는 41~49mm, 5~10월에 보인다.

수중다리나방(수중다리밤나방) 앞날개 끝에 세모 무늬 2개가 나타나며 날개 가운데에 볼록한 회백색 가로띠가 있다.

수중다리나방(수중다리밤나방) 개체마다 무늬나 색깔에 차이가 있다.

수중다리나방(수중다리밤나방) 밤에 불빛에 잘 찾아든다.

꼬마수중다리나방(꼬마수중다리밤나방) 날개편길이는 30~32mm, 6~9월에 보인다. 앞날개의 가로띠가 수중다리나방(수중다리밤나방)과 다르다.

만주수중다리나방(북방수중다리밤나방) 날개편길이는 40~42mm, 4~8월에 보인다. 앞날개에 있는 가로띠가 꺾여 수중다리나방(수중다리밤나방)과 구별된다.

큰썩은잎나방(큰썩은잎밤나방) 날개편길이는 55~58mm, ~8월에 보인다.

큰썩은잎나방(큰썩은잎밤나방) 원 안에 있는 콩팥 무늬가 흰띠썩은잎나방(흰띠썩은잎밤나방)과 다르다.

큰썩은잎나방(큰썩은잎밤나방) 흑갈색 바탕의 앞날개에 황갈색 가로띠가 날개 가장자리에서 둘로 갈라진다.

흰띠썩은잎나방(흰띠썩은잎밤나방) 날개편길이는 45~57mm, 6~8월에 보인다.

흰띠썩은잎나방(흰띠썩은잎밤나방) 원 안의 무늬가 큰썩은잎나방(큰썩은잎밤나방)과 다르다.

흰띠썩은잎나방(흰띠썩은잎밤나방) 동물의 배설물을 먹고 있다.

흰띠썩은잎나방(흰띠썩은잎밤나방) 날개 아랫면

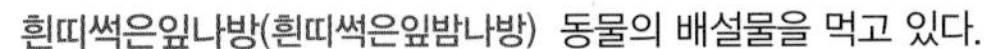

흰줄썩은잎나방(흰줄썩은잎밤나방) 날개편길이는 45~56mm, 6~9월에 보인다.

흰줄썩은잎나방(흰줄썩은잎밤나방) 앞날개 가운데에 작은 흰색 점이 있으며 흰색 겹가로줄이 나타난다.

흰줄썩은잎나방(흰줄썩은잎밤나방) 애벌레
몸길이는 60~65mm, 5~8월에 보인다.
산딸기가 먹이식물이다.

쌍검은수염나방 날개편길이는 21~28mm, 6~8월에 보인다.

쌍검은수염나방 흑갈색 바탕의 앞날개에 노란색 짧은 줄무늬가 있으며 거의 나란한 노란색 가로줄이 두 줄 나타난다.

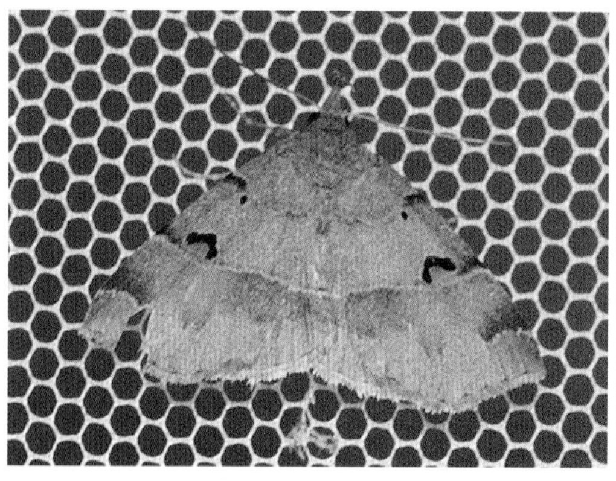

시옷무늬멧수염나방 날개편길이는 36mm 내외, 6~7월에 보인다.

시옷무늬멧수염나방 갈색 바탕의 앞날개에 검은색 'ㅅ' 자 무늬가 있으며 그 앞에 검은색 작은 점무늬가 나타난다.

흰점멧수염나방 날개편길이는 28~35mm, 5~10월에 보인다. 앞날개 가운데에 흰색 점무늬가 있고 노란색을 띤 가로줄이 거의 곧게 나타난다. 수컷은 정수리부터 가슴 앞쪽까지 황백색의 줄무늬가 뚜렷하다.

쌍복판눈수염나방 날개편길이는 32~56mm, 6~9월에 보인다. 크기를 짐작할 수 있다.

쌍복판눈수염나방 앞날개 가운데에 흰색 하트 무늬가 있으며, 뒷날개 가운데에도 작은 하얀색 점무늬가 있다. 날개 색은 개체마다 차이가 있다.

검은띠수염나방 날개편길이는 28~34mm, 5~9월에 보인다. 검보랏빛 앞날개에 굵은 흑갈색 가로띠가 나타나며, 앞날개 가운데에 노란색 점무늬가 있다.

세줄무늬수염나방 날개편길이는 23~36mm, 5~7월에 보인다.

세줄무늬수염나방의 크기를 짐작할 수 있다.

세줄무늬수염나방 황갈색 바탕의 앞날개에 진한 갈색 가로줄 3줄에서 가운데 줄은 물결무늬이다. 앞날개 가운데에 짧고 굽은 줄무늬가 있다.

물결수염나방 날개편길이는 18~24mm, 4~10월에 보인다. 앞날개 가운데에 갈색 띠무늬가 거의 직선을 이룬다. 앞날개 가운데에 눈썹 무늬가 있다.

마른잎수염나방 날개편길이는 22~24mm, 5~7월에 보인다. 연한 갈색 앞날개의 흑갈색 가로줄 무늬 3줄 모두 물결무늬이다.

뒷밝은줄무늬수염나방 앞날개 안쪽 외연선(화살표 부분)이 두 번 오목해진다.

뒷밝은줄무늬수염나방 날개편길이는 20~23mm, 5~7월에 보인다. 뒷날개는 미색이다.

남방담흑수염나방 날개편길이는 11~13mm, 5~12월에 보인다. 원 안의 무늬가 넓은띠담흑수염나방과 구별된다.

넓은띠담흑수염나방 날개편길이는 24~26mm, 6~9월에 보인다. 원 안의 무늬가 남방담흑수염나방과 구별된다.

담흑수염나방 날개편길이는 22~27mm, 5~8월에 보인다. 원안이 무늬가 넓은띠담흑수염나방과 다르다.

총채수염나방 날개편길이는 22~28mm, 6~9월에 보인다. 앞날개 가운데에 작은 검은색 점이 있고 뒷날개 가운데에 진한 띠가 나타난다. 앞날개에 불규칙한 물결무늬의 가로줄이 두 줄 있다.

복판눈수염나방(복판눈밤나방) 날개편길이는 22~25mm, 7~9월에 보인다. 보랏빛을 띤 흑갈색 바탕의 앞뒤 날개에 흰색 가로줄이 희미하며, 앞날개 가운데에는 타원형의 노란색 무늬가 선명하다. 그 앞에도 작은 노란색 점무늬가 보인다.

왕수염나방 날개편길이는 23~34mm, 6~8월에 보인다. 앞날개 가운데에 조그만 갈색 무늬가 있으며 가로띠가 3줄이다. 가로띠들이 날개 아래로 갈수록 굵어진다.

노랑무늬수염나방 날개편길이는 23~28mm, 6~9월에 보인다.

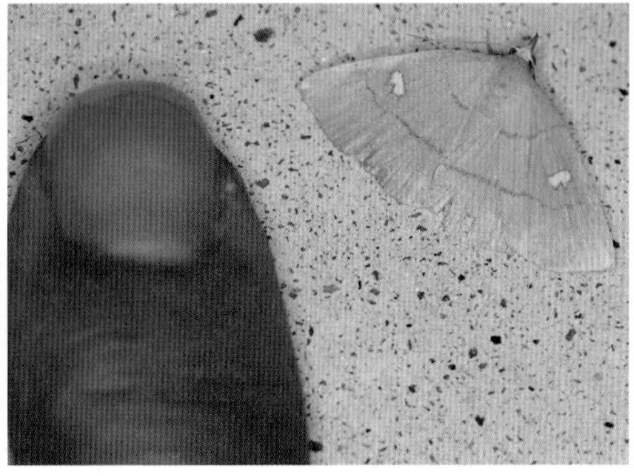

노랑무늬수염나방 연한 갈색 바탕의 앞날개에 노란색의 독특한 무늬가 선명하다. 크기를 짐작할 수 있다.

잔물결수염나방 날개편길이는 15~25mm 6~9월에 보인다. 앞날개에 물결무늬의 가로줄이 4줄 있으며, 앞날개 뒤 가장자리에 점무늬가 연이어 줄무늬처럼 나타난다.

잔물결수염나방의 크기를 짐작할 수 있다.

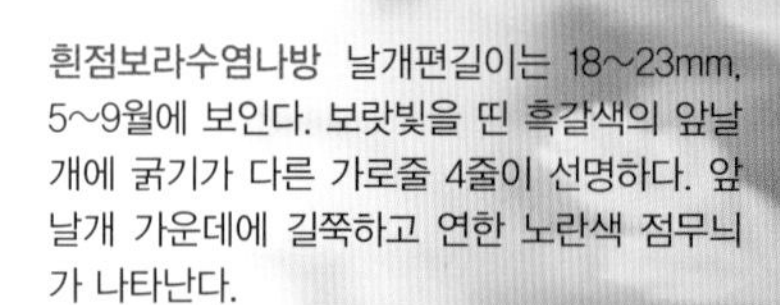

흰점보라수염나방 날개편길이는 18~23mm, 5~9월에 보인다. 보랏빛을 띤 흑갈색의 앞날개에 굵기가 다른 가로줄 4줄이 선명하다. 앞날개 가운데에 길쭉하고 연한 노란색 점무늬가 나타난다.

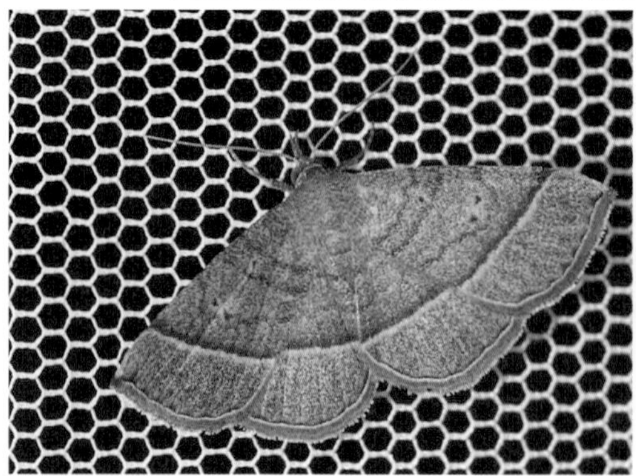

줄수염나방 날개편길이는 24~32mm, 5~9월에 보인다. 날개 색은 개체마다 차이가 있는 것 같다.

줄수염나방 앞날개 가운데에 2개, 그 앞에 무늬가 하나 있으며 바깥 가로줄(외횡선)이 겹줄로 선명하다. 색은 다르지만 줄수염나방으로 보인다.

둥근줄수염나방 날개편길이는 23~27mm, 6~8월에 보인다.

둥근줄수염나방 황갈색 바탕의 앞날개 가운데에 흐릿하고 가느다란 무늬가 있고, 진한 갈색 가로줄이 두 줄 보인다.

날개수염나방 날개편길이는 20~28mm, 6~9월에 보인다.

날개수염나방 앞날개 가운데에 눈썹 무늬가 있으며 가로줄이 3줄 있다. 앞줄은 날개 가장자리 쪽에서 거의 직각으로 꺾이고 나머지 두 줄은 물결무늬이다.

곧은띠수염나방 날개편길이는 30~38mm, 5~11월에 보인다. 앞날개에 있는 잔물결 무늬의 가로줄이 흰줄곧은띠수염나방, 앞붉은수염나방과는 다르다.

곧은띠수염나방의 크기를 짐작할 수 있다.

흰줄곧은띠수염나방 날개편길이는 22~23mm, 3~11월에 보인다.

흰줄곧은띠수염나방 앞날개에 있는 물결무늬의 가로띠가 곧은띠수염나방과 다르다. 앞날개 가운데에 작은 점무늬가 선명하다.

앞붉은수염나방 날개편길이는 27~32mm, 5~10월에 보인다. 앞날개 가운데에 작은 점무늬가 선명하며 가로줄이 비교적 완만하게 물결친다.

밑검은수염나방 날개편길이는 11~22mm, 5~9월에 보인다. 앞날개 가운데에 '—' 자 무늬가 뚜렷하다. 개체마다 색깔 차이가 있다.

굽은줄수염나방 날개편길이는 20~27mm, 6~9월에 보인다. 앞날개 가운데 무늬는 희미하며 가운데 가로줄이 무늬 있는 부분에서 아래로 많이 굽었다.

줄회색수염나방(줄회색밤나방) 날개편길이는 33~35mm, 6~9월에 보인다.

줄회색수염나방(줄회색밤나방) 앞날개 뒤쪽에 흑갈색의 굵은 가로띠가 있고, 앞날개 가운데에 눈썹 무늬가 있다.

꼬마혹수염나방 날개편길이는 22~32mm, 6~10월에 보인다. 앞날개 가운데 무늬가 희미하고, 가로줄 중 앞의 두 줄은 물결무늬이고, 바깥 가로줄은 거의 곧다.

꼬마혹수염나방 더듬이에 혹 같은 돌기가 있다.

리치수염나방 날개편길이는 20~26mm, 5~9월에 보인다.

리치수염나방 앞날개 가운데에 물감이 번진 듯한 굵은 가로띠가 있으며 뒤쪽 가로띠는 아래가 구불구불하다.

붉은띠수염나방(붉은띠짤름나방) 날개편길이는 21~25mm, 6~8월에 보인다.

붉은띠수염나방(붉은띠짤름나방) 앞날개에 적갈색 가로줄 두 줄이 뚜렷하다.

가운데흰수염나방 날개편길이는 26~28mm, 3~9월에 보인다. 적갈색 바탕의 앞날개에 가로줄이 있고, 앞날개 뒤쪽에 흰색 점무늬가 있다.

뒷노랑수염나방 날개편길이는 28~35mm, 5~9월에 보인다.

뒷노랑수염나방의 크기를 짐작할 수 있다.

뒷노랑수염나방 흑회색 바탕의 앞날개에 흑갈색 무늬가 나타나며 가운데에 직선에 가까운 황백색의 가로줄이 있다. 뒷날개는 노란색이다.

뒷노랑수염나방 애벌레 몸길이는 25mm, 6~10월에 보이며 배다리가 3쌍이다. 몸에 검은색 점이 많다. 모시풀, 거북꼬리, 참느릅나무 등이 먹이식물이다.

갈색수염나방 날개편길이는 23~26mm, 6~10월에 보인다. 앞날개 색과 무늬가 뒷노랑수염나방과 다르다.

대만수염나방 날개편길이는 32mm 내외, 5~9월에 보인다. 앞날개 무늬가 뒷노랑수염나방이나 갈색수염나방과 다르다. 앞날개는 진한 회색 바탕에 밀가루 같은 비늘가루가 흩뿌려진 듯이 보인다.

활무늬수염나방 날개편길이는 23~36mm, 6~9월에 보인다.

활무늬수염나방 앞날개에 있는 흑갈색의 무늬가 조끼를 입은 것 같다. 뾰족한 날개 끝에 흰색 줄무늬가 선명하며 앞날개 안쪽 가장자리 근처에도 이 무늬가 있다.

각시뒷노랑수염나방 날개편길이는 30mm 내외, 4~9월에 보인다. 앞날개에 노란색 무늬가 넓게 나타나며 가장자리는 회갈색이다. 앞날개 3분의 2 부분에 가로줄이 있다.

별보라수염나방 원 안의 무늬가 흰줄수염나방과 다르다.

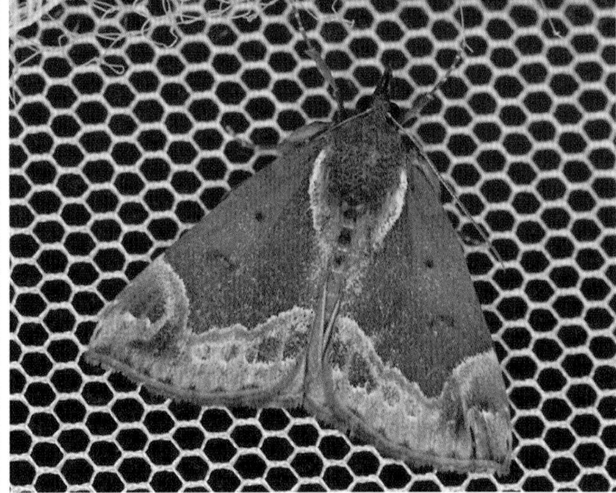
별보라수염나방 날개편길이는 29~31mm, 5~8월에 보인다.

흰줄수염나방 날개편길이는 26mm 내외, 5~8월에 보인다. 원 안의 무늬가 별줄보라수염나방과 다르다.

검은무늬수염나방 날개편길이는 수컷 35~38mm, 암컷 32~33mm, 4~10월에 보인다.

검은무늬수염나방 앞날개 뒤쪽에 점줄 무늬가 있으며 암컷은 앞날개에 커다란 흑갈색의 사다리꼴 무늬가 있다. 크기를 짐작할 수 있다.

황토색줄수염나방(황토색줄짤름나방) 날개편길이는 20~26mm, 6~9월에 보인다. 황갈색 바탕의 앞날개에 적갈색의 굵은 사선 띠가 나타나며 그 가운데에 검은색 점이 있다.

주황얼룩수염나방(주황얼룩무늬밤나방) 날개편길이는 22~25mm, 5~9월에 보인다. 앞날개 안쪽 가장자리에 흰색 줄무늬가 하나 있다. 앞날개는 주황, 노랑, 갈색, 흑갈색 등의 무늬가 조각보처럼 나타난다.

얼룩수염나방(얼룩짤름나방) 날개편길이는 25~26mm, 6~9월에 보인다. 앞날개 안쪽 가장자리에 검은색의 'ㅅ' 자 무늬가 있으며 날개 끝에 검은색 점이 있다.

흰점노랑잎수염나방(앞점노랑짤름나방) 날개편길이는 19~20mm, 5~9월에 보인다. 앞날개에 적갈색의 곧은 가로줄이 2줄 있으며 가운데에 은백색 점무늬가 선명하다.

상제독나방 날개편길이는 21~40mm, 5~9월에 보인다.

상제독나방 암컷 앞날개는 광택이 나는 순백색이며 날개맥이 뚜렷하다. 점무늬가 있거나 없다.

상제독나방 수컷 점흰독나방과 비슷하지만 다리에 황갈색 무늬가 있어 구별된다.

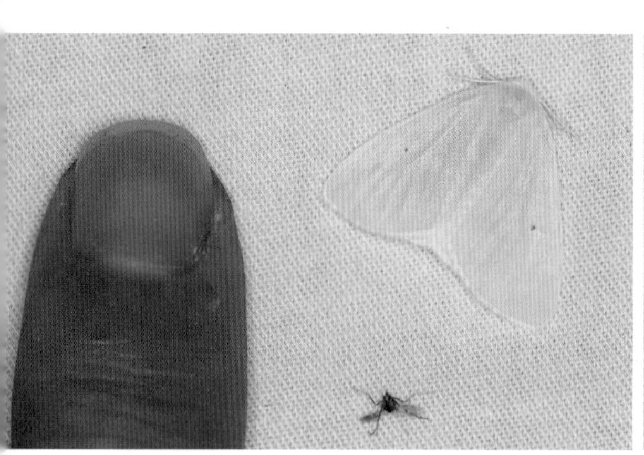

상제독나방의 크기를 짐작할 수 있다.

상제독나방 머리가 황백색이다.

엘무늬독나방 날개편길이는 43~57mm, 6~9월에 보인다.

엘무늬독나방의 크기를 짐작할 수 있다. 수컷이다.

엘무늬독나방 앞날개 가운데에 검은색의 L 자 무늬가 있으며 뒷날개에는 특별한 무늬가 없다.

엘무늬독나방 다리에 검은색 고리 무늬가 있다.

독나방 날개편길이는 21~41mm, 6~9월에 보인다.

독나방 앞날개 가운데에 있는 갈색 띠를 중심으로 날개가 위아래로 나뉜 듯한 모양이다.

독나방 초령 애벌레 벚나무, 층층나무, 산사나무, 참나무류 등 여러 나무의 잎을 먹으며 집단으로 잎 뒷면에 모여 생활한다.

독나방 애벌레 몸길이는 35mm, 9월에서 이듬해 6월에 보인다. 온몸에 기다란 누런색 털이 덮여 있다. 잎 뒷면에 고치를 만들고 번데기가 되며 8월에 날개돋이한다.

무늬독나방 날개편길이는 수컷 17~30mm, 암컷 32~39mm, 5~9월에 보인다.

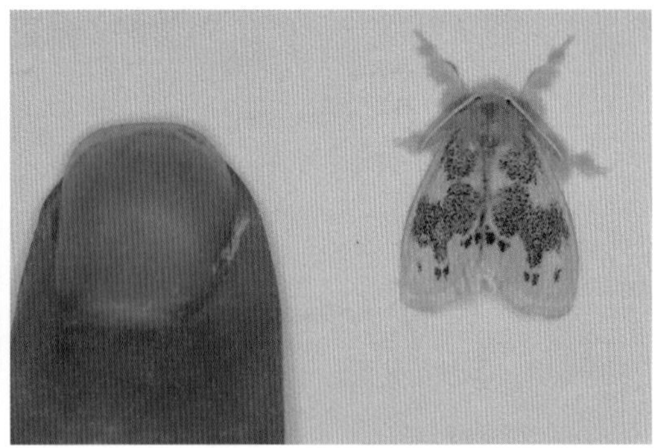

무늬독나방 꼬마독나방보다 앞날개에 있는 흑갈색 무늬가 작고, 이 무늬가 날개 끝까지 이어지지 않는다. 크기를 짐작할 수 있다.

무늬독나방 날개 중간에 있는 흑갈색 띠무늬 가운데가 아래로 흘러내린 듯한 모양이다. 독나방 앞날개 무늬와 차이가 있다.

무늬독나방 애벌레 몸길이는 25mm, 9월에 보인다. 앞가슴 양쪽에 더듬이처럼 생긴 검은색의 긴 털 뭉치가 있어 흰독나방 애벌레와 구별된다. 버드나무, 국수나무, 조록싸리, 보리수나무 등 여러 나무의 잎을 먹는다.

무늬독나방 산란

꼬마독나방 날개편길이는 23~33mm, 5~9월에 보인다. 날개 무늬는 개체마다 차이가 있다.

꼬마독나방 앞날개의 무늬가 옆으로 늘어난 W 자 모양의 가로줄을 경계로 둘로 나뉜다.

꼬마독나방 짝짓기 5월에 관찰한 모습이다.

꼬마독나방 애벌레 앞가슴 양쪽에 기다란 털 뭉치가 없어 무늬독나방 애벌레와 구별된다. 지느러미엉겅퀴, 복사나무 등이 먹이식물이다.

삼나무독나방 날개편길이는 53~57mm, 4~9월에 보인다. 앞날개 3분의 1 부분을 경계로 위아래의 색과 무늬가 다르다. 위는 회백색이며 아래는 흑갈색이다. 다리에 긴 털이 북슬북슬하다.

삼나무독나방 애벌레 삼나무가 먹이식물이다. 몸길이는 40~45mm, 7~8월에 주로 보이며 애벌레로 월동한다.

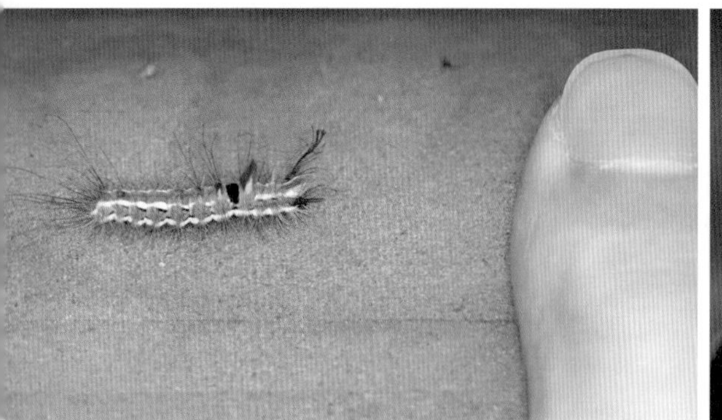

삼나무독나방 애벌레의 크기를 짐작할 수 있다.

삼나무독나방 애벌레 자극을 받으면 몸을 말고 방어 행동을 취한다.

사발무늬독나방 날개편길이는 37~47mm, 5~8월에 보인다.

사발무늬독나방 회갈색 바탕의 얼룩덜룩한 앞날개 앞 가장자리 가운데에 넓은 반원 모양의 회백색 무늬가 나타난다.

■■■ 사과독나방 날개편길이는 수컷 20~23mm, 암컷 31~35mm, 4~9월에 보인다.

■■■ 사과독나방 유백색 바탕의 앞날개에 가느다란 가로줄이 나타나며 가운데에 넓은 갈색 띠무늬가 있다. 뒷날개 가장자리로 검은색 점이 줄무늬처럼 이어진다.

■■■ 사과독나방 애벌레 몸길이는 35mm 정도이며 5~7월, 9월에 보인다. 사과나무, 배나무, 벚나무 등이 먹이식물이다. 연둣빛을 띤 노란색이며 제1~4 배마디 등면의 털 뭉치는 노란색, 제8 배마디 윗면의 털 뭉치는 적갈색이다.

붉은수염독나방 날개편길이는 수컷 48~55mm, 암컷 74~76mm, 5~8월에 보인다.

붉은수염독나방 회백색 바탕의 앞날개 앞 가장자리 앞쪽 3분의 1 부분에 타원형 무늬 3개가 크기 순으로 나타난다.

붉은수염독나방 애벌레 매우 독특하게 생겼으며, 몸 전체에 색이 다른 기다란 털로 덮여 있다. 앞가슴 양쪽에서 길게 뻗은 검은색 털 다발이 더듬이처럼 보인다. 신갈나무, 갈참나무, 대왕참나무 등에서 주로 만날 수 있다.

콩독나방 날개편길이는 수컷 34~42mm, 암컷 48~53mm, 6~7월에 보인다.

콩독나방의 크기를 짐작할 수 있다.

콩독나방 수컷 연한 적갈색 바탕의 앞날개에 더 진한 적갈색 무늬들이 얼룩져 나타난다. 암수 모두 더듬이가 빗살 모양이며 수컷 더듬이가 더 넓고 길다.

콩독나방 암컷 수컷보다 더듬이가 짧은 빗살 모양이다.

콩독나방 애벌레
몸길이는 35mm, 4~5월, 9월에 보인다.
앞쪽 배마디 윗면에 갈색 털 뭉치들이 있으며
가슴 양옆의 검은색 털 다발이 더듬이처럼 보인다. 돌콩,
버드나무, 갈참나무 등 여러 식물의 잎을 먹는다.

황다리독나방 날개편길이는 수컷 45~51mm, 암컷 43~60mm, 6~7월에 보인다.

황다리독나방 암컷 날개는 흰색이며 별다른 무늬가 없다. 다리는 황색이다. 암수 모두 더듬이가 빗살 모양으로 암컷의 더듬이가 더 좁다.

황다리독나방 수컷 빗살 모양이 암컷보다 더 넓다.

층층나무 껍질에 낳은 황다리독나방 알

황다리독나방 애벌레 층층나무가 먹이식물이다. 몸길이 30~40mm, 5월에 보인다.

황다리독나방 번데기

날개돋이 직후의 황다리독나방

포도독나방 날개편길이는 38~50mm, 7~9월에 보인다. 황갈색 바탕의 앞날개 3분의 1 앞쪽은 검은색이며, 날개 바깥 가장자리 쪽에 점무늬가 나타난다.

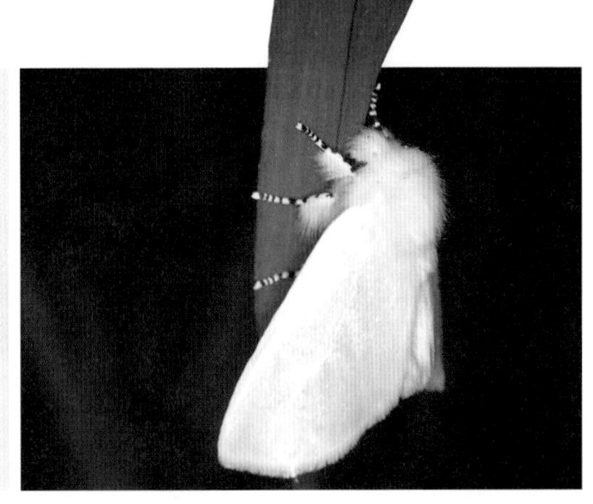

버들독나방 날개편길이는 15~20mm, 5~9월에 보인다. 앞뒤 날개는 하얀색이며 특별한 무늬가 없다. 다리에 검은색 고리 무늬가 나타난다.

매미나방 암수 날개편길이는 수컷 42~59mm, 암컷 60~70mm, 6~8월에 보인다. 수컷은 움직임이 활발해 집시나방이라고도 하며 암컷은 거의 움직임이 없다. 왼쪽이 암컷이다.

날개돋이 직후의 매미나방 수컷

알을 낳고 있는 매미나방 암컷

매미나방 암컷은 알을 낳은 뒤
배의 털을 뽑아 알을 보호한다.

매미나방 산란

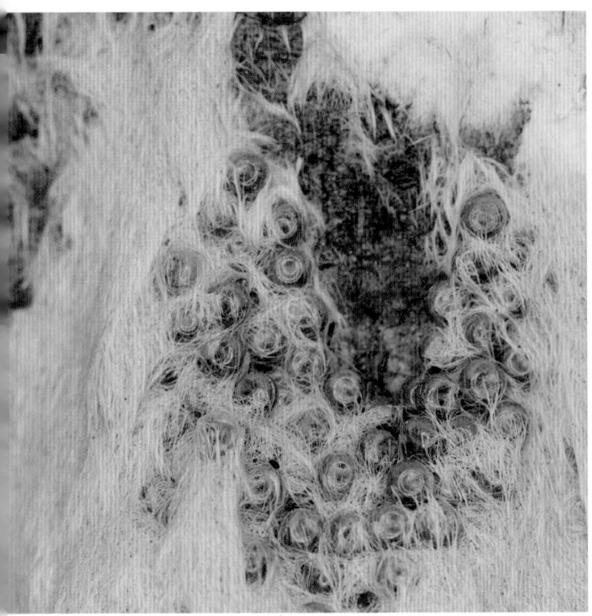

알집 속에 들어 있는 매미나방 알

매미나방 1령 애벌레

매미나방 1령 애벌레

매미나방 3령 애벌레 머리가 검은색이다.

매미나방 애벌레 4령 이상이면 머리가 주황색으로 바뀐다.

다양한 크기의 매미나방 애벌레들 수컷은 5령, 암컷은 6령이 종령 애벌레로 알려졌다. 체색 변이가 심해 색깔만으로 구별하긴 어렵다.

매미나방 애벌레의 크기를 짐작할 수 있다.

매미나방 애벌레 눈

매미나방 번데기 보통 2주 정도의 번데기 기간을 보내고 날개돋이한다.

매미나방 번데기

물결매미나방 날개편길이는 50~73mm, 7~8월에 보인다. 배에 붉은빛이 감도는 얼룩매미나방과 구별된다.

물결매미나방의 크기를 짐작할 수 있다.

물결매미나방 앞날개가 회갈색으로, 앞날개가 유백색인 얼룩매미나방과 구별된다. 앞날개의 가로줄 무늬도 다르다.

얼룩매미나방 날개편길이는 수컷 42~59mm, 암컷 60~70mm, 6~9월에 보인다.

얼룩매미나방 수컷 유백색 바탕의 앞날개에 검은색 얼룩무늬가 흩어져 나타난다.

얼룩매미나방 수컷 더듬이가 빗살 모양이다.

얼룩매미나방 암컷 배에 붉은빛이 나타난다. 다리에 검은색 고리 무늬가 나타난다. 날개 무늬와 일체감을 준다.

얼룩매미나방 암컷 더듬이가 작은 톱니 모양으로 실처럼 보인다.

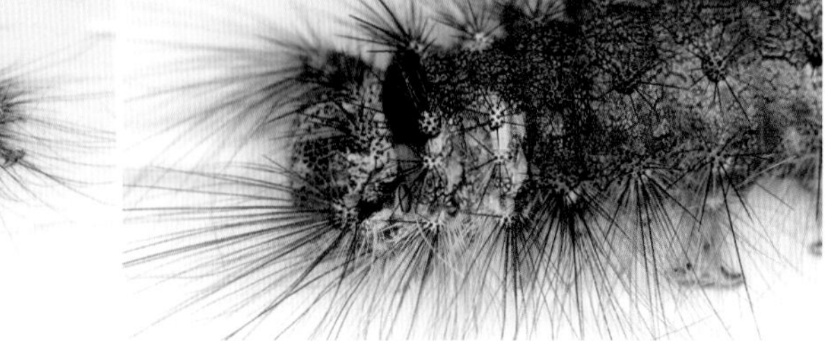

얼룩매미나방 애벌레 몸길이는 40~55mm, 6~7월에 보이며 앞가슴 양옆에 붉은색 무늬가 나타난다. 참나무류가 먹이식물이다.

붉은매미나방 암컷 날개편길이는 수컷 45~48mm, 암컷 82mm 내외, 7~9월에 보인다. 암컷은 다리에 붉은색 무늬가 있으며 날개가 시작되는 지점에도 붉은색 무늬가 있다.

붉은매미나방 수컷의 크기를 짐작할 수 있다.

붉은매미나방 수컷 앞날개에 흑갈색 무늬가 퍼져 있어 얼룩져 보인다. 더듬이가 빗살 모양이다. 배는 노란색이며 검은색 무늬가 가운데에 줄지어 나타난다. 갈참나무, 단풍나무 등 여러 나무의 잎을 먹는다.

붉은매미나방 애벌레 몸길이는 46~65mm, 6~7월에 보인다. 가슴 양옆으로 기다란 털 뭉치가 더듬이처럼 보이며, 배 끝에도 기다란 털 뭉치가 4개 있다.

붉은매미나방 애벌레 배다리가 매우 독특하게 생겼다. 아랫면이 주황색이다.

붉은매미나방 애벌레 가슴 양옆의 혹 같은 돌기에서 더듬이 같은 털 뭉치가 나온다.

흰띠독나방 암컷 날개편길이는 46~56mm, 7~8월에 보인다. 수컷은 날개의 하얀색 사선 무늬 위치가 큰흰띠독나방 수컷보다 조금 더 위에 있을 뿐 거의 비슷하게 생겼다.

흰띠독나방 검은색 바탕의 앞날개에 굵고 흰색 띠가 있어 모자이크처럼 보인다. 뒷날개는 노란색이다.

큰흰띠독나방 수컷 앞날개에 있는 흰색 띠가 흰띠독나방 수컷보다 날개 아래쪽에 있어서 구별된다. 큰흰띠독나방 수컷은 흰띠독나방 수컷과 왼쪽 사진의 원 안의 무늬만 조금 다를 뿐 거의 비슷하게 생겼다.

흰독나방 날개편길이는 25~42mm, 5~8월에 보인다. 앞날개 색깔과 무늬는 개체마다 차이가 있다.

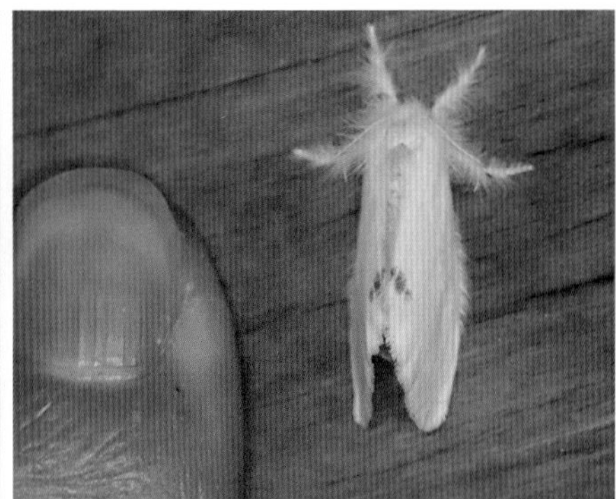

흰독나방의 크기를 짐작할 수 있다.

흰독나방 앞날개에 흑갈색 무늬가 나타나는데 개체마다 차이가 있다.

흰독나방 다리와 날개에 털이 길게 나 있어 전체적으로 북슬북슬한 느낌이다.

흰독나방 애벌레 몸길이는 20~30mm, 5~6월, 8~10월에 보인다. 가슴 양옆에 더듬이 같은 털 뭉치가 없어 무늬독나방 애벌레와 구별된다. 버드나무, 장미, 뽕나무 등 여러 나무의 잎을 먹는다.

흰줄짤름나방 날개편길이는 28~30mm, 5~9월에 보인다.

흰줄짤름나방 앞날개 가운데 무늬가 독특하며 뒷날개 뒤 가장자리 앞쪽에 흰색 톱니무늬가 있다. 날개가 잘린 듯한 모양이다.

떠들썩짤름나방 날개편길이는 29~31mm, 6~9월에 보인다.

떠들썩짤름나방 앞날개 앞 가장자리 3분의 2 부분의 삼각 무늬가 회갈색이고, 뒷날개 뒤 가장자리 앞에는 작은 흑갈색 삼각 무늬가 있다.

별박이짤름나방 날개편길이는 22~26mm, 5~8월에 보인다.

별박이짤름나방 앞날개 가운데에 검은색 점무늬가 선명하며 뒷날개 뒤쪽 가장자리 부근에 흰색 그물 무늬가 있다.

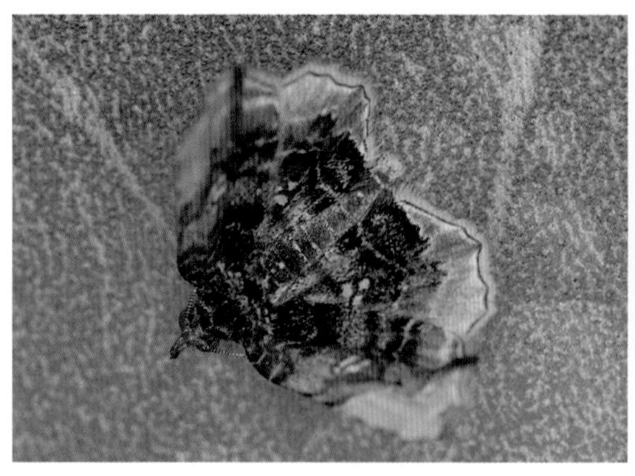

지옥짤름나방 날개편길이는 23mm 내외, 7~8월에 보인다. 뒷날개 가운데에 흰색 점무늬가 3개 모여 있다. 날개는 전체적으로 흑갈색의 얼룩이 강하다.

산그물무늬짤름나방 날개편길이는 25~37mm, 4~9월에 보인다.

산그물무늬짤름나방의 크기를 짐작할 수 있다.

산그물무늬짤름나방 앞날개 앞 가장자리 가운데에 흰색 반원 무늬가 있으며, 앞뒤 날개 뒤쪽 가장자리를 따라 검은색 점무늬가 줄지어 나타난다.

세줄끝무늬짤름나방 날개편길이는 28mm 내외, 5~7월에 보인다. 앞뒤 날개에 가로줄 무늬가 뚜렷하며 앞날개 가운데에 밝은 황색 무늬가 흑갈색 띠무늬 사이에 있다.

수풀알락짤름나방 날개편길이는 24~26mm, 7~8월에 보인다.

수풀알락짤름나방 앞날개 가운데에 세로로 긴 흰색 타원 무늬가 있으며 뒷날개 가운데에 동그란 흰색 점무늬가 나타난다. 뒷날개 뒤쪽 가장자리 부근에 검은색 뾰족 무늬가 있다.

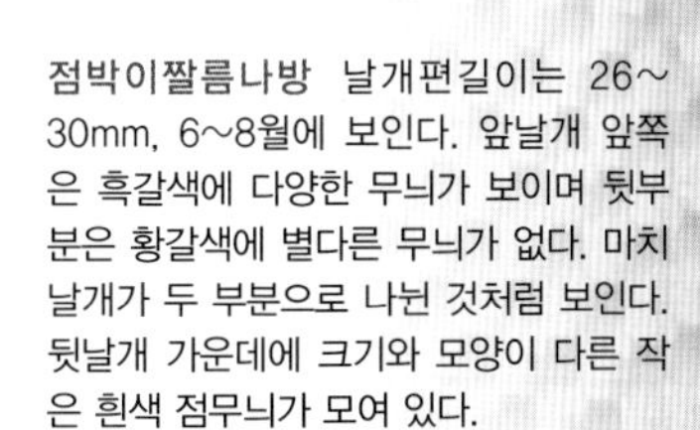

점박이짤름나방 날개편길이는 26~30mm, 6~8월에 보인다. 앞날개 앞쪽은 흑갈색에 다양한 무늬가 보이며 뒷부분은 황갈색에 별다른 무늬가 없다. 마치 날개가 두 부분으로 나뉜 것처럼 보인다. 뒷날개 가운데에 크기와 모양이 다른 작은 흰색 점무늬가 모여 있다.

두점짤름나방 날개편길이는 15~18mm, 4~10월에 보인다. 앞날개에 곧은 적갈색 가로줄이 두 줄 있으며 가운데에 점무늬가 있다.

점노랑짤름나방 날개편길이는 20mm 내외, 5~10월에 보인다. 황갈색 바탕의 앞날개에 흑갈색 눈알 무늬가 있으며 그 안에 검은색 점무늬가 2개 있다.

무궁화잎큰나방(무궁화잎밤나방) 날개편길이는 31~40mm, 6~10월에 보인다. 앞날개 가운데에 검은색 점무늬가 2개 있다.

무궁화잎큰나방(무궁화잎밤나방) 앞날개에 대체로 곧은 가로줄과 흰색 날개맥이 선명하다.

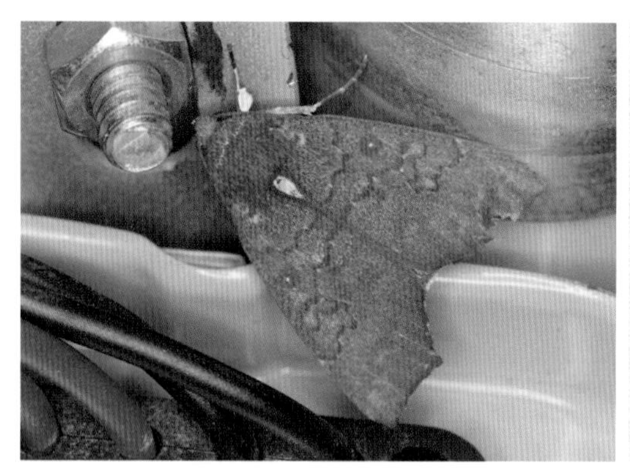

붉은잎큰나방(붉은잎밤나방) 날개편길이는 43~48mm, 6~9월에 보인다.

붉은잎큰나방(붉은잎밤나방) 앞날개에 적갈색 가로줄 3줄이 물결무늬를 이루고 가운데에 작은 흰색 점무늬와 물감이 번진 듯한 황갈색 무늬가 나타난다.

붉은잎큰나방(붉은잎밤나방) 애벌레 몸길이는 45mm, 7~8월에 보이며 찰피나무가 먹이식물로 알려졌다.

왕붉은잎큰나방(큰붉은잎밤나방) 날개편길이는 42~46mm, 5~9월에 보인다.

왕붉은잎큰나방(큰붉은잎밤나방)의 크기를 짐작할 수 있다.

왕붉은잎큰나방(큰붉은잎밤나방) 앞날개에 뚜렷한 적갈색 가로줄이 3줄 있고, 가운데 줄은 곧은 편이고 나머지 두 줄은 물결무늬이다. 앞날개 가운데에 적갈색으로 둘러싸인 작은 흰색 점이 나타난다.

톱니큰나방(톱니밤나방) 날개편길이는 43~48mm, 5~8월에 보인다. 적갈색 바탕의 앞날개에 흰색 가로줄이 있다. 아래 두 줄은 서로 가까이 붙어 있어 겹줄처럼 보인다. 앞날개 가운데에 흰색 점무늬가 뚜렷하다.

톱니큰나방(톱니밤나방) 날개 가장자리가 톱니 모양이다. 크기를 짐작할 수 있다.

사랑무늬밤나방(사랑밤나방) 날개편길이는 64~71mm, 5~8월에 보인다.

사랑무늬밤나방(사랑밤나방) 앞날개 가운데에 검은색 점무늬가 있으며 날개 바깥쪽은 폭넓게 회갈색을 띤다.

사랑무늬밤나방(사랑밤나방) 뒷날개는 노란색이며 굵은 검은색 줄무늬가 나타난다.

큰목검은나방(큰목검은밤나방) 날개편길이는 54~57mm, 6~9월에 보인다.

큰목검은나방(큰목검은밤나방) 앞날개 앞쪽에 가로줄이 뚜렷하고 가운데에 8조각으로 나뉜 검은색 무늬가 선명하다. 머리 뒤쪽이 검다.

큰목검은나방(큰목검은밤나방) 뒷날개는 앞날개와 색이 비슷하고 뒤쪽 가장자리 부근에 짙은 띠무늬가 있다.

갈색목검은나방(갈색목검은밤나방) 날개편길이 48~50mm, 7~9월에 보인다. 갈색 바탕의 앞날개 갈색 조각 무늬가 있으며 여느 목검은나방들과 앞쪽에 가로줄이 없다.

• 비행기나방과(밤나방상과)

우리나라에 긴수염비행기나방 등 8종이 알려진 무리로 비행기밤나방아과와 Stictopterinae아과의 2아과로 나뉩니다. 성충은 앉아 있을 때 보통 앞날개를 둥그스름하게 가로로 말아서 앞날개가 좁아 보이며 배를 위로 치켜드는 습성이 있습니다.

앞날개가 배를 덮지 않으며 머리는 약간 거친 털로 덮여 있습니다. 홑눈이 있으며 배는 통통한 편입니다.

애벌레는 대체로 매끈한 편이며 옻나무류가 먹이식물로 알려진 종이 많습니다.

긴수염비행기나방(긴수염비행기밤나방) 날개 편길이는 38~45mm, 6~8월에 보인다.

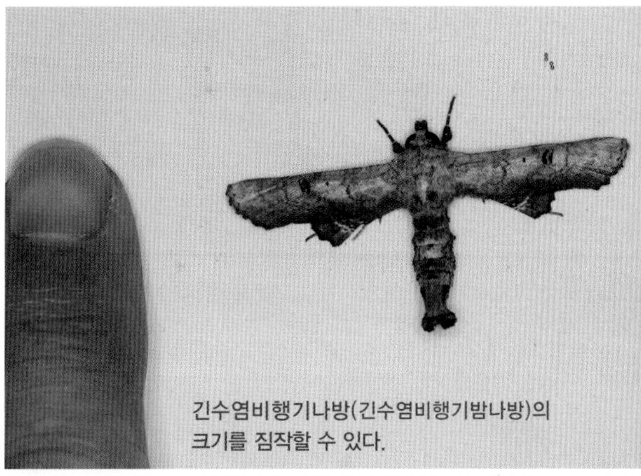

긴수염비행기나방(긴수염비행기밤나방)의 크기를 짐작할 수 있다.

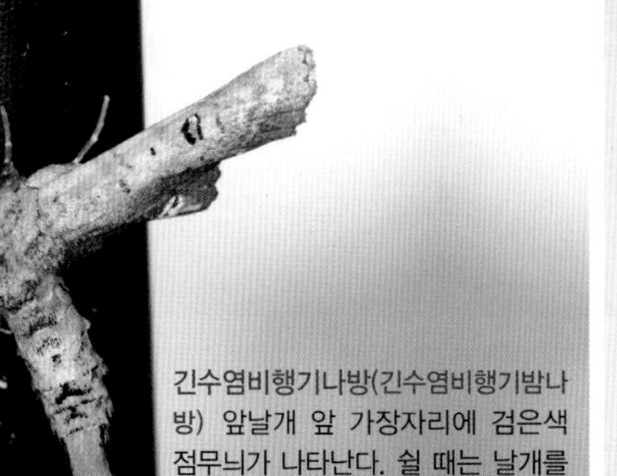

긴수염비행기나방(긴수염비행기밤나방) 앞날개 앞 가장자리에 검은색 점무늬가 나타난다. 쉴 때는 날개를 말아 배와 직각이 되게 펼친다. 이 모습이 비행기를 닮았다.

긴수염비행기나방(긴수염비행기밤나방) 뒷날개를 펼치면 전혀 다른 나방처럼 보인다.

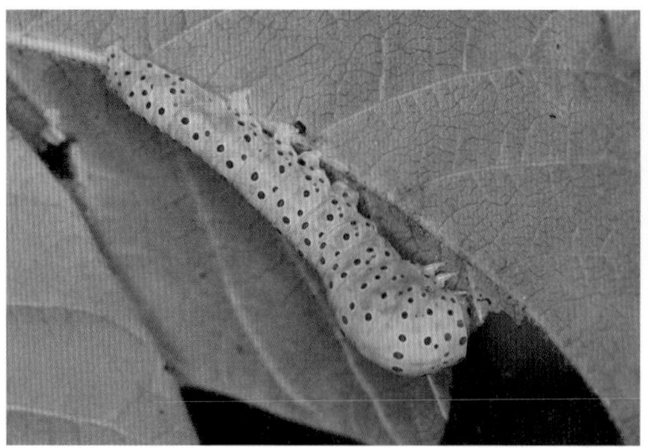

긴수염비행기나방(긴수염비행기밤나방) 애벌레 옻나무, 개옻나무가 먹이식물이다.

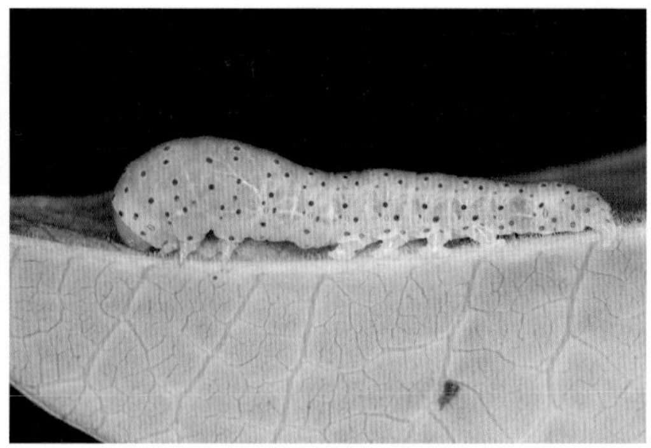

긴수염비행기나방(긴수염비행기밤나방) 애벌레 몸길이는 35mm, 8~9월에 보인다. 연한 연두색의 몸에 검은색 점들이 많으며 머리 쪽이 굵고 배 끝으로 갈수록 가늘어진다.

갈색점비행기나방(갈색점비행기밤나방) 날개편길이는 26mm, 6~7월에 보인다. 회색 바탕의 앞날개 가운데에 녹갈색 콩팥 무늬가 있으며 뒷날개에 여러 색의 무늬가 어우러져 나타난다.

작은비행기나방(작은비행기밤나방) 날개편길이는 27~33mm, 4~10월에 보인다. 가슴 뒤쪽에 노란색 털 다발이 있어 비행기나방(비행기밤나방)과 구별된다.

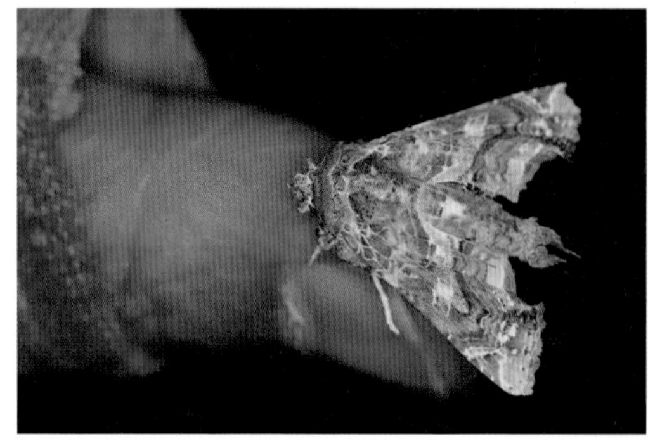

작은비행기나방(작은비행기밤나방)의 크기를 짐작할 수 있다.

작은비행기나방(작은비행기밤나방) 옆모습 전혀 다른 나방처럼 보인다.

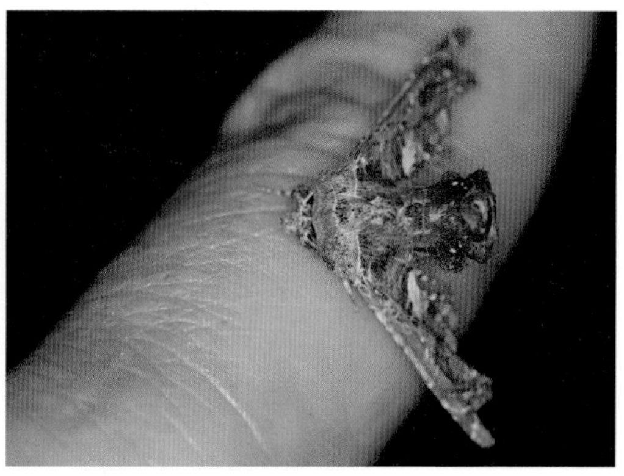

비행기나방(비행기밤나방) 날개편길이는 35~39mm, 4~9월에 보인다. 날개에 복잡한 얼룩무늬가 많다. 쉴 때는 배를 위로 치켜드는 습성이 있다.

비행기나방(비행기밤나방)의 크기를 짐작할 수 있다.

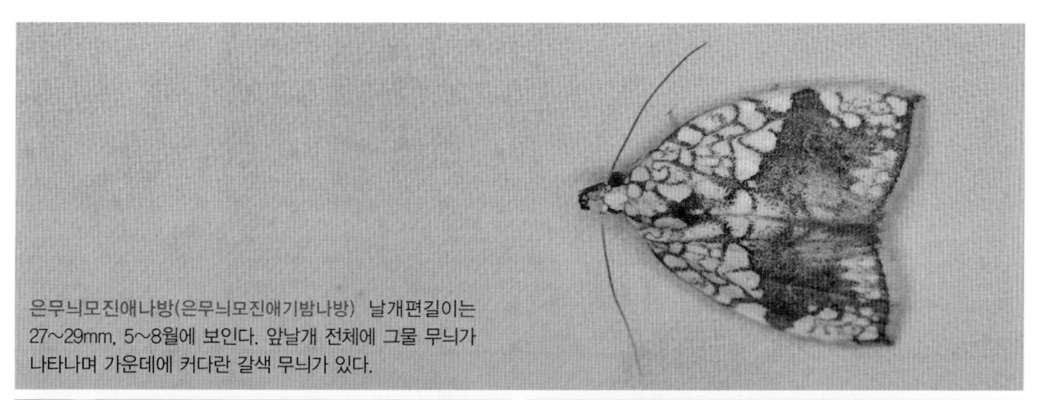

은무늬모진애나방(은무늬모진애기밤나방) 날개편길이는 27~29mm, 5~8월에 보인다. 앞날개 전체에 그물 무늬가 나타나며 가운데에 커다란 갈색 무늬가 있다.

그물애나방(그물밤나방) 날개편길이는 31~36mm, 4~9월에 보인다. 밤에 불빛에도 잘 찾아든다.

그물애나방(그물밤나방) 날개돋이한 직후의 모습이다. 날개가 선명하고 깨끗하다. 크기를 짐작할 수 있다.

그물애나방(그물밤나방) 개체마다 색깔이나 무늬에 차이가 있다. 금색 그물 무늬가 없는 개체다.

그물애나방(그물밤나방) 푸른색 그물 무늬가 있는 개체다.

그물애나방(그물밤나방) 날개 끝에 검은 점무늬가 있다.

그물애나방(그물밤나방) 날개 끝에 점무늬만 남아 있는 개체다.

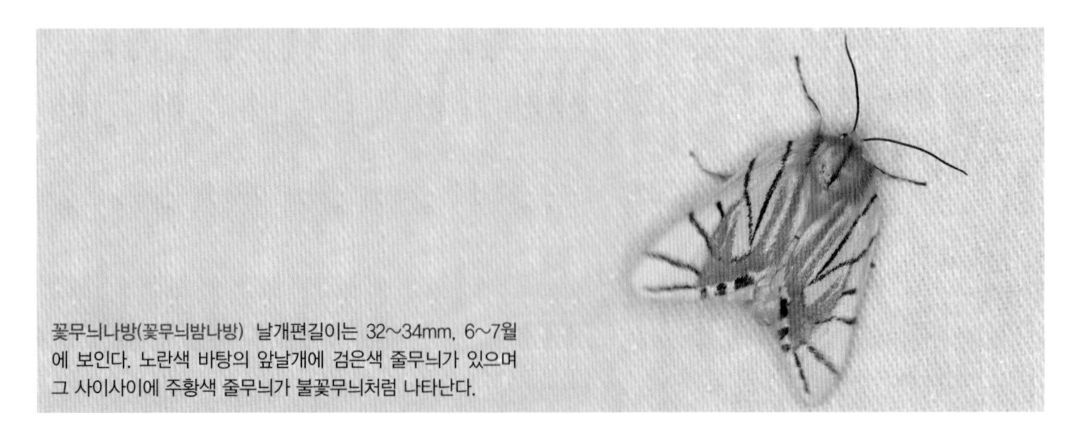

꽃무늬나방(꽃무늬밤나방) 날개편길이는 32~34mm, 6~7월에 보인다. 노란색 바탕의 앞날개에 검은색 줄무늬가 있으며 그 사이사이에 주황색 줄무늬가 불꽃무늬처럼 나타난다.

긴날개푸른나방(긴날개밤나방) 날개편길이는 32~38mm, 6~8월에 보인다. 연둣빛을 띤 앞날개 가운데에 검은색 눈썹 무늬가 있으며 뒷날개 가장자리 부근에 톱니무늬가 있다.

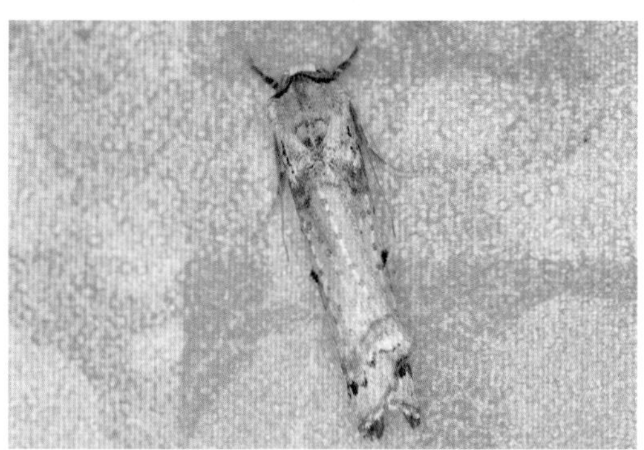

긴날개푸른나방(긴날개밤나방) 날개를 접으면 원기둥 모양이다.

쌍줄푸른나방(쌍줄푸른밤나방) 날개편길이는 32~41mm, 4~9월에 보인다. 암컷 여름형은 겹가로줄이 두 줄 있다.

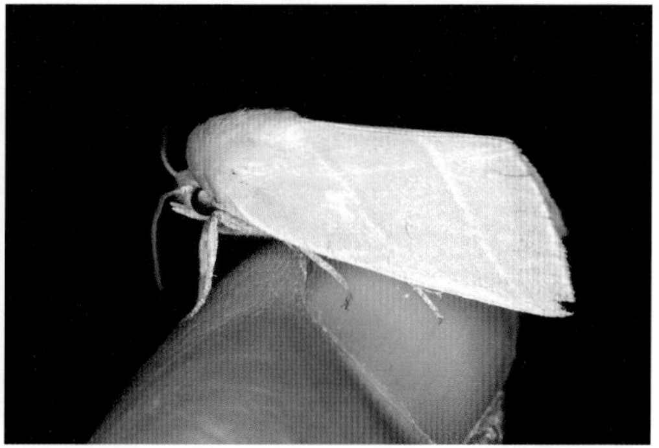

쌍줄푸른나방(쌍줄푸른밤나방) 암컷 여름형의 크기를 짐작할 수 있다.

쌍줄푸른나방(쌍줄푸른밤나방) 암컷 봄형 앞날개에 겹가로줄 3줄이 나란히 있다.

쌍줄푸른나방(쌍줄푸른밤나방) 암컷 여름형 앞날개에 겹가로줄 2줄이 나란히 있다.

쌍줄푸른나방(쌍줄푸른밤나방) 수컷 여름형 앞날개에 가로줄 2줄이 나란히 있다. 암컷과 달리 겹줄이 아니다.

쌍줄푸른나방(쌍줄푸른밤나방) 애벌레 몸길이는 30~35mm다. 5, 8,10월에 보인다. 갈참나무, 신갈나무 등이 먹이식물이다.

쌍줄푸른나방(쌍줄푸른밤나방) 고치

큰쌍줄푸른나방(큰쌍줄푸른밤나방) 날개편길이는 수컷 32~33mm, 암컷 36~38mm. 수컷 봄형은 날개 끝 가장자리에 곧은 줄이 있다.

큰쌍줄푸른나방(큰쌍줄푸른밤나방) 수컷 봄형

큰쌍줄푸른나방(큰쌍줄푸른밤나방) 수컷 봄형의 크기를 짐작할 수 있다.

큰쌍줄푸른나방(큰쌍줄푸른밤나방) 암컷 봄형 앞날개에 겹가로줄 3줄이 나타나는데 앞날개 앞 가장자리로 갈수록 간격이 좁아진다.

큰쌍줄푸른나방(큰쌍줄푸른밤나방) 암컷 봄형 4월 초에 만난 모습이다.

큰쌍줄푸른나방(큰쌍줄푸른밤나방) 암컷 봄형의 크기를 짐작할 수 있다.

큰쌍줄푸른나방(큰쌍줄푸른밤나방) 암컷 봄형

붉은무늬갈색애나방(붉은무늬갈색밤나방) 날개편길이는 19~22mm, 5~9월에 보인다. 노란색 바탕의 앞날개에 적갈색 무늬가 앞뒤로 나타난다. 뒤의 무늬는 전체적으로 큰 사각형이며 그 주변으로 얼룩진 무늬들이 있다.

붉은무늬갈색애나방(붉은무늬갈색밤나방) 낮과 밤에 다 보이는 나방이다.

붉은가꼬마푸른나방(붉은가밤나방)
날개편길이는 19~23mm, 4~9월에 보인다.

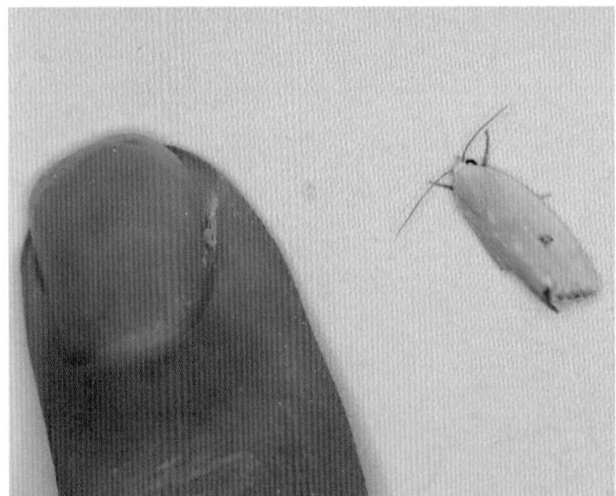

붉은가꼬마푸른나방(붉은가밤나방)의 크기를 짐작할 수 있다.

붉은가꼬마푸른나방(붉은가밤나방) 연둣빛 앞날개 가운데에 갈색 점무늬가 있다. 위에서 본 모습이다. 앞날개 가운데 점무늬와 뒤쪽 가장자리에 적갈색 띠무늬가 보인다.

분홍꼬마푸른나방(분홍무늬푸른밤나방) 날개편길이는 16~21mm, 4~11월에 보인다.

분홍꼬마푸른나방(분홍무늬푸른밤나방) 붉은가꼬마푸른나방(붉은가밤나방)과 비슷하지만 앞날개에 분홍색 무늬가 번지듯 나타나 구별된다.

분홍꼬마푸른나방(분홍무늬푸른밤나방) 개체마다 무늬나 색상에 차이가 있다.

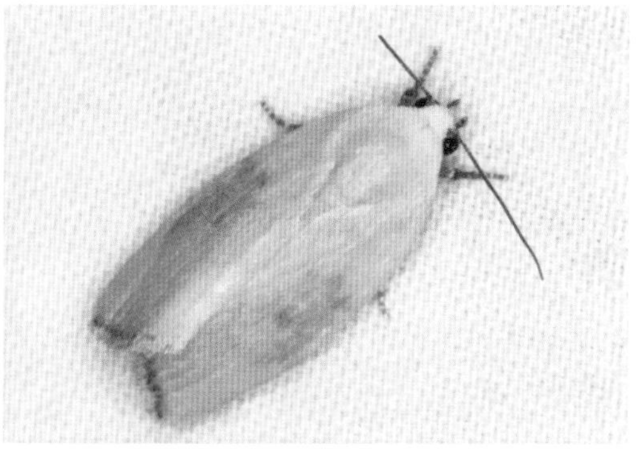

분홍꼬마푸른나방(분홍무늬푸른밤나방) 노란빛을 띤 연둣빛 앞날개 가운데에 마치 볼 화장을 한 듯한 분홍빛이 감돈다.

애기푸른나방(애기밤나방) 날개편길이는 31~39mm, 5~9월에 보인다. 앞날개 가운데와 뒤쪽 가장자리에 적갈색의 띠무늬가 나타난다.

애기푸른나방(애기밤나방) 수컷 더듬이가 빗살 모양이다.

● 혹나방과(밤나방상과)

우리나라에는 흰혹나방 등 63종이 알려진 무리로 푸른나방아과, 남방껍질나방아과, 가중나무껍질나방아과, 혹나방아과, 고구마껍질나방아과의 5아과로 나뉩니다. 성충은 앉아 있을 때 앞날개가 배를 완전히 덮거나 일부만 덮으며 머리는 매끈한 편입니다. 홑눈은 없으며 빨대 주둥이가 잘 발달했습니다.

애벌레는 대개 털이 촘촘히 나 있으며 다양한 활엽수를 먹이식물로 합니다.

흰무늬껍질밤나방(흰무늬껍질나방) 날개편길이는 22~24mm, 5~8월에 보인다. 앞날개 가운데에 하얀색 무늬가 나타나며 머리, 가슴, 앞날개의 앞쪽 일부는 흰색이다.

흰무늬껍질밤나방(흰무늬껍질나방) 나무껍질과 매우 비슷하며 앞날개 앞쪽 무늬가 웃고 있는 하얀 수염의 할아버지 얼굴처럼 보인다.

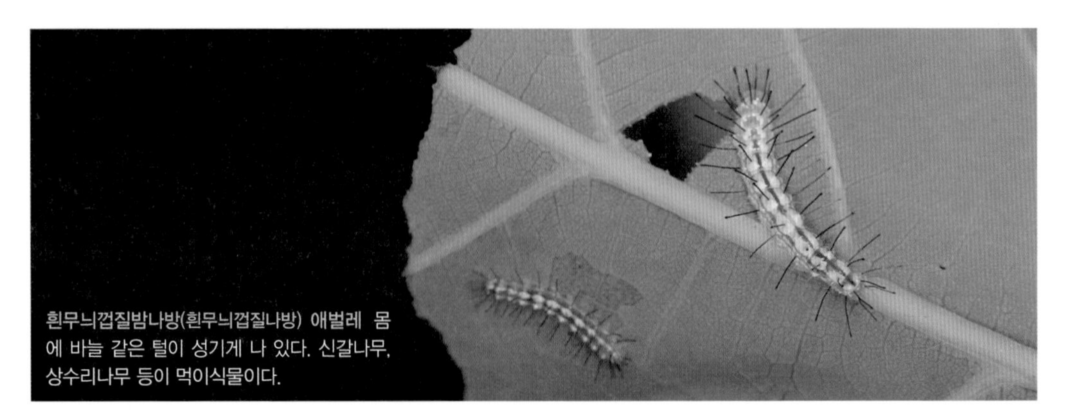

흰무늬껍질밤나방(흰무늬껍질나방) 애벌레 몸에 바늘 같은 털이 성기게 나 있다. 신갈나무, 상수리나무 등이 먹이식물이다.

가중나무껍질나방(가중나무껍질밤나방) 날개편길이는 70~78mm, 7~11월에 보인다.

가중나무껍질나방(가중나무껍질밤나방) 은회색 바탕의 앞날개 앞가장자리를 따라 진회색 띠와 흰색 띠가 나타난다. 앞날개는 타원형으로 좁고 뒷날개는 앞날개보다 넓다.

가중나무껍질나방(가중나무껍질밤나방) 뒷날개는 누런색이며 아래쪽 가장자리에 광택이 나는 넓은 청람색 띠가 나타난다.

가중나무껍질나방(가중나무껍질밤나방) 아랫면 윗면과 색이 전혀 다르다.

가중나무껍질나방(가중나무껍질밤나방) 애벌레 몸길이는 45mm, 9~10월에 보인다. 검은색과 노란색의 고리 무늬가 번갈아 나타나는 몸에 기다란 흰색 털이 나 있다. 가중나무가 먹이식물이다.

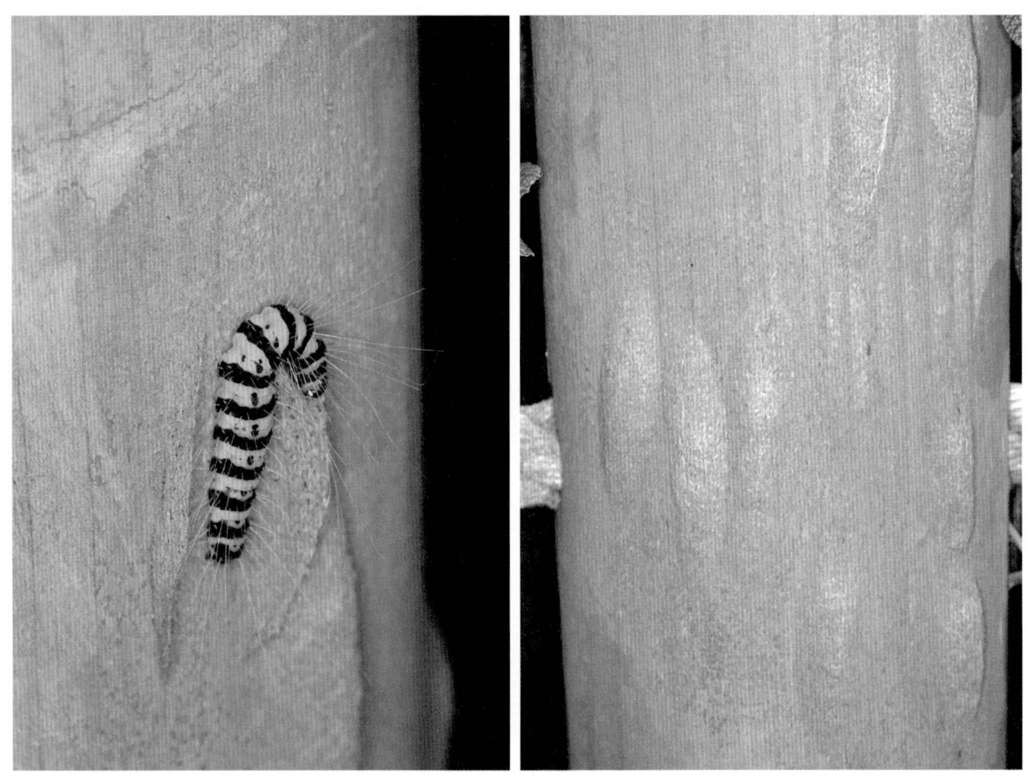

가중나무껍질나방(가중나무껍질밤나방) 애벌레 나무껍질을 긁어내 자신의 털과 섞어서 고치를 만든다.

가중나무껍질나방(가중나무껍질밤나방) 고치

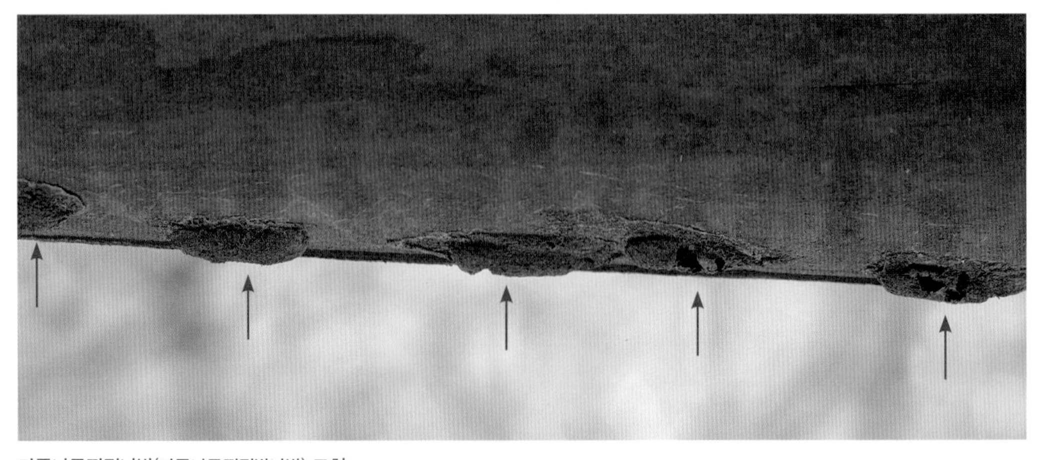

가중나무껍질나방(가중나무껍질밤나방) 고치

가중나무껍질나방(가중나무껍질밤나방) 번데기 자극을 받으면 고치 속에서 '쓱쓱쓱' 소리가 난다.

가중나무껍질나방(가중나무껍질밤나방) 고치 속 번데기가 배 끝의 돌기로 이곳을 긁으면 '쓱쓱쓱' 소리가 난다.

사과혹나방 날개편길이는 17~24mm, 6~9월에 보인다. 유백색 바탕의 앞날개에 앞쪽은 흑갈색, 가운데는 황갈색 띠무늬가 있으며 뒤쪽은 회색 얼룩무늬가 나타난다. 머리, 가슴, 앞날개 앞쪽은 흰색이다.

끝검은혹나방 날개편길이는 14~18mm, 6~8월에 보인다.

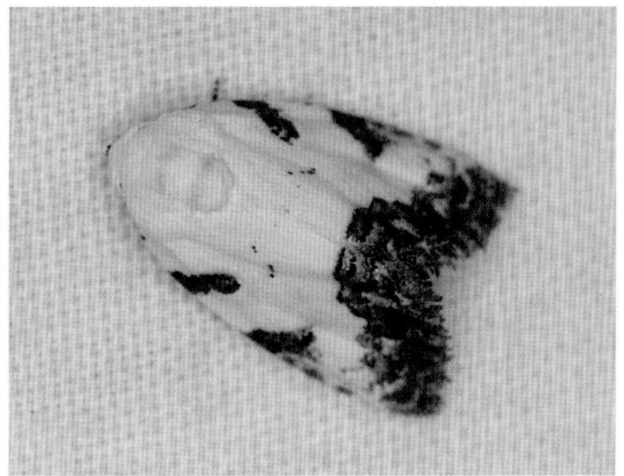

끝검은혹나방 유백색 바탕의 앞날개 앞 가장자리에 흑갈색 무늬가 2개 있으며 뒤쪽에도 흑갈색 무늬가 폭넓게 나타난다.

회색혹나방 날개편길이는 16~18mm, 6~8월에 보인다. 앞날개 앞 가장자리에 연한 갈색 무늬가 나타난다. 앞날개 뒤쪽으로 연한 갈색 겹띠무늬가 여러 개 있다.

선비혹나방 날개편길이는 15~22mm, 4~9월에 보인다.

선비혹나방 회백색 바탕의 앞날개에 흑갈색 가로줄이 두 줄 있다. 두 줄 모두 가운데가 날개 바깥쪽으로 휘었다. 앞의 가로줄이 굵고 진하다.

꼬마혹나방 날개편길이는 14~15mm, 5~7월에 보인다. 흰색 바탕의 앞날개 앞쪽 가장자리에 황갈색 무늬가 3개 나타나는데 뒤의 2개는 크기가 비슷하다. 앞날개 앞쪽에 굵은 황갈색 가로줄이 선명하다.

연갈색혹나방 날개편길이는 14~23mm, 5~9월에 보인다. 회백색 바탕의 앞날개 앞쪽에 흑갈색의 가로줄이 날개 가장자리 쪽에서 직각으로 꺾인다. 날개 뒤쪽에는 흑갈색의 톱니무늬 가로줄과 얼룩무늬가 퍼져 있다.

이른봄혹나방 날개편길이는 20~21mm, 3~4월, 10월에 보인다. 이른 봄부터 보이는 나방이다. 회백색 바탕의 앞날개 앞쪽에 흑갈색 가로줄이 날개 앞 가장자리에서 직각으로 꺾인다.

이른봄혹나방 앞날개 앞 가장자리에 혹 같은 돌기가 많다.

흰혹나방 날개편길이는 12~16mm, 4~10월에 보인다.

흰혹나방 흰색 바탕의 앞날개 가운데에 황갈색과 흑갈색이 섞인 가로띠가 있으며, 앞쪽에 흰색의 혹 같은 돌기가 발달했다.

• 밤나방과(밤나방상과)

우리나라에 653종이 알려진 무리로 앉아 있을 때 앞날개가 배를 완전히 덮거나 일부분만 덮습니다. 머리는 대부분 거친 털로 덮여 있으며 홑눈이 있습니다. 대부분 빨대 주둥이가 잘 발달했으며 배는 약간 통통한 편입니다.

애벌레는 다양한 식물을 먹습니다. 우리나라에는 21개 아과로 나뉩니다.

상과	과	아과	종
밤나방상과	밤나방과	은무늬밤나방아과	국화은무늬밤나방 등
		봉인밤나방아과	꼬마봉인밤나방 등
		띠꼬마밤나방아과	극락꼬마밤나방 등
		꼬마밤나방아과	넓은띠흰꼬마밤나방 등
		여왕밤나방아과	여왕밤나방(여왕꼬마밤나방)
		버짐나방아과	솔버짐나방 등
		줄버짐나방아과	탐시버짐밤나방 등
		암청색줄무늬밤나방아과	암청색줄무늬밤나방 등
		잎말이밤나방아과	잎말이밤나방 등
		저녁나방아과	높은산저녁나방 등
		얼룩밤나방아과	애기얼룩나방 등
		얼룩나방아과	뒷노랑얼룩나방 등
		뒷흰날개밤나방아과	뒷흰날개밤나방
		곱추밤나방아과	맵시곱추밤나방 등
		발톱밤나방아과	먹그림나방 등
		까마귀밤나방아과	까마귀밤나방 등
		담배나방아과	왕담배나방 등
		희미무늬밤나방아과	희미무늬밤나방 등
		어린밤나방아과	어린밤나방 등
		이끼밤나방아과	흰줄이끼밤나방 등
		밤나방아과	금강산모진밤나방 등

쐐기풀알락밤나방 날개편길이는 29~35mm, 4~9월에 보인다.

쐐기풀알락밤나방 쉴 때는 가슴 뒤쪽의 털 다발을 Y 자로 세운다.

쐐기풀알락밤나방 가슴 뒤쪽의 털 다발을 옆에서 본 모습이다.

쐐기풀알락밤나방 회갈색 바탕의 앞날개에 날개를 접었을 때 위는 회백색의 둥근 W 자 무늬가, 아래는 검은색과 적갈색의 짧은 겹줄 무늬가 나타난다.

쐐기풀알락밤나방 4령 애벌레 풀거북꼬리 등 쐐기풀속이 먹이식물이다. 5령이 되면 흑자색으로 변한다.

양배추은무늬밤나방 날개편길이는 28~30mm, 4~10월에 보인다. 앞날개 가운데에 흰색의 Y 자 무늬가 있다. 애벌레가 양배추 등을 먹는다.

긴금무늬밤나방 날개편길이는 31~34mm, 8~10월에 보인다.

긴금무늬밤나방 진한 회색 바탕의 앞날개 가운데에 미백색의 무늬가 길게 나타난다.

콩은무늬밤나방 날개편길이는 30~35mm, 6~10월에 보인다.

콩은무늬밤나방 앞날개에 흰색 무늬가 2개 있다. 속까지 흰색인 것, 속은 갈색인 흰색 사선 무늬가 이어서 나타난다.

콩은무늬밤나방 원 안의 줄무늬가 안쪽으로 뾰족하게 들어왔다.

등붉은금무늬밤나방 날개편길이는 24~26mm, 8~9월에 보인다.

등붉은금무늬밤나방 적갈색 바탕의 앞날개에 얼룩덜룩한 무늬가 있으며 흑갈색 바탕의 뒷날개에 노란색 무늬가 선명하다.

붉은금무늬밤나방 날개편길이는 33~35mm, 6~10월에 보인다. 적갈색 바탕의 앞날개 가운데에 둥그스름한 금색 무늬 2개가 나란히 있다.

꼬마은무늬밤나방 날개편길이는 28~30mm, 5~10월에 보인다.

꼬마은무늬밤나방 적갈색 앞날개에 가느다란 황백색 가로줄이 나타나며, 앞날개 가운데에 둥그스름한 은백색 무늬가 2개 있다.

국화은무늬밤나방 날개편길이는 35~36mm, 6~10월에 보인다. 흑갈색 앞날개에 가운데가 잘록한 흰색의 무늬가 나타난다. 앞날개 앞쪽에는 흰색 사선 무늬가 있다.

은무늬밤나방 날개편길이는 34~40mm, 5~10월에 보인다.

은무늬밤나방의 크기를 짐작할 수 있다.

은무늬밤나방 은회색 바탕의 앞날개 앞쪽에 흑갈색 가로줄이 선명하며 그 뒤로 적갈색과 흰색의 겹가로줄이 두 줄 있다.

은무늬밤나방 앞날개 가운데에 둥그스름한 흰색 무늬가 2개 있다. 뒷날개는 회색이다.

참금무늬밤나방 날개편길이는 43mm, 8~9월에 보인다.

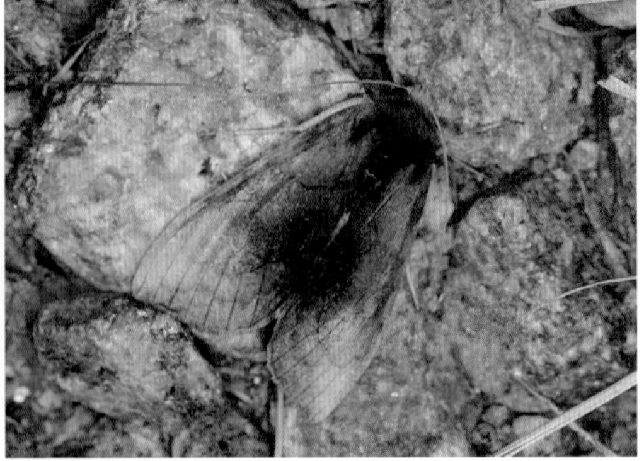

참금무늬밤나방 앞날개에 바깥쪽으로 각진 가로줄이 나타나며 뒤쪽에는 초록빛을 띤 금색 무늬가 희미하다.

자주빛금무늬밤나방 날개편길이는 44~45mm, 7~8월에 보인다. 자줏빛을 띤 흑갈색 앞날개 뒤쪽에 커다란 금색 무늬가 나타난다.

자주빛금무늬밤나방 앞날개와 달리 뒷날개에는 특별한 무늬가 없는 미색이다.

구름은무늬밤나방(구름금무늬밤나방) 날개편길이는 43mm 내외, 8~9월에 보인다.

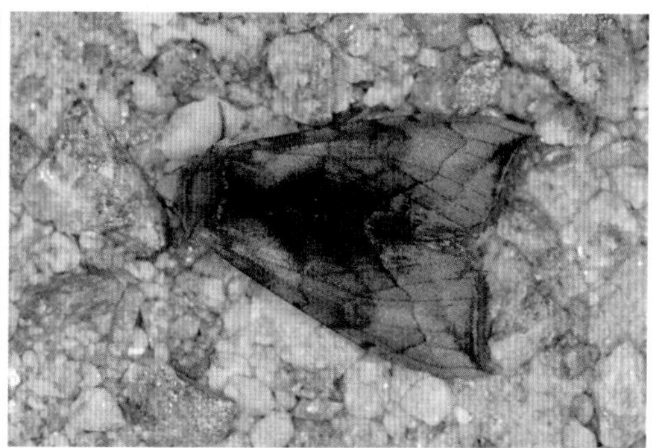

구름은무늬밤나방(구름금무늬밤나방) 앞날개에 금빛 무늬가 없어 비슷하게 생긴 나방들과 구별된다.

각시금무늬밤나방 날개편길이는 29~30mm, 6~8월에 보인다.

각시금무늬밤나방 황갈색 바탕의 앞날개에 금색 무늬가 전체를 덮다시피 한다. 앞날개 바깥쪽엔 거의 나타나지 않고 희미하게 윤곽만 보인다.

각시금무늬밤나방 위에서 보면 금색 조끼를 입은 것처럼 보인다.

각시금무늬밤나방 날개를 펼친 모습이다. 연한 갈색의 뒷날개가 보인다.

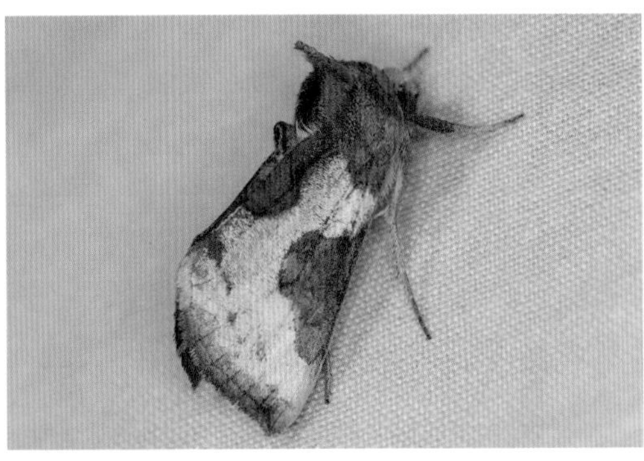

꼬마금무늬밤나방 날개편길이는 38~40mm, 6~9월에 보인다. 앞날개 뒤쪽에 있는 가로줄이 점무늬 형태로 나타나 각시금무늬밤나방과 구별된다.

꼬마금무늬밤나방 날개를 펼치자 미색의 뒷날개가 보인다. 앞날개와 달리 별다른 무늬가 없다.

봉인밤나방 날개편길이는 32~41mm, 6~8월에 보인다. 흰색 바탕의 앞날개에 적갈색 동그란 무늬가 봉인처럼 찍혀 있다.

봉인밤나방 적갈색의 동그란 무늬를 중심으로 연한 적갈색의 선들이 지워진 것처럼 보인다.

꼬마봉인밤나방 날개편길이는 29~32mm, 6~8월에 보인다. 동그란 적갈색 '봉인' 무늬 앞에 굵은 적갈색 사선 무늬가 나타난다.

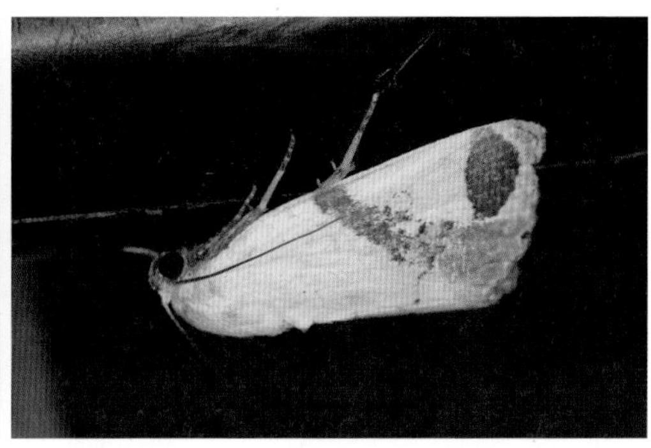

꼬마봉인밤나방 다리는 황갈색이며 진한 갈색 고리 무늬가 나타난다.

극락꼬마밤나방(극낙꼬마밤나방) 날개편길이는 22~26mm, 5~9월에 보인다. 황갈색 바탕의 앞날개 가운데에 흰색 테두리로 둘러싸인 콩팥 무늬가 있다. 뒤쪽에 겹줄인 짧은 가로줄이 있고, 그 밖은 폭넓은 황갈색이다.

넓은띠흰꼬마밤나방 날개편길이는 18mm 내외, 6~9월에 보인다.

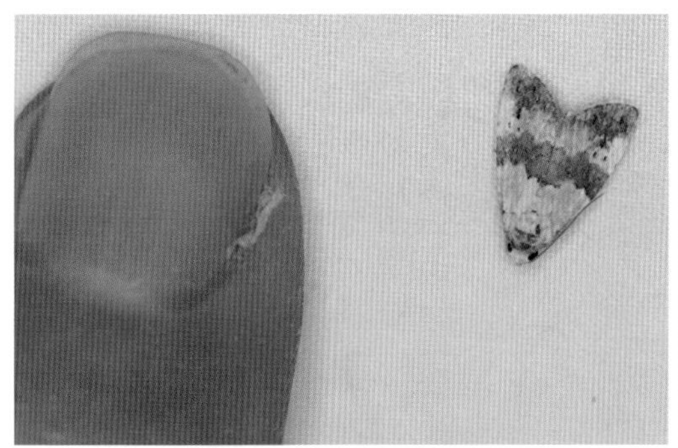

넓은띠흰꼬마밤나방의 크기를 짐작할 수 있다.

넓은띠흰꼬마밤나방 흰색 바탕의 앞날개에 초록빛을 띤 넓은 갈색 띠가 나타난다. 그 뒤로 검은색 점무늬가 있다.

양끝무늬꼬마밤나방 날개편길이는 20mm 내외, 5~9월에 보인다. 초록빛을 띤 회황색 앞날개에 거꾸로 된 V 자 형태의 가로줄이 있으며 그 뒤로 짧은 흰색 가로줄이 거의 곧게 나타난다. 앞날개 뒤쪽이 적자색이라 비슷하게 생긴 앞노랑꼬마밤나방과 구별된다.

앞노랑꼬마밤나방 날개편길이는 18mm 내외, 6~9월에 보인다. 앞날개 뒤쪽이 짙은 갈색이라 비슷하게 생긴 양끝무늬꼬마밤나방과 구별된다.

애기띠꼬마밤나방 날개편길이는 17~18mm, 5~9월에 보인다. 회백색 바탕의 앞날개 가운데에 폭넓은 갈색 띠가 나타나며 날개 뒤쪽도 갈색이다.

앞무늬꼬마밤나방 날개편길이는 15mm 내외, 6~9월에 보인다. 얼룩진 회색 바탕의 앞날개 앞 가장자리에 크기가 다른 검은색 세모 무늬가 2개 있다.

아리랑꼬마밤나방 날개편길이는 15~17mm, 5~8월에 보인다. 흰색 바탕의 앞날개 앞 가장자리에 흑갈색의 세모 무늬가 있으며 가운데에 짧고 넓은 갈색 띠가 있다. 작은 점무늬 옆에 노란색이 없어 북방꼬마밤나방과 구별된다.

북방꼬마밤나방 날개편길이는 16~19mm, 5~8월에 보인다. 앞날개 가운데 점무늬 옆에 노란색 무늬가 있는 것이 아리랑꼬마밤나방과 구별된다.

세모무늬꼬마밤나방 날개편길이는 21mm 내외, 5~9월에 보인다. 앞날개 앞 가장자리 가운데에 흑갈색의 세모 무늬가 있다.

벼애나방 수컷 날개편길이는 18~21mm, 5~8월에 보인다. 누런색 바탕의 앞날개에 적갈색 무늬가 나타나는데 암수가 다르다. 수컷은 굵은 빗금이 나란히 나타난다.

벼애나방 수컷의 크기를 짐작할 수 있다.

벼애나방 암컷 적갈색의 빗금이 중간에서 끊어진다.

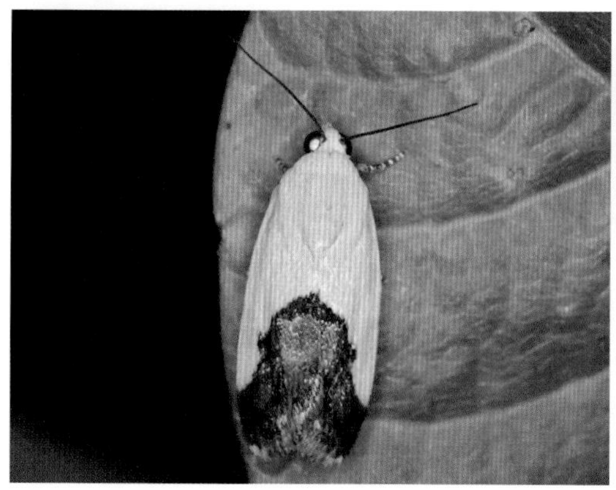

노랑무늬꼬마밤나방 수컷 날개편길이는 17~23mm, 6~8월에 보인다. 암수의 색과 무늬가 다르다.

노랑무늬꼬마밤나방 암컷 앞날개 앞 가장자리에 황백색 무늬가 두 개 있다.

노랑무늬꼬마밤나방 노란색 바탕의 앞날개 뒤쪽에 얼룩져 보이는 넓은 흑갈색 무늬가 나타난다.

노랑무늬꼬마밤나방 위에서 보면 날개 뒤에 있는 흑갈색 무늬가 세모처럼 보인다.

노랑무늬꼬마밤나방 수컷 주로 낮에 많이 보인다.

여왕밤나방(여왕꼬마밤나방) 날개편길이는 36~41mm, 6~8월에 보인다. 흰색 바탕의 앞날개 앞쪽과 뒤쪽, 그리고 날개 안쪽 가장자리에 커다란 검은색 무늬가 나타난다. 그 무늬 안에 가느다란 흰색 무늬가 있어 매우 독특하게 보인다.

솔버짐나방 날개편길이는 40~52mm, 5~9월에 보인다.

솔버짐나방 흰색 바탕의 앞날개에 검은색 줄무늬가 복잡하게 나타난다. 앞날개 가운데에 요철 모양의 검은색 가로줄이, 그 앞에 검은색 점무늬가 있다.

솔버짐나방 흰색 다리에 검은색 고리 무늬가 나타난다. 배는 검은색이고 뒷날개는 흑회색이다.

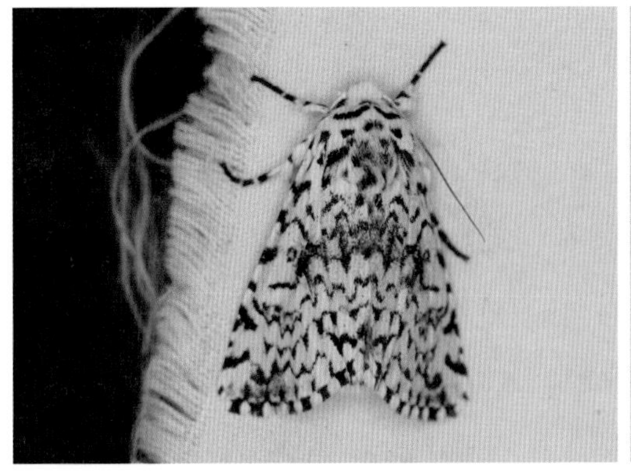

북방배노랑버짐나방 날개편길이는 42~50mm, 5~9월에 보인다. 솔버짐나방과 비슷하지만 검은색 무늬가 더 가늘고 복잡하다. 앞날개 가운데에는 검은색 점무늬 대신 고리 무늬가 있다.

연두무늬밤나방 날개편길이는 60mm 내외, 7~8월에 보인다. 연둣빛을 띤 회색 바탕의 앞날개 앞 가장자리에 흑갈색 세모 무늬가 두 개 있다. 톱니 모양의 겹가로줄이 앞날개에 나타난다.

털보버짐나방 날개편길이는 46mm, 4~7월에 보인다. 회색 바탕의 앞날개에 넓은 흑갈색 띠무늬가 나타나며 앞날개 가운데에 물감이 번진 듯한 흰색 둥근 무늬와 그 앞에 눈알 무늬가 선명하다.

탐시버짐밤나방 날개편길이는 43mm, 6~7월에 보인다. 진한 회색 바탕의 앞날개에 검은색 가로줄이 구불구불하다. 앞날개에 길쭉한 회백색 무늬가 나타난다.

탐시버짐밤나방 뒷날개가 샛노란색이라 비슷하게 생긴 다른 나방과 구별된다.

탐시버짐밤나방 애벌레 몸길이는 35mm, 8~9월에 보인다. 배마디 윗면에 흑갈색 털 뭉치가 있고, 옆면에도 갈색 털 뭉치가 있다. 배마디 사이는 검은색이다. 느티나무, 벚나무, 복자기나무 등 여러 가지 나무의 잎을 먹는다.

탐시버짐밤나방 자극을 받으면 몸을 둥글게 만다.

암청색줄무늬밤나방 날개편길이는 79~88mm, 7~11월과 이듬해 3월에 보인다.

암청색줄무늬밤나방의 크기를 짐작할 수 있다. 날개에 청람색 비늘가루가 흩뿌려져 나타나며 앞날개에 진한 자줏빛 띤 독특한 갈색 무늬가 곳곳에 있다.

암청색줄무늬밤나방 뒷날개는 청회색이며 날개 뒷부분에 청람색 줄무늬가 나타난다.

암청색줄무늬밤나방 아랫면 자주색 주둥이와 배 아랫면에 흰색이 선명하다.

암청색줄무늬밤나방 중령 애벌레 개체마다 색깔 차이가 있다.

암청색줄무늬밤나방 중령 애벌레 자극을 받으면 몸을 세워 위협한다.

암청색줄무늬밤나방 종령 애벌레 몸길이는 70mm, 7~8월에 보인다. 모시풀, 풀거북꼬리 등이 먹이식물이다. 애벌레의 크기를 짐작할 수 있다.

푸른저녁나방 날개편길이는 39~43mm, 6~9월에 보인다. 연두색 바탕의 앞날개 앞 가장자리와 뒤쪽 끝에 갈색 무늬가 나타나며, 앞날개 뒤쪽 가장자리를 따라 황갈색의 겹가로줄이 있다.

각시푸른저녁나방 날개편길이는 28~31mm, 7~8월에 보인다.

각시푸른저녁나방 연두색 바탕의 앞날개에 갈색의 무늬가 둥글게 둘러싸듯 하여 커다란 연두색 안경을 쓴 것처럼 보인다.

각시푸른저녁나방 가슴 뒤쪽에 갈색 털 뭉치가 있으며 앞날개 끝 가장자리에 검은색 고리 무늬가 나타난다.

산저녁나방 날개편길이는 34~38mm, 5~9월에 보인다.

산저녁나방 옥색 바탕의 앞날개에 갈색 무늬가 날개 끝, 안쪽 가장자리, 앞 가장자리 앞쪽에 나타난다. 앞날개 가운데에는 흰색 점무늬가 있다.

산저녁나방 애벌레 몸길이는 30~35mm, 8월에 보인다. 자주색, 노란색, 흰색, 검은색이 어우러진 몸에 기다란 검은색 털이 박혀 있다. 자극을 받으면 머리를 숙이고 방어 행동을 취한다. 벚나무, 참느릅나무가 먹이식물이다.

높은산저녁나방 날개편길이는 30~39mm, 6~9월에 보인다.

높은산저녁나방 옥색 바탕의 앞날개에 흰색과 검은색 가로줄이 겹쳐서 물결무늬를 이룬다.

높은산저녁나방 다리에 검은색과 흰색 고리 무늬가 번갈아 나타나며 가슴에 털 뭉치가 있다.

노랑목저녁나방
날개편길이는 35~36mm, 6~7월에 보인다.

노랑목저녁나방의 크기를 짐작할 수 있다.

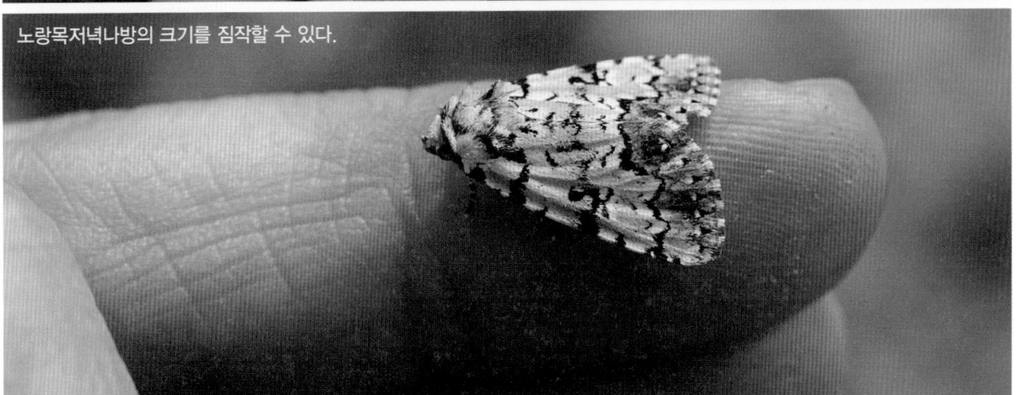

노랑목저녁나방 옥색 바탕의 앞날개에 검은색과 하얀색 가로줄이 겹쳐 있으며 날개 바깥쪽이 어둡다.

노랑목저녁나방 가로줄 굴곡이 불규칙하게 튀어나온 것이 특징이다(동그라미 친 부분).

노랑목저녁나방 다리에 하얀색과 검은색 고리 무늬가 교대로 나타나며 가슴에 털 뭉치가 있다.

노랑목저녁나방 날개 아랫면

사과저녁나방 날개편길이는 40~45mm, 5~8월에 보인다. 앞날개의 세로줄이 굵고 날개 뒤쪽 가로줄이 진한 것으로 왕뿔무늬저녁나방과 구별하지만 좀 애매하다. 참고용으로만 올린다.

사과저녁나방 애벌레 사과나무, 배나무, 복숭아나무 등이 애벌레의 먹이식물이다. 1년에 두 번 나타난다.

세무늬저녁나방 날개편길이는 32~37mm, 5~8월에 보인다.

세무늬저녁나방이 수수꽃다리명나방과 같이 앉아 있다. 크기를 짐작할 수 있다.

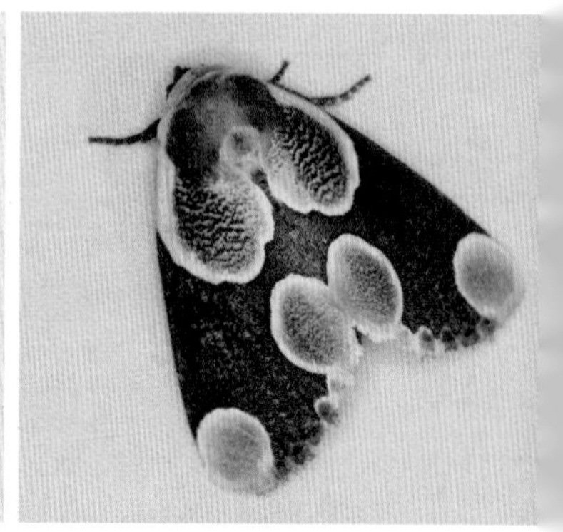

세무늬저녁나방 흑자색 바탕의 앞날개에 흰색 테두리로 둘러싸인 크기가 다른 둥근 갈색 무늬가 3개씩 나타난다.

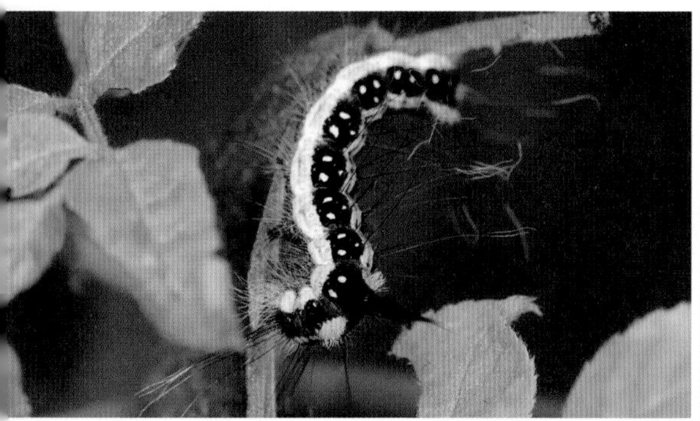

오리나무저녁나방 애벌레 애벌레는 자작나무과 식물을 먹는다. 몸길이는 35mm 정도이며 뒷가슴 위의 혹 모양 돌기에 난 털 뭉치가 긴 것이 특징이다.

흰무늬애저녁나방 날개편길이는 26~34mm, 4~8월에 보인다.

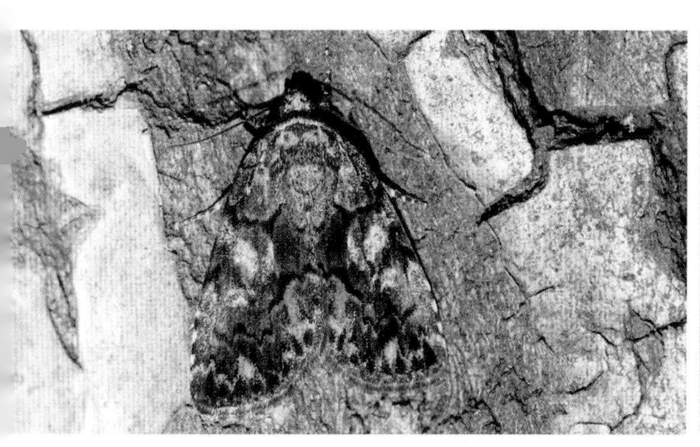

흰무늬애저녁나방 위에서 보면 흑갈색 바탕의 앞날개에 검은색의 X 자 무늬가 전체를 덮고 있는 듯하다. 앞날개 가운데에 흰색 무늬가 나타난다.

흰무늬애저녁나방 개체마다 색깔 차이가 있다.

왕뿔무늬저녁나방 날개편길이는 51~53mm, 5~8월에 보인다. 밤에 불빛에 잘 찾아든다.

왕뿔무늬저녁나방의 크기를 짐작할 수 있다.

왕뿔무늬저녁나방 회백색 바탕의 앞날개에 검은색 가로줄이 톱니 모양으로 나타난다. 짧은 검은색 세로줄도 있어 이 둘이 만나 '+' 무늬를 이루기도 한다. 개체마다 색깔 차이가 있다.

왕뿔무늬저녁나방 4령 애벌레 뽕나무, 단풍나무가 먹이식물이다.

왕뿔무늬저녁나방 종령 애벌레 몸길이는 50~60mm, 8~9월에 보인다. 광택이 나는 흑청색의 짧은 털과 흰색의 긴 털로 덮여 있다.

왕뿔무늬저녁나방 종령 애벌레 자극을 받으면 몸을 둥글게 만다.

왕뿔무늬저녁나방 노숙 애벌레 번데기를 만들기 전에 흰색 털이 누렇게 변한다.

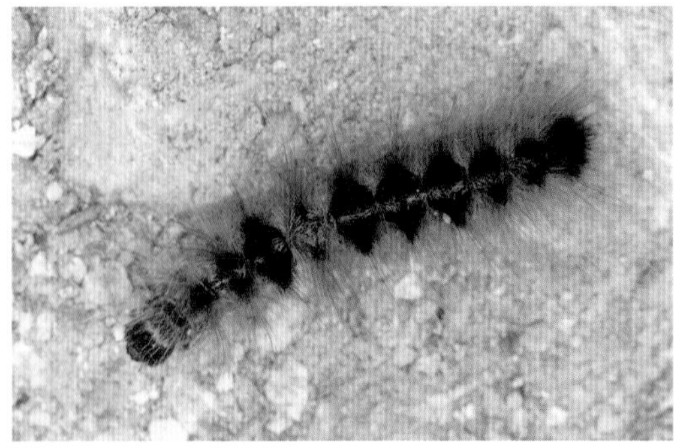
왕뿔무늬저녁나방 노숙 애벌레 윗면

벚나무저녁나방 날개편길이는 32~35mm, 4~8월에 보인다. 회백색 앞날개는 얼룩져 보이며 가운데에 흰색 콩팥 무늬와 그 앞에 가락지 무늬가 선명하다.

벚나무저녁나방 애벌레 사과나무, 벚나무, 복숭아나무 등이 애벌레의 먹이식물이다. 어린 애벌레는 잎을 텐트처럼 말고 생활한다.

벚나무저녁나방 애벌레 몸길이는 22mm, 8월에 보이며 사과나무, 벚나무, 복숭아나무 등 장미과 식물이 먹이식물이다.

배저녁나방 날개편길이는 31~40mm, 4~10월에 보인다. 앞날개 안쪽 가장자리 가운데에 흰색 점이 뚜렷하다. 크기를 짐작할 수 있다.

배저녁나방 애벌레 몸길이는 30mm, 5~10월에 보인다. 버드나무, 싸리, 케일 등 다양한 식물을 먹는다.

배저녁나방 애벌레 흑색형

잔점저녁나방 날개편길이는 38~41mm, 5~8월에 보인다. 회백색 바탕의 앞날개는 얼룩져 보이며 가운데에 흰색 가락지 무늬가 나타난다. 앞날개 바깥쪽에 흰색과 검은색의 겹줄 무늬가 희미하게 있다.

숲저녁나방 날개편길이는 32mm 내외, 4~7월에 보인다. 흑회색 바탕의 앞날개에 심하게 굽은 검은색 가로줄이 있고, 가운데에 콩팥 무늬와 그 앞의 가락지 무늬가 뚜렷하다.

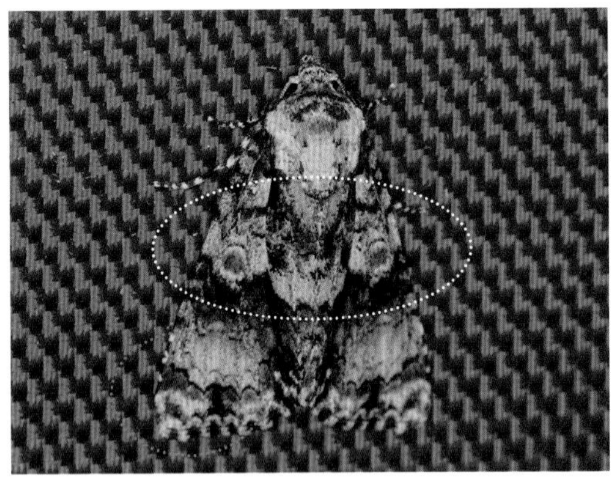

큰쥐똥나무저녁나방 날개편길이는 36~40mm, 7~8월에 보인다. 진회색 바탕의 앞날개 가운데에 가락지 무늬와 그 안에 녹갈색 점이 있다. 무늬와 색이 쥐똥나무저녁나방과 다르다.

쥐똥나무저녁나방 날개편길이는 35~40mm, 4~9월에 보인다. 앞날개 가운데 가로줄과 뒤쪽 무늬가 큰쥐똥나무저녁나방과 구별된다.

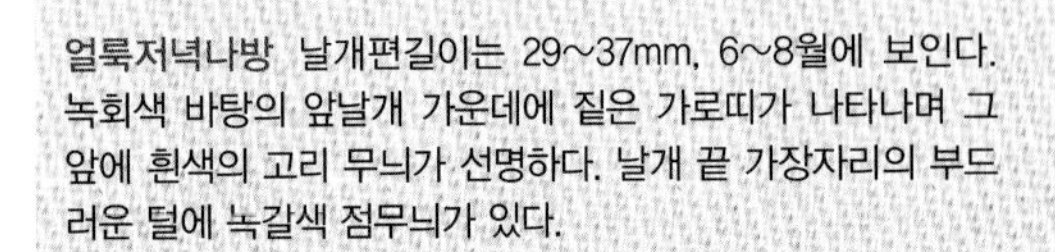

얼룩저녁나방 날개편길이는 29~37mm, 6~8월에 보인다. 녹회색 바탕의 앞날개 가운데에 짙은 가로띠가 나타나며 그 앞에 흰색의 고리 무늬가 선명하다. 날개 끝 가장자리의 부드러운 털에 녹갈색 점무늬가 있다.

지옥저녁나방 날개편길이는 28~35mm, 5~9월에 보인다.

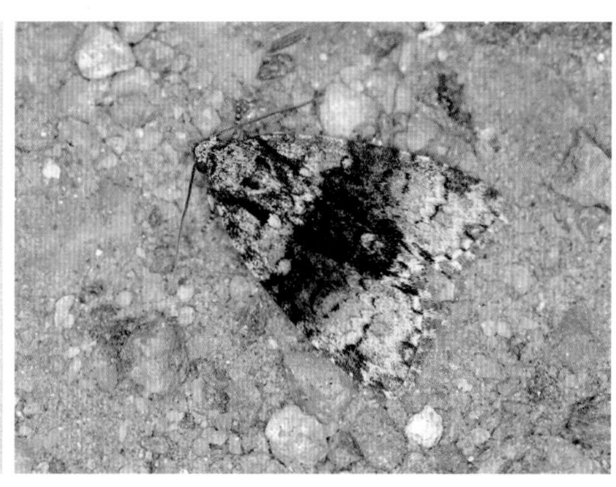

지옥저녁나방 회갈색 바탕의 앞날개 가운데에 흑갈색 띠와 그 앞에 흰색 고리 무늬가 있다. 앞날개 뒤쪽에 겹가로줄이 톱니 모양이다.

애기얼룩나방 날개편길이는 42~46mm, 5~8월에 보인다. 검은색 바탕의 앞날개에 크기와 모양이 다른 흰색 무늬가 6개 있다. 뒷날개 가운데에 진한 노란색 무늬가 있다.

애기얼룩나방 애벌레 몸길이는 40~45mm, 6~8월에 보인다. 검은색 바탕에 주황색과 흰색이 뒤섞여 나타나며 마디마다 주황색 무늬가 있다. 뒷노랑얼룩나방 애벌레와 비슷하지만 머리가 검은색이라 구별된다.

애기얼룩나방 애벌레 머루가 먹이식물이다.

얼룩나방 날개편길이는 54~57mm, 4~8월에 보인다.

얼룩나방의 크기를 짐작할 수 있다.

얼룩나방 앞뒤 날개 가장자리에 흰색 무늬가 줄지어 나타나 애기얼룩나방과 구별된다.

얼룩나방 날개 아랫면

얼룩나방 얼굴

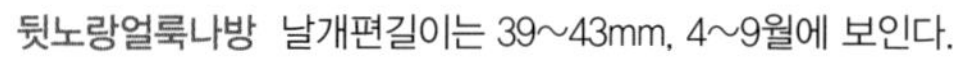

뒷노랑얼룩나방 날개편길이는 39~43mm, 4~9월에 보인다.

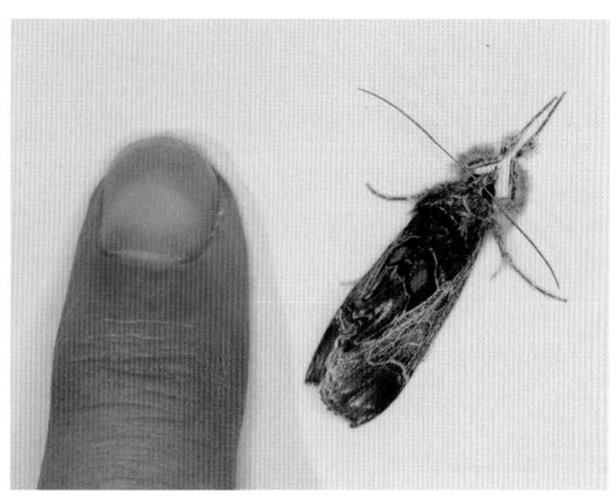

뒷노랑얼룩나방의 크기를 짐작할 수 있다.

뒷노랑얼룩나방 날개는 어두운 자갈색이며 노란색 날개맥이 뚜렷하다. 앞날개 가운데에 가락지 무늬와 콩팥 무늬가 선명하다. 콩팥 무늬가 더 크다. 쉴 때 앞다리를 모으는 독특한 자세를 취한다.

뒷노랑얼룩나방 애벌레 몸길이는 40mm, 6월, 8~9월에 보인다. 담쟁이덩굴이 먹이식물이다.

뒷노랑얼룩나방 애벌레 애기얼룩나방 애벌레와 머리 색과 무늬가 달라 구별된다.

기생얼룩나방 날개편길이는 42~45mm, 5~8월에 보인다.

기생얼룩나방 앞날개 위아래에 걸쳐 흰색 무늬가 넓게 나타나 뒷노랑얼룩나방과 구별된다.

기생얼룩나방의 크기를 짐작할 수 있다.

기생얼룩나방 뒷날개는 노란색이며 바깥 가장자리 앞에 검은색 띠무늬가 나타난다. 배도 노란색이며 검은색 점무늬가 아래로 이어져 나타난다.

기생얼룩나방 날개 끝에 보랏빛에 둘러싸인 길쭉한 붉은색 무늬가 뱀눈처럼 보인다.

까마귀밤나방 날개편길이는 42~48mm, 6~10월에 보인다.

까마귀밤나방의 크기를 짐작할 수 있다.

까마귀밤나방 앞날개는 광택이 나는 갈색을 띤 검은색이며 특별한 무늬가 없다.

흰눈까마귀밤나방 날개편길이는 51~62mm, 7~10월에 보인다.

흰눈까마귀밤나방 광택이 나는 검은색 바탕의 앞날개 가운데에 황백색의 눈알 무늬가 선명하다.

흰눈까마귀밤나방 뒷날개는 앞날개와 달리 주황색이다.

흰눈까마귀밤나방 애벌레 몸길이는 30mm, 5월에 보인다. 배 끝이 뾰족한 삼각형이며 삼각형 끝은 노란색이다. 병꽃나무, 물푸레나무, 수수꽃다리 등 여러 나무의 잎을 먹는다.

흰줄까마귀밤나방 앞날개에 있는 바깥 가로줄 뒤는 적갈색이며, 날개 바깥 가장자리를 따라 흰색 점무늬가 줄무늬처럼 나타난다.

흰줄까마귀밤나방 어린 애벌레 단풍나무, 개머루, 다래 등 여러 나무의 잎을 먹는다.

흰줄까마귀밤나방 어린 애벌레의 크기를 짐작할 수 있다.

흰줄까마귀밤나방 애벌레 몸길이는 40mm, 5월에 보인다.

흰줄까마귀밤나방 애벌레 삼각형 배 끝에 하얀색 점무늬와 물감에 묻은 듯한 무늬가 나타난다.

피라밑까마귀밤나방 날개편길이는 48~56mm, 7~10월에 보인다.

피라밑까마귀밤나방 앞날개 가운데에 있는 흰색 눈알 무늬 아래부터 뒤쪽 가로줄까지 검은색의 세로무늬가 있어 흰눈까마귀밤나방과 구별된다.

피라밑까마귀밤나방 아랫면

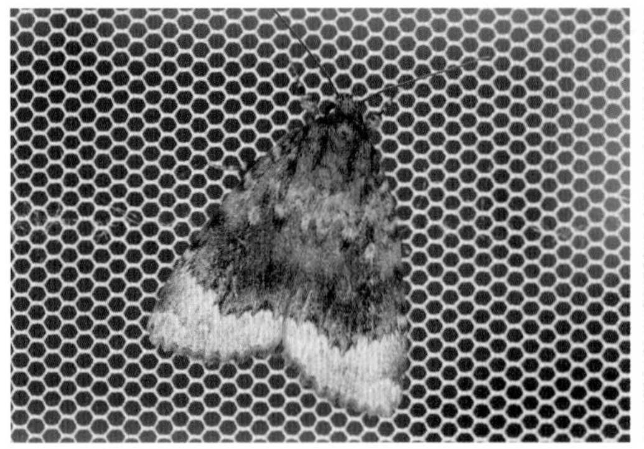

지옥까마귀밤나방 날개편길이는 46mm 내외, 7~8월에 보인다.

지옥까마귀밤나방 앞날개 색이 더 연하고 날개 뒤쪽이 밝은색이라 피라밑까마귀밤나방과 구별된다.

지옥까마귀밤나방 앞날개와 달리 뒷날개는 무늬가 없는 연한 갈색이다.

흰점까마귀밤나방 날개편길이는 50~56mm, 7~9월에 보인다.

흰점까마귀밤나방 어두운 갈색 바탕의 앞날개에 톱니무늬의 가로줄이 나타나며 날개 끝에 흰색 점무늬가 선명하다.

흰점까마귀밤나방 개체마다 색깔 차이가 있는 듯하다.

세모무늬밤나방 날개편길이는 30mm 내외, 6~8월에 보인다. 앞날개에 가로줄 2줄이 뚜렷하다. 그 사이가 짙어 사다리꼴처럼 보인다.

북방톱날무늬밤나방 날개편길이는 35~37mm, 9~10월에 보인다. 회갈색 바탕의 앞날개 가운데에 콩팥 무늬가 있고 그 앞에 가락지 무늬도 나타난다. 콩팥 무늬 안에는 별다른 무늬가 없다.

노랑담배나방 날개편길이는 31mm 내외, 5~8월에 보인다. 황갈색 바탕의 앞날개 뒤쪽에 넓은 갈색 띠무늬가 나타나며 날개맥이 매우 선명하다.

왕담배나방 날개편길이는 34~36mm, 6~10월에 보인다.

왕담배나방 황갈색 바탕의 앞날개 가운데 무늬가 희미하며 뒤쪽으로 갈색 띠무늬가 보인다.

왕담배나방 담배나방과 비슷하게 생겼으나 뒷날개의 흑갈색 띠 폭이 더 넓다.

왕담배나방 애벌레 여러 가지 식물을 먹으나 꽃을 특히 좋아하는 듯하다.

왕담배나방 애벌레 몸길이는 30mm, 9월에 보인다. 몸은 녹색이며 검은색 털 받침 색이 뚜렷하다.

왕담배나방 애벌레 코스모스꽃을 먹고 있는 모습이 자주 보인다.

담배나방 날개편길이는 28~31mm, 8~9월에 보인다. 황갈색 바탕의 앞날개에 물결무늬의 흑갈색 겹가로줄이 나타나며 가운데에 가락지 무늬가 있다. 뒷날개 가장자리의 검은색 띠가 왕담배나방보다 좁다.

엉겅퀴밤나방 날개편길이는 25~30mm, 5~9월에 보인다.

엉겅퀴밤나방의 크기를 짐작할 수 있다.

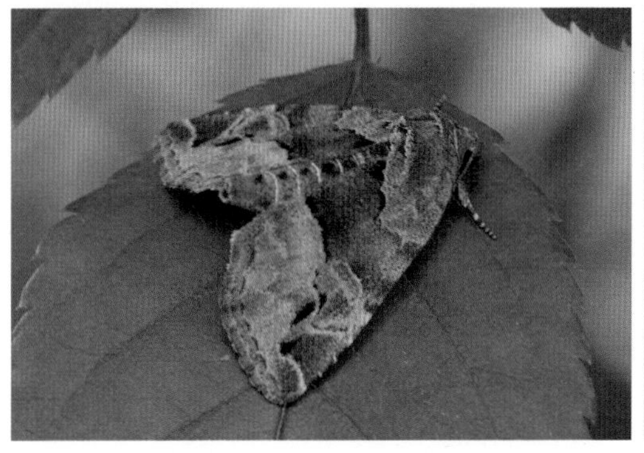

엉겅퀴밤나방 회갈색 바탕의 앞날개 가운데를 중심으로 흑갈색의 띠무늬가 보이며 날개 끝에 안으로 살짝 휜 흑갈색 세모 무늬가 나타난다. 그 앞에 흑갈색 짧은 무늬도 있다.

점띠애기밤나방 날개편길이는 22~27mm, 7~9월에 보인다.

점띠애기밤나방 갈색 바탕의 앞날개에 크기가 다른 흰색 무늬들이 가로줄 무늬로 나타난다. 날개 앞부분에는 동그란 흰색 무늬가 뚜렷하다.

점띠애기밤나방 개체마다 무늬와 색깔에 차이가 있다.

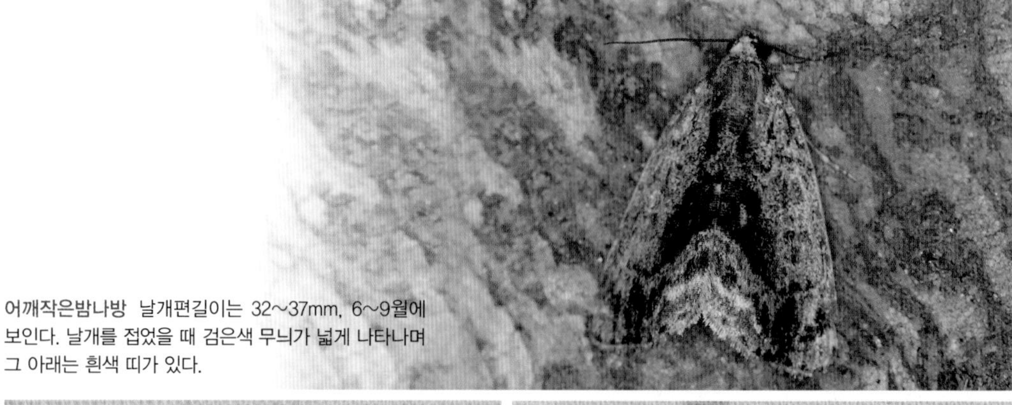

어깨작은밤나방 날개편길이는 32~37mm, 6~9월에 보인다. 날개를 접었을 때 검은색 무늬가 넓게 나타나며 그 아래는 흰색 띠가 있다.

연보라밤나방 날개편길이는 29mm, 6~8월에 보인다. 날개를 접었을 때 위에서 보면 X 자 무늬가 선명하다.

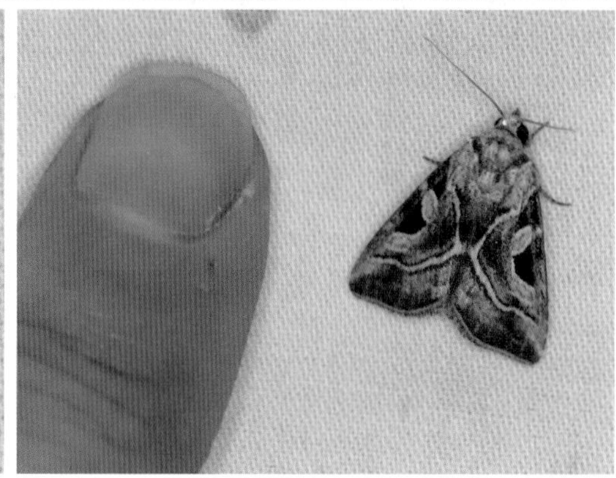

연보라밤나방의 크기를 짐작할 수 있다.

어린밤나방 날개편길이는 32mm 내외, 6~8월에 보인다.

어린밤나방의 크기를 짐작할 수 있다.

어린밤나방 얼룩덜룩한 앞날개에 겹가로줄이 2줄 나타난다. 앞의 줄은 둥글고 뒤의 줄은 살짝 물결무늬이다. 각 가로줄 뒤는 분홍색을 띤다.

어린밤나방 더듬이가 구불구불하다.

얼룩어린밤나방
날개편길이는 28~30mm, 5~6월에 보인다.

얼룩어린밤나방 얼룩덜룩한 앞날개에 가로줄이 있다. 바깥 가로줄은 거의 직선에 가까운 겹줄이다.

얼룩어린밤나방 위에서 보면 전혀 다른 나방처럼 보인다.

보라어린밤나방 날개편길이는 26~30mm, 6~9월에 보인다. 보랏빛이 도는 갈색 바탕의 앞날개에 흰색 줄로 둘러싸인 가로줄들이 나타난다. 날개 뒤 가장자리는 뾰족하다.

흰줄어린나방 날개편길이는 27mm, 6~9월에 보인다. 흑갈색 바탕의 앞날개에 흰색 가로줄이 있다. 앞날개 가운데에 흰색 점과 날개 끝에 각진 흰색 점이 나타난다.

이끼밤나방 날개편길이는 25mm 내외, 7~9월에 보인다. 앞날개에 흑갈색의 넓은 띠가 나타나며 바깥 가로줄이 아래로 둥그스름하게 휘었다.

띠이끼밤나방 날개편길이는 20mm 내외, 7~9월에 보인다. 앞날개 앞쪽에 넓은 띠무늬가 있고 개체마다 색깔 차이가 있다.

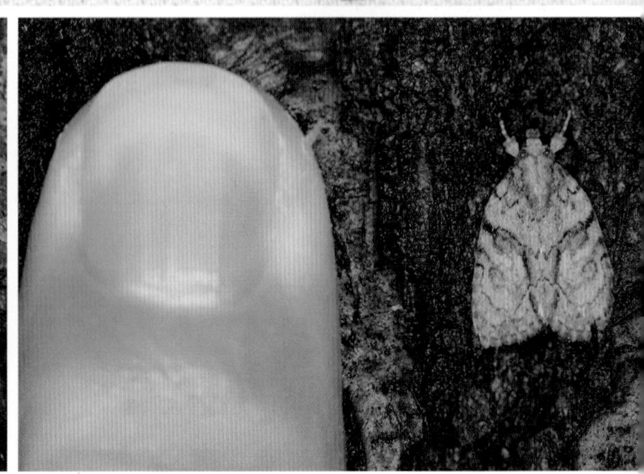

띠이끼밤나방의 크기를 짐작할 수 있다.

꼬마이끼밤나방 날개편길이는 21~27mm, 7~8월에 보인다. 앞날개 앞쪽 3분의 2는 녹갈색이며 그 뒤는 갈색이다. 녹갈색 부분에 검은색과 흰색의 겹가로줄이 물결치듯 나타난다.

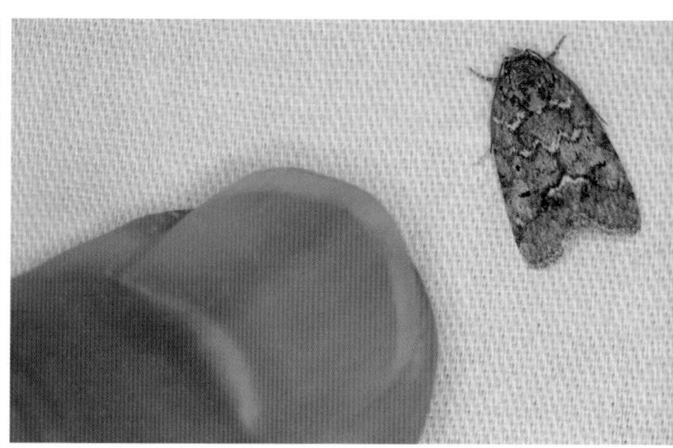

꼬마이끼밤나방의 크기를 짐작할 수 있다.

구름꼬마이끼밤나방 날개편길이는 25~28mm, 7~10월에 보인다. 앞날개 앞쪽과 가운데 그리고 뒤쪽 가장자리 안쪽에 희미한 적갈색 무늬가 있으며 검은색의 가로줄이 물결치듯 보인다.

구름꼬마이끼밤나방의 크기를 짐작할 수 있다.

흰줄이끼밤나방 날개편길이는 28~32mm, 6~8월에 보인다.

흰줄이끼밤나방 앞날개 앞 가장자리에 폭넓은 녹갈색 무늬가 있으며 넓은 흰색 줄무늬가 세로로 녹갈색 무늬를 감싸듯 날개 끝까지 이어진다.

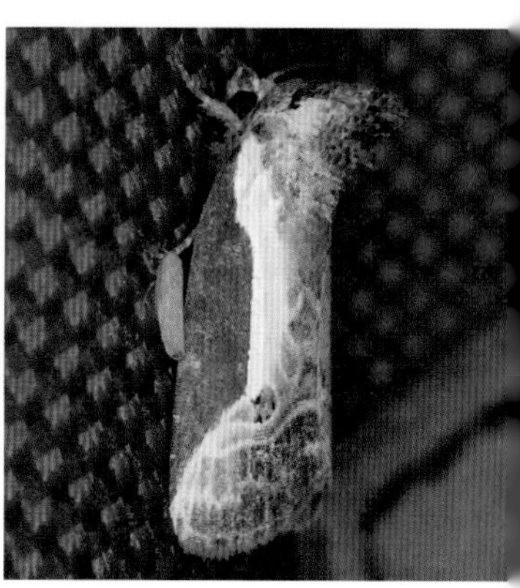

흰줄이끼밤나방 가슴에 크게 튀어나온 비늘가루 뭉치가 뿔처럼 솟아 있다.

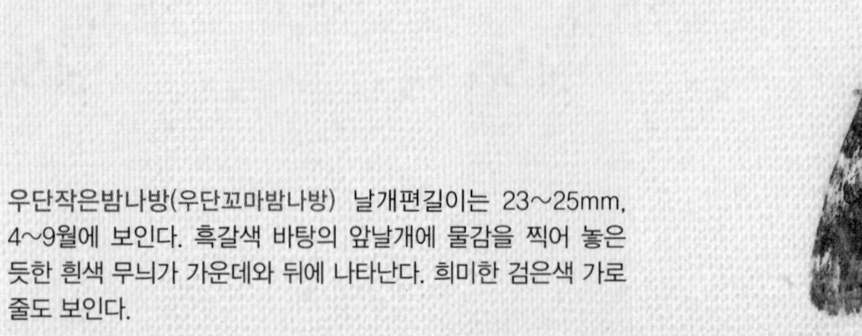

우단작은밤나방(우단꼬마밤나방) 날개편길이는 23~25mm, 4~9월에 보인다. 흑갈색 바탕의 앞날개에 물감을 찍어 놓은 듯한 흰색 무늬가 가운데와 뒤에 나타난다. 희미한 검은색 가로줄도 보인다.

담배거세미나방 날개편길이는 30~41mm, 5~11월에 보인다.

담배거세미나방 암컷 수컷과 무늬와 색이 다르다. 갈색 바탕의 앞날개에 황갈색 가로줄과 날개맥이 선명하다.

담배거세미나방 수컷 날개 뒤쪽에 푸른빛을 띤 흰색 무늬가 선명하다.

흑점밤나방 날개편길이는 30~34mm, 4~9월에 보인다. 황갈색 바탕의 앞날개에 흑갈색 가로줄이 나타나며 앞날개 가운데에 굵은 얼룩무늬 같은 띠가 있다.

노랑날개흰점밤나방 날개편길이는 27~32mm, 6~7월에 보인다. 황갈색 바탕의 앞날개 가운데에 흰색 점무늬가 있다. 개체에 따라 이 점이 없기도 하다.

뒷흰날개담색밤나방 날개편길이는 25~30mm, 5~9월에 보인다.

뒷흰날개담색밤나방 흑갈색 바탕의 앞날개 가운데에 흰색 점무늬가 나타난다.

흰무늬띠밤나방
날개편길이는 31~37mm, 5~9월에 보인다. 황갈색 바탕의 앞날개에 흑갈색 가로줄이 나타나며 앞날개 가운데에 흰색 점무늬가 선명하다.

회록색밤나방 날개편길이는 36~38mm, 5~9월에 보인다. 앞날개는 이름처럼 회색과 녹색이 어우러지고, 가운데에 겹가로줄이 나타난다. 앞날개 뒤쪽에 커다란 회백색 무늬가 있다.

회록색밤나방의 크기를 짐작할 수 있다.

흰점숨대나방 날개편길이는 45~48mm, 5~9월에 보인다.

흰점숨대나방 녹색과 흑갈색이 얼룩져 보이는 앞날개 가운데에 각지고 넓은 흰색 띠무늬가 나타난다.

굴뚝밤나방 날개편길이는 37~40mm, 5~9월에 보인다. 흑갈색 바탕의 앞날개에 검은색 테두리의 동그란 무늬가 여러 개 있고, 앞날개 뒷부분 안쪽으로 바위처럼 생긴 독특한 무늬가 있다.

메밀거세미나방 날개편길이는 42~47mm, 5~9월에 보인다. 녹색과 흑갈색이 어우러져 얼룩져 보이는 앞날개 가운데에 흰색의 넓은 띠무늬가 세로로 나타난다.

모진밤나방 날개편길이는 57~59mm, 6~10월에 보인다.

모진밤나방 황갈색 바탕의 앞날개에 넓은 흑갈색 띠가 있어 날개가 세 부분으로 나뉜 것처럼 보인다. 개체마다 차이가 있다.

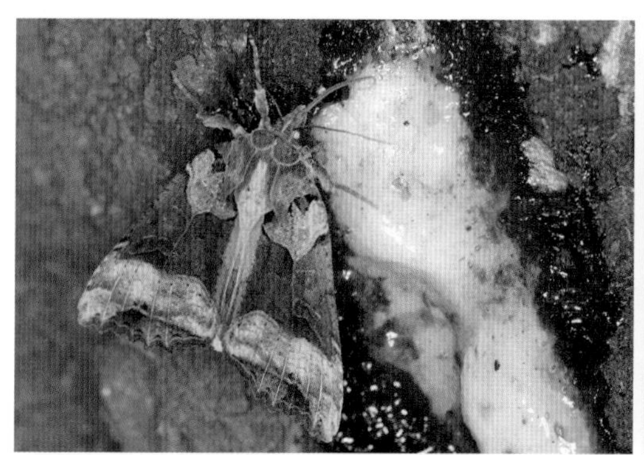

수액을 먹고 있는 모진밤나방

모진밤나방 가로줄이 아래로 뾰족한 것(동그라미)이 금강산모진밤나방과 구별된다. 이 부분이 둥글면 금강산모진밤나방이다.

모진밤나방 앞날개 뒤쪽 가장자리가 톱니 모양이다.

금강산모진밤나방 날개편길이는 55~59mm, 6~10월에 보인다. 원 안의 무늬가 모진밤나방과 다르다.

뒷노랑밤나방 날개편길이는 35~41mm, 7~9월에 보인다. 앞날개 앞부분은 흑갈색이며 뒷부분은 황백색이다. 그 사이에 가락지 무늬와 콩팥 무늬가 나타난다. 뒷날개는 노란색이며 가장자리에 넓은 검은색 띠가 있다.

북방뒷노랑밤나방 날개편길이 35~41mm, 8~9월에 보인다.

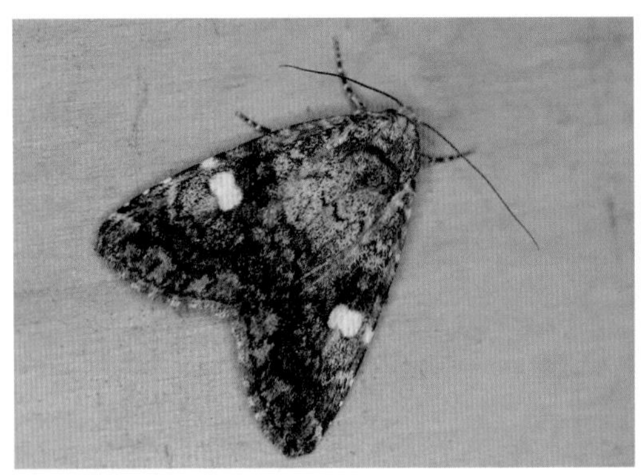

북방뒷노랑밤나방 황갈색과 흑갈색이 어우러진 얼룩무늬 앞날개 가운데에 흰색의 콩팥 무늬가 있다. 그 옆에 작은 흰색 무늬도 있다. 뒷날개는 노란색이다.

큰뒷노랑밤나방 몸에 연둣빛이 살짝 나타나는 개체다. 온몸이 연두색인 개체도 있고, 이렇게 무늬 없이 황갈색이나 흑갈색인 개체도 있다. 앞날개 가운데의 콩팥 무늬 색깔도 개체마다 차이가 있다.

큰뒷노랑밤나방 날개편길이는 45~52mm, 6~9월에 보인다.

큰뒷노랑밤나방 뒷날개 가운데에 노란색 무늬가 있다. 개체마다 색깔 차이가 커서 전혀 다른 종처럼 보이기도 한다.

흰무늬박이밤나방 날개편길이는 34mm 내외, 6~8월에 보인다. 흰색 바탕의 앞날개 가운데에 커다란 갈색 무늬가 박힌 듯 있다.

민머리큰밤나방(민머리큰나방) 날개편길이는 39~41mm, 4~9월에 보인다. 황갈색 바탕의 앞날개 가운데에 흑갈색 띠무늬가 있고, 희미한 가락지 무늬와 콩팥 무늬가 있다.

국화작은밤나방 날개편길이는 24~28mm, 5~8월에 보인다. 앞날개 가운데에 큰 초록색 무늬가 있으며 그 가운데에 흰색 가로띠가 선명하다.

크림밤나방 날개편길이는 36~40mm, 6~7월에 보인다. 앞날개 가운데에 검은색 점무늬가 나타난다. 흰색과 검은색, 갈색, 연보라색 등이 어우러져 있다. 무늬와 색이 매우 독특하다.

십자무늬밤나방 날개편길이는 40mm 내외, 9~10월에 보인다. 초록색 바탕의 앞날개에 갈색 띠무늬가 선명하다. 날개를 접었을 때 '+' 자 무늬처럼 보인다.

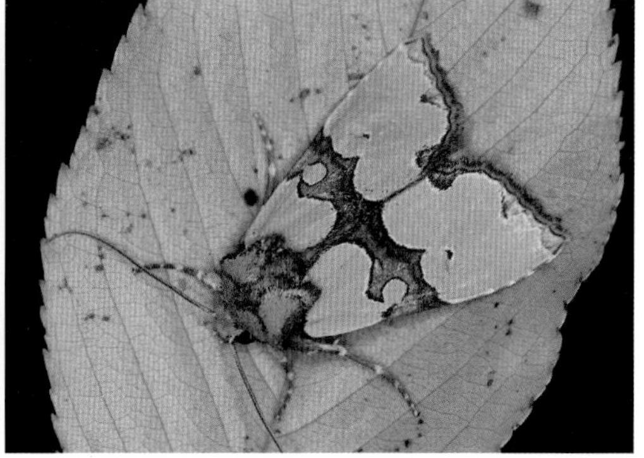

십자무늬밤나방 가슴에 거친 털로 덮여 있으며 앞날개 가운데에 조그마한 갈색 점무늬가 나타난다. 앞날개 뒤쪽 가장자리에도 갈색 띠무늬가 요철 모양으로 있다.

각시노랑무늬밤나방 날개편길이는 29~33mm, 9~10월에 보인다. 노란색 바탕의 앞날개 앞 가장자리에 자갈색 무늬 2개가 있다. 머리와 앞가슴도 자갈색이며 앞날개에도 폭넓은 자갈색 띠가 나타난다.

줄나무결밤나방(나무결줄밤나방) 날개편길이 38~43mm, 7~8월에 보인다. 전체적으로 황갈색과 갈색이 어우러진 나무껍질 같은 느낌이다. 무늬는 세로줄을 이루면서 나타난다.

털날개밤나방 날개편길이는 40~4mm, 9~12월에 보인다. 황갈색 바탕의 앞날개 가운데에 그 안이 짙은 갈색인 가락지 무늬와 콩팥 무늬가 나타난다. 앞날개에 곧은 겹가로줄이 있다.

가을흰별밤나방 날개편길이는 38~31mm, 9~10월에 보인다. 황갈색 바탕의 앞날개에 적갈색 가로띠가 나타나며 앞날개 가운데에 가락지 무늬와 콩팥 무늬가 있다. 그 주위로 흰색 점무늬가 나타난다.

떡갈나무밤나방 날개편길이는 33mm 내외로 11월과 이듬해 3월에 보인다.

떡갈나무밤나방 앞날개에 가운데가 잘록한 콩팥 무늬가 있으며 그 옆으로 검은색 점무늬가 있다.

날개점밤나방
날개편길이는 36~40mm, 10~11월, 이듬해 3~4월에 보인다.

날개점밤나방 앞날개 가운데에 검은색 점이 있으며 그 점을 끝으로 하여 넓은 V 자 가로줄이 나타난다.

날개점밤나방 짝짓기 이른 봄(3월)에 관찰한 장면이다. 위 개체가 수컷이다.

귤빛밤나방 날개편길이는 32~33mm, 9~11월, 이듬해 4월에 보인다. 주황색 바탕의 앞날개에 적갈색 가로줄이 3줄 있다. 앞줄, 가운뎃줄은 각이 졌으며 뒷줄은 점이 줄처럼 이어져 나타난다.

이른봄밤나방 날개편길이는 50mm 내외, 10~11월, 이듬해 3~4월에 보인다. 연한 갈색 바탕의 앞날개에 흑갈색 가로줄이 나타난다. 가슴 윗면과 앞날개 가운데에 있는 가락지 무늬와 콩팥 무늬는 적갈색이다. 전체적으로 나무껍질 같은 느낌이다.

이른봄밤나방 날개를 편 모습이다. 10월에 만난 개체다.

이른봄밤나방 날개를 펴면 전혀 다른 나방처럼 보인다.

이른봄밤나방 수액을 먹고 있다. 나무껍질과 구별하기 힘들 정도로 보호색을 띤다.

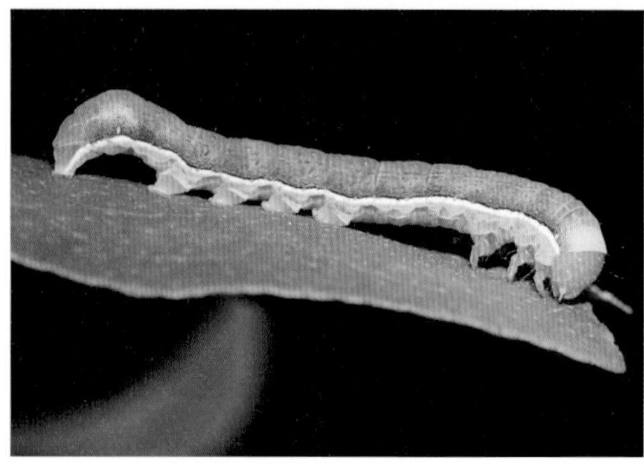

이른봄밤나방 중령 애벌레 연두색을 띤다. 성장하면서 점차 갈색으로 변하고 앞가슴등판이 흑갈색을 띤다. 산딸기, 별꽃, 쪽동백나무 등 다양한 식물을 먹는다.

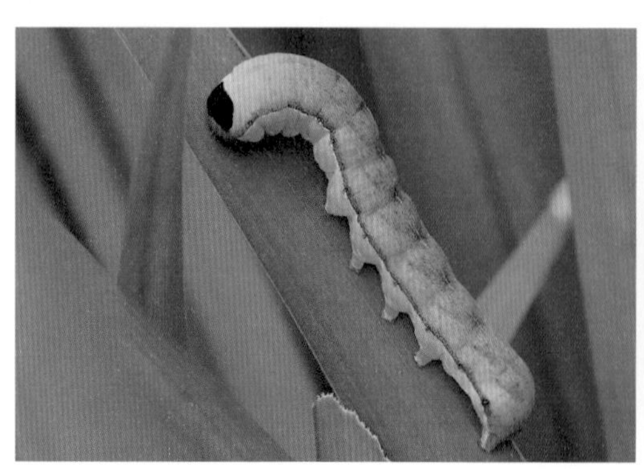

이른봄밤나방 종령 애벌레 앞가슴등판이 흑갈색으로 변했다.

이른봄밤나방 종령 애벌레 몸길이는 60mm, 5~6월에 보인다. 흙 속에서 고치를 만들고 번데기가 된다.

이른봄밤나방 종령 애벌레
자극을 받으면 몸을 앞으로 둥글게 만다.

네줄무지개밤나방 날개편길이는 35~46mm, 2~3월에 보인다. 황갈색 바탕의 앞날개에 적갈색 가로줄이 거의 곧게 4줄 있다.

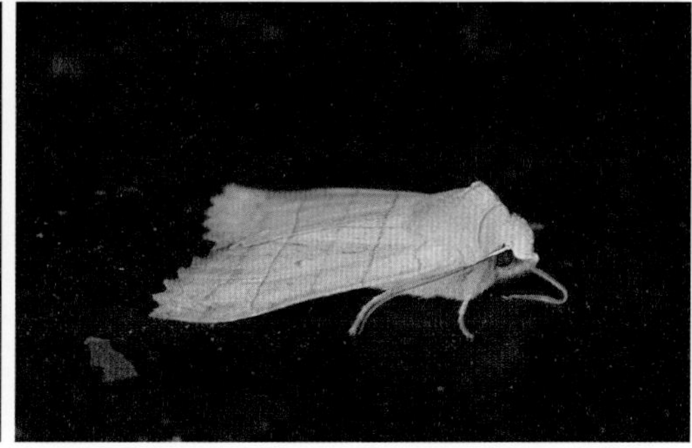

네줄무지개밤나방 이른 봄에 보이는 나방으로 날개 끝 가장자리는 톱니 모양이다.

풀색톱날무늬밤나방 날개편길이는 39~40mm, 10~11월에 보인다.

풀색톱날무늬밤나방 짙은 초록색 바탕의 앞날개에 연한 녹색의 줄무늬와 가락지 무늬, 콩팥 무늬가 나타난다. 날개 끝 가장자리가 톱날 무늬다.

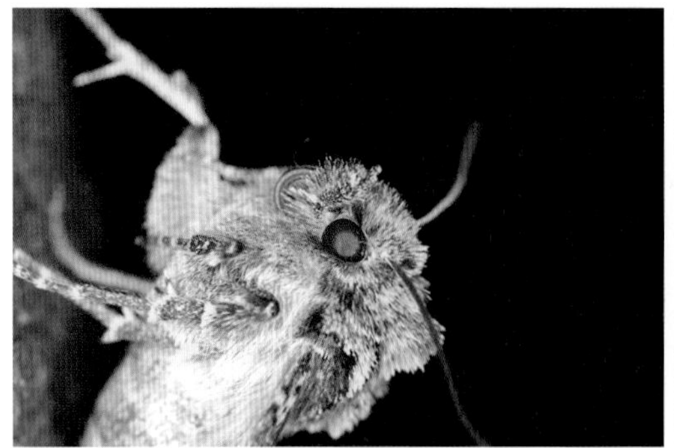

풀색톱날무늬밤나방 얼굴

풀색톱날무늬밤나방 애벌레 얼굴

풀색톱날무늬밤나방 애벌레 몸길이는 38mm, 4월에 보인다. 녹색 바탕의 몸에 숨구멍(기문)을 따라 흰색 띠가, 그 위로 가늘고 긴 검은색 띠가 있다. 배다리 발 받침이 주황색이라 비슷하게 생긴 다른 애벌레와 구별된다. 벚나무, 찔레 등이 먹이식물이다.

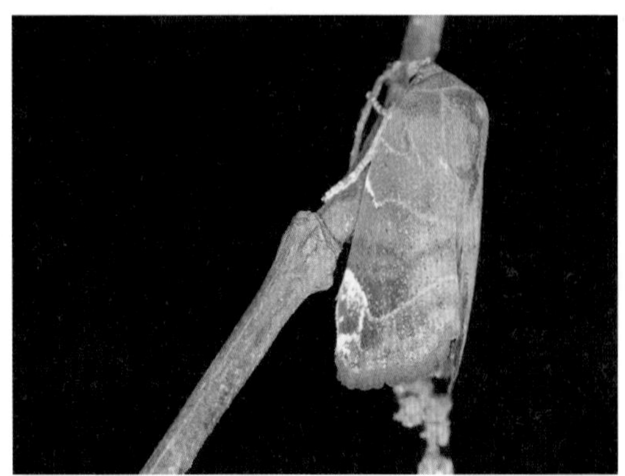

느릅밤나방 날개편길이는 30~34mm, 6~11월에 보인다.

느릅밤나방 황갈색 바탕의 앞날개에 흰색 가로줄이 있으며 앞날개 끝부분에 흰색 반원 무늬가 있다.

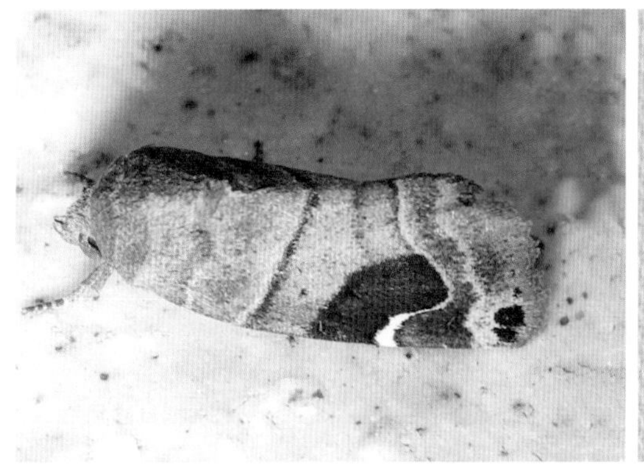

초생달밤나방 날개편길이는 26mm 내외, 7~8월에 보인다. 앞날개 가운데에 넓은 적갈색 무늬가 있으며 그 사이에 흰색 줄무늬가 있다. 날개 끝에 검은색 점무늬가 나타난다.

네점박이밤나방 날개편길이는 28~31mm, 6~9월에 보인다.

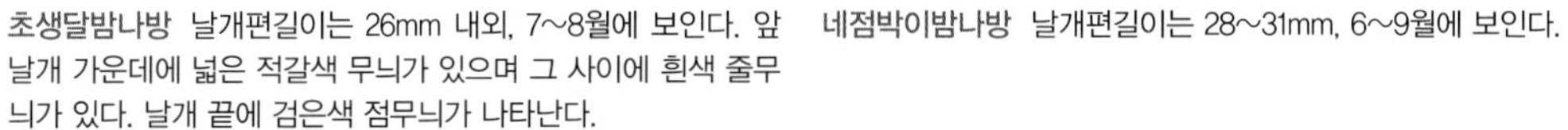

곧은띠비단명나방과 같이 앉아 있는
네점박이밤나방
앞날개 앞 가장자리에 각진 흰색 무늬 3개가 있고,
앞날개 가운데 앞쪽에 둥근 흰색 무늬 하나가 있다.
크기를 짐작할 수 있다.

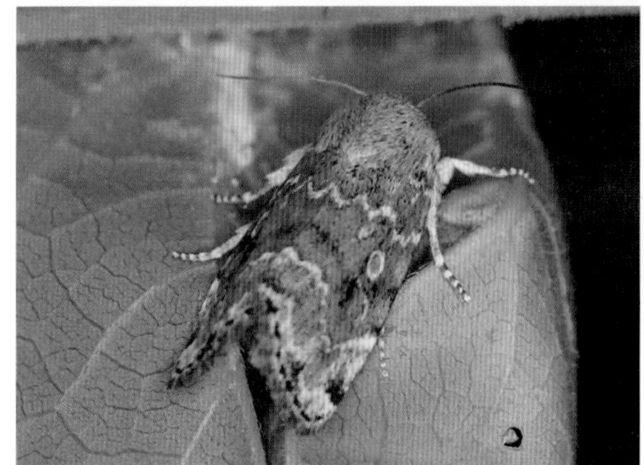

제주꼬마밤나방 날개편길이는 30~35mm, 6~7월에 보인다.

제주꼬마밤나방 앞날개에 흰색 톱니무늬 가로줄이 나타난다. 개체마다 색깔과 무늬에 차이가 있다. 앞날개 가운데에 흰색 가락지 무늬가 나타난다.

회색쌍줄밤나방 날개편길이는 32~36mm, 5~8월에 보인다. 황갈색 바탕의 앞날개에 흰색 가로줄이, 가운데에 흑갈색 띠가 나타난다.

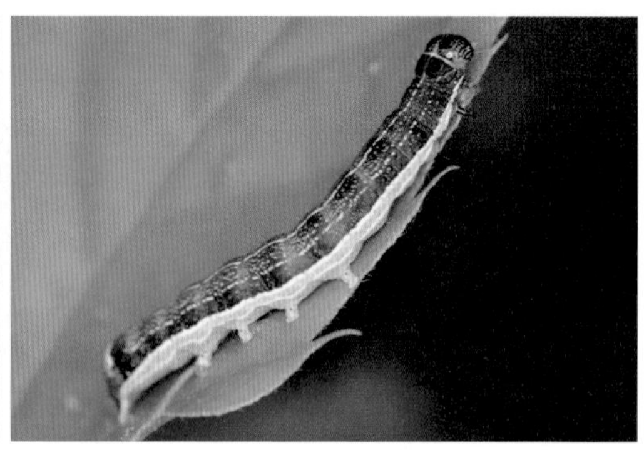

회색쌍줄밤나방 중령 애벌레 참나무류가 먹이식물이다.

회색쌍줄밤나방 종령 애벌레 몸길이는 30mm, 4~5월에 보인다.

회색쌍줄밤나방 애벌레 검은색이었던 애벌레 머리는 종령이면 황갈색으로 바뀐다.

한국밤나방 날개편길이는 26~32mm, 6~9월에 보인다. 황갈색 바탕의 앞날개에 적갈색과 흰색의 겹가로줄이 나타나며 앞날개 가운데에 검은색 점무늬가 있다.

한국밤나방 애벌레 몸길이는 33mm, 4~5월에 보인다. 풀색톱날무늬밤나방 애벌레와 비슷하게 생겼지만 발 받침 색이 달라서 구별된다. 다른 애벌레를 잡아먹기도 한다. 참나무, 느티나무, 단풍나무 등 여러 나무의 잎을 먹는다.

암노랑얼룩무늬밤나방 암컷 날개편길이는 26~28mm, 6~8월에 보인다. 암컷은 황백색과 적갈색 무늬가 어우러져 있으며 수컷은 흑갈색에 가깝다. 앞날개 가운데에 흑갈색 테두리의 원 무늬가 3개 나타난다.

큰은빛밤나방 날개편길이는 28~33mm, 7~8월에 보인다.

큰은빛밤나방 은백색 바탕의 앞날개 가운데에 검은색 점무늬가 1~2개 있으며 뒤쪽 날개맥이 뚜렷하다.

갈색무늬은빛밤나방 날개편길이는 26~28mm, 7~8월에 보인다. 앞날개 앞은 은백색을 띠고 뒤는 흑갈색을 띤다.

썩은잎밤나방 날개편길이는 36~45mm, 9~11월에 보인다. 회갈색 바탕의 앞날개에 흰색과 검은색의 겹가로줄로 톱니무늬가 나타나며 앞날개 가운데에 가락지 무늬와 콩팥 무늬가 연달아 나타난다. 무늬 안에 특별한 색이나 무늬는 없다.

얼룩무늬밤나방
날개편길이는 37~43mm, 4~5월에 보인다. 황갈색 바탕의 앞날개에 흑갈색의 독특한 무늬가 나타난다. 무늬 형태가 비슷한 나방들과 구별된다. 앞날개 뒤쪽 가장자리는 톱니 모양이다.

얼룩무늬밤나방 애벌레 개암나무, 참나무, 벚나무, 아까시나무 등을 먹는다. 연두색 몸에 흰색 점이 무수히 나타난다.

얼룩무늬밤나방 몸길이는 35~40mm, 6~8월에 보인다. 흙 속에서 고치를 만들고 번데기가 된다.

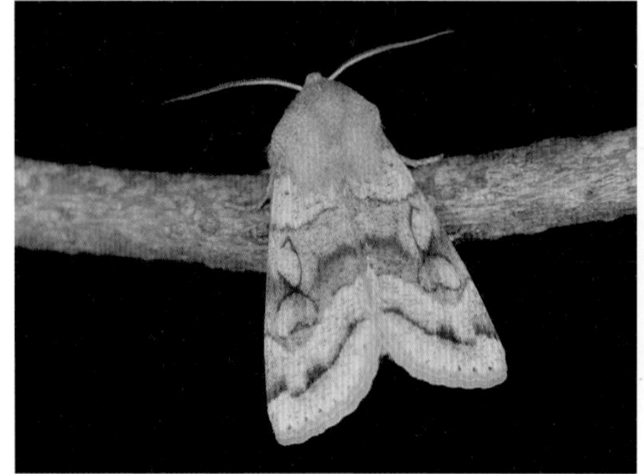

주홍띠밤나방 날개편길이는 44mm 내외, 3~4월에 보인다.

주홍띠밤나방의 크기를 짐작할 수 있다.

주홍띠밤나방 연한 갈색의 앞날개에 적갈색의 가로줄이 나타난다. 앞의 가로줄은 톱니무늬이며 뒤의 가로줄은 완만한 곡선을 이루며 색이 더 진하다.

주홍띠밤나방 가슴등판이 솟았으며 가슴 윗면에 황갈색의 털 뭉치가 있다.

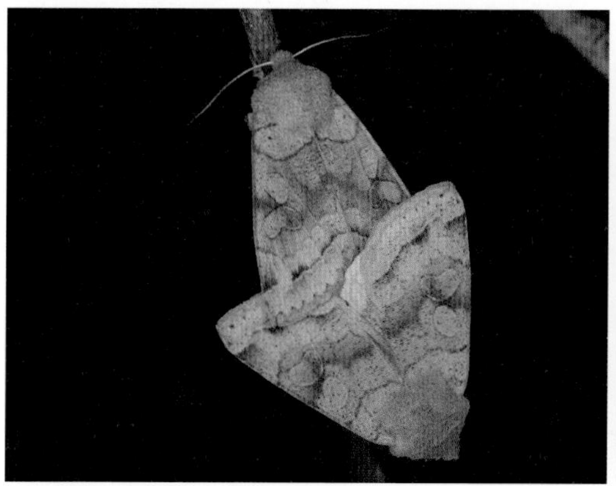

주홍띠밤나방 짝짓기 이른 봄에 관찰한 모습이다.(03. 18.)

주홍띠밤나방 짝짓기

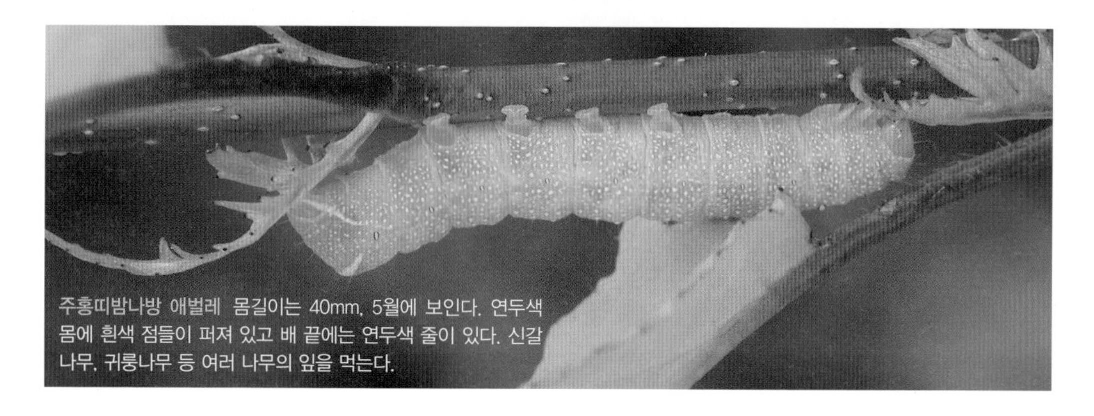

주홍띠밤나방 애벌레 몸길이는 40mm, 5월에 보인다. 연두색 몸에 흰색 점들이 퍼져 있고 배 끝에는 연두색 줄이 있다. 신갈나무, 귀룽나무 등 여러 나무의 잎을 먹는다.

가흰밤나방 날개편길이는 32~35mm, 3~4월에 보인다.

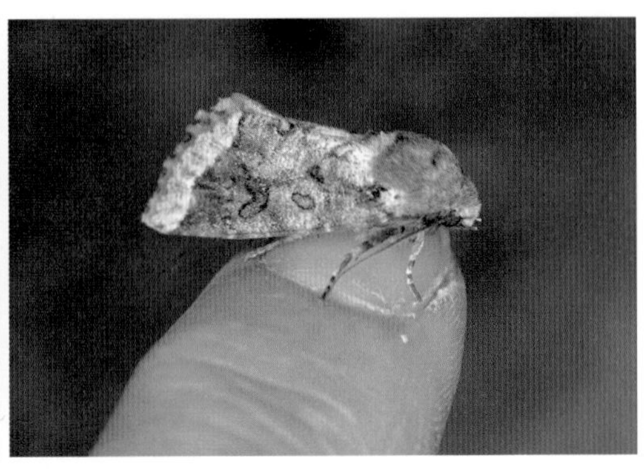

가흰밤나방의 크기를 짐작할 수 있다.

가흰밤나방 흑갈색 바탕의 앞날개에 검은색의 겹가로줄이 나타나며 앞날개 가운데에 흑갈색 가락지 무늬가 있다. 앞날개 뒤쪽 가장자리는 미색이다.

가흰밤나방 애벌레 머리는 검은색이며 몸에 기다란 하얀색 털이 성기게 나 있다. 자극을 받으면 머리를 들고 방어 행동을 취한다. 병꽃나무 등 여러 나무의 잎을 먹는다.

곧은띠밤나방 날개편길이는 29~36mm, 3~4월에 보인다.

곧은띠밤나방 앞날개 뒤쪽에 노란색 띠가 나타나며 가운데에 가락지 무늬와 콩팥 무늬가 나타난다. 무늬 안은 날개 바탕색보다 진한 흑갈색이다.

곧은띠밤나방 이른 봄에 보이는 나방으로 생강나무 꽃에서 꿀을 빠는 모습이 종종 보인다.

곧은띠밤나방 애벌레 몸길이는 30mm, 5월에 보인다. 검은색인 가슴과 배 윗면에 미색 줄무늬가 3줄 있다. 신갈나무 등이 먹이식물이다.

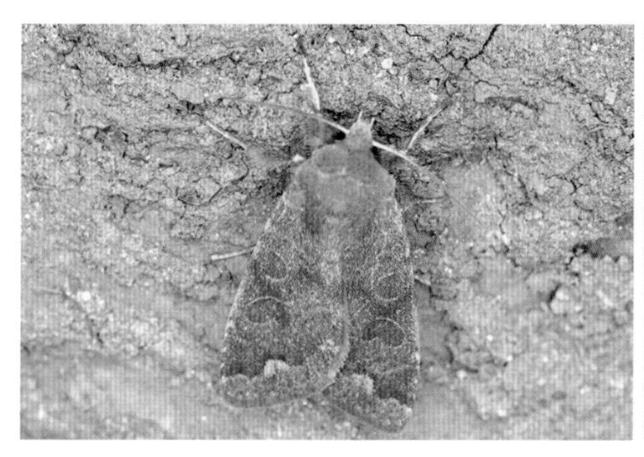

고동색밤나방 날개편길이는 31~38mm, 3~5월에 보인다.

고동색밤나방 적갈색 바탕의 앞날개에 검은색 날개맥이 보이며 앞날개 뒤쪽에 흰색 무늬가 나타난다.

고동색밤나방 애벌레
몸길이는 35mm, 6월에 보인다.
벚나무나 참나무류가 먹이식물이다.
광택이 나는 백록색이며 별다른 무늬는 없다.

막대무늬밤나방 날개편길이는 33~38mm, 3~4월에 보인다.

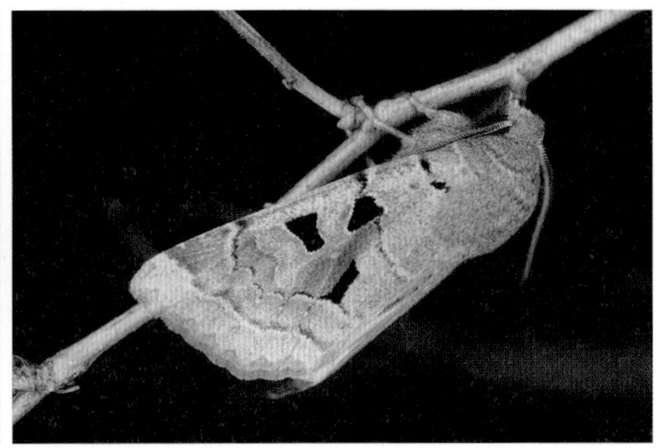

막대무늬밤나방 앞날개 앞쪽에 검은색의 작은 점무늬가 2개 있고 가운데에 검은색의 각진 무늬가 3개 있다. 날개 안쪽의 무늬는 직사각형의 막대 무늬다.

한일무늬밤나방 날개편길이는 38~48mm, 3~5월에 보인다.

한일무늬밤나방 앞날개에 '한 일–' 자가 세로로 있고, 뒷날개는 연한 미색이다.

한일무늬밤나방 중령 애벌레 신갈나무, 산사나무 등 여러 나무의 잎을 먹는다.

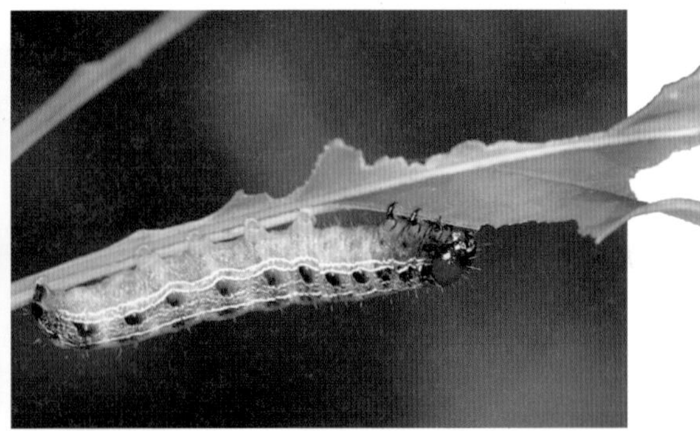

한일무늬밤나방 종령 애벌레 몸길이는 40mm, 6월에 보인다.

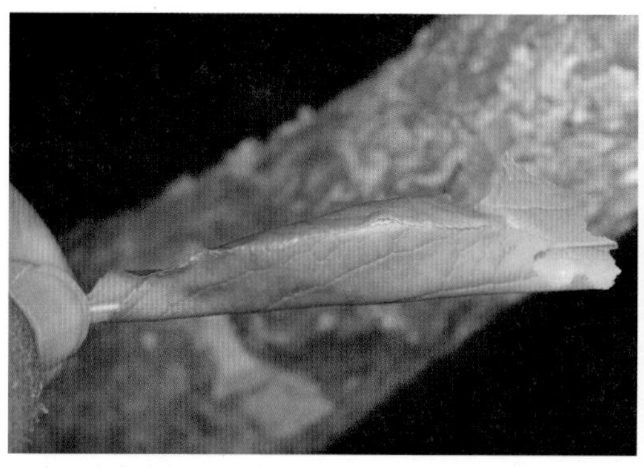

한일무늬밤나방 애벌레 잎에 하얀 막을 치거나 잎을 말아 그 속에 숨어서 생활한다.

잎을 말고 그 속에서 생활하는 한일무늬밤나방 애벌레

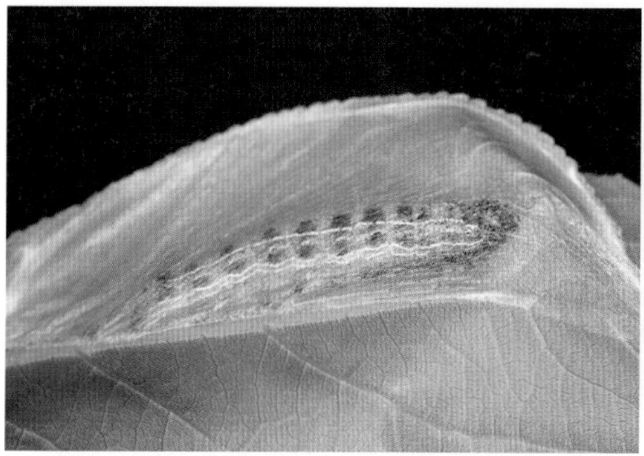

하얀 막을 치고 그 속에서 생활하는 한일무늬밤나방 애벌레

한일무늬밤나방 어린 애벌레 때에는 머리가 검은색이지만 자라면 머리가 적갈색으로 바뀐다.

북극선녀밤나방 날개편길이는 35~45mm, 3~4월에 보인다.

북극선녀밤나방 앞날개 뒤쪽에 검은색의 점무늬 2개가 뚜렷하다.

북극선녀밤나방 이른 봄, 밤 숲에서 수액을 먹는 모습이 종종 보인다.

수액을 먹고 있는 북극선녀밤나방

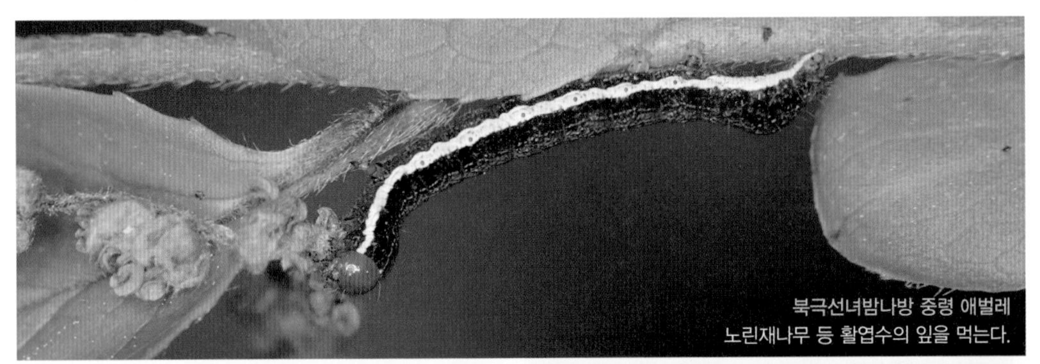

북극선녀밤나방 중령 애벌레 노린재나무 등 활엽수의 잎을 먹는다.

북극선녀밤나방 종령 애벌레 몸길이는 45mm, 5월에 보인다. 몸은 짙은 회갈색이며 머리는 연한 갈색이다.

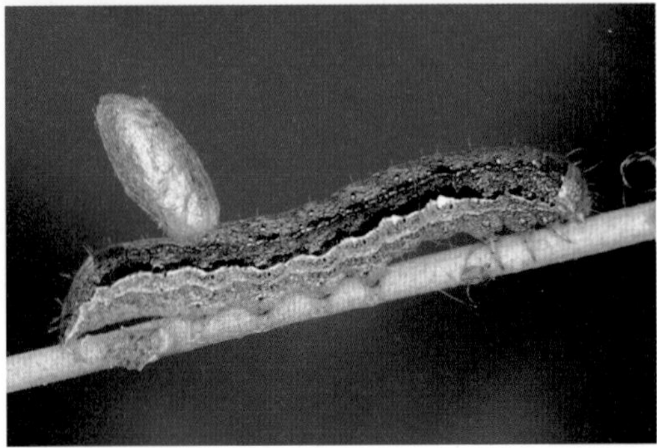

고치벌에 기생된 북극선녀밤나방 종령 애벌레 고치벌의 고치가 보인다.

가는띠밤나방 날개편길이는 32~39mm, 3~4월에 보인다.

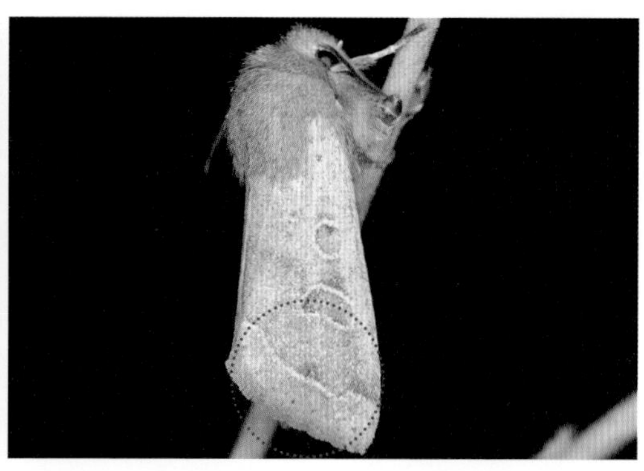

가는띠밤나방 가로줄이 굽은 것으로 곧은띠밤나방과 구별한다.

가는띠밤나방 황갈색 바탕의 앞날개에 노란색 테두리의 가락지 무늬와 콩팥 무늬가 있으며 콩팥 무늬 옆에 검은색 점무늬가 얼룩져 나타난다.

가는띠밤나방 짝짓기 이른 봄에 관찰한 모습이다.(03 .04)

가는띠밤나방 짝짓기

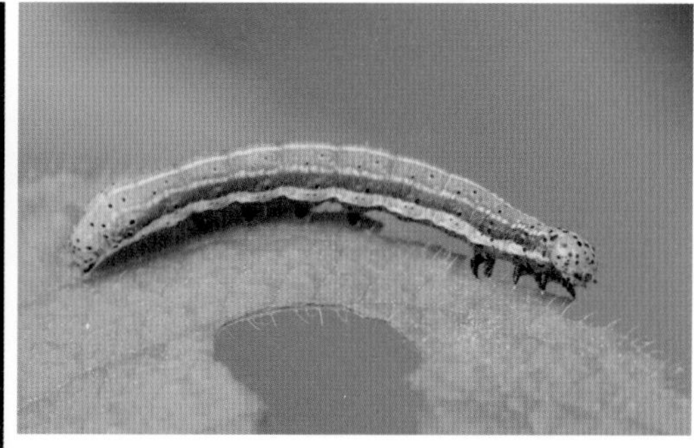

가는띠밤나방 애벌레 몸길이는 35mm, 5월에 보인다. 종령 애벌레가 되면 머리의 점들이 없어지거나 색깔이 조금 엷어지는 종도 있다. 개암나무, 벚나무 등 여러 나무의 잎을 먹는다.

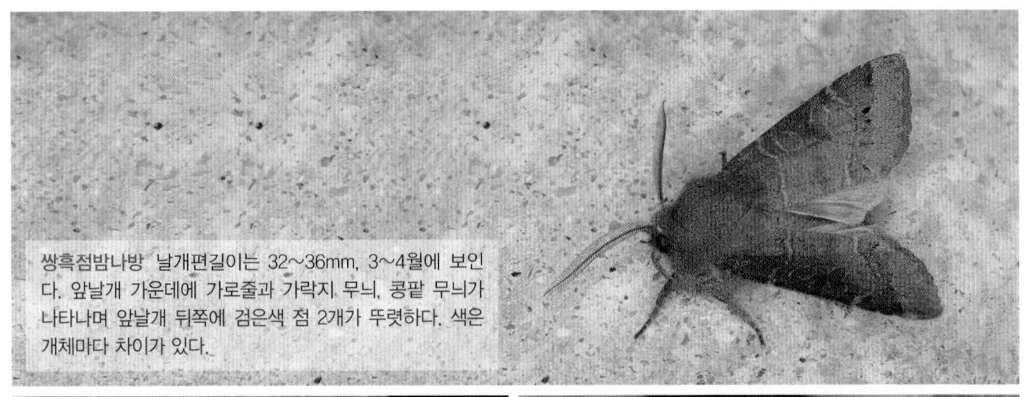
쌍흑점밤나방 날개편길이는 32~36mm, 3~4월에 보인다. 앞날개 가운데에 가로줄과 가락지 무늬, 콩팥 무늬가 나타나며 앞날개 뒤쪽에 검은색 점 2개가 뚜렷하다. 색은 개체마다 차이가 있다.

선녀밤나방 날개편길이는 46~53mm, 3~4월에 보인다.

선녀밤나방의 크기를 짐작할 수 있다.

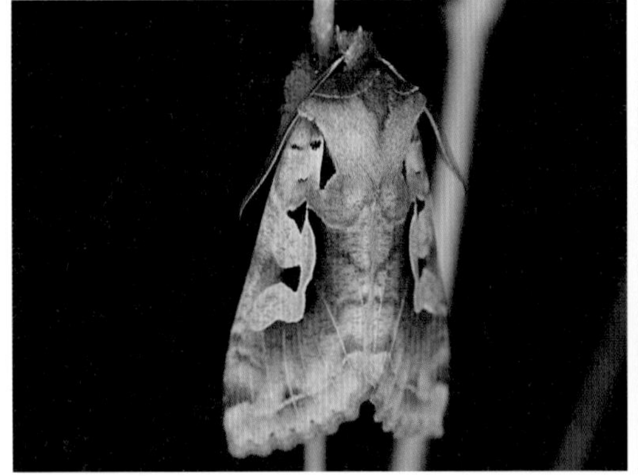
선녀밤나방 앞날개 앞쪽에 작은 점무늬 2개와 세모 무늬가 있고 날개 뒤쪽 가장자리에는 점무늬가 이어서 나타난다. 날개 가운데에는 독특한 무늬가 있다. 비슷하게 생긴 얼룩무늬밤나방과 무늬 형태가 다르다.

선녀밤나방 뒷날개는 무늬가 없는 미색이다.

바위무늬밤나방 날개편길이는 50~55mm, 5~9월에 보인다. 가슴 뒤쪽 가운데에 검은색 점무늬가 뚜렷하며 황갈색 바탕의 앞날개에 흑갈색 얼룩무늬들이 흩어져 나타난다.

히말라야밤나방 날개편길이는 44~46mm, 8월에 보인다.

히말라야밤나방 흑갈색 바탕의 앞날개에 노란색 점무늬와 그 옆에 작은 흰색 점무늬가 2개 있다. 이 무늬가 희미하거나 없는 개체도 있다.

흰점도둑나방 날개편길이는 40~45mm, 7~8월에 보인다.

흰점도둑나방 흑갈색 바탕의 앞날개에 작은 흰색 점무늬들이 흩어져 있고 가운데에는 옆으로 기다란 흰색 콩팥 무늬가 있다. 뒷날개는 미색이며 배마디에 갈색 털 다발이 있다.

도둑나방 날개편길이는 40~47mm, 4~9월에 보인다.

도둑나방 적갈색 바탕의 앞날개 가운데에 흰색 콩팥 무늬가 나타난다. 전체적으로 앞날개가 검은 얼룩이 묻은 것처럼 보인다.

흰변두리밤나방 날개편길이는 28~30mm, 8~9월에 보인다.

흰변두리밤나방 회백색 바탕의 앞날개 가운데는 흑갈색 넓은 띠가 있고, 그 가운데에 회백색 테가 있는 무늬가 위아래로 나타난다.

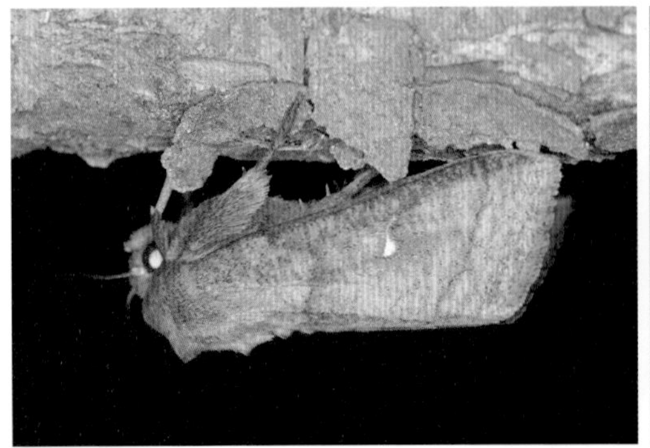

쌍띠밤나방 날개편길이는 39~49mm, 5~9월에 보인다.

쌍띠밤나방 적갈색 바탕의 앞날개 가운데에 옆으로 길쭉한 흰색 무늬가 나타나며 각진 가로줄이 두 줄 보인다.

긴쌍띠밤나방 날개편길이는 42~55mm, 7~9월에 보인다. 앞날개 가운데 무늬가 노란색이며 앞쪽 가로줄이 각지지 않고 완만한 곡선을 이루어 쌍띠밤나방과 구별된다.

북방쌍띠밤나방 날개편길이는 37~40mm, 5~8월에 보인다. 앞날개 바탕이 회색이고 가운데 무늬가 달라 긴쌍띠밤나방과 구별된다.

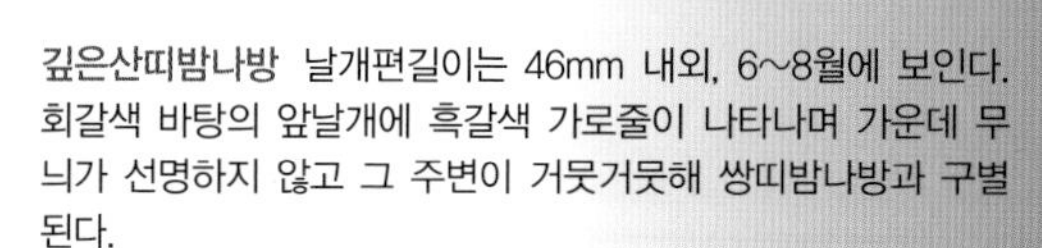

깊은산띠밤나방 날개편길이는 46mm 내외, 6~8월에 보인다. 회갈색 바탕의 앞날개에 흑갈색 가로줄이 나타나며 가운데 무늬가 선명하지 않고 그 주변이 거뭇거뭇해 쌍띠밤나방과 구별된다.

붉은쌍띠밤나방 날개편길이는 31~38mm, 6~9월에 보인다.

붉은쌍띠밤나방 적갈색 바탕의 앞날개에 흑갈색 가로줄이 나타나며 앞날개 가운데 무늬가 흑갈색이라 쌍띠밤나방과 구별된다.

큰점박이줄무늬밤나방 날개편길이는 33mm, 5~10월에 보인다.

큰점박이줄무늬밤나방 갈색 바탕의 앞날개 가운데에 가락지 무늬와 콩팥 무늬가 있다. 그 주변은 흑갈색으로 검게 보인다.

멸강나방 날개편길이는 36~39mm, 4~10월에 보인다.

멸강나방 황갈색 바탕의 앞날개 끝부분에 진한 가로줄이 날개를 접고 앉았을 때 거꾸로 된 V 자처럼 보인다.

멸강나방 낮에 꽃에서 꿀을 먹고 있는 모습도 종종 보인다.

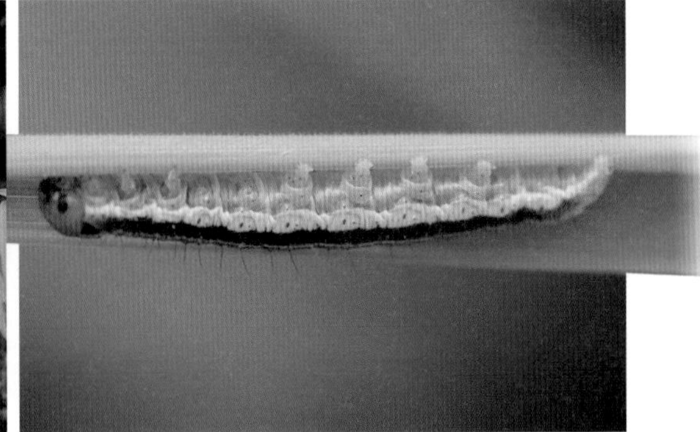

멸강나방 애벌레 머리는 황갈색이며 몸 옆에 검은색과 흰색, 적갈색의 줄무늬가 나타난다.

갈색점밤나방 날개편길이는 30~38mm, 5~9월에 보인다. 벼과 식물이 먹이식물이다.

갈색점밤나방 황갈색 바탕의 앞날개 뒷부분에 작은 점무늬가 2개 있고, 다른 무늬는 없다.

검거세미밤나방 날개편길이는 44~48mm, 6~11월에 보인다. 흑갈색 바탕의 앞날개 가운데에 콩팥 무늬가 있으며 그 무늬 위아래로 검은색의 화살촉 무늬가 마주 보고 있다.

거세미나방 날개편길이는 35~45mm, 4~10월에 보인다. 연한 갈색 바탕의 앞날개에 겹가로줄이 있으며 그 아래에 흑갈색으로 두른 가락지 무늬와 콩팥 무늬가 나타난다.

썩은밤나방 날개편길이는 30~37mm, 5~9월에 보인다. 나무껍질 같은 앞날개 가운데에 보랏빛을 띤 큰 둥근 무늬가 뚜렷하다.

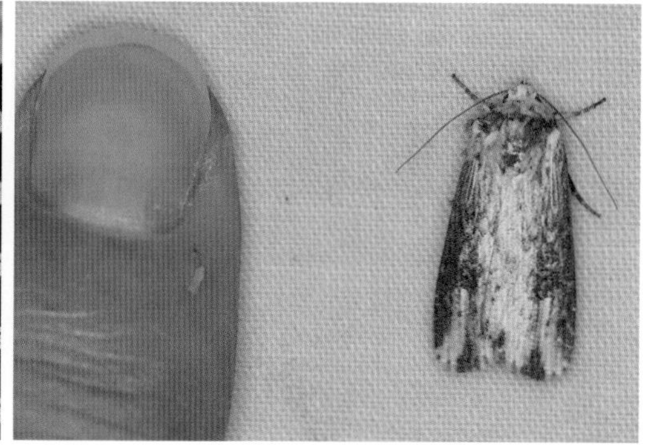

썩은밤나방의 크기를 짐작할 수 있다.

물결밤나방 날개편길이는 34~46mm, 5~10월에 보인다. 앞날개 가운데에 황백색 콩팥 무늬가 있고 그 안쪽은 검은색이다. 물결무늬의 가로줄이 앞날개에 있다.

물결밤나방 애벌레 냉이, 개망초, 뽕나무 등 여러 식물을 먹는다.

물결밤나방 애벌레 몸길이는 30mm, 4월, 10월에 보인다. 몸에 검은색 무늬가 이어서 나타나며 머리는 몸에 비해 작은 편이다.

점박이밤나방 날개편길이는 34~42mm, 5~10월에 보인다.

점박이밤나방 갈색 바탕의 앞날개
앞에 긴 물방울 무늬가, 날개 가운데에는 가락지 무늬와 콩팥 무늬가 황갈색에 둘러싸인 형태로 나타난다.

점박이밤나방 밤에 불빛에도 잘 찾아든다.

큰녹색밤나방 날개편길이는 51~60mm, 7~9월에 보인다.

큰녹색밤나방 진한 녹색 바탕의 앞날개에 밝은 녹색 물결무늬의 가로줄이 있고, 앞날개 가운데에 적갈색이 섞인 가락지 무늬와 콩팥 무늬가 나타난다.

큰녹색밤나방 뒷날개와 배 윗면은 회색이며 별다른 무늬는 없다.

뒷노랑점밤나방 날개편길이는 43~45mm, 8~9월에 보인다.

뒷노랑점밤나방 녹갈색 바탕의 앞날개에 얼룩덜룩한 무늬가 나타나고 뒷부분은 넓은 흰색 띠가 있다.

뒷노랑점밤나방 뒷날개는 노란색이며 뒷날개 끝 가장자리에 넓은 검은색 띠가 있다.

끝검은점밤나방 황갈색 바탕의 앞날개 끝에 검은색 점무늬가 나타난다.

씨자무늬거세미밤나방 날개편길이는 38~47mm, 5~10월에 보인다.

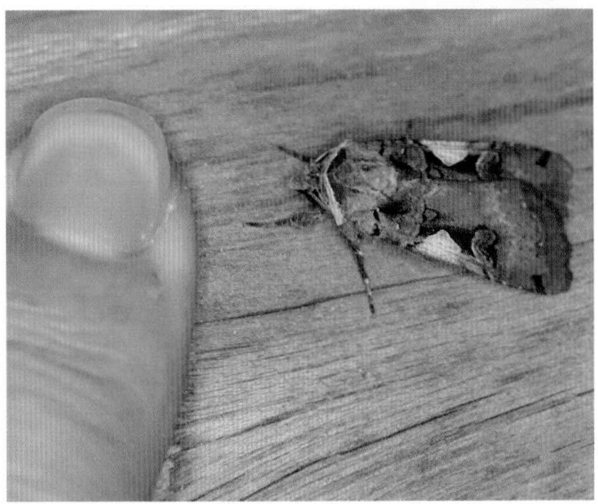

씨자무늬거세미밤나방의 크기를 짐작할 수 있다.

씨자무늬거세미밤나방 흑회색 바탕의 앞날개 앞 가장자리 가운데에 커다란 황백색의 삼각 무늬가 있으며, 그 아래에 안에 갈색 눈썹 무늬가 있는 콩팥 무늬가 나타난다.

씨자무늬거세미밤나방 밤에 불빛에도 잘 찾아든다.

앞노랑점밤나방 날개편길이는 50mm 내외, 7~10월에 보인다. 보랏빛을 띤 흑갈색 앞날개 앞 가장자리 3분의 2가 황색을 띠며 앞날개 가운데에 가락지 무늬와 콩팥 무늬가 나타난다.

유리창무늬밤나방 날개편길이는 44mm 내외, 8~10월에 보인다.

유리창무늬밤나방 뒷날개는 앞날개와 달리 미색이며 별다른 무늬가 없다.

유리창무늬밤나방 흑회색 바탕의 앞날개 가운데에 크고 작은 사다리꼴의 검은색 무늬와 주황색 무늬가 있다(동그라미 친 부분).

물결쌍검은밤나방 날개편길이는 44~49mm, 6~8월에 보인다.

물결쌍검은밤나방 황갈색 바탕의 앞날개에 황백색의 콩팥 무늬와 가락지 무늬가 나타나며 앞날개 뒤쪽에 넓은 흑갈색 띠가 보인다.

| 참고 자료 |

• 도서

권순직 · 전영철 · 박재홍, 『물속생물도감』, 자연과생태, 2013
김명철 · 천승필 · 이존국, 『하천생태계와 담수무척추동물』, 지오북, 2013
김상수 · 백문기, 『한국 나방 도감』, 자연과생태, 2020
김선주 · 송재형, 『한국 매미 생태 도감』, 자연과생태, 2017
김성수 글 · 서영호 사진, 『한국 나비 생태도감』, 사계절, 2012
김성수, 『나비 · 나비』, 교학사, 2003
김용식, 『한국나비도감』, 교학사, 2002
김윤호 · 민홍기 · 정상우 · 안제원·백운기, 『딱정벌레』, 아름원, 2017
김정환, 『한국 곤충기』, 진선북스, 2008
_____, 『한국의 딱정벌레』, 교학사, 2001
김태우, 『메뚜기 생태도감』, 지오북, 2013
_____, 『곤충 수업』, 흐름출판, 2021
동민수, 『한국 개미』, 자연과생태, 2017
박규택 저자 대표, 『한국곤충대도감』, 지오북, 2012
박해철 · 김성수·이영보, 『딱정벌레』, 다른세상, 2006
백문기, 『한국밤곤충도감』, 자연과생태, 2012
_____, 『화살표 곤충도감』, 자연과생태, 2016
백문기 · 신유항, 『한반도 나비 도감』, 자연과생태, 2017
손재천, 『주머니 속 애벌레 도감』, 황소걸음, 2006
신유항, 『원색 한국나방도감』, 아카데미서적, 2007
아서 브이 에번스 · 찰스 엘 벨러미 지음, 리사 찰스 왓슨 사진, 윤소영 옮김, 『딱정벌레의 세계』, 까치, 2002
안수정 · 김원근 · 김상수 · 박정규, 『한국 육서 노린재』, 자연과생태, 2018
안승락, 『잎벌레 세계』, 자연과생태, 2013

안승락·김은중, 『잎벌레 도감』, 자연과생태, 2020
이강운, 『캐터필러 1』, 도서출판 홀로세, 2016
이영준, 『우리 매미 탐구』, 지오북, 2005
임권일, 『곤충은 왜?』, 지성사, 2017
임효순·지옥영, 『식물혹 보고서』, 자연과생태, 2015
자연과생태 편집부 엮음, 『곤충 개념 도감 』, 필통 자연과생태, 2009
장현규·이승현·최웅, 『하늘소 생태도감』, 지오북, 2015
정계준, 『한국의 말벌』, 경산대학교출판부, 2016
_____, 『야생벌의 세계』, 경상대학교출판부, 2018
정광수, 『한국의 잠자리 생태도감』, 일공육사, 2007
정부희, 『버섯살이 곤충의 사생활』, 지성사, 2012
_____, 『먹이식물로 찾아보는 곤충도감 』, 상상의숲, 2018
_____, 『정부희 곤충학 강의』, 보리, 2021
최순규·박지환, 『나의 첫 생태도감』(동물편), 지성사, 2016
허운홍, 『나방 애벌레 도감 1』, 자연과생태, 2012
_____, 『나방 애벌레 도감 2』, 자연과생태, 2016
_____, 『나방 애벌레 도감 3』, 자연과생태, 2021

• 인터넷 사이트
곤충나라 식물나라(https://cafe.naver.com/lovessym)
국가생물종정보시스템(http://www.nature.go.kr)
한반도생물자원포털(https://species.nibr.go.kr)

| 찾아보기 |

ㄱ

ㄴ

ㄷ

ㄹ~ㅁ

ㅂ

ㅅ

ㅇ

ㅈ

ㅊ

1권 차례

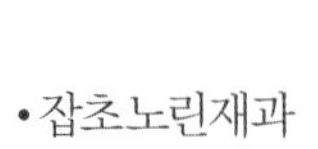

2권 차례

3권 차례

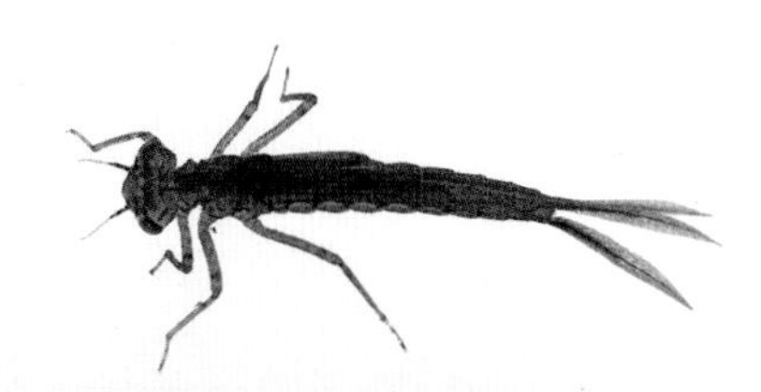

4권 차례

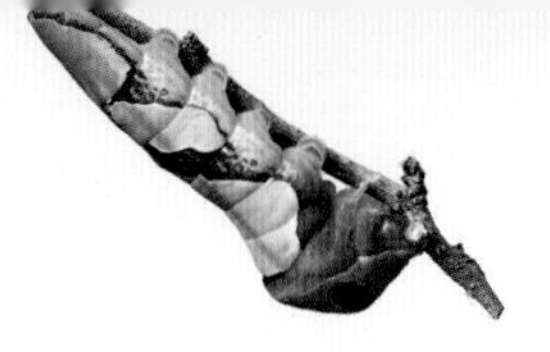